国家出版基金资助项目
Projects Supported by
the National Publishing Fund

“十四五”国家重点
出版物出版规划项目

数字钢铁关键技术丛书 | 主编 王国栋

热连轧过程数字化
建模与智能优化

彭　文　孙　杰　张殿华
宋向荣　姬亚锋　尹方辰　等著

（彩图资源）

北　京
冶　金　工　业　出　版　社
2024

内 容 提 要

本书系统介绍了热连轧过程数字化建模与智能优化方面的研究工作，在介绍热连轧生产工艺与自动化控制、过程数据采集与处理等知识基础上，重点讲述了热连轧过程机理模型构建方法、数据模型构建方法、机理融合数据模型构建方法、过程质量监测与诊断、厚度-活套协调优化控制及过程智能管控系统等内容。

本书可供从事热连轧工艺与自动化工作的工程技术人员、科研人员阅读，也可供高等学校材料类、机械类、计算机等相关专业的师生参考。

图书在版编目(CIP)数据

热连轧过程数字化建模与智能优化/彭文等著. —北京：冶金工业出版社，2024. 7. —(数字钢铁关键技术丛书). —ISBN 978-7-5024-9904-4

Ⅰ. TG335. 11-39

中国国家版本馆 CIP 数据核字第 2024GX9552 号

热连轧过程数字化建模与智能优化

出版发行 冶金工业出版社　　**电　　话** (010)64027926
地　　址 北京市东城区嵩祝院北巷 39 号　　**邮　　编** 100009
网　　址 www. mip1953. com　　**电子信箱** service@ mip1953. com

策　　划 卢　敏　责任编辑 姜恺宁　卢　敏　美术编辑 吕欣童
版式设计 郑小利　责任校对 郑　娟　责任印制 窦　唯
北京捷迅佳彩印刷有限公司印刷
2024 年 7 月第 1 版，2024 年 7 月第 1 次印刷
787mm×1092mm　1/16；15 印张；361 千字；225 页
定价 99. 00 元

投稿电话　(010)64027932　投稿信箱　tougao@cnmip. com. cn
营销中心电话　(010)64044283
冶金工业出版社天猫旗舰店　yjgycbs. tmall. com
(本书如有印装质量问题，本社营销中心负责退换)

“数字钢铁关键技术丛书”
编辑委员会

“数字钢铁关键技术丛书”
总　序

钢铁是支撑国家发展的最重要的基础原材料，对国家建设、国防安全、人民生活等具有重要的战略意义。人类社会进入数字时代，数据成为关键生产要素，数据分析成为解决不确定性问题的最有效新方法。党的十八大以来，以习近平同志为核心的党中央高瞻远瞩，抓住全球数字化发展与数字化转型的重大历史机遇，系统谋划、统筹推进数字中国建设。党的十九大报告明确提出建设“网络强国、数字中国、智慧社会”，数字中国首次写入党和国家纲领性文件，数字经济上升为国家战略，强调利用大数据和数字化技术赋能传统产业转型升级。国家和行业“十四五”规划都将钢铁行业的数字化转型作为工作的重点方向，推进生产数据贯通化、制造柔性化、产品个性化。

钢铁作为大型复杂的现代流程工业，虽然具有先进的数据采集系统、自动化控制系统和研发设施等先天优势，但全流程各工序具有多变量、强耦合、非线性和大滞后等特点，实时信息的极度缺乏、生产单元的孤岛控制、界面精准衔接的管理窠臼等问题交织构成工艺-生产“黑箱”，形成了钢铁生产的“不确定性”。这种“不确定性”严重制约钢铁生产的效率、质量和价值创造，直接影响企业产品竞争力、盈利水平和原材料供应链安全。

钢铁行业置身于这个世界百年未有之大变局之中，也必然经历其有史以来的最广泛、最深刻、最重大的一场变革。通过这场大变革，钢铁行业的管理与控制将由主要解决确定性问题的自动控制系统，转型为解决不确定性问题见长的信息物理系统（CPS）；钢铁行业发展的驱动力，将由工业时代的机理驱动，转型为“抢先利用数据”的数据驱动；钢铁行业解决问题的分析方法，将由机理解析演绎推理，转型为以数据/机器学习为特征的数据分析；钢铁过程主流程的控制建模，将由理论模型或经验模型转型为数字孪生建模；钢铁行业全流程的过程控制，必然由常规的自动化控制系统转型为可以自适应、自学习、自组织、高度自治的信息物理系统。

这一深刻的变革是钢铁行业有史以来最大转型的关键战略，它必将大规模采用最新的数字化技术架构，建设钢铁创新基础设施，充分发挥钢铁行业丰富应用场景优势，最大限度地利用企业丰富的数据、诀窍和先进技术等长期积累的资源，依靠数据分析、数据科学的强大数据处理能力和放大、倍增、叠加作用，加快建设"数字钢铁"，提升企业的核心竞争力，赋能钢铁行业转型升级。

将数字技术/数字经济与实体经济结合，加快材料研究创新，已经成为国际竞争的焦点。美国政府提出"材料基因组计划"，将数据和计算工具提升到与实验工具同等重要的地位，目的就是更加倚重数据科学和新兴计算工具，加快材料发现与创新。近年来，日本JFE、韩国POSCO等国外先进钢铁企业，已相继开展信息物理系统研发工作，融合钢铁生产数据和领域经验知识，优化生产工艺、提升产品质量。

从消化吸收国外先进自动化、信息化技术，到自主研发冶炼、轧制等控制系统，并进一步推动大型主力钢铁生产装备国产化。近年来，我们研发数字化控制技术，有组织承担智能制造国家重大任务，在国际上率先提出了"数字钢铁"的整体架构。

在此过程中，我们组成产学研密切合作的研究队伍"数字钢铁创新团队"，选择典型生产线，开展"选矿-炼铁-炼钢-连铸-热轧-冷轧-热处理"全流程数字化转型关键共性技术研究，提出了具有我国特色的钢铁行业数字化转型的目标、技术路线、系统架构和实施路线，围绕各工序关键共性技术集中攻关。在企业的生产线上，结合我国钢铁工业的实际情况，提出了低成本、高效率、安全稳妥的实现企业数字化转型的实施方案。

通过研究工作，我们研发的钢铁生产过程的数字孪生系统，已经在钢铁企业的重要工序取得突破性进展和国际领先的研究成果，实现了生产过程"黑箱"透明化，其他一些工序也取得重要进展，逐步构建了各层级、各工序与全流程CPS。这些工作突破了复杂工况条件下关键参数无法检测和有效控制的难题，实现了工序内精准协调、工序间全局协同的动态实时优化，提升了产品质量和产线运行水平，引领了钢铁行业数字化转型，对其他流程工业的数字化转型升级也将起到良好的示范作用。

总结、分析几年来在钢铁行业数字化转型方面的工作和体会，我们深刻认识到，钢铁行业必须与数字经济、数字技术相融合，发挥钢铁行业应用场景和数据资源的优势，以工业互联网为载体、以底层生产线的数据感知和精准执行为基础、以边缘过程设定模型的数字孪生化和边缘–产线的 CPS 化为核心、以数字驱动的云平台为支撑，建设数字驱动的钢铁企业数字化创新基础设施，加速建设数字钢铁。这一成果，已经代表钢铁行业在乌镇召开的“2022 全球工业互联网大会暨工业行业数字化转型年会”等重要会议上交流，引起各方面的广泛重视。

截至目前，系统论述钢铁工业数字化转型的技术丛书尚属空白。钢铁行业同仁对原创技术的期盼，激励我们把数字化创新的成果整理出来、推广出去，让它们成为广大钢铁企业技术人员手中攻坚克难、夺取新胜利的锐利武器。冶金工业出版社的领导和编辑同志特地来到学校，热心指导，提出建议，商量出版等具体事宜。我们相信，通过产学研各方和出版社同志的共同努力，我们会向钢铁界的同仁、正在成长的学生们奉献出一套有里、有表、有分量、有影响的系列丛书。

期望这套丛书的出版，能够完善我国钢铁工业数字化转型理论体系，推广钢铁工业数字化关键共性技术，加速我国钢铁工业与数字技术深度融合，提高我国钢铁行业的国际竞争力，引领国际钢铁工业的数字化转型和高质量发展。

中国工程院院士 王国栋

2023 年 5 月

前　言

热连轧生产过程是多工序串联式生产流程的代表。热轧产品具有强度高、韧性好、易于加工成型等优良性能，广泛应用于船舶、桥梁、建筑等行业。随着用户对热轧产品质量要求的不断提高，如何进一步提升热轧产品质量成为关注的焦点。目前，国内绝大多数热连轧产线，均具有了完备的多级控制系统，积累了丰富的生产数据；随着大数据、人工智能等新技术的出现，如何将其与热轧生产数据资源进行融合，提取有价值的信息，进一步揭示热轧生产过程内在规律，对于生产过程产品质量和过程稳定性的提升十分重要。

东北大学轧制技术及连轧自动化国家重点实验室长期从事板带热轧工艺和控制系统的研发工作，在轧制变形理论解析、两级控制系统研发、数字化模型构建、过程协调优化控制以及过程质量管控等方面开展了大量研究工作，研究成果在国内外的多条热连轧产线得到了应用，满足了热连轧现场对于产品质量高精度控制、生产过程高稳定性控制等方面的需求。

本书结合热连轧生产过程特点，以长期在生产一线的科研成果和实践经验为主，列举一些企业的生产实例、图表和数据等，在内容上力求理论联系实际，突出本领域技术的实用性和先进性，以期对我国热连轧控制技术提升有所帮助。本书详细阐述了热连轧过程温度、厚度、板形等关键质量指标的数字化建模、协调优化控制以及生产过程管控等相关工作。其中，第 1、2 章由彭文、张殿华撰写，第 3、8 章由宋向荣、彭文撰写，第 4 章由孙杰、郭薇撰写，第 5 章由姬亚锋、张殿华撰写，第 6 章由彭文、孙杰撰写，第 7 章由尹方辰、张殿华撰写。本书的撰写过程中，得到了轧制技术及连轧自动化国家重点实验室王国栋院士、邸洪双教授、丁敬国教授的指导以及实验室众多老师的关心与帮助；本书的研究内容包含了实验室多位研究生的研究成果，在此要特别感谢曹剑钊、胡云建、王鸿雨、王振华、邓继飞、丁成砚、武文腾、吴豪、田宝钱、辛洪伞、贾攀、刘瑜、陈曦等的大力协助。本书的部分数据源自企业生产实际，在此向这些企业的科技人员致以诚挚的谢意。另外，本书的部分研究工作得到了国家重点研发计划项目（2022YFB3304800）、国家自然科学基金项目（51704067、52074085、U21A20117）的支持，在此表示衷心的感谢。

由于作者的学术水平有限，书中不妥之处，敬请广大读者批评指正。

作　者

2023 年 12 月

目　录

1 热连轧生产工艺与自动控制

热轧带钢产品是我国重要的钢材品种之一，具有强度高、韧性好、易于加工成型及良好的可焊接性等优良性能，被广泛应用于船舶、汽车、桥梁、建筑、机械、压力容器等制造行业，2022 年我国热轧产能总量超过 3.1 亿吨。随着用户对热轧带钢的质量要求日益提高，热轧带钢生产厂家不仅要求产品质量达到指标，而且要求热带轧制过程合理可控。在这样的背景下，国内厂家纷纷对现有轧线进行数字化改造，并在建设新线时加大对新工艺和新技术的投入力度，以提高热轧带钢生产线的自动化和信息化水平，从而提高产品质量和附加值。

1.1 热连轧生产过程概述

典型热连轧的产线布置形式如图 1.1 所示。

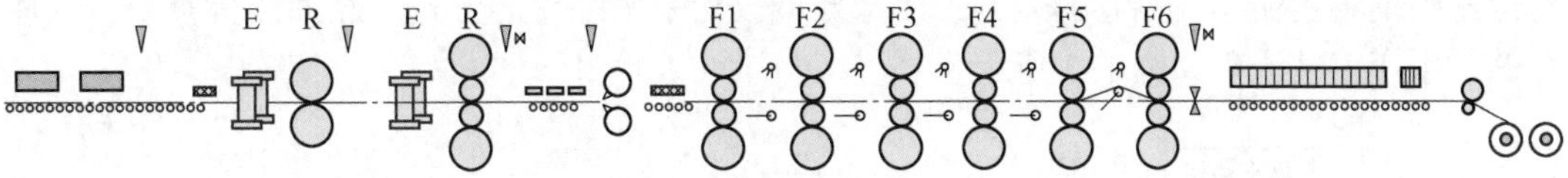

E R E R F1 F2 F3 F4 F5 F6

图 1.1 典型热连轧的工艺布置图

由板坯连铸机铸出的经过修磨后的合格无缺陷连铸坯，运送到热连轧车间后，由跨内行车吊运到上料运输辊道，再由上料运输辊道输送至轧制规程安排的相应入炉辊道上，由对应的装钢机装入步进式加热炉内。根据生产品种和工艺不同，将板坯加热至目标出炉温度。板坯经加热炉加热后，由对应的出钢机将板坯取出并放置在出炉辊道上。

连铸坯由出炉辊道输送至除鳞辊道后，通过粗轧高压水除鳞机清除连铸坯上的氧化铁皮和残留的保护渣。除鳞机内上下各配有两排集管。除鳞后的连铸坯经粗轧机前延伸辊道、工作辊道输送至粗轧机组进行轧制。

粗轧机组一般由两组立平机组组成，每组机组由 1 架立辊轧机和 1 架 2 辊（或 4 辊）可逆式平辊轧机组成。立辊轧机只在奇数道次使用，并配有自动宽度控制（AWC）和短行程控制（SSC）系统，以便控制带坯宽度和改善头、尾形状。

4 辊可逆粗轧机配有电动压下装置和液压辊缝控制（HGC）系统，使带坯在较大压下率时仍能保证外形尺寸精度和防止带坯跑偏。在粗轧机组前后设置有侧导板，分别对应于奇偶道次轧制时的对中使用。

在粗轧机机架前后配有除鳞设备，该设备用于清除轧制期间产生的氧化铁皮。粗轧机设有吸风除尘装置。连铸坯在粗轧机组轧制成一定厚度范围的中间坯。粗轧机轧后的废品由行车直接吊离轧线。

为保证带钢全长温度均匀性，部分轧线配置有热卷箱。当中间坯经粗轧机后延伸辊道输出后，运送至热卷箱卷取成卷，带坯在卷取过程中不但可以保温均热、减少带坯头尾温差，同时可以使带坯表面氧化铁皮疏松及剥落。

经热卷箱调头翻面并开卷后的中间坯进入飞剪，飞剪前设有带钢头部形状检测仪，实现飞剪最佳化剪切，减少切头损失，提高收得率。在精轧机机组前设置的精轧除鳞箱内由高压水清除中间坯表面的再生氧化铁皮后（或由中压蒸汽吹扫氧化铁皮），进入精轧机组进行成品轧制。

精轧机组一般由 5~8 机架 4 辊轧机组成。每架精轧机压下装置均为全液压压下装置，带坯通过精轧机组被轧制到设定的产品厚度。各机架并配有液压自动厚度控制（HAGC）系统。为使产品获得优质板形，各机架配有工作辊弯辊（WRB）系统和窜辊（WRS）系统，精轧机同时设有轧制润滑系统，所有精轧机工作辊喷水冷却装置水量自动可调，用于控制工作辊的热凸度。在精轧机机架之间设有低惯量活套装置，以保证微张力的轧制状态，防止带钢缩颈。

精轧机组后设置测厚仪、测宽仪、凸度仪、平直度仪等检测仪表，对带钢进行在线闭环控制。从精轧机组最后一个机架出来的带钢通过热输出辊道和层流冷却装置进入地下卷取机进行卷取。

带钢成卷后，卸卷小车将钢卷从卷取机中取出并运送到钢卷站，然后由运卷小车将钢卷运送到钢卷运输车，钢卷的运输、冷却及堆放均采用卧卷的方式。经抽样检查后，入库存储。生产工艺流程如图 1.2 所示。

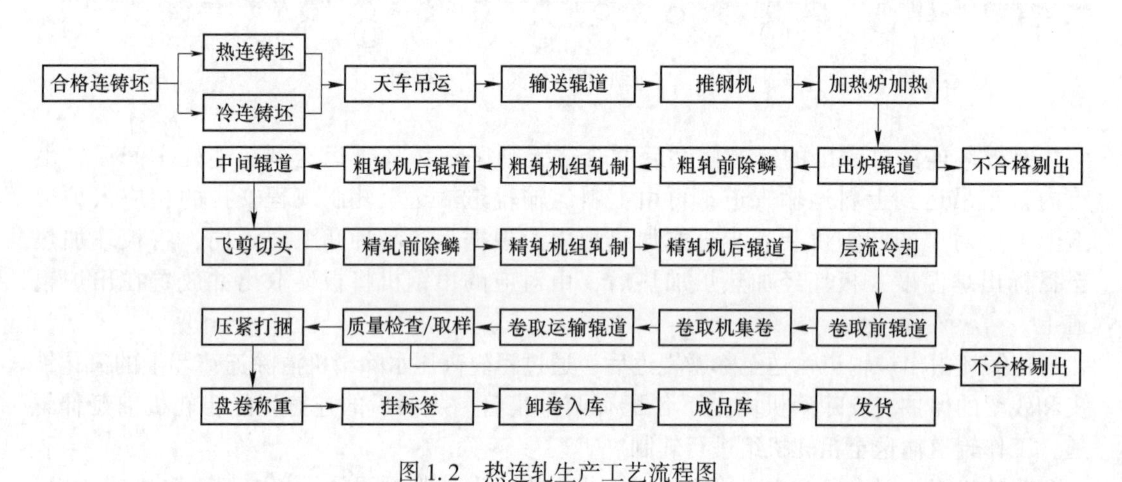

图 1.2 热连轧生产工艺流程图

1.2 热连轧计算机控制系统

1.2.1 热连轧计算机控制系统概述

一个现代化的热连轧计算机控制系统一般分为三级：基础控制级（Level 1）、过程控制级（Level 2）和生产控制级（Level 3），分级示意如图 1.3 所示[1]。

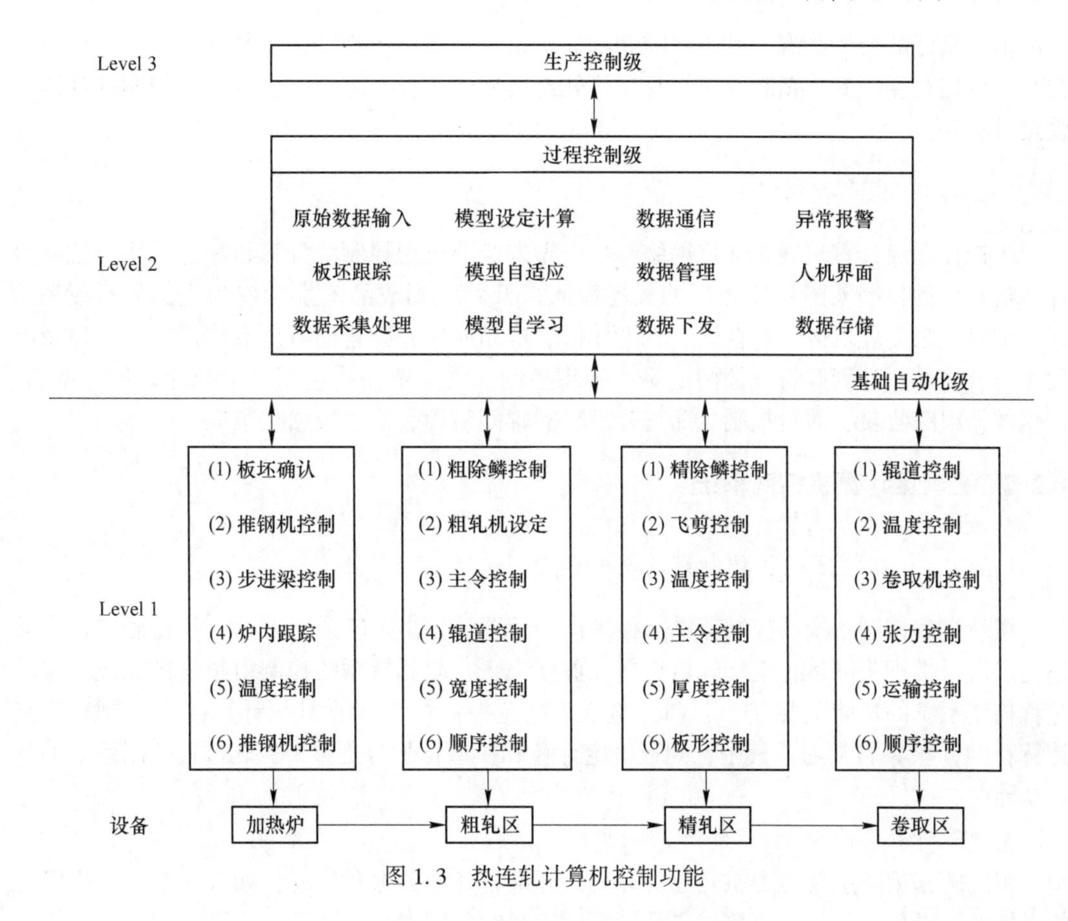

图 1.3 热连轧计算机控制功能

1.2.1.1 基础控制级

基础控制级负责控制从板坯库入口到运输链末端以及精整线和辅助设施，包括板坯库、加热炉、粗轧、精轧，卷取、钢卷运输链、热轧平整分卷线、液压润滑站、地下油库及轧机设备的状态监测等。

基础控制级的主要作用是在模型设定基准值的基础上进行自动厚度控制、自动宽度控制、板形控制，保证带钢全长的控制精度。其控制功能还包括活套张力和位置控制、卷取机踏步控制、主令速度控制、电动和液压位置控制、传动控制、逻辑控制、顺序控制、数据采集、数据通信等。

1.2.1.2 过程控制级

过程控制级位于生产控制级和基础控制级之间，也称为二级控制系统，是生产线自动控制系统中用来管理生产过程数据的计算机系统，通常完成生产线上的设定值计算、过程模型优化、物料数据在生产线上的跟踪，以及协调各控制系统的动作时间和数据传递等，计算机系统配置一般按功能或区域划分，采用多台计算机共同控制。

过程控制级的主要作用是通过数学模型的计算，完成各设备的参数设定，从而提高带钢成品头部的厚度、宽度、温度、凸度及平坦度等质量目标的命中率，为带钢全长的质量控制提供良好的初始状态。其主要控制功能包括：加热炉燃烧控制、数据跟踪、轧制节奏控制、头尾宽度控制、精轧设定计算、终轧温度控制、板形控制、卷取温度控制和卷取机设定计算等。

1.2.1.3 生产控制级

生产控制级计算机通过通信网络与生产管理级及过程控制级计算机相连。生产控制级计算机系统的控制范围从热轧厂的板坯库入口开始，到成品库发货口为止，包括板坯库区、加热炉区、轧机区、卷取区、钢卷库区、成品库区和磨辊间等所有生产区域，以及有关生产、技术、计划等管理部门的生产管理控制。其主要功能包括：生产计划优化调整、带钢数据跟踪收集、质量控制、库房管理、磨辊间管理、实绩数据收集等。

1.2.2 粗轧区计算机控制系统

1.2.2.1 粗轧区过程控制逻辑与功能

粗轧过程控制系统的控制范围从板坯出炉后置放于出炉辊道上开始，到粗轧末道次轧制完成后，带钢头部运行至精轧机组前飞剪处为止，此后带钢的控制由精轧区完成。粗轧过程控制系统的功能主要有[2]：(1) 轧制策略选择；(2) 道次计划计算；(3) 规程设定计算；(4) 模型自学习。其中，规程设定计算和模型自学习是整个粗轧过程控制系统的核心功能。

A 轧制策略选择

粗轧轧制策略主要是为粗轧道次计划计算准备各种数据和信息，如板坯数据、中间坯的目标值、操作人员的设定数据以及模型计算时的各种参数数据等。

(1) 板坯数据：板坯长度、宽度、厚度、重量、质量等级和钢种等级等。

(2) 中间坯数据：粗轧中间坯厚度、宽度等。

(3) 人工干预数据：机架空过选择、轧制道次选择、机架间除鳞模式选择、负荷分配修正、轧制速度修正、宽度余量修正以及粗轧出口厚度修正等。

(4) 除鳞模式选择：奇道次除鳞、所有道次除鳞和不除鳞等。

(5) 轧制道次选择：一般包括 3+3、3+5、1+5、1+3、0+5 和 5+0 等模式。

1) 3+3 道次模式。即 R1 机架轧制 3 个道次，R2 机架轧制 3 个道次。半连续粗轧机组的主流道次模式，可以充分发挥各机组的能力，有利于提高轧制节奏。

2) 3+5 道次模式。即 R1 机架轧制 3 个道次，R2 机架轧制 5 个道次。当 3+3 道次模式下设定计算值超过极限值时，必须增加道次，改为 3+5 道次模式重新进行设定计算。轧制节奏较慢，只有在轧制硬度高的钢种时才会使用。

3) 1+5 道次模式。即 R1 机架轧制 1 个道次，R2 机架轧制 5 个道次。当 R1 机架工作不稳定时，采取减少 R1 轧制道次、增加 R2 轧制道次的策略，确保稳定生产。

4) 1+3 道次模式。即 R1 机架轧制 1 个道次，R2 机架轧制 3 个道次。使用这种策略轧制硬度较低的钢种（如 SPHC)，可以有效提高轧制节奏。

5) 0+5 道次模式。即 R1 机架空过，R2 机架轧制 5 个道次。当 R1 机架无法正常运转时，使用这种策略维持生产继续进行。这是异常应急策略，必须尽快恢复 R1 机架以保证生产正常进行。

6) 5+0 道次模式。即 R1 机架轧制 5 个道次，R2 机架空过。由于受到板坯长度的限制（必须为短坯），只有当 R2 机架无法正常运转时，才会使用这种应急策略维持继续生产。

B 道次计划计算

道次计划计算分为 3 次设定计算：

（1）0 次设定计算。当一块板坯在加热炉行进到“下一块出炉”位置时进行 0 次设定计算。0 次设定计算完成以下功能：1）确定粗轧目标出口板厚；2）确定粗轧目标出口板宽；3）确定道次数初始值；4）确定目标板厚负荷分配比；5）确定目标板宽负荷分配比；6）确定除鳞模式；7）索引层别数据。

（2）1 次设定计算。板坯经过高压水除鳞箱后，到达入口高温计时触发，1 次设定计算的主要内容有：1）水平机架 R1、R2 压下位置设定值；2）立辊机架 E1、E2 压下位置设定值；3）R1、R2 轧制温度设定值；4）短行程控制以等宽度控制的设定值。

（3）2 次设定计算。在轧件到达粗轧机入口处开始触发，如果板坯停下就循环进行设定计算。该次计算使用粗轧 R1 前高温计 PY202 实测温度和测宽仪实测宽度。如果操作员改变 PDI 数据或者负荷分配，那么设定计算还要再进行一次。2 次设定计算内容如下：1）水平机架的 2 次设定计算；2）依据粗轧实测入口宽度进行立辊机架的 2 次设定计算；3）依据粗轧实测入口温度进行轧制温度的 2 次设定计算；4）出口温度的 2 次设定计算。

另外，粗轧轧制过程中，带钢每个道次轧制完成，在得到本道次实测的轧制力、辊缝、温度、宽度、速度和轧制时间后启动，可以对后续道次的轧制工艺规程进行计算和修正。粗轧道次计划计算的流程如图 1.4 所示。

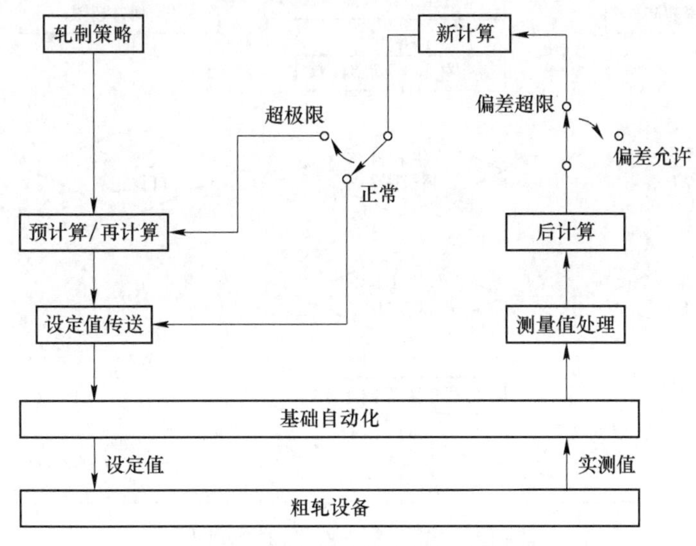

图 1.4 粗轧道次计划计算流程图

C 规程设定计算

从板坯装入加热炉到其被轧制成中间坯的过程中，粗轧道次计划设定计算可根据轧件在粗轧轧线上的不同位置进行多次设定触发。设定计算多次触发的目的是根据现场轧制工况的变化来不断调整轧制规程，使规程设定值更加接近实际值。在生产现场的操作人员也可以对前次设定计算的结果进行修正，修正值将作用于下次设定计算。粗轧规程设定计算流程如图 1.5 所示。

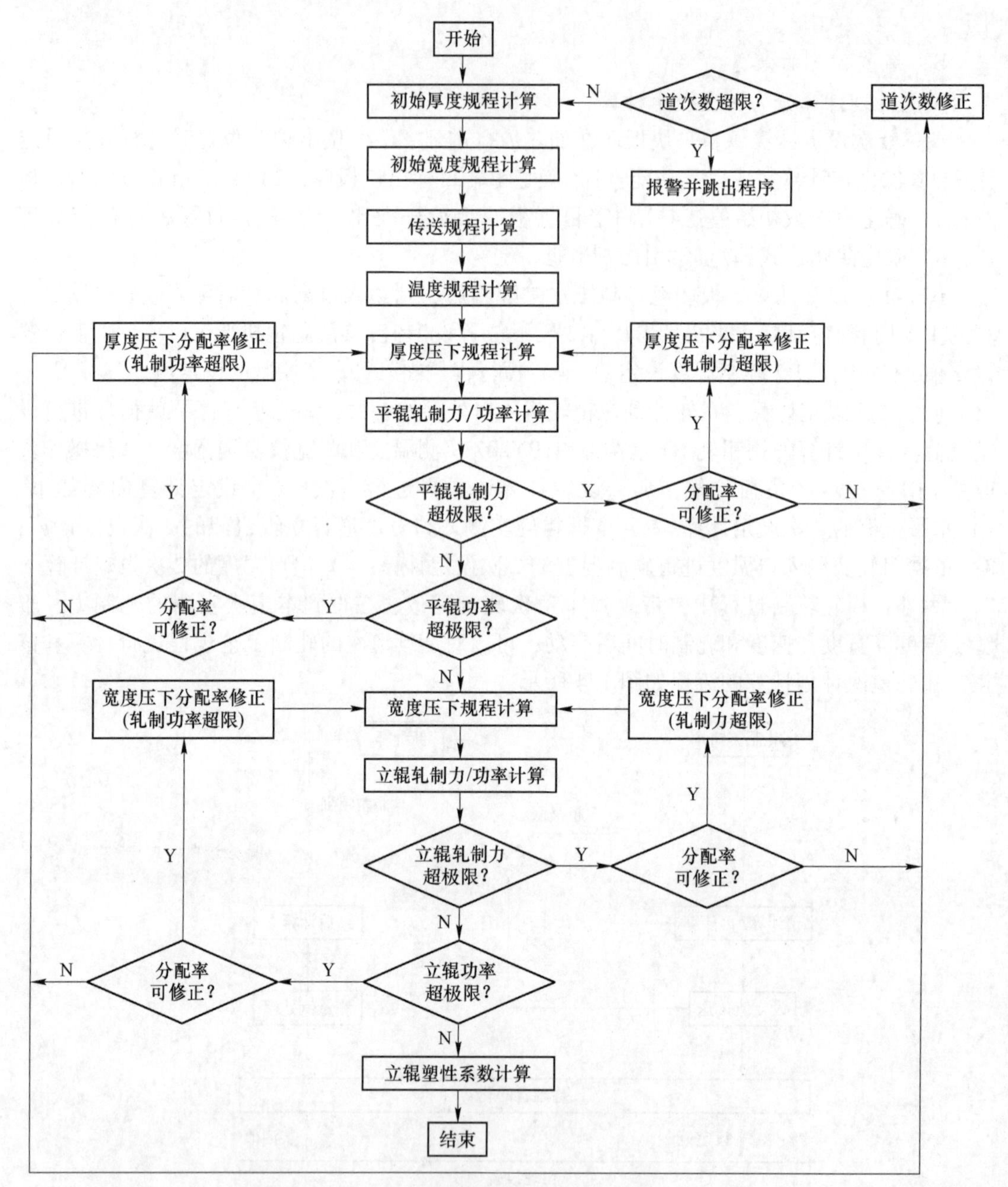

图 1.5　粗轧规程设定计算流程图

规程设定计算流程包括：

(1) 初始厚度压下规程计算。由轧制道次模式、板坯来料厚度、粗轧中间坯目标出口厚度以及初始化的各道次厚度压下量分配比得到初始厚度压下规程。

(2) 初始宽度压下规程计算。根据初始厚度压下规程得到的各道次出口厚度，首先计算只有平辊压下时的总宽展量，再按照目标宽度压下分配比分配给各个立辊轧制道次，并再次计算总宽展量，如此循环迭代直至计算得到的粗轧出口带钢宽度与目标宽度的偏差小于某一指定精度时，得到宽度压下规程。

(3) 传送规程计算。根据轧件出炉后在各段辊道上的运行速度、加（减）速度、各道次轧制过程的速度机制以及粗轧轧线上设备的布置位置，利用标准的物理运动方程，计算出轧件在粗轧轧线上各段的传送时间以及各道次的轧制时间和间歇时间。

(4) 温度规程计算。根据板坯出炉温度和机架间除鳞模式，结合传送规程得到的轧件在粗轧轧线上各段的传送时间以及各道次的轧制时间和间歇时间，利用水冷、空冷温降模型以及塑性变形发热、轧件与轧辊之间的摩擦发热、轧件与轧辊接触传热等模型计算得到轧件依次经过粗轧各个区域时的温度变化。

(5) 厚度压下规程计算。采用厚度压下量分配比模式，遵循各道次相对厚度变化率相等的原则，采用交替迭代的综合等负荷分配法，迭代计算厚度综合等负荷函数值，得到最终的厚度压下规程，进而计算出各道次的水平辊轧制力和轧制功率。

(6) 水平辊轧制负荷校验。检查当前规程计算出的各道次水平辊的轧制力或轧制功率是否超过极限值，如果两者中任一者超限，修正厚度压下负荷分配比，并重新计算厚度压下规程。

(7) 宽度压下规程计算。根据厚度压下规程计算得到的各道次出口厚度，计算无立辊压下时的总宽展量，将总的宽度压下量按比例分配给各个立辊轧制道次，遵循相对宽度变化率相等的原则，采用交替迭代的综合等负荷分配法（其算法流程详见第4章），迭代计算宽度综合等负荷函数值，得到最终的宽度压下规程。进而计算出各立辊轧制道次的轧制力和轧制功率。

(8) 立辊轧制负荷校验。检查当前规程计算出的各立辊轧制道次的轧制力或轧制功率是否超过极限值，如果两者中任一者超限，修正宽度压下负荷分配比，并重新计算宽度压下规程。

(9) 修正总轧制道次数。在当前总轧制道次数下，如果对厚度压下负荷分配比或宽度压下负荷分配比进行修正后负荷仍然超限，则要将道次数增加2，再重新开始规程设定计算。如果当前总轧制道次数已达到最大许可道次数，则报警并跳出程序[3]。

D 模型自学习

粗轧轧制完毕后，需要利用PDI数据、实测数据和设定模型的预计算数据等进行模型参数的自学习，及时更新层别数据，提高设定模型的预测精度。

粗轧阶段的自学习有两个触发时刻：一是轧件到达粗轧区出口，得到粗轧出口测宽仪的实测宽度和高温计的实测温度后触发，学习的内容为粗轧各道次的轧制力和宽展量以及粗轧出口温度；二是轧件到达精轧区出口，得到精轧出口测宽仪的实测宽度后触发，学习的内容是精轧出口宽度。在进行自学习之前，需要检查各种实测数据的合理性，对实际采样数据进行极限值检查，判断设定值与实际值的偏差是否超过了给定的极限值。如果实际采样数据异常时，就输出报警，对本块钢不再进行模型参数的自学习，以避免由于实际采样数据异常而造成错误的自学习[4]。

(1) 轧制力的自学习。平辊和立辊轧制力的自学习采用乘法自学习形式。以水平辊为例，在自学习计算前，首先需要利用实测轧制力反求出当前实际出口厚度，这是因为此时实际出口厚度不等于预设定的出口厚度，不能把实测轧制力与预计算轧制力直接比较；而是得到实际出口厚度后，利用实测温度、实测宽度、轧制速度、轧辊半径，根据入口厚度和实际出口厚度再次计算出轧制力，最后进行比较，得到新的轧制力自学习系数。

（2）宽展量的自学习。粗轧宽展量的自学习采用乘法自学习形式。在自学习计算前，利用粗轧区测宽仪测得各道次的实测宽度，结合实测的轧制力和实测辊缝重新计算各道次的实际宽展量，将实际宽展量与预计算的宽展量进行比较，得到新的宽展量自学习系数。

（3）粗轧出口温度的自学习。粗轧出口温度的自学习采用乘法自学习形式。利用粗轧出口高温计得到粗轧出口的实测温度，进而得到轧件出炉后在粗轧区的实际总温降。利用水冷、空冷温降模型及塑性变形发热、摩擦发热、轧件与轧辊接触传热等模型得到粗轧区总温降的预计算值，通过比较更新粗轧出口温度自学习系数。

（4）精轧出口宽展量的自学习。精轧出口宽度的自学习采用加法自学习形式。利用精轧出口测宽仪得到带钢在精轧出口的实测宽度，再使用粗轧末道次出口的宽度设定值和宽度余量计算得到精轧宽展量的瞬时值，进而更新精轧宽展量的自学习系数。

1.2.2.2 粗轧区基础自动化系统

A 立-平轧微张力控制

立辊轧机和平辊轧机进行轧制时形成连轧，通常需要在二者之间保持一定张力。因为钢坯表面不均匀及通体各段温度不可能完全一致，在轧制过程中，二者之间中间坯的张力就会不断发生变化，特别是在轧制的后几个道次，中间坯的厚度越来越薄，张力的变化将会直接影响中间坯的宽度。因此，需要采取措施将此张力控制在合理的范围内，以保证产品的质量，减少事故发生。

微张力控制的关键在于如何比较准确地检测出张力，并能保证一定精度，然后再去对张力进行控制。粗轧区机架连轧微张力控制的方法目前一般采用头部力臂记忆法，由于张力对轧制力及轧制力矩的影响不同，而温度对轧制力及轧制力矩的影响基本相同，因此采用轧制力/轧制力矩比法后可消除温度波动对张力控制的影响。

B SSC 短行程控制

立辊的侧压使得带钢的头尾缩窄和呈鱼尾形，经水平轧制后这种变形不但不会消除反而会加长，使得带钢进入精轧前的头尾切损量增加，降低了金属的收得率，并使带钢头尾的宽度偏差增加。为了减少这种带钢头尾失宽情况，提高带钢成材率和带钢宽度控制精度，采用短行程控制。

短行程控制的基本思想是根据轧制时板坯头尾部收缩的轮廓曲线，使立辊开口度从板坯头部到尾部按照一定曲线规则变化，与轮廓曲线对称而相反，以补偿板坯头尾部失宽量；再经过随后的水平轧制，使头尾部的失宽量减少到最低限度，头尾形状更加规则，以减少切削损失。

典型的短行程曲线表示为轧件头（尾）部长度与立辊开口度修正量的函数关系。为便于控制，短行程曲线通常是由单条或多条线段组成，工程中常用的折线短行程曲线如图1.6所示。考虑到液压设备的响应特性，高次短行程曲线在实际处理中采用多段折线处理方式。

C AWC 自动宽度控制

在轧制过程中，由于轧件头尾部和中部的金属塑性流动规律不同，在轧件头尾部将会发生异常变形而使宽度产生超差。轧件的宽度波动主要由以下4部分组成：

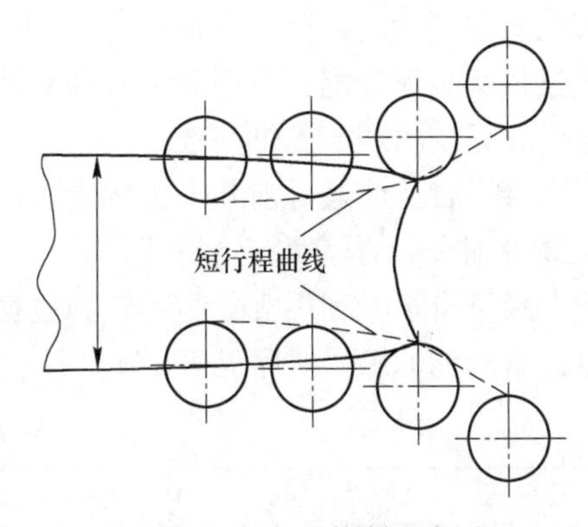

图 1.6 短行程控制示意图

（1）来自连铸的板坯自身的宽度波动：1）由于连铸结晶器在宽度方向上的波动，连铸出的板坯两侧并不是完全平直的，容易造成板坯长度方向上的宽度波动；2）连铸结晶器在线调宽过程造成的板坯宽度波动。

（2）温度不均引起的宽度波动。加热炉加热过程中留在板坯上的火焰点（高温区）以及加热炉步进梁遗留在板坯上的水印（低温区）都将使板坯在长度方向上温度不均，在后续轧制过程中温度不均的板坯的宽度变化规律不尽相同，造成板坯长度方向上的宽度波动。

（3）精轧活套引起的宽度波动。精轧速度、张力控制模型的计算偏差将引起精轧机架间的张力产生较大波动，造成精轧起套及摆动过程中的拉钢，使在精轧机架内的带钢宽度局部拉窄。

（4）卷取引起的宽度波动。卷取机的速度环向张力环切换的过程中，卷筒超前速度分量的能量释放出来，在卷取机与精轧机之间的带钢上形成张力，造成带钢宽度局部拉窄。

为了补偿板宽的这种波动，要求自动控制系统对于各种扰动能够进行动态调节，由此开发了 AWC 自动宽度控制策略。

（1）反馈控制：反馈控制首先确定一个宽度目标值，然后与出口宽度的实际测量值进行比较以得到宽度偏差。按照反馈控制算法对此偏差进行运算，形成调节量后输出给立辊液压系统，改变立辊轧机的有载辊缝，以使立辊的出口宽度向目标值趋近。这个过程将周而复始地持续下去，直至轧件离开本机架为止。

（2）前馈控制：前馈控制采用预控原理来调宽，即用入口测宽仪测量值和目标值比较，预先估计出将产生的入口宽度偏差，由此确定辊缝的补偿量；然后，根据检测点到达轧机的时间，并考虑辊缝定位所需时间，实现宽度控制。

（3）缩颈补偿：缩颈（局部宽度变窄）是精轧机组活套起套时对钢套冲击以及卷取机咬入带钢后由速度控制切换到张力控制切换不当造成的。为避免这一现象的产生，由粗轧过程计算机根据模型计算出产生瓶颈补偿位置，给予准确的轧件位置跟踪，实现立辊开口度修正，补偿局部宽度变窄。

1.2.3 精轧区计算机控制系统

1.2.3.1 精轧区过程控制逻辑与功能

精轧区在过程控制级的主要作用是通过数学模型的计算，完成各设备的参数设定，从而提高带钢成品头部的厚度、温度、凸度及平坦度等质量目标的命中率，为带钢全长的质量控制提供良好的初始状态[5]。对热连轧生产线精轧区来说，过程控制主要包括以下3个方面：模型设定计算、穿带自适应和模型自学习。模型设定计算是过程控制系统的核心，通过最优负荷分配，应用数学模型对轧制规程进行计算，保证轧制过程的稳定性，为基础自动化系统的调节提供基准。

穿带自适应通过前几个机架的实际轧制数据，对后续机架的设定值进行进一步优化，提高带钢头部的厚度控制精度。

模型自学习利用实际测得轧制过程数据来修正轧制过程数学模型，提高模型设定的精度。各功能的触发时序见表 1.1。

表 1.1 模型触发时序

序号	功 能	触 发 逻 辑	触发信号源
1	一次设定计算	加热炉出钢	加热炉出口高温计
2	二次设定计算	粗轧末道次抛钢	粗轧出口高温计
3	三次设定计算	精轧入口高温计	精轧入口高温计
4	穿带自适应	目标机架数据采集完毕	目标机架测量仪表
5	模型自学习	机后仪表数据采集完毕	精轧机后测量仪表

A 模型设定计算

模型设定计算基于轧制理论数学模型，在已知来料数据和成品数据的前提下，按照工艺限制条件进行压下最优分配，确定各机架的出口厚度、带钢的穿带速度和轧制加速度，保证精轧出口的温度，并通过预报轧制力确定各机架的辊缝位置，最后通过将轧制规程下发至基础控制级和 HMI 人机界面，完成整个轧制流程。模型设定计算流程如图 1.7 所示。

模型设定计算的功能主要有：确保负荷分配功能、确保终轧温度功能和力能参数计算功能。

a 确保负荷分配功能

确保负荷分配任务是根据将要进入轧机的坯料初始数据及成品目标数据，对轧机各机架的负荷进行分配，即确定各机架的出口厚度。

目前生产现场多使用基于目标函数求解的方式进行负荷分配。按照多目标优化的方法，综合考虑轧制力、功率和板形，通过求解目标函数最优解获得各机架的出口厚度。

为获取有效的轧制规程，需要考虑现场设备的实际生产能力，在不损害设备的前提下，使各设备充分发挥最大的生产能力。为确定合适的目标函数，需要考虑以下条件：首先，为保证带钢的物理性能，需要确定合理的穿带速度，保证精轧出口温度；其次，轧制力分配必须合理，既要考虑保证轧制力均衡条件，又需要满足维持板形最优条件；此外还需考虑机架最大轧制力限幅；最后，为充分利用电机设备能力，应使各机架的相对电机功率尽可能相等。目标函数的求解流程如图 1.8 所示。

首先，根据实际的 PDI 数据，以目标厚度和目标终轧温度为基础，进行各机架出口厚度和初始穿带速度的计算。

其次，根据已知数据计算各轧制参数，包括轧制力及电机功率，预报终轧温度，并判断终轧温度是否超限，若超限则进行穿带速度调整。

最后，进行目标函数的计算，计算完成之后进行收敛条件判断：若满足收敛条件，则

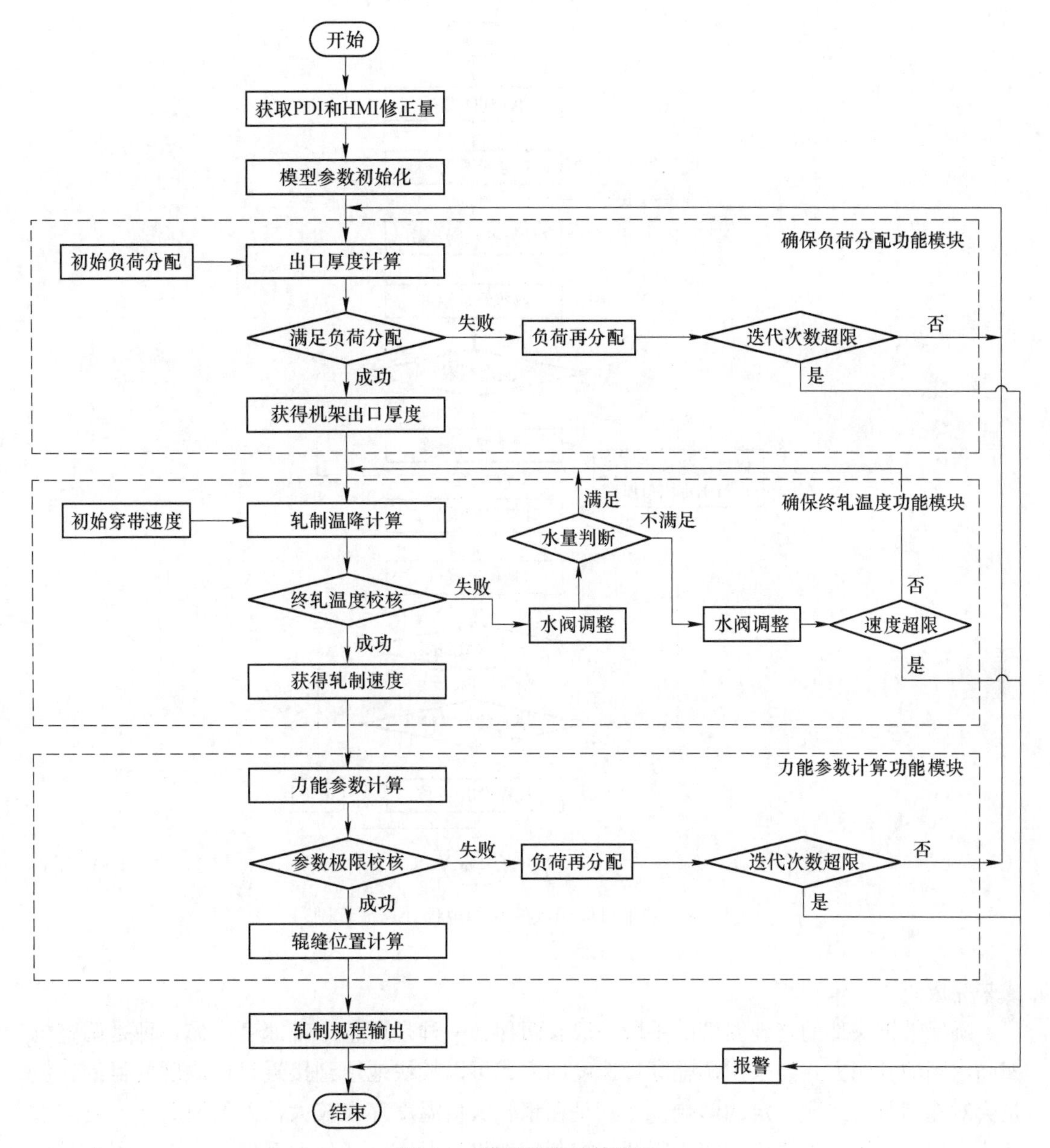

图 1.7 模型设定计算流程

校核规程并输出；若不满足，则重新进行迭代计算；若在最大迭代次数之内满足收敛条件，则进行规程校核并输出；若超过最大次数，则给出报警。

b 确保终轧温度功能

热轧带钢终轧温度决定了轧后的金相组织和力学性能，同时还会影响轧件表面的氧化铁皮生成，影响带钢的表面质量。终轧温度的控制主要包括带钢头部的终轧温度的命中和带钢全长的温度均匀性两项指标，带钢头部终轧温度命中的目的是将带钢头部离开精轧机组时的温度控制在工艺要求的范围内，为带钢全长的温度控制提供良好的初始条件；带钢全长温度的均匀性由 FTC（Finishing Temperature Control）功能采用预控和反馈相结合的方

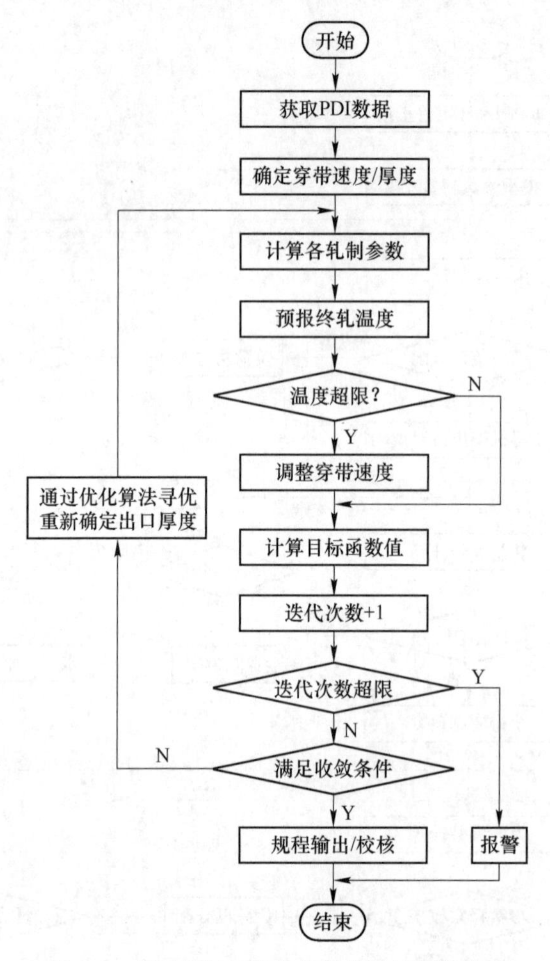

图 1.8 基于目标函数的轧制规程计算流程图

式来完成。

确保带钢头部的终轧温度的手段一般有两种，一种是调整穿带速度，另一种是调整机架间水阀的开闭方式。采用调整穿带速度的方式可以较快地达到接近目标温度的目的，但是会对轧制节奏造成一定的影响，尤其是在精轧入口温度存在较大偏差的情况下。对多数轧线来说，采用开关式机架间水阀开闭控制精轧出口温度；部分大型生产线上采用流量可调式水阀，通过建立流量-温降曲线控制出口温度。机架间水由于受到喷嘴堵塞、流量、水压和水温的影响，单独通过水阀开闭会影响到温度控制的精度，在一般情况下，头部的终轧温度采用调节穿带速度为主、水阀开闭为辅的方式。

c 力能参数计算功能

在力能参数计算过程中，轧制力的预报和辊缝位置的预报是两个最重要的方面，是保证成品质量的重要影响因素。

轧制力的预报功能

轧制力计算模型在热连轧过程控制系统中占有十分重要的地位，轧制力的预报精度直接影响到轧机弹跳的计算，对带钢头部厚度精度产生直接的影响。轧制力一般由下式进行计算：

$$F = 1.15lw\sigma Q_p \tag{1.1}$$

式中，l 为接触弧长水平投影；w 为轧件平均宽度；σ 为轧件平均变形抗力；Q_p 为外摩擦等因素对应力状态的影响系数。

轧制力矩计算的精确程度将直接关系到轧制功率计算的准确性，它与轧制力、压下量、外部摩擦、带钢张力等因素有关。热轧带钢经常采用的轧制力矩 G 的计算模型为：

$$G = \lambda lF \tag{1.2}$$

式中，λ 为力臂系数。

在研究力臂系数的过程中，瓦尔克韦斯特，尼基京，以及很多美国学者做了大量的研究，在实际应用过程中，一般取首机架力臂系数为 0.48，后续机架的力臂系数逐渐减小，最末机架的力臂系数为 0.39[6]。

轧制过程电机功率 P 按下式计算：

$$P = 9.81\frac{1}{\eta} \cdot \frac{2v}{R}G \tag{1.3}$$

式中，v 为轧辊线速度，m/s；R 为轧辊半径，m；η 为电机效率。

辊缝位置的预报功能

精轧机组辊缝设定的准确与否直接决定了产品的厚度精度，带钢的厚度 h 与辊缝位置 S_0 和轧机弹跳值 δ_F 之间的关系可以用弹跳方程来描述：

$$h = S_0 + \delta_F = S_0 + \frac{F}{M} \tag{1.4}$$

式中，M 为轧机刚度，表示轧机产生单位弹跳量所需的轧制力大小，kN/mm。

在实际应用过程中，辊缝位置的计算还需要考虑轧制过程中各因素的影响，弹跳方程可以采用如下所示的结构形式：

$$h = S_0 + \delta_F + \delta_{oil} + \delta_{width} + \delta_{wear} + \delta_{exp} + \delta_{adapt} \tag{1.5}$$

式中，δ_F 为轧机弹跳值，$\delta_F = \frac{F}{M}$，mm；δ_{oil} 为油膜厚度补偿量，mm；δ_{width} 为宽度补偿量，mm；δ_{wear} 为轧辊磨损量，mm；δ_{exp} 为轧辊热膨胀量，mm；δ_{adapt} 为辊缝学习量，mm。

B 穿带自适应

精轧区除鳞造成的温降计算误差以及中间坯厚度的偏差会造成轧制力的预报偏差，需要对下游机架的辊缝和速度值进行修正，保证带钢头部的厚度控制精度[7]。当带钢头部进入精轧机组前 2~3 个机架时，由于带钢速度较慢，有足够的时间进行模型的自适应过程；对于后几个机架，由于带钢速度变快，调节时间太短而不能实现穿带自适应功能。当带钢头部被前几个机架咬入，轧制力和辊缝等实测数据采集完成之后，重新进行后续机架轧制参数的修正，并将结果传递给基础自动化，控制相应设备动作，从而完成穿带自适应功能。穿带自适应流程图如图 1.9 所示。

穿带自适应的计算主要包括 3 个方面的内容：轧制力的再预报、辊缝位置的修正和穿带速度的匹配[8]。

a 轧制力的再预报

轧制力的再预报主要通过修正变形抗力的预报偏差值实现。先根据带钢头部的实测轧

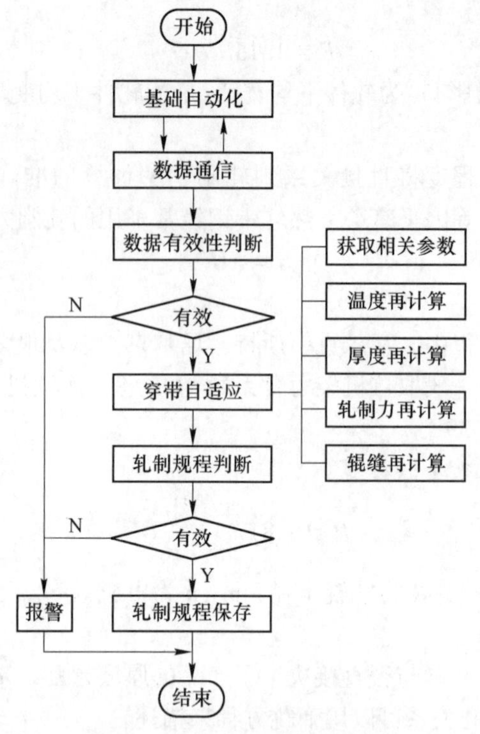

图 1.9　穿带自适应流程图

制力 F_i^* 反算得到变形抗力实测值 $\overline{\sigma}_i^*$：

$$\overline{\sigma}_i^* = f^{-1}(F_i^*, R, H, h, v, \mu, \tau)_i \tag{1.6}$$

式中，i 为机架号。

再与变形抗力预报值相比较，得到变形抗力预报偏差值 $\delta\sigma_i$：

$$\delta\sigma_i = \frac{\overline{\sigma}_i}{\overline{\sigma}_i^*} - 1 \tag{1.7}$$

根据上式分别计算 F1 和 F2 的变形抗力预报偏差值 $\delta\sigma_1$ 和 $\delta\sigma_2$，F2 机架的平均变形抗力预报偏差值为：

$$\delta\overline{\sigma}_2 = \alpha_1\delta\sigma_1 + (1 - \alpha_1)\delta\sigma_2 \tag{1.8}$$

式中，α_1 为模型系数。

由式（1.8）可以进一步计算 F3 机架的平均变形抗力的偏差估算值：

$$\delta\overline{\sigma}_3 = (1 + \delta\overline{\sigma}_2)(1 + \alpha_2\delta\overline{\sigma}_2) - 1 \tag{1.9}$$

式中，α_2 为模型系数。

b　辊缝位置的修正

根据变形抗力的预报偏差值，可以重新对下游机架的轧制力进行预报，根据轧制力 F_i' 可以计算新的辊缝值 S_i'，从而获得修正之后的下游机架的辊缝值。

为提高运算效率，出口厚度偏差可以根据增量方程计算得到，第 i 机架的出口厚度偏差为：

$$\delta h_i = \frac{1}{M+Q}\left[\left(\frac{\partial F}{\partial h}\right)_i \delta h_{i-1} + \left(\frac{\partial F}{\partial \sigma}\right)_i \delta \sigma_i\right] \tag{1.10}$$

式中，h_i 为第 i 机架的出口厚度；F 为轧制力值；M 为轧机的刚度系数；Q 为轧件的塑性系数。

故 F3 的出口厚度偏差为。

$$\delta h_3 = \left(\frac{\frac{\partial F}{\partial h}}{M+Q}\right)_3 \delta h_2 + \left(\frac{\frac{\partial F}{\partial \sigma}}{M+Q}\right)_3 \delta \overline{\sigma}_3 \tag{1.11}$$

第 4 机架的辊缝修正值 δS_4 为：

$$\delta S_4 = \left[\left(\frac{\frac{\partial F}{\partial h}}{M}\right)_4 \delta h_3 + \left(\frac{\frac{\partial F}{\partial \sigma}}{M}\right)_4 \delta \overline{\sigma}_4\right] \tag{1.12}$$

第 i 机架（$i = 4 \sim n$）需要修正的辊缝值 δS_i 为：

$$\delta S_i = \left[\left(\frac{\frac{\partial F}{\partial h}}{M}\right)_n \delta h_{n-1} + \left(\frac{\frac{\partial F}{\partial \sigma}}{M}\right)_n \delta \sigma_n\right] \tag{1.13}$$

c 穿带速度的匹配

为保证穿带过程的顺利进行，当下游机架辊缝发生变化时，需要对速度进行调整，以满足机架间秒流量恒定的需要，按照秒流量计算公式：

$$h_i v_i f_i = (h_i + \delta h_i)(v_i + \delta v_i) f'_i = \text{const} \tag{1.14}$$

通过对机架前滑值的重新计算，得到各机架的速度修正量 δv_i：

$$\delta v_i = \left[\frac{h_i}{(h_i + \delta h_i) f'_i} - 1\right] v_i \tag{1.15}$$

式中，f'_i 为前滑再计算值。

C 模型自学习

由于数学模型本身存在误差，轧制过程中过程状态的变化会引起模型预报的偏差。需要实时地修正数学模型中的参数，使之能自动适应过程状态的变化，减小过程状态变化所造成的误差，此过程称作数学模型自学习。

精轧过程模型自学习主要包括轧制力模型、辊缝位置模型和温度模型的自学习过程。三者相互影响，是一个有机结合的整体，自学习过程需要对它们进行综合考虑，如图 1.10 所示。

在进行模型自学习之前，需要进行数据准备，由于精轧区机架之间无相应的测量仪表，轧制过程中轧件的厚度、宽度、速度等主要自学习参数无法直接得到，必须使用物理模型对这些中间变量进行预估。

实际的轧制厚度可以由秒流量厚度和弹跳方程计算得到；轧件速度的预估主要根据各机架电机的实测轧辊线速度，由前滑再计算值计算得到；根据温度、厚度和速度即可以得到变形抗力再计算值；轧件宽度的预估根据出口测宽仪实测得到，将宽度的偏差量按照一定的比例系数分配到各机架上，从而获得各机架出口轧件宽度。

温度的预估是对精轧预报出口温度和出口实测温度进行比较，将偏差量分配到各机架

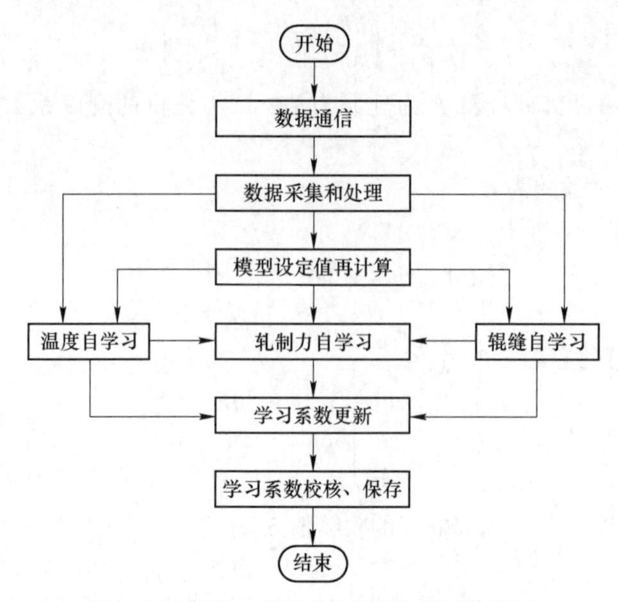

图 1.10 温度、轧制力和辊缝自学习关联图

上，从而获得各机架的预报温度，此过程即为温度自学习过程。

辊缝位置自学习的过程主要是根据秒流量恒定的原则，反算出各机架的出口厚度；而根据轧制过程中的实际轧制力和辊缝位置可以按照弹跳方程计算各机架的出口厚度值，与秒流量厚度相比较即可得到弹跳方程的偏差，从而完成辊缝位置的自学习过程。

根据实际轧制过程中的工况条件，在考虑轧制过程中机架间冷却水量及实测成品温度、速度和厚度等数据的基础上，进行各机架预报温度的修正，之后重新对轧制力进行预报（即根据现有条件重新进行轧制力的设定计算），将再预报的轧制力与轧制过程中的实测轧制力进行对比，计算得到新的轧制力自学习系数，完成轧制力自学习过程。

1.2.3.2 精轧区基础自动化系统

A 活套高度-张力解耦控制系统

活套控制系统是一个双输入双输出的多变量耦合系统。该系统从活套支持器的基本运动关系出发，推导出其在基准点附近的线性化数学模型，并给出了活套高度-张力控制系统的传递函数矩阵。

采用频域多变量矩阵对角优势解耦方法对活套高度-张力解耦控制器进行设计，根据设计出的对系统具有解耦功能的交叉控制器 $\boldsymbol{C}(s)$ 矩阵，通过高性能的 PLC 控制器实现，完全消除了活套高度和张力两者之间的互相干扰，保证了生产的正常运行。

活套高度-张力解耦控制系统如图 1.11 所示。

B AGC 自动厚度控制系统

精轧过程 AGC 控制系统包括前馈 AGC 控制、厚度计 AGC 控制、监控 AGC 控制以及 AGC 相关补偿控制等[9]。

a 前馈 AGC 控制

前馈 AGC 控制是根据实测辊缝、实测轧制力以及入口厚度，实时计算出口轧件的厚

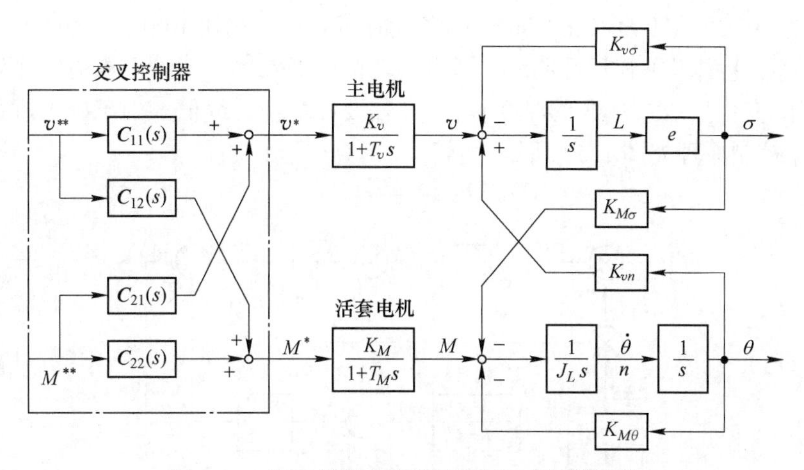

图 1.11　具有前置交叉控制器的活套控制系统

度和塑性系数并送入寄存器；第 i 机架的入口厚度通过跟踪第 $i-1$ 机架出口厚度得到，跟踪方法将在后文中详述。第 $i+1$ 机架根据存放于寄存器中的第 i 机架出口厚度和塑性系数来预估带钢在本机架出口带钢厚度偏差，并通过液压压下系统提前调节辊缝来消除来料厚度和塑性系数变化对本机架轧出厚度带来的不利影响。图 1.12 为东北大学 RAL 实验室所开发的一类基于塑性系数的前馈 AGC 系统示意图。

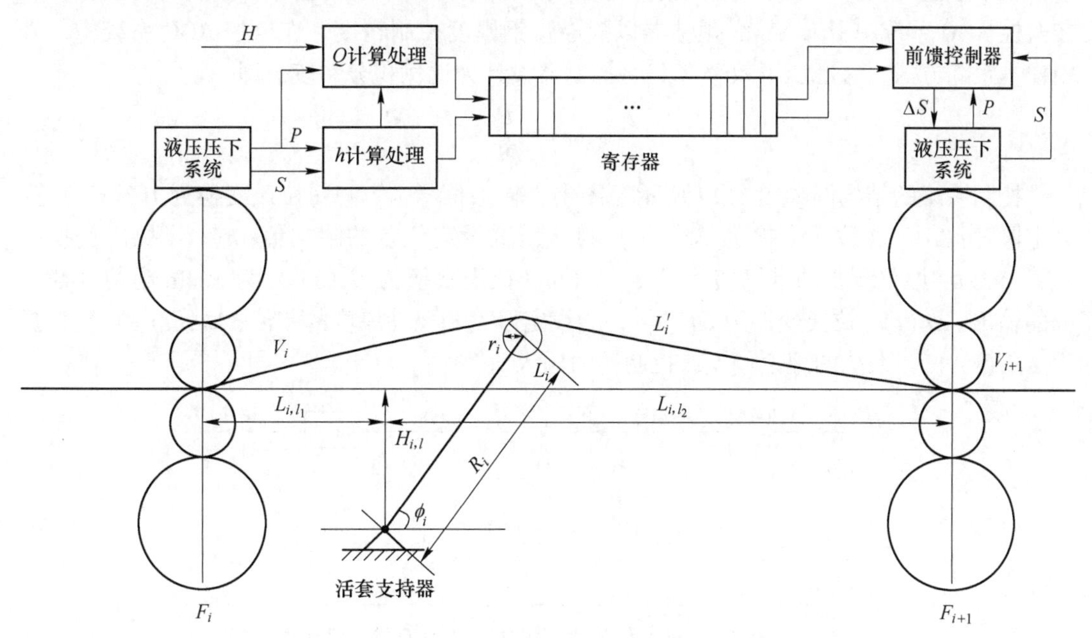

图 1.12　前馈 AGC 系统示意图

b　GM-AGC 控制

GM-AGC（厚度计 AGC）的基本原理是把轧机本身当作测厚仪，根据采集到的轧制力和辊缝利用弹跳方程间接计算带钢厚度。将实测的弹跳厚度与头部锁定的弹跳厚度之间的偏差送入 GM-AGC 控制器中，控制器的输出附加到 HGC 环节上来调整轧机辊缝消除偏差。

相比监控 AGC，GM-AGC 的实时性更强且时滞较小。相比 BISRA、AGC，GM-AGC 在弹跳方程的基础上引入了弹塑性曲线。考虑到轧机压下效率，消除由当前实测轧制力变化量 ΔP_0 和辊缝变化量 ΔS_0 造成的厚度差 Δh，需要在当前辊缝值 S 的基础上进行修正，修正量为 ΔS。控制原理如图 1.13 所示。

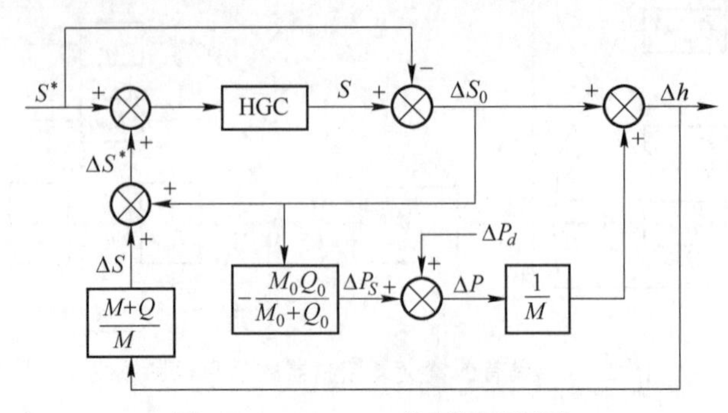

图 1.13　GM-AGC 控制原理框图

c　监控 AGC 控制

监控 AGC 的主要功能是利用测厚仪实时监测出口厚度，并将其反馈到监控 AGC 控制器中，控制器的输出量最终作用于精轧机架的辊缝位置修正[10]。

由于热连轧机测厚仪厚度变化量的检测存在滞后时间 τ，严重影响系统的稳定性，故在监控 AGC 系统中引入 Smith 预估器以提高带钢厚度控制精度。在监控 AGC 系统中，采用样本跟踪方式，考虑压下效率 K，将控制器设计为比例积分系统，即

$$G_c(s)=\frac{P}{S} \tag{1.16}$$

控制系统的结构图如图 1.14 所示。图中，输入信号 $h^*(t)$（拉氏变换为 $H^*(s)$）为设定厚度；$\Delta s(t)$（拉氏变换为 $\Delta S(s)$）为液压缸设定位置的附加值；$h(t)$（拉氏变换为 $H(s)$）为测厚仪测得的带钢实际厚度；$h_\tau(t)$（拉氏变换为 $H_\tau(s)$）为 Smith 超前补偿部分的输出；$\Delta h(t)$（拉氏变换为 $\Delta H(s)$）为设定厚度和反馈厚度的差值；$\Delta h_\tau(t)$（拉氏变换为 $\Delta H_\tau(s)$）为系统的理论偏差或控制器的输入值。

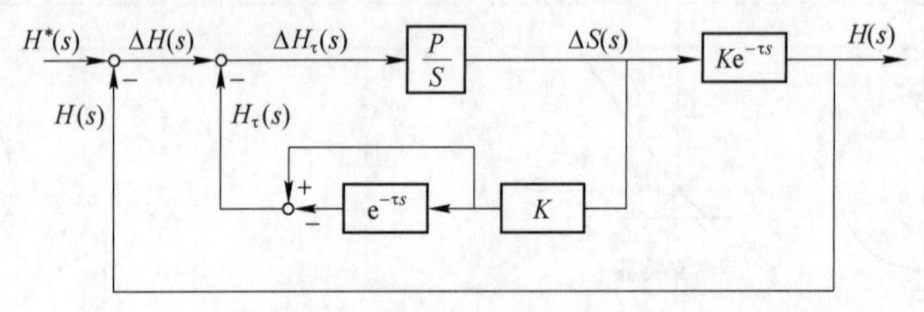

图 1.14　带 Smith 补偿的比例积分监控 AGC 控制系统框图

由图 1.14 可知：

$$\frac{s\Delta S(s)}{P}=\Delta H(s)-H_\tau(s)=\Delta H(s)-K\Delta S(s)+K\mathrm{e}^{-\tau s}\Delta S(s) \tag{1.17}$$

利用与定时离散化类似的方法，由于速度是变化的，导致带钢定长采样时间不一样。设 i 时刻的采样时间为 $T_s(i)$，对式（1.17）进行定长样本的离散化，并将一阶微分环节

近似处理为式（1.18）：

$$s\Delta S(s) \approx \frac{\Delta S(i) - \Delta S(i-1)}{T_s(i)} \tag{1.18}$$

将式（1.18）代入式（1.17）并整理，有：

$$\Delta S(i) = (1-a)\Delta S(i-1) + a\Delta S(i-\tau) + \frac{a}{K}\Delta h(i) \tag{1.19}$$

式中，a 为消差因子。

由式（1.19）可见，当前辊缝修正量 $\Delta S(i)$ 与当前的厚度偏差 $\Delta h(i)$、第 $i-1$ 次的辊缝修正量 $\Delta S(i-1)$、第 $i-\tau$ 次的辊缝修正量 $\Delta S(i-\tau)$ 有关。

C 自动板形控制系统

a 板形动态补偿控制

在带钢实际轧制中，随着轧制节奏的变化，轧制力会产生波动（由于 AGC 调整、带钢温度和厚度波动等影响因素），轧制力的波动会改变有载辊缝，同时由于轧辊磨损和轧辊热变形的存在，轧辊辊形会发生变化，从而也会改变有载辊缝，影响到板形控制质量。

对于单卷带钢的轧制来说，轧辊磨损变化值对有载辊缝影响较小，因此只考虑轧辊热变形变化和轧制力变化的影响。为了保证通带板形控制效果，工作辊弯辊力需根据轧辊热变形变化和轧制力变化而进行相应的前馈调节控制。板形的前馈控制流程图如图 1.15 所示。

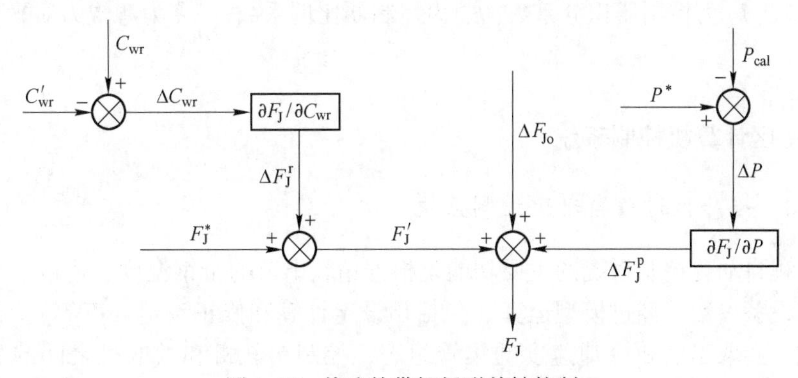

图 1.15 热连轧带钢板形前馈控制

b 凸度反馈控制

如果热连轧机组出口安装有凸度检测仪表，可以对带钢凸度实施反馈控制，即根据检测仪表的测量值与目标值的偏差，对相关机架的弯辊力进行反馈修正，以减小带钢目标凸度偏差。

采用 PI 控制器的凸度反馈控制模型如式（1.20）所示：

$$\Delta F_{Ji}(k) = k_{ai}\left[k_{Pi}\Delta C_i(k) + k_{Ii}\sum_{j=0}^{k}\Delta C_i(j)\right]\frac{\partial F_{Ji}}{\partial C_i} \quad i = 1 \sim 6 \tag{1.20}$$

式中，$\Delta F_{Ji}(k)$ 为第 i 机架在第 k 个控制周期末时刻弯辊力修正量，kN；k_{ai} 为增益系数；$\Delta C_i(k)$ 为第 k 个控制周期末凸度偏差，μm；k_{Ii} 为控制器积分系数；k_{Pi} 为控制器比例系数；$\partial F_{Ji}/\partial C_i$ 为弯辊力对板凸度增益系数，kN/μm。

c 平直度反馈控制

带钢平直度反馈控制是指弯辊机构根据平直度测量值和目标平直度之间的偏差，基于相关数学模型，对弯辊力进行反馈调节，以保证板形控制质量。如图 1.16 所示，平直度反馈控制系统包括平直度测量、数据有效性检查、缺陷识别、执行机构的调整等。

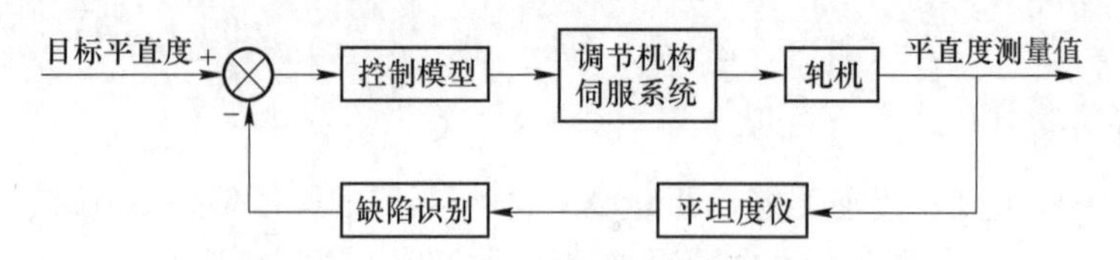

图 1.16 平直度反馈控制系统构成图

平直度反馈控制采用 PID 控制器，这是因为其具有结构简单、原理清晰、参数易调以及无需预先知道对象的数学模型等优良性能。采用 PID 控制器的平直度反馈控制模型如式（1.21）所示：

$$\Delta F_{\mathrm{J}}(k)=\left(k_{\mathrm{P}}e_{\mathrm{f}}(k)+k_{\mathrm{I}}\sum_{i=0}^{k}e_{\mathrm{f}}(i)+k_{\mathrm{D}}\Delta e_{\mathrm{f}}(k)\right)\frac{\partial F_{\mathrm{J}}}{\partial e_{\mathrm{f}}} \tag{1.21}$$

式中，$\Delta F_{\mathrm{J}}(k)$ 为第 k 个控制周期末时刻弯辊力的修正量，kN；$e_{\mathrm{f}}(k)$ 为第 k 个控制周期末平直度偏差，I；$\Delta e_{\mathrm{f}}(k)$ 为第 k 个控制周期与上个控制周期平直度偏差的差值，I；k_{D} 为控制器微分系数；k_{I} 为控制器积分系数；k_{P} 为控制器比例系数；$\frac{\partial F_{\mathrm{J}}}{\partial e_{\mathrm{f}}}$ 为弯辊力对平直度增益系数，kN/I。

1.2.4 层冷区计算机控制系统

1.2.4.1 层冷区过程自动化控制系统

层冷过程自动化控制系统的主要功能是根据精轧出口的带钢温度、速度、厚度等数据和其他工艺设备参数，经过模型运算（包括预设定计算和修正设定计算等），得出达到目标冷却模式、卷取温度和冷却速度的集管组态，控制精轧机和卷取机之间的冷却集管的 ON/OFF 状态，实现冷却过程的自动控制。过程控制系统主要由数据通信模块、过程跟踪模块、模型计算模块以及数据库等组成。模型计算模块是过程控制系统的核心，它根据在线数据与工艺要求进行运算，设定合理的冷却工艺参数；过程跟踪模块是过程控制系统的管理者，实现跟踪在线轧件、调度功能模块、触发模型计算等功能。数据通信模块是过程控制系统与外界的接口，主要完成过程机与基础自动化系统、数据库、人机界面系统以及外界系统的数据通信。数据库用于存储实时数据、模型层别数据以及模型计算结果，保存历史工艺参数。数据库是报表系统的基础，轧后冷却报表使用数据全部来自数据库。过程自动化控制系统的主要功能如下：

（1）利用过程跟踪模块对轧线上的轧件进行宏跟踪。

（2）过程跟踪模块实时触发模型计算模块，进行预设定、动态设定、反馈控制和自学习计算等功能。

（3）根据带钢冷却工艺的要求，计算轧后冷却控制需要的集管组态、流量以及边部遮蔽量等参数。

(4) 与外界系统进行数据通信，并对数据信息进行合理化校验。提供数据报表、分析报告及数据记录。

(5) 显示实时数据，具有事故自动诊断、自动记录和报警功能。

以超快速冷却+层流冷却组合式冷却系统为例，具体说明轧后冷却过程控制系统的控制原理，如图 1.17 所示。

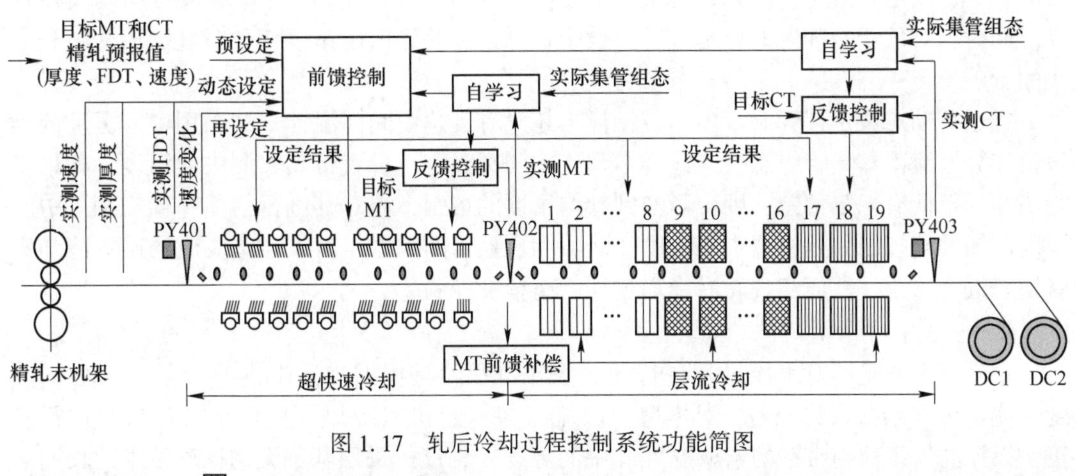

图 1.17 轧后冷却过程控制系统功能简图

：超快速冷却集管；：层流冷却粗调集管；：层流冷却加密集管；：空气吹扫；MT: 超快速冷却出口温度(中间温度)；
：侧喷；：层流冷却精调集管；：热金属检测器；：高温计；FDT: 终轧温度(超快速冷却入口温度)；
CT: 卷取温度

轧后冷却过程控制系统主要包括前馈控制、反馈控制和自学习等功能。前馈控制主要包括预设定计算、动态设定计算、再设定计算以及中间温度前馈补偿控制；自学习主要包括超快速冷却段水冷换热系数自学习和层流冷却段水冷换热系数自学习[11]。

A 预设定计算

预设定计算的主要功能是在带钢进入轧后冷却区域之前，根据精轧出口带钢温度、速度、厚度等参数的预报值（PDI 数据或精轧模型预报值）和各工艺设备参数，利用轧后冷却数学模型，进行带钢头部的冷却集管组态的预设定，预先计算需要打开的集管组数以及相应的位置，便于提前打开相应的阀门，提高控制的及时性。为了保证模型设定的准确性，需根据轧线上带钢的实时信息不断地更新控制参数，即根据带钢在轧线上的不同位置触发多次预设定计算；此外，操作人员在模拟轧钢、手动调用冷却规程时也需要触发预设定计算。

在正常轧钢时，根据轧件在轧线上的位置，预设定计算主要包括 0 次预设定计算（板坯出炉时触发）、1 次预设定计算（粗轧末道次抛钢时触发）、2 次预设定计算（精轧机前高温计检得时触发）和 3 次预设定计算（精轧第一活动机架咬钢时触发）。对于全线模拟轧钢，根据轧件在轧线上的虚拟信号，同样触发这四次预设定计算；对于单区域模拟轧钢，在精轧区模拟轧钢和卷取区模拟轧钢时分别触发相应的预设定计算。为了方便操作人员随时查看冷却规程，操作人员可通过 HMI 触发预设定计算，即人工设定计算。

B 动态设定计算

当带钢样本通过精轧出口高温计时，可以获得带钢样本的实测终轧温度、速度和厚度等参数。如果根据 TVD 曲线预报的带钢速度与实测速度一致（二者的值相差在一个小的范围内），则动态设定计算根据预报速度（该样本在各个冷却区下的预报速度）、实测终轧温度和厚度以及各工艺设备参数，计算出与带钢样本对应的冷却集管组态。如果带钢速度出现波动，预报的样本速度与实测速度偏差较大，则需对将要进入冷却区以及处于冷却区的样本速度进行修正，并采用修正后的速度对即将进入冷却区的样本进行动态设定计算。同时，对处于冷却区的样本进行再设定计算，以补偿由于速度变化对轧后冷却过程造成的影响。

在进行动态设定计算时，由于带钢样本还没有到达中间高温计，故采用中间温度的预报值计算层流冷却集管组态。当该样本到达中间高温计后可获得其实测中间温度，如果实测值和预报值有一定偏差，则会影响到卷取温度的控制，需对其进行前馈补偿控制。中间温度前馈补偿控制就是根据中间温度实测值和预报值的偏差，对该样本对应的层流冷却集管组态进行修正，从而实现轧后冷却过程的高精度控制。

C 模型自学习计算

自学习主要是针对水冷过程进行的。水冷自学习是根据当前带钢卷取温度（中间温度）实测值和预报值的偏差，对模型中层流冷却（超快速冷却）换热系数等参数进行修正，以提高后续轧制带钢的卷取温度（中间温度）精度。采用基于案例推理技术的长期自学习和常规自学习相结合的自学习方式，显著改善了带钢头部温度的设定精度。

1.2.4.2 层冷区基础自动化系统

基础自动化系统的主要功能是接收过程控制系统给出的设定信息，并对超快速冷却集管水流量进行精确控制。实时采集和处理实测数据，传送给过程控制系统。具体实现以下功能：

（1）根据过程控制系统下发的集管组态，控制气动开闭阀的状态。该功能也是基础自动化系统中最基本、最关键的功能，即通过 PLC 的远程控制 I/O 对集管控制单元的快速气动开闭阀进行 ON/OFF 控制。

（2）通过对“流量-调节阀开口度”间的对应关系曲线实现冷却集管流量的前馈控制，并基于 PID 控制器对流量进行反馈控制，实现集管水流量的高精度控制。

（3）实时采集和处理数据，包括温度、水量、热检信号及带钢速度等，并对信号进行滤波处理，传送给过程控制系统，计算带钢样本终轧温度、厚度和速度的平均值，为过程控制系统的跟踪和模型的计算提供数据。

（4）在轧后冷却区域对带钢头尾进行微跟踪。头部和尾部微跟踪的主要目的是在带钢头部或尾部通过热输出辊道时，按顺序依次打开或关闭冷却水喷嘴，以实现干头干尾或热头热尾功能，同时减少冷却过程启动和停止时对水系统产生的冲击，并节省冷却水。

（5）根据过程控制系统下发的边部遮蔽量，通过控制边部提升机调整边部遮蔽的位置。

（6）控制上集管的倾翻状态。每组上集管冷却装置以组为单元，安装在一个整体框架上，每个框架通过一个液压缸驱动，可以使每组上部冷却装置整体向高位水箱侧倾翻，以便于检修和事故处理。每个倾翻装置有两个液压控制阀，分别控制倾翻和返回，控制方式为 ON/OFF。

（7）定时触发水冷装置，对热输出辊道、不使用的冷却设备提供必要保护。

1.3 过程控制系统平台

1.3.1 控制系统平台架构

为实现基础自动化、过程自动化各功能的统一管理和调用，东北大学研发了 RAS（Rolling Automation System）过程控制系统应用平台，实现了数据通信、位置跟踪、模型计算进程的控制逻辑[12]。RAS 轧制过程控制系统应用平台在结构上由下至上分为 4 层：系统支持层、软件支持层、系统管理层和应用层。结构如图 1.18 所示。

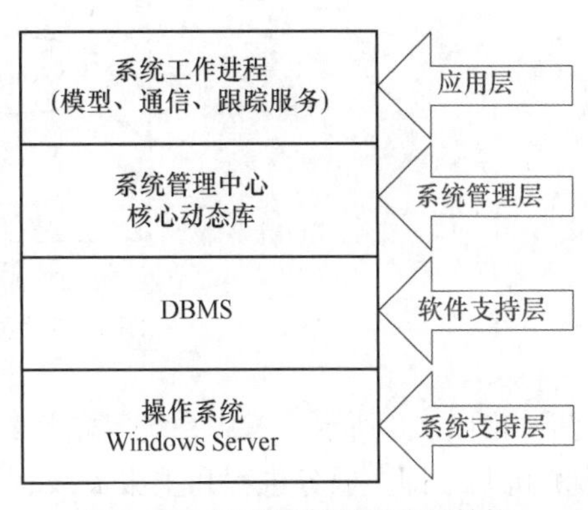

图 1.18 过程控制系统分层结构

最下层为系统支持层，操作系统使用 Windows Server 系统；第二层为软件支持层，数据中心使用 Oracle 数据库，存储过程数据和实时数据，系统配置库使用 Access 数据库，用于存储系统配置文件；第三层为系统管理层，由系统管理中心（RASManager）和核心动态库组成；应用层是系统具体工作进程，主要包括数据通信进程（RASGateWay）、数据库服务进程（RASDBService）、位置跟踪进程（RASTrack）以及模型计算进程（RASModel）等，应用层采用多进程结构，进程内部采用一任务一线程的新型模式，大幅度提高系统的稳定性和降低各功能模块间的耦合性。

1.3.2 控制系统平台功能实现

考虑平台多任务性并行的特点，在进程级上采用一功能模块对应一进程，线程级上采用一线程对应一任务的模式。每个服务器有 5 个基本进程：系统主服务进程（RASManager）、数据通信进程（RASGateWay）、数据库服务进程（RASDBService）、位置跟踪进程（RASTrack）和模型计算进程（RASModel），分别负责系统维护、网络通信、系统的数据采集和数据管理、带钢跟踪和模型计算。

数据通信进程负责与基础自动化控制系统、现场仪表以及其他过程控制系统之间的数据通信；数据库服务进程主要负责实时数据的存储、模型参数的存放；位置跟踪进程主要根据轧线上的信号对轧件的位置进行判断，并根据生成的跟踪信号触发相应的逻辑，进一步触发相应的数据存储功能和模型计算功能；模型计算进程是根据触发信号和轧线数据进行相应的轧制规程计算和模型自学习功能。过程控制系统各进程之间的关系如图 1.19 所示。

图 1.19 中虚线上方的 4 个进程是工作者进程，每一个进程都是由系统主服务进程 RASManager 负责启动和停止，并监视它们的工作状态；每一个工作者进程又有自己的主服务线程和工作者线程池。工作者线程池中是负责具体任务的工作者线程，系统进程线程

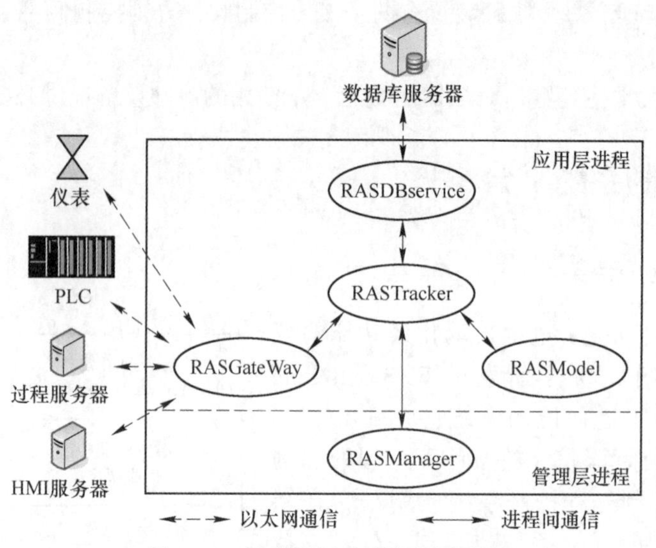

图 1.19 过程控制系统进程间通信

关系如图 1.20 所示。考虑系统容错性，平台进程级和线程级上都设计有自己的心跳信号检测机制，即主服务进程和主服务线程对每一个工作者进程和工作者线程都有心跳检测，用于系统监控各个进程和线程的工作状态，如果发现哪个工作进程或线程心跳信号不正常，就会迅速报警并重启。

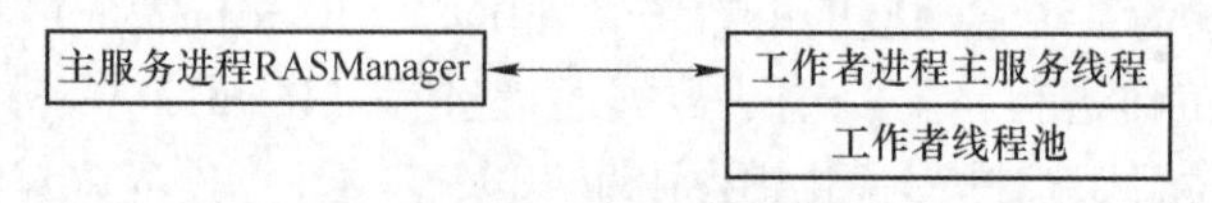

图 1.20 进程线程关系

1.3.2.1 数据通信进程

数据通信进程主要负责完成热连轧过程中整个数据流的传递，为模型计算进程准备数据基础。数据的传递是整个控制系统的基础条件，与过程控制系统相关的数据传递一般包括以下部分：过程控制级与其他生产工艺段过程控制级之间、过程控制级与基础自动化控制级之间以及过程控制级与人机界面系统 HMI 之间数据传递。典型热连轧控制系统数据通信流程如图 1.21 所示。

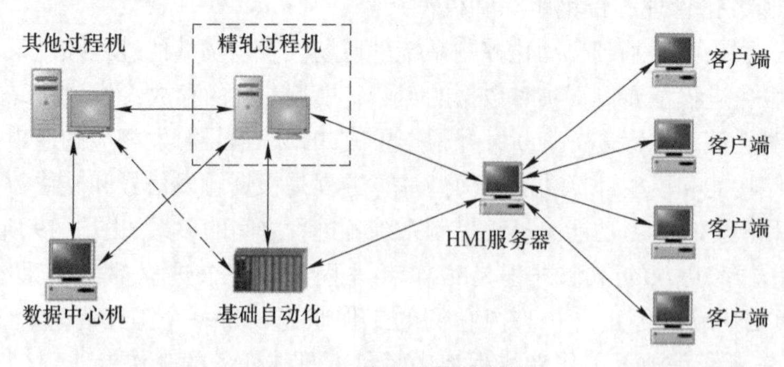

图 1.21 数据通信流程图

A 与基础自动化的通信

与基础自动化的通信使用 TCP/IP 协议，包括接收和发送两部分。接收数据线程每隔 100 ms 触发一次，接收到的数据包括轧线上的检测仪表实测数据和各种控制信号，对于模型计算所需要的一些数据直接交给跟踪进程中的数据处理模块，对于需要存储的过程数据交给数据采集模块进行存储。发送数据线程是由跟踪进程依据具体情况触发控制，发送的数据主要是模型设定数据，用于基础自动化控制设备执行具体工作。

B 与人机界面系统（HMI）的通信

与人机界面系统的通信接口采用双层结构，内层基于 OPC 协议，使用多线程技术在人机界面端建立 OPC 服务器进行数据读写；外层基于 TCP/IP 协议建立 SOCKET 通信，接口结构如图 1.22 所示[13]。

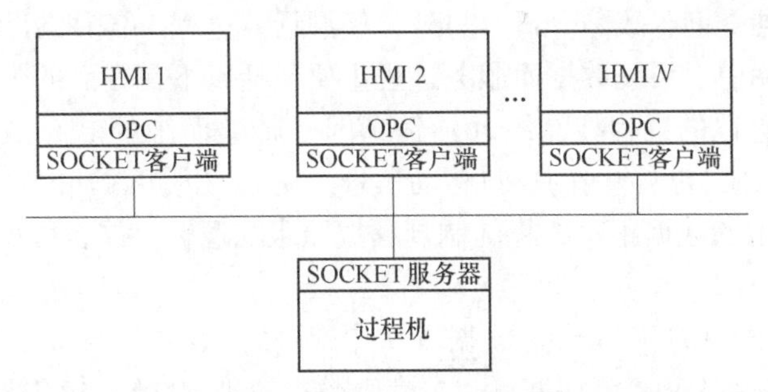

图 1.22 HMI 通信接口结构

在接收到人机界面的信号后，过程机就会触发对应线程执行任务，主要包括数据输入确认、轧件吊销确认、修正轧件位置确认（前移或后移）、班组更换确认、轧辊数据输入确认等。过程机发送到人机界面的数据主要是一些模型设定数据，当过程机设定数据发生改变时，跟踪进程的调度模块就会触发人机界面数据发送线程，以保证新的设定数据能够及时显示在界面上。

C 过程机间的通信

整个过程控制系统采用分布式的布置模式，即依据每个服务器各自负责的主要计算任务而分别设置各自的独立服务器，如热连轧过程可以大致设置粗轧、精轧、冷却服务器。过程机间采用 TCP/IP 协议进行通信。依据轧制工艺的逻辑顺序，各服务器的跟踪进程会触发服务器间通信发送线程，给下一级服务器发送来料原始信息和成品信息，供不同服务器的跟踪进程进行数据的跟踪。

此外，过程机间还会采用 UDP 方式向网络广播一个周期为 500 ms 的心跳数据包，用来通知其他服务器在线状态。以精轧服务器为例，如图 1.23 所示，各个服务器以广播的方式把自己的心跳包发送到网络中，同时还会不断地从网络中收取其他服务器的在线状态，这样各个服务器不需要互相建立连接，在网络上各取所需，大大减小了系统负载。

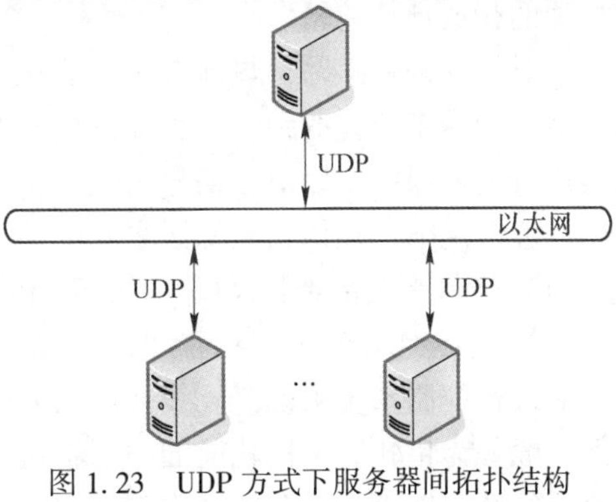

UDP
以太网
UDP
UDP
…

图 1.23 UDP 方式下服务器间拓扑结构

D 与测厚仪及其他外设的通信

过程机与测厚仪间的通信遵循 TCP/IP 协议，当带钢进入到控轧区后，过程机服务器需要把钢卷信息，包括合金名称、合金含量、目标厚度等，发送给测厚仪供其查询规程标定，测厚仪再返回回执数据包给过程机服务器。此外，过程机与测厚仪间还会互相发送一个周期为 500 ms 的心跳数据包，用来监视对方的在线状态。

与测厚仪类似，过程机的网络通信模块还可以依据现场实际需要随时添加其他仪表的通信线程，可以方便地对外设进行直接监控。

1.3.2.2 数据库服务进程

数据库服务进程主要完成热连轧过程中的数据存储，主要包括基础自动化采集的现场实际数据，便于数据查询和故障分析。另外，模型计算过程中各种自学习系数以及模型常数等也存储在数据库中。系统数据库服务进程主要包括以下几方面的内容：

（1）由其他工艺段的过程控制级（连铸车间）传递而来的 PDI 数据，经数据通信后会存放在数据库中，结合热炉内的坯料移动信号，完成炉内跟踪功能；

（2）根据轧线上的数据跟踪，将轧制规程按照跟踪逻辑存储至数据库中，并储存模型参数和自学习系数等；

（3）将轧制过程中的实际轧制数据（如轧制力、辊缝位置等）、轧件在测量仪表处的测量数据（如测温仪、测厚仪等）、换辊数据（如辊径、换辊时间等）存储至数据库；

（4）根据数据库中的存储数据，按照现场数据要求输出生产报表，进一步完成数据分析和故障查询等功能。

1.3.2.3 位置跟踪进程

带钢跟踪模块依据轧线上的检测仪表信号可以清楚地明确带钢在轧线上所处的逻辑位置，再依据不同位置触发点使用内核事件来触发相应的任务线程，是系统的总调度。

在热连轧生产线上，会出现数块带钢同时存在的情况，轧件在生产线上的位置必须与该轧件的数据信息相一致，并需要随时对轧件信息进行更新。根据轧件在生产线的不同位置及控制状况，实现相应的控制逻辑是过程控制的主要内容。

位置跟踪进程主要是根据现场仪表信号，生成相应的控制逻辑信号，用以触发模型计算进程的相关计算逻辑。

为对轧件进行跟踪，热连轧生产线从坯料装料上游到卷取区之间，设置了多个热金属检测器进行带钢位置的跟踪。为保证信号的准确性，还会使用与热金属检测器相邻的测量仪表进行信号保护，以防止信号丢失。

一般情况下，轧件在跟踪区之间的移动跟踪信号依据如下原则：

（1）当带钢头部到达区间 i 时，若跟踪信号由“OFF”变为“ON”，认为区间 i 有钢；

（2）当带钢尾部离开区间 i 时，若跟踪信号由“ON”变为“OFF”，认为区间 i 无钢。

对过程控制系统来说，轧线区域划分的节点位置一般为轧线各部分的分段位置，如精轧区一般分为粗轧后至精轧前的中间辊道区、首机架和末机架之间的精轧机组区以及末机架之后的轧后辊道区。精轧区跟踪区间划分如图 1.24 所示。

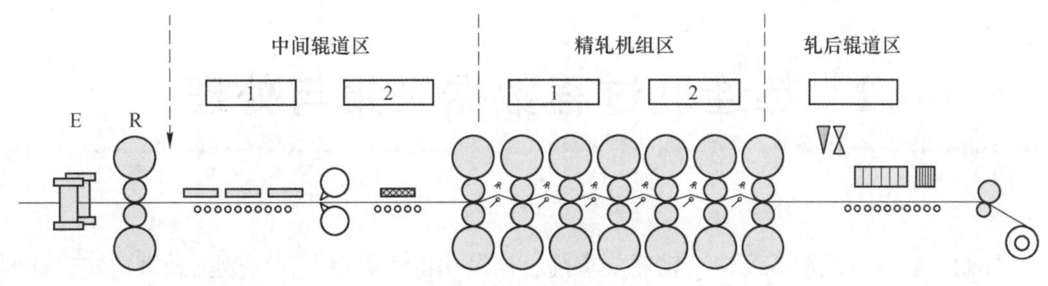

图 1.24 精轧区跟踪区间划分

考虑到各分区的实际轧制状态，中间辊道区（机前区）和精轧机组区（机中区）可能同时存在两块带钢。其中机前区和机中区分别可以分配有两个存储区，轧后辊道区（机后区）分配有一个存储区。机前区对应的跟踪信号为粗轧机后的热金属检测器，机中区对应的跟踪信号为第一活动机架的咬钢信号，机后区对应的跟踪信号为精轧出口的热金属检测器。

1.3.2.4 模型计算进程

模型计算进程是过程控制系统的核心，通过最优负荷分配以及应用数学模型对设定值进行预报，保证轧制节奏，为各质量指标自动控制系统提供基准值（详见 1.2.2.1 节和 1.2.3.1 节）。

参 考 文 献

[1] 孙一康. 冷热轧板带轧机的模型与控制［M］. 北京：冶金工业出版社，2010.
[2] 田野，热连轧粗轧过程控制系统及数学模型的研究与应用［D］. 沈阳：东北大学，2011.
[3] 丁修堃. 轧制过程自动化［M］. 北京：冶金工业出版社，2009：36-37.
[4] 刘子英，宋向荣，武凯，等. 港陆 1500 mm 热轧短行程控制及其自学习［J］. 轧钢，2014，31（6）：49-52.
[5] 彭文. 热轧带钢精轧过程控制系统开发与模型优化［D］. 沈阳：东北大学，2014.
[6] 刘相华，胡贤磊，杜林秀. 轧制参数计算模型及其应用［M］. 北京：化学工业出版社，2007.
[7] 胡松涛. 热连轧自适应穿带模型的研究及应用［J］. 冶金自动化，2009，33（4）：63-65，70.
[8] 曹剑钊. 板带轧制过程控制系统及轧制力关键模型研究［D］. 沈阳：东北大学，2014.
[9] 姬亚锋. 热连轧轧制特性分析及控制策略的研究与应用［D］. 沈阳：东北大学，2014.
[10] 张文雪. 热连轧带钢厚度控制策略研究与应用［D］. 沈阳：东北大学，2010.
[11] 刘恩洋. 板带钢热连轧高精度轧后冷却控制的研究与应用［D］. 沈阳：东北大学，2012.
[12] 曹剑钊，彭文，张殿华. 多任务热连轧过程控制系统应用平台［J］. 东北大学学报（自然科学版），2013，34（8）：1113-1117.
[13] 曹剑钊，张殿华，宋君. 沪久热连轧过程机和监控系统通讯接口设计和实现［J］. 轧钢，2012，29（4）：47-49.

2 热连轧过程数据采集与处理

轧制过程具有轧制速度快、精度要求高、连续化生产等特点，对数据处理的实时性要求也越来越高。热连轧生产线上，同一时刻会有数块带钢同时存在，它们位于加热炉或粗轧机组、精轧机组或卷取机中，这些带钢在每道工序中的参数和要求都各不相同，因此过程计算机对轧件的控制作用也各不相同。为了实现生产线上各种设备的自动控制，必须掌握每块带钢在各个区段中数据以及数据的流动情况。

在热连轧生产过程中，可对生产现场的工艺参数进行采集、监视和记录，为提高产品质量、降低成本提供信息和手段。对大量的动态信息进行分析，是提高轧制过程数学模型精度的有力手段，高精度的源数据是进行模型自学习的根本前提；数据采集与处理越及时，数据精度越高，工作效率就越高，取得的经济效益就越大。

2.1 热连轧数据采集和存储

数据是实现质量分析的先决条件，由于热轧过程复杂，对实时性和安全性的要求也高，为此建立可靠、安全的数据在线采集技术尤为关键。通过板带热轧生产过程数据采集和存储，打通生产全流程质量信息流，使产品全制造周期信息在空间上无缝衔接与时间上精准对接，实现生产过程监控、在线质量判定与异常追溯、过程工艺参数和工序路径优化等功能[1]。

数据采集主要包括以下几个方面：

(1) 采用成熟可靠的自动化控制技术，实现从现有产线自动化系统（制造执行系统 MES、过程自动化系统 PCS，基础自动化 PLC，以及过程数据采集系统 PDA 等）采集质量过程数据，构建完整的工厂级质量数据库；

(2) 建立数据采集及处理标准，使进入平台的数据形成统一标准的数据资源，提供灵活全面的工厂数据采集方式，实现在线自动采集；

(3) 确保所采集数据的可靠性及匹配质量和精度，满足质量平台各层次业务的使用要求，保证数据的综合利用及深层次挖掘的可用性。

为了满足各应用系统对底层实时数据的需求，通过建立统一的工厂数据中心，把实时数据库中的数据与关系型数据库中的数据通过算法匹配，构建时间、空间、生产信息的三维关系，再通过接口传输至各个应用系统中，为质量、产量、成本计算及分析提供更有价值的数据支撑平台。

数据平台构建的核心在于：

(1) 通过多来源、多类型的数据采集和集中分析处理，实现冶炼、连铸、轧制、轧后处理等全流程的全局数据管理；

(2) 质量、能源、生产、财务多系统根据不同需求进行数据抽取，实现全局数据共享支撑；

(3) 通过设定安全访问控制策略，实现数据安全采集；

(4) 通过关键工艺参数对应钢卷具体位置测算，实现实时数据与关系数据在时间、空间、生产信息层面的数据匹配；

(5) 构建与批次信息相关联的操作、工艺、设备、影像资料四位一体，以及与时间、空间多维度关联的产品生产档案体系。

数据采集系统架构如图 2.1 所示。

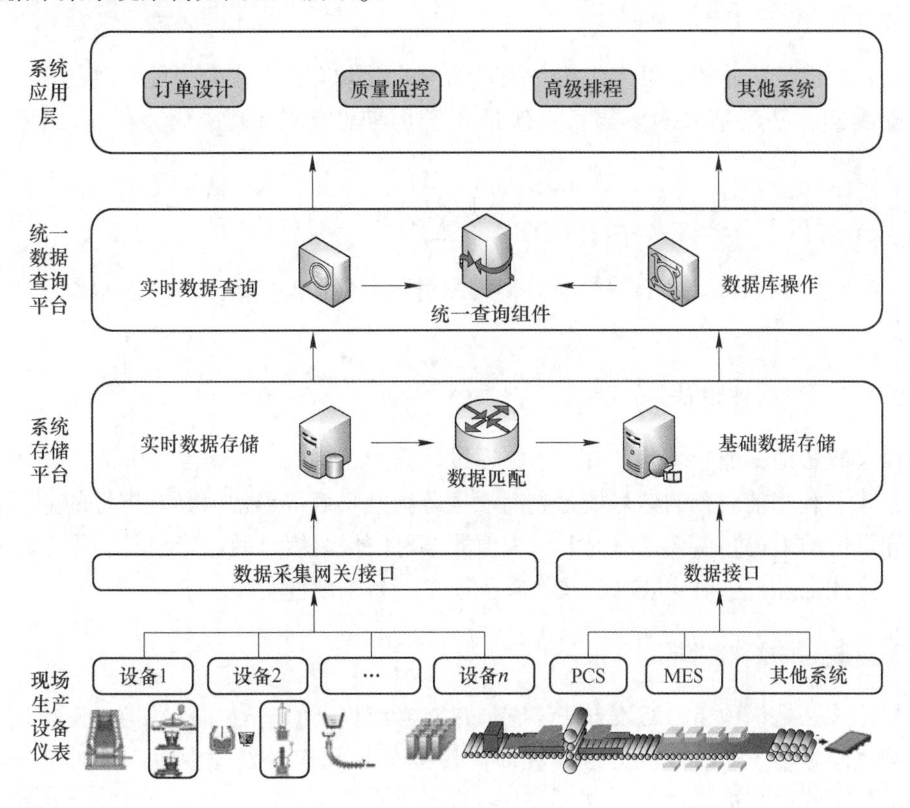

图 2.1 数据平台架构

热轧生产数据平台可以通过与自动化系统、仪表、设备建立通信接口，灵活、全面地收集现场具备采集条件的所有数据，数据种类涵盖来自各级计算机系统及现场仪表的生产数据、工艺数据、质量数据、能源计量数据等，数据类型包括长度、速度、温度、流量、压力、功率等。这些底层非关系型实时数据将统一保存于实时数据库中，需要模型计算所得数据及部分生产过程中的操作数据、生产情况数据等保存于关系型数据库中，两类数据库系统形成记录生产线全方位数据的数据池。

2.2 过程数据清洗方法

2.2.1 数据降噪处理

为防止过程计算机接收到的信号受到不期望的高频噪声的影响，在实际测量信号上传之前一般在基础自动化进行简单的预处理，预处理的一般步骤是：在 200 ms 的通信周期之内，上传至过程计算机的信号不是200 ms 的瞬时值，而是这 200 ms 之内的数据平均值，这就大大降低了瞬时值不稳定性，在一定程度上提高数据的精度。常用的数据降噪以及噪声识别方法主要有：移动平均滤波法、中值滤波法、指数滤波法及基于数据之间的相似度进行噪声数据识别。

2.2.1.1　移动平均滤波法

移动平均滤波法的核心思想是用一段时间内的数据均值来代表当前时刻的信号值，以达到去除噪声、平滑信号的效果。一般适用于周期性信号和高频噪声，采用下式进行描述：

$$y_t = \frac{1}{N}\sum_{k=0}^{N-1} x_{t-k} \tag{2.1}$$

式中，y_t 是当前的滤波结果；x_t 是当前时刻的测量值；N 是窗口的大小，表示取 N 个数据点计算均值。

2.2.1.2　中值滤波法

中值滤波法是一种非线性平滑技术，通过计算一定窗口内数据点的中值（即排序后的中间值）来替代当前时刻的信号值。它对于去除椒盐噪声等异常值具有较好的效果，不容易受到异常值的干扰。在某些情况下，中值滤波可以保留信号的边缘信息，不会使信号过度平滑。除此之外，中值滤波算法技术较为简单，易于硬件实现。

2.2.1.3　指数滤波法

指数滤波法是一种递归滤波方法，它通过对当前观测值进行加权平均，使得过去观测值的影响逐渐减小。这种滤波方法常在时间序列分析和信号处理中使用。对于一维状态下，常采用下式进行描述：

$$\hat{y}_{\text{new}} = \hat{y}_{\text{old}} + k_{\text{f}}(y' - \hat{y}_{\text{old}}) \tag{2.2}$$

式中，y' 是当前测量值；$\hat{y}_{\text{new}}$是更新后估计值；$\hat{y}_{\text{old}}$ 是更新前过滤估计值；滤波常数 k_{f} 介于 0 和 1 之间，根据测量值的噪声水平确定。

2.2.1.4　特征-目标匹配度

数据采集过程中可能会出现高频噪声信号。高频噪声信号可以通过特征-目标匹配度进行识别[2]。假设需要检查数据采样点 i 是否为噪声数据，需要在采集点中寻找相邻 K（K一般取 5 左右）个采样点 j，定义两个采样点的特征变量相似度为：

$$S_{ij}(x) = \exp\left(-\frac{d_{ij}^2}{m\sigma_x}\right) \tag{2.3}$$

式中，d_{ij} 为采样点 i、j 之间的距离；σ_x 为可调参数，一般取采样点平均值的 10%；m 为特征量数目。

定义待检测样本 i 和 K 个近邻目标相似度，获得其中最大的相似度，记为：

$$S_{ij}(y)=\max\left[\exp\left(-\frac{d_{ij}^{2}}{m\sigma_{y}}\right)\right] \tag{2.4}$$

式中，σ_y 一般取采样点平均值的10%。

相对于采样点 j，待检测采样点 i 的特征变量和目标的匹配度为：

$$f_{ij}=1-[S_{ij}(x)-S_{ij}(y)] \tag{2.5}$$

在 K 个匹配度中，若待检验样本的匹配度较低，低于一个确定数值，则认为此数据为噪声信号。

2.2.2 数据缺失处理

在轧制生产过程中，数据具有“多粒度”的特点。这就引起了工艺参数和质量指标无法对应，造成数据缺失的现象。此外，由于质量指标往往是离线采集的，因此并非每个工艺参数都有与之相对应的质量指标。处理缺失数据的方法主要有以下两种。

2.2.2.1 删除元组

删除缺少信息属性值的对象（元组），以获得完整的信息表，这种方法简单易行。当对象有多个属性缺失值，且缺失值的删除对象与信息表中的数据量相比非常小时，该方法非常有效。它通常在类标签丢失时使用。然而，这种方法有很大的局限性。它是以减少历史数据来换取信息的完整性，这将造成资源的巨大浪费，并丢弃隐藏在这些对象中的大量信息。当信息表中对象较少时，删除少量对象就足以严重影响信息表中信息的客观性和结果的正确性。当每个属性的空值百分比发生很大变化时，其性能非常差。因此，当缺失数据的比例较大时，尤其是当缺失数据不是随机分布时，这种方法可能会导致数据偏差，并导致错误的结论。

2.2.2.2 缺失值填补

缺失值填补这种方法是用一定的值填充空值，从而完成信息表。通常，基于统计学原理，根据决策表中其他对象的值的分布来填充空值，如用其他属性的平均值进行补充。通常使用以下填充方法：

（1）平均值填充。将信息表中的属性分为数值属性和非数值属性，分别进行处理。如果空值是数值，则根据所有其他对象中属性的平均值填充缺少的属性值；如果空值不是数值，则根据统计中的模式原则，用所有其他对象中该属性最多的值填充缺少的属性值。

（2）向前填充/向后填充。对于时间序列数据，可以使用前一个时间点的值（前向填充）或后一个时间点的值（后向填充）来填充缺失值。

（3）插值方法。使用如线性插值、多项式插值或样条插值，通过已知值的周围数据来估算缺失值。

2.2.3 数据异常处理

删除异常值操作对于建立可靠的数据驱动模型具有重要意义，异常值一般指数据集中不符合统计规律的数据。在钢铁生产过程中，由于生产工艺参数的波动、控制系统前馈和反馈调节的复杂性以及操作人员的人工干预，采集到的建模数据样本中不可避免地会出现异常值。如果不进行数据预处理，直接对数据进行网络训练，势必会给建立的模型带来很大的误差。因此，删除异常值对精准建模是至关重要的。数据驱动建模中常用的异常值检测和处理方法主要有以下几种。

2.2.3.1　基于计算马氏距离（Mahalanobis Distance）异常值检测

马氏距离表示数据的协方差距离，是由印度统计学家 Mahalanobis 提出的。它是一种有效的计算两个未知样本集相似度的方法。与欧氏距离不同的是，它考虑到各种特性之间的联系，并且是尺度无关的，即独立于测量尺度。马氏距离的计算方法如下：

假设收集到的样本总量为 $\boldsymbol{G}$：

$$\boldsymbol{G} = \begin{bmatrix} x_{11} & x_{12} & \cdots & x_{1n} \\ x_{21} & x_{22} & \cdots & x_{2n} \\ \vdots & \vdots & x_{ij} & \vdots \\ x_{m1} & x_{m2} & \cdots & x_{mn} \end{bmatrix} \tag{2.6}$$

式中，$i = 1, 2, \cdots, m$；$j = 1, 2, \cdots, n$；m 为样本维数；n 为样本个数。

第 j 个样本的平均值由式（2.7）求得：

$$\mu_j = \frac{1}{m}\sum_{i=1}^{m} x_{ij} \tag{2.7}$$

列向量 $\boldsymbol{X}_j$ 和 $\boldsymbol{X}_{j+1}$ 的协方差由式（2.8）求得：

$$\mathrm{Cov}(\boldsymbol{X}_j, \boldsymbol{X}_{j+1}) = \frac{\sum_{i=1}^{m} (x_{ij} - \mu_j)(x_{ij+1} - \mu_{j+1})}{m - 1} \tag{2.8}$$

协方差矩阵可表示为：

$$\boldsymbol{\Sigma} = \begin{bmatrix} \mathrm{Cov}(\boldsymbol{X}_1, \boldsymbol{X}_1) & \cdots & \mathrm{Cov}(\boldsymbol{X}_1, \boldsymbol{X}_m) \\ \vdots & \ddots & \vdots \\ \mathrm{Cov}(\boldsymbol{X}_m, \boldsymbol{X}_1) & \cdots & \mathrm{Cov}(\boldsymbol{X}_m, \boldsymbol{X}_m) \end{bmatrix} \tag{2.9}$$

设行向量 $\boldsymbol{X}_i = [x_1, x_2, x_3, \cdots, x_j, \cdots, x_m]$，均值向量 $\boldsymbol{E} = [\mu_1, \mu_2, \mu_3, \cdots, \mu_j, \cdots, \mu_m]$，则每个样本数据的马氏距离计算公式如下：

$$d(\boldsymbol{X}_i) = \sqrt{(\boldsymbol{X}_i - \boldsymbol{E})\boldsymbol{\Sigma}^{-1}(\boldsymbol{X}_i - \boldsymbol{E})^{\mathrm{T}}} \tag{2.10}$$

基于一定的置信度（90%或 95%）设置阈值，当样本数据的马氏距离超过阈值时，将其标记为异常值。

2.2.3.2　Pauta 准则

采用 Pauta 准则去除异常值，具体步骤是：分别计算总体样本的平均值和标准差；单独计算所有样本点与总体均值的偏差的绝对值，将结果超过 3 倍标准差的数据点判为异常值并予以去除。Pauta 准则的公式如下：

$$\bar{y} = \frac{1}{L}\sum_{i=1}^{L} y_i \tag{2.11}$$

$$S = \sqrt{\frac{1}{L}\sum_{i=1}^{L}(y_i - \bar{y})^2} \tag{2.12}$$

$$|y_i - \bar{y}| > 3S \tag{2.13}$$

式中，$\bar{y}$ 和 S 分别为所有样本的平均值和标准差；L 为样本的数量；y_i为第 i 个样本。

2.2.4 数据标准化处理

数据标准化是基于过程数据的建模方法的一个重要环节。一个好的标准化方法可以在很大程度上突出过程变量之间的相关关系、去除过程中存在的一些非线性特性、剔除不同特征量纲对模型的影响、简化数据模型的结构。数据标准化处理通常包含两个步骤：数据的中心化处理和无量纲化处理[3]。

2.2.4.1 数据的中心化处理

数据的中心化处理是指将数据进行平移变换，使得新坐标系下的数据和样本点集合的重心重合。对于数据矩阵 $\boldsymbol{X}(N \times J)$，数据中心化的数学表示如下：

$$\tilde{x}_{nj} = x_{nj} - \bar{v}_j, \quad n = 1,\cdots,N;\ j = 1,\cdots,J \tag{2.14}$$

式中，N 是样本点个数；J 是变量个数；n 是样本点索引；j 是变量索引；$\bar{v}_j = \frac{1}{N}\sum_{n=1}^{N} x_{nj}$。

如果数据是中心化的，变量的方差、协方差以及相关系数分别如下所示：

$$s_j^2 = \mathrm{Var}(\boldsymbol{v}_j) = \frac{1}{N}\ \|\boldsymbol{v}_j\|^2 = \frac{1}{N}\boldsymbol{v}_j^T\boldsymbol{v}_{j'} \tag{2.15}$$

$$s_{jk} = \mathrm{Cov}(\boldsymbol{v}_j,\ \boldsymbol{v}_k) = \frac{1}{N}\langle\boldsymbol{v}_j,\ \boldsymbol{v}_k\rangle = \frac{1}{N}\boldsymbol{v}_j^{\mathrm{T}}\boldsymbol{v}_k \tag{2.16}$$

$$r_{jk} = r(\boldsymbol{v}_j,\ \boldsymbol{v}_k) = \frac{\langle\boldsymbol{v}_j,\ \boldsymbol{v}_k\rangle}{\|\boldsymbol{v}_j\|\ \|\boldsymbol{v}_k\|} = \cos\theta_{jk} \tag{2.17}$$

中心化处理后，两个变量的相关系数恰好等于它们夹角的余弦值。

2.2.4.2 数据的无量纲化处理

过程变量测量值的量程差异很大，例如，在热轧过程中，带钢温度可达到 1000 ℃，而轧制速度仅为每秒十几米。若对这些未经过任何处理的测量数据进行主成分分析，很显然在几百摄氏度附近变化的温度测量值左右着主成分的方向，而实际上这些温度变化 3~5 ℃相对于其量程来说并不是很大的变化。在工程上，这类问题称为数据的假变异，并不能真正反映数据本身的变化情况。为了消除假变异现象，数据预处理时需要消除变量的量纲效应，使每一个变量都具有同等的表现力。数据分析中常用的无量纲化处理方法如式（2.18)所示，该方法是使每个变量的方差均变成 1。

$$\widetilde{x}_{ij} = x_{ij}/s_j, \quad n = 1,\ \cdots,\ N;\ j = 1,\ \cdots,\ J \tag{2.18}$$

式中，$s_j = \sqrt{\mathrm{Var}(v_j)} = \sqrt{\frac{1}{N}\sum_{n=1}^{N}(x_{nj} - \bar{v}_j)^2}$。

除了上述方法之外，还有如式（2.19）~式（2.22）的无量纲化方法：

$$\tilde{x}_{nj} = \frac{x_{nj}}{\max_n\{x_{nj}\}} \tag{2.19}$$

$$\tilde{x}_{nj} = \frac{x_{nj}}{\min_n\{x_{nj}\}} \tag{2.20}$$

$$\tilde{x}_{ij} = \frac{x_{ij}}{\bar{v}_j} \tag{2.21}$$

$$\tilde{x}_{nj} = \frac{x_{nj}}{\max_n\{x_{nj}\} - \min_n\{x_{nj}\}} \tag{2.22}$$

所谓数据的标准化处理，是指对数据同时进行中心化和无量纲化处理。式（2.23）所示标准化处理方法在多元统计方法中应用最为普遍：

$$\tilde{x}_{nj} = \frac{x_{nj} - \bar{v}_i}{s_j}, \quad n = 1, \cdots, N;\ j = 1, \cdots, J \tag{2.23}$$

此外，还可以通过最大最小归一化方法进行标准化处理，其公式为：

$$\tilde{x}_{nj} = \frac{x_{nj} - \min_n\{x_{nj}\}}{\max_n\{x_{nj}\} - \min_n\{x_{nj}\}}, \quad n = 1, \cdots, N;\ j = 1, \cdots, J \tag{2.24}$$

2.3　高维数据降维处理

由于热连轧过程非线性多耦合的特性，现场布置大量传感器进行过程监测，所获取的数据中包含大量特征，包括板坯号、带钢成分、生产时间、轧制速度等各种参数，直接导出以及获取的各种参数可达上百个。在数据驱动建模过程中，经常会存在特征冗余，以及多个变量之间相互耦合。当变量个数较多且变量之间存在复杂关系时，会显著增加建模的复杂性。如果直接进行建模，由于样本维数太高，每个特征维上的数据分布将变得稀疏，这对机器学习算法是灾难性的。因此，对原始数据进行降维处理显得十分必要。

2.3.1　特征提取技术

特征提取技术的常用方法是使用线性代数技术，将数据由高维空间投影到低维空间，特别是对于连续数据。主成分分析（Principal Component Analysis，PCA）是一种可以将多个变量综合为少数几个代表性变量，使这些变量既能够代表原始变量又相互无关的数据降维方法。

假设带钢样本数据的原始样本为 $\boldsymbol{X}$，$\boldsymbol{X}$ 表示为：

$$\boldsymbol{X}=\begin{bmatrix} x_{11} & x_{12} & \cdots & x_{1p} \\ x_{21} & x_{22} & \cdots & x_{2p} \\ \vdots & \vdots & \ddots & \vdots \\ x_{n1} & x_{n2} & \cdots & x_{np} \end{bmatrix} \tag{2.25}$$

按照式（2.24）对原始样本数据进行标准化处理：

计算样本的相关系数矩阵，经标准化处理后数据的相关系数为 $\boldsymbol{R}$：

$$\boldsymbol{R}=\begin{bmatrix} r_{11} & r_{12} & \cdots & r_{1p} \\ r_{21} & r_{22} & \cdots & r_{2p} \\ \vdots & \vdots & \ddots & \vdots \\ r_{p1} & r_{p2} & \cdots & r_{pp} \end{bmatrix} \tag{2.26}$$

$$r_{ij}=\frac{\mathrm{Cov}(\boldsymbol{x}_i,\ \boldsymbol{x}_j)}{\sqrt{\mathrm{Var}(\boldsymbol{x}_i)}\ \sqrt{\mathrm{Var}(\boldsymbol{x}_j)}}=\frac{\sum_{k=1}^{n}(x_{ki}-\bar{x}_i)(x_{kj}-\bar{x}_j)}{\sqrt{\sum_{k=1}^{n}(x_{ki}-\bar{x}_i)^2}\sqrt{\sum_{k=1}^{n}(x_{kj}-\bar{x}_j)^2}},\ n>1 \tag{2.27}$$

计算相关系数矩阵 $\boldsymbol{R}$ 的特征值 $\boldsymbol{\lambda}$ 和相应的特征向量 $\boldsymbol{a}$：

$$\boldsymbol{\lambda}=(\lambda_1,\ \lambda_2,\ \cdots,\ \lambda_p) \tag{2.28}$$

$$\boldsymbol{a}=(a_{i1},\ a_{i2},\ \cdots,\ a_{ip}) \tag{2.29}$$

PCA 可以得到 p 个主成分，但是，由于各个主成分的方差是递减的，包含的信息量也是递减的，实际建模时，一般不是选取 p 个主成分，而是根据各个主成分累计贡献率的大小选取前 k 个主成分，这里的累计贡献率是指某个主成分的方差占全部方差的比重，也是每个特征值占全部特征值的比重，即：

$$\eta_i=\frac{\lambda_i}{\sum_{i=1}^{n}\lambda_i} \tag{2.30}$$

累计贡献率越大代表所包含的原始样本数据的信息越完整。通常条件下，要求累计贡献率不低于 85%。

根据标准化的原始数据，按照各个样本，分别代入主成分表达式得到各主成分下各个样本的新数据，即主成分得分，形式如下：

$$\boldsymbol{F}=\begin{bmatrix} F_{11} & F_{12} & \cdots & F_{1k} \\ F_{21} & F_{22} & \cdots & F_{2k} \\ \vdots & \vdots & \ddots & \vdots \\ F_{n1} & F_{n2} & \cdots & F_{nk} \end{bmatrix} \tag{2.31}$$

$$F_{ij}=a_{j1}x_{i1}+a_{j2}x_{i2}+\cdots+a_{jp}x_{ip},\ i=1,\ 2,\ \cdots,\ n;\ j=1,\ 2,\ \cdots,\ k \tag{2.32}$$

最后采用新样本数据 $\boldsymbol{F}$ 代替原始样本 $\boldsymbol{X}$ 进行建模分析。

2.3.2 特征选择技术

特征选择是进行数据降维的另一种方法，通过轧制领域知识或者特征相关性等方法进行特征子集构建。

2.3.2.1 基于领域知识特征选择

基于领域知识的特征选择也可以称为工程方法，可以看作是一种人工的特征选择方法，它基于研究人员的先验知识和对数据的认知人为地选择合适的特征。选择过程不需要复杂的计算，具有操作简单、快速的优点，但同时也存在一定的局限性。首先，基于领域知识的特征选择的质量可能是不稳定的，因为不同研究人员对热轧过程变形机制的认知能力存在显著差异；其次，基于知识的特征选择主要基于属性与预测对象之间的相关性，而忽略了不同属性之间的相关性，使得特征空间难以完全简化。也就是说，基于领域知识的特征选择产生的特征空间存在一定的数据冗余。因此，一般将基于领域知识的特征选择作为第一步，快速选择相关特征，然后采用基于算法的特征选择方法进一步优化特征空间。

2.3.2.2 过滤方法

过滤方法是数据降维中最常用的基于算法的特征选择方法，通过分析输入特征和输出变量之间的相关性来选择合适的特征。它通过测量特征的相关性和冗余性来筛选特征，因为其目标是包括关于建筑物和能源系统特征的最大数量的信息，同时尽量减少这些变量之间的共同信息。使用各种相关系数（包括皮尔逊相关系数）、互信息等方法来评估输入特征的相关性。皮尔逊相关系数是测量连续数据线性关系最常用和最适用的方法。

皮尔逊相关系数（Pearson Correlation Coefficient）用于度量两个变量之间的线性关系强度和方向，其数值位于-1~1，其公式如下所示：

$$r = \frac{\sum_{i=1}^{n}(x_i - \bar{x})(y_i - \bar{y})}{\sqrt{\sum_{i=1}^{n}(x_i - \bar{x})^2 \sum_{i=1}^{n}(y_i - \bar{y})^2}} \tag{2.33}$$

式中，n 为样本数目；x_i 和 y_i 分别为第 i 个样本中两个变量的取值；$\bar{x}$ 和 $\bar{y}$ 分别为 x 和 y 的均值。

互信息（Mutual Information，MI）是衡量两个随机变量之间依赖性的方法，当随机变量之间相互独立时，其值为0；变量之间依赖性越大，MI 值越大，其公式如下：

$$I(X;\ Y) = \sum_{y \in Y}\sum_{x \in X} P(x,\ y) \lg \frac{P(x,\ y)}{P(x)P(y)} \tag{2.34}$$

式中，X、Y 均为随机变量；$P(x,\ y)$ 为 X、Y 的联合概率分布；$P(x)$、$P(y)$ 分别为 X 和 Y 的边缘概率分布。

2.3.2.3 包装方法

包装方法是一种考虑预测器性能的特征选择方法，通过生成可能的特征子集并在预测器中训练，根据一定的评价准则比较其性能，从而找到最优的特征子集。其操作过程通常包括 3 个关键步骤：子集生成、子集评估和停止准则。子集生成最常用的方法是递归特征消除，这是一种反向搜索方法，以减少的方式检查和消除不利的特征。递归特征消除根据特征的性能在每次迭代中删除一个特征。它停止迭代直到一个预定的阈值，如迭代次数、特征子集的大小或预测的准确性。子集生成的其他方法包括随机抽样和人工选择，它们分别随机和人工生成特征子集。

2.3.2.4 嵌入方法

嵌入方法是一种混合方法，通过综合过滤方法和包装方法来选择最优的特征子集。首先采用基于过滤的方法对原始数据进行初始筛选，然后采用基于包装的方法寻找最终的最优特征子集。尽管操作过程很复杂，但混合方法由于实现了基于过滤和基于包装方法的互补性，因此被认为具有更好的建模性能。例如，包装方法可以弥补过滤方法在分析组合特征对预测的影响方面的不足；相比之下，过滤方法在处理高维数据时可以减少包装方法的工作量。

2.3.3 聚类特征选择

聚类特征选择是一种基于聚类分析的特征选择方法，首先通过聚类方法对特征进行聚类，将相似的特征分配到同一个簇中。之后分别在每个簇中对特征进行排序，选择最具代表性的特征建立特征子集。选取时可以通过信息增益、方差分析以及相关性分析等方法进行。通过对获得的特征子集进行评估和验证，确保这些特征在保留数据结构的同时，提供了足够的信息。

由于在簇内进行特征选择，因此能够考虑到特征之间的相互关系。在高维数据中，聚类特征选择可以帮助减少特征数量，提高模型的解释性。然而聚类特征选择对聚类算法较为敏感，会受到算法性能的影响，需要对聚类算法进行模型优化，并对比不同的算法结果，以获得更好的特征子集。

2.4 数据的多样本处理策略

在模型建立和模型自学习过程中，需要对数据进行对应。在 200 ms 的通信周期内，基础自动化将处理完成之后的数据上传至过程计算机，过程计算机将进行数据的存储。数据存储完成后才能触发相应的逻辑和模型计算。以连续扫描数据中的机架轧制力数据为例对数据存储的多样本处理步骤进行简要说明[4]。

2.4.1 样本源数据的获取

当轧件头部进入第一活动机架，产生咬钢信号（轧制力信号作为咬钢信号的判断）之后，延时两个采样周期开始连续数据扫描过程，采集数据存放在数组中，以 $D[\mathrm{std}][i]$ 表示，std 为机架号（机架总数目为 n 个），i 为数据采集的计数（采集数据点总数为 m）。每一机架均采用相同的步骤进行数据的采集和储存。为方便进行处理，定义精轧出口侧的仪表区为虚拟机架，机号为 $n+1$。采样点从 $i=1$ 开始计数。

当带钢头部到达精轧出口测仪表区时，出口侧仪表记录带钢头部的实际数据，包括温度 $T[n+1][i]$，厚度 $h[n+1][i]$，和宽度 $w[n+1][i]$，上述数据采集完成之后，头部经过各机架时的轧制力数据已经收集完成，记为 $(F[1][1], F[1][m])$ ~ $(F[n][1], F[n][m])$，得到采样时间为横坐标，轧制力实测值为纵坐标的一系列曲线（其中，轧制

力数据曲线 n 条，温度、厚度、宽度曲线各 1 条）。选取 m（一般取 $m=30\sim40$）个采样点作为带钢采样区间，带钢头部位置选取如图 2.2 所示。

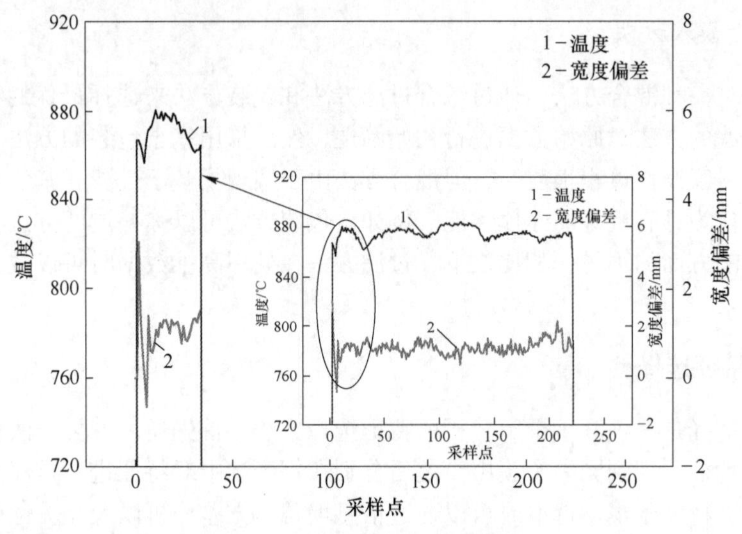

图 2.2　带钢头部位置示意图

带钢在加热炉中受热不均匀导致存在水印，相应位置会出现 20～30 ℃的温度波动；带钢头部在穿带过程中的不稳定造成带钢头部拉窄现象，对应位置的数据波动很大。若使用此部分数据进行模型的自学习，必然会造成模型预报精度的下降。再者，测量仪表的测量误差使得到的测量值存在干扰，造成采集到的测量值可信度下降，同样不能进行模型的自学习计算过程。

因此，采集数据需进行有效性检查。工程中最常用的方法是计算各数据的平均值和标准差，如果数据在要求范围之内则认为是稳定状态。在“稳定状态”下，首先计算数据平均值，将单个数据点与平均值进行比较，丢弃掉与平均值相差较远的点，然后重新计算平均值，最终得到的数据用于模型自学习过程。

但是平均值的计算会将在极值范围内波动较大的数据点考虑在内，同样不能将水印或者带钢拉窄等造成的异常数据筛除，因此在数据处理的基础上提出了一种多样本处理的方法进行数据的筛选。

2.4.2　多样本数据的划分

样本处理在工程中已经大量应用，如应用于神经元网络训练的示例样本、时间样本、应用于层流冷却控制系统的长度样本等，多样本处理的目的是通过将带钢相应区域进行划分，分成多个样本，数据可信度高的样本将最终作为模型自学习的数据。

带钢头部共有 m 个采样点，单位样本长度包含 k 个采样点，相邻的 k 个采样点组成一个样本，故在带钢头部共包含有 $m-k+1$ 个样本，需要从 $m-k+1$ 个样本中选择出满足条件的样本进行计算。以采集到的轧制力数组为例，共采集到 $m=35$ 个数据点（数组以 1 开始填充），定义样本长度 $k=4$，多样本的划分示意图如图 2.3 所示。

定义每相邻的 k 个点为一个样本，各样本中的数据点存在交集，总共得到 31 个数据

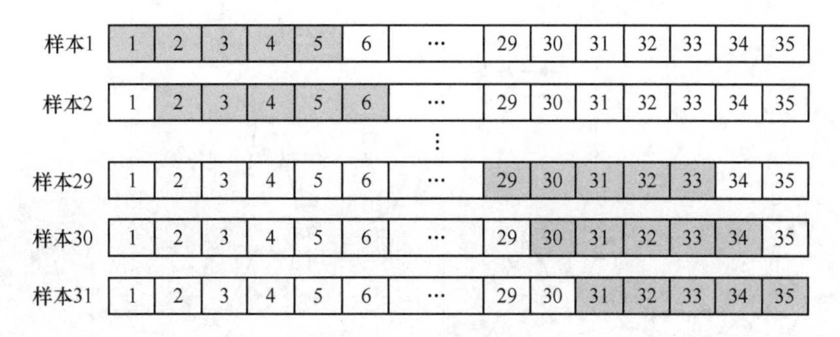

图 2.3 多样本划分示意图

样本，得到样本之后，需要按照一定的选取方式对样本数据进行选取，得到最终用于模型自学习的数据。

2.4.3 多样本数据的评价

连续扫描数据主要体现了带钢在穿带过程中数据的稳定程度，对于带钢头部位置来说，数据的精确度受以下几方面的影响：（1）带钢头部的温度分布情况，主要是水印对轧制力的影响；（2）穿带过程中推拉钢现象导致的活套角度对宽度、轧制力和电机电流实际数据的影响。带钢头部的数据准确度可以通过实际测量曲线反映出来，如终轧温度曲线能够反映温度波动情况，宽度曲线可以反映宽度波动情况。

所以，可以根据温度和宽度曲线对样本数据进行选取，再按照样本数据的对应关系得到合适的样本。由于温度和宽度的数量级存在差距（头部的温度在±20 ℃范围波动，宽度在-1～+3 范围波动），作为带钢同一位置的采集数据，为消除量纲的影响，可以用变异系数来进行数据的处理。

变异系数是反映数据离散程度的物理量，其数据大小不仅受变量值离散程度的影响，而且还受变量值平均水平的影响。变异系数是衡量资料中各观测值变异程度的统计量。变异系数是标准差与平均值的比值，它可以消除单位或平均值不同对两个或多个数据离散程度造成的影响。变异系数 CV 计算式为：

$$CV = \frac{S}{\bar{x}} = \frac{\sqrt{\dfrac{\sum_{i=1}^{n}(x_i - \bar{x})^2}{n-1}}}{\bar{x}} \tag{2.35}$$

式中，S 为样本标准差；x_i 为样本中的采样点；$\bar{x}$ 为样本平均值；n 为样本中的采样点个数。

通过计算温度曲线样本和宽度曲线样本的变异系数，分别比较各样本中数据的离散程度，根据不同的权重获得最终的样本变异系数。图 2.4（a）、（b）、（c）分别是按照权重 1∶1、1∶3 和 3∶1 的变异系数计算结果。可以发现，最终的样本选取结果分别是：

按照“温宽比”为 1∶1 进行的样本选取结果为：30、29、31、17、13、15、16；

按照“温宽比”为 1∶3 进行的样本选取结果为：30、29、31、13、17、16、15；

按照“温宽比”为 3∶1 进行的样本选取结果为：30、29、31、17、15、13、14。

可以看出，不同权重下得到的样本数据近似一致，权重系数的大小对样本数据的影响

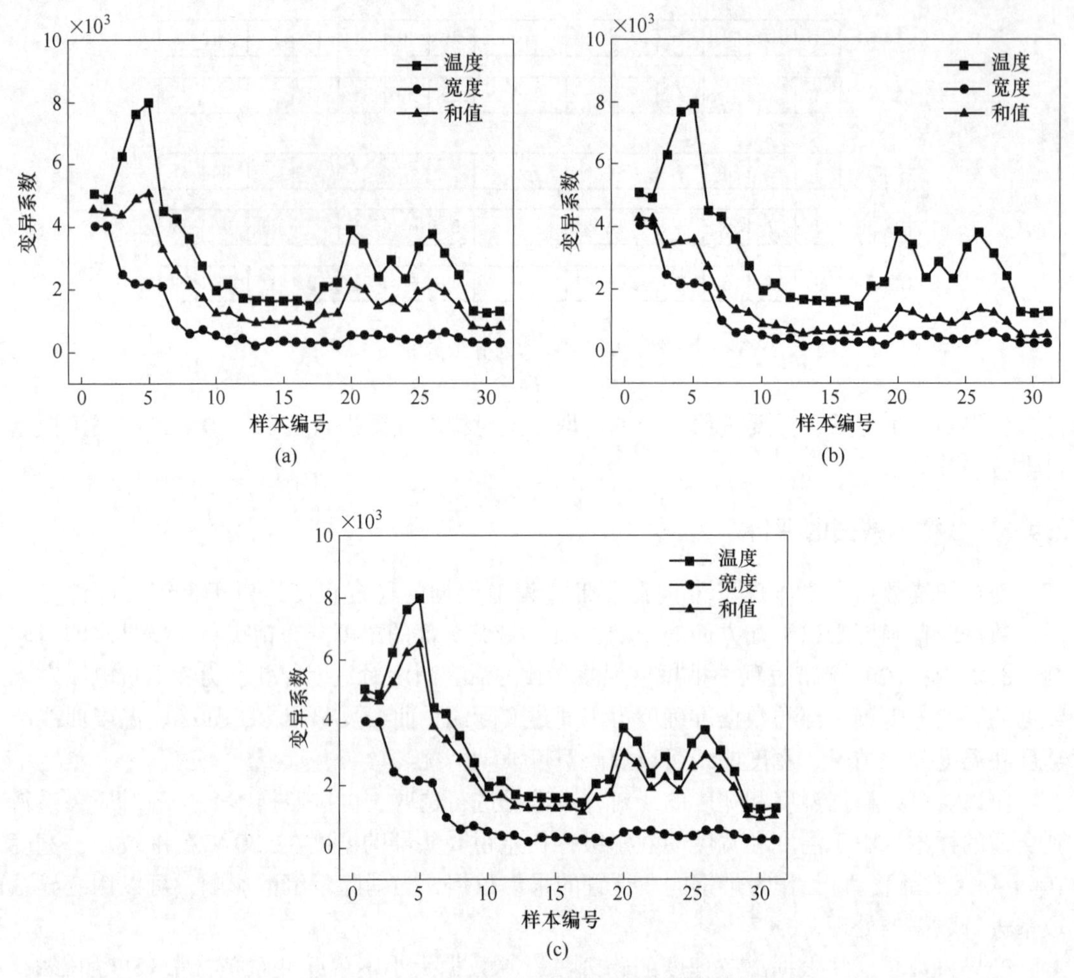

图 2.4 不同权重下的样本变异系数计算结果

(a) 1∶1；(b) 1∶3；(c) 3∶1

较小。因此，在实际应用中，一般取权重为 1∶1 进行计算。

最终确定数据稳定性高的数据样本用于自学习所用的样本号，按照变异系数从小到大的排序，最终选取 30、29、31、17、13、15、16 号样本数据，此样本内的数据稳定，离散程度小，适于进行模型的自学习过程。

2.4.4 多样本数据的映射

根据获得的样本号，即可以获得相应样本中包含的数据点 i，在精轧区按照秒流量恒定的原则，数组 $D[\mathrm{std}][i]$ 中数据采集点 i 与带钢头部某一位置一一相对应，由于各机架的数据采集启动时刻相同，故 i 点基本上确定了带钢相应位置，只需要将其余机架对应的数组中的样本数据进行筛选即可，此过程即为映射过程。以 17 号样本为例，数据点 i 范围为 17~21，选取各数组 $D[\mathrm{std}][i]$ 同一 i 范围的数据进行处理即可。

对样本内数据进行均值处理后即可获得样本的实测数据值，将最终得到样本数据分别进行模型的自学习过程，对模型参数进行计算和更新。

以轧制力自学习为例，设每个样本得到的模型自学习结果分别为 δ_1、δ_2、δ_3、δ_4、δ_5、δ_6 和 δ_7，最终的轧制力自学习系数由下式计算得到：

$$\delta = \alpha_1\delta_1 + \alpha_2\delta_2 + \alpha_3\delta_3 + \alpha_4\delta_4 + \alpha_5\delta_5 + \alpha_6\delta_6 + \alpha_7\delta_7 \tag{2.36}$$

式中，$\alpha_1 \sim \alpha_7$ 为权重系数。

权重系数由下式计算得到：

$$\alpha_i = \frac{q}{\mathrm{CV}_i} \tag{2.37}$$

式中，q 为归一化系数，满足 $q\sum_{i=1}^{n}\frac{1}{\mathrm{CV}_i} = 1.0$。

2.4.5 样本处理应用实例

样本的自学习优化过程不是一次进行完成，而是通过对不同样本段的处理在线反复进行优化计算，从而使由于实测数据波动造成的学习不确定性能及时得到弥补，提高了模型的自学习精度。

使用同一批数据，采用同样的自学习处理过程，统计稳定轧制过程中 50 块带钢的预报轧制力和实测轧制力数据并进行对比，多样本处理前后的轧制力预报精度对比如图 2.5 所示。可以发现，采用多样本处理方式得到的轧制力预报精度更接近于实际值，统计结果显示，轧制力预报精度均方差由 5.30%降低到 1.85%，轧制力预报精度得到了提高。

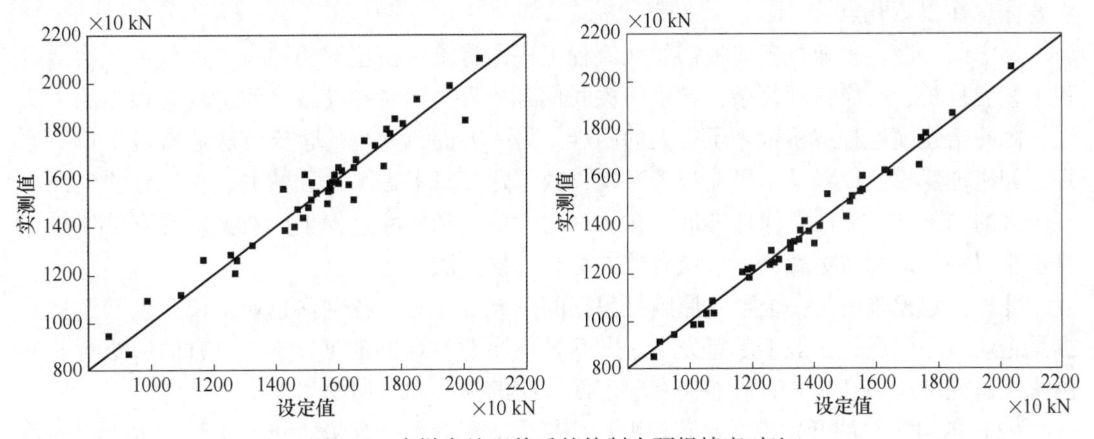

图 2.5 多样本处理前后的轧制力预报精度对比

参 考 文 献

[1] 张殿华，李鸿儒. 板带材智能化制备关键技术 [M]. 北京：冶金工业出版社，2021.

[2] 丁敬国. 中厚板轧制过程软测量技术的研究与应用 [D]. 沈阳：东北大学，2009.

[3] 徐金梧. 冶金生产过程质量监控理论与方法 [M]. 北京：冶金工业出版社，2015.

[4] 李旭，彭文，丁敬国，等. 热连轧数据采集的多样本处理策略 [J]. 东北大学学报（自然科学版），2014，35（4）：521-523，528.

3 热轧过程机理模型构建方法

热连轧过程是典型的多工序长流程工业场景，涉及多种物理化学反应，具有很强的过程关联性和数据复杂性，建模难度大。目前已积累了大量的机理模型。但由于模型的开发模式各异和行业壁垒的问题，导致模型适应性差。工业机理模型可定量表达各工序物质流、能量流变化过程和相互作用，支撑生产过程实时动态管理和精准控制；可实现冶金设备运行状态监视和故障预测诊断，提高设备运行效率，实现高效绿色生产。因此，机理模型是钢铁行业实现智能制造的重要支撑。

3.1 机理模型构建过程中的问题

机理模型构建过程中的问题主要包括：

（1）多参数强耦合的行业特点导致建模难。冶金工业生产过程通常需要多个工序和多种设备进行耦合协作，因此具有很强的过程关联性和数据复杂性，建模过程难度大的原因主要体现在以下几点：

一方面，冶金工业机理建模需要从流程工序中将单一模型解构出来，但是由于冶金过程工艺流程长，反应机理复杂，各工序关联耦合严重，同时各设备之间也具有很强的关联性，因此给建模过程解析带来了很大的困难。另一方面，如今的建模方法通常基于单一原理，如机理建模仅仅考虑了工业机理过程，数据建模只考虑了过程数据。单一方法建模存在较大的局限性，无法全面地考虑内在物理化学反应和实际过程生产数据。现有的建模工具也难以将机理和数据融合，形成有效的综合建模方法。

此外，建模难的另一个重要原因是数据的不充分。对于各钢铁企业来说，生产过程数据是企业核心资产，一般不愿意分享，尤其是不愿意与竞争企业分享。只有面向全行业的国家级研究院所和高校才有可能拥有覆盖面较广的模型和数据积累。

（2）各自为战的开发模式导致模型适应性差。经过行业研究人员和工程师数十年的努力，钢铁行业已积累了大量的机理模型。但是，由于模型的开发模式各异和行业壁垒的问题，导致模型适应性差。总体上，目前冶金行业的机理模型的开发基本上处于各自为战、重复开发、不可复用的状态。对同一个工艺相同参数的预测，引入的变量和约束条件的种类和数量都可能不一样，进而导致不同的工厂不同工况下模型的应用效果大不一样。目前不同开发者可能采用不同的工业软件进行模型开发，由不同建模方法得到的机理模型通常存在通用性问题，即接口标准定义不统一，导致现有模型只能应用于特定场景，同时也只能与相同接口的模型进行级联，具有较差的互操作性。机理模型作为工业互联网平台 PaaS 层的核心，接口不一致会导致跨平台应用困难。

随着模型开发数量与种类的增多，目前没有对模型进行有效的管理，无法根据模型的功能与应用场景等相关属性进行分类；同时也没有一种能够快速检索模型的方法，导致大量模型无法被有效利用，造成了大量的重复开发工作。

（3）行业知识壁垒和数据壁垒导致跨平台推广难。现有的冶金工业机理模型大多是针对冶金企业实际需求进行开发的，由于冶金行业门槛较高，因此冶金工业机理模型大多是由冶金行业的专业人员进行开发的，相比于互联网行业的低门槛，冶金工业机理模型开发的大众参与度很低。另外，由于企业从自身角度考虑，往往很难将本企业的工业机理模型开发交给其他企业。除此之外，大多数企业、科研院所和高校之间的模型开放程度低，无法形成有效的技术交流与合作，导致冶金工业机理模型的“孤岛效应”，不利于模型的质量提高与应用推广。

同时，现有的冶金工业机理模型开发没有形成开源社区，缺乏技术交流与共享的平台，难以促进冶金专业开发者的技术沟通与共同进步，不利于第三方开发者的学习和参与，导致冶金工业机理模型推广难度大。

综上可以看出，目前冶金工业机理模型存在建模难、模型杂乱、适应性差、模型推广应用难等问题，亟需由国内具有丰富冶金工业机理模型研发经验和长期积累了大量冶金工业机理模型的国家级研究院所和高等院校，立足冶金行业特点，整合冶金工业机理模型开发环境和开发者社区，构建冶金工业机理模型库并逐步推广到冶金行业企业，形成优势互补、资源富集、多方参与、合作共赢、协同演进的新生态，实现工业互联网平台在冶金工业领域的价值提升。

为建立多维度、可重构工业机理模型，首先针对具体应用场景，将物质转化、反应动力学等工艺原理进行深度建模，形成高保真的机理模型；对趋势分析、参数设定等操作经验、最佳实践以模糊规则、Petri 网等形式进行具象化表示，形成知识模型；将机器学习、神经网络等人工智能方法进行编码与封装，形成具有标准化接口的通用元模型。通过对冶金全流程模型的梳理，形成“全流程-单元工序-设备”的多层级架构，实现模型全维度准确描述。然后，从模型编码、构建、命名、分类等方面建立冶金工业机理模型开发规范和接口标准，按照模型外壳和模型内核采用数字化和软件化的方法对已有模型和新开发模型进行标准化封装，形成通过输入输出接口调用、适用于各类生产管理系统的工业机理模型软件化实体，提升冶金工业机理模型开发的交互性、移植性和可重构性。最后，通过对已封装模型进行互操作调用测试和跨平台部署，降低冶金工业应用 APP 开发门槛和开发成本，有效提高冶金工业机理模型开发、测试、部署效率。

3.2 机理模型通用构建方法

3.2.1 概述

冶金工业机理模型的构建由模型六元素（OGPEVM）、软件化元素和成熟度元素构成。首先，冶金工业机理模型在建模之初，需要确定建模对象（Object，流程、工序、设备）和建模目的（Goal，决策、操控、控制）；然后，结合对建模对象和功能所积累的先验知识（Prior），采用数学公式等形式（Expression，结构、参数、规则）实现准确表达，同时依据建模对象所抽象出的用于构建出数学表达形式中的变量集（Variable Set，输入、输出、状态）和所采用的适合的建模方法集（Method Set）完成对模型的构建。模型抽象构建完成后需要通过软件编程实现模型利用，因此，模型在软件化实现过程中要考虑使用的编程语言和部署环境（平台应用、边缘应用等），同时为了使得部分单一功能的模型也能实现多场景应用，还要考虑应用时的交互接口，如何实现模型的标准化封装、调用方式以及互操作规范等软件工程相关的内容。此外，针对基于上述思路构建的冶金工业机理模型在不同企业、环境和场景下的匹配性的问题，还需要做后期冶金工业机理模型的成熟度绩效评价，从功能完备性和准确度、可靠性以及适用性（针对含自学习能力的模型）等方面进行评价，然后根据评价进行模型的软件编程迭代优化，以开发完整有效的冶金工业机理模型。冶金工业机理模型完整构建流程如图 3. 1 所示。

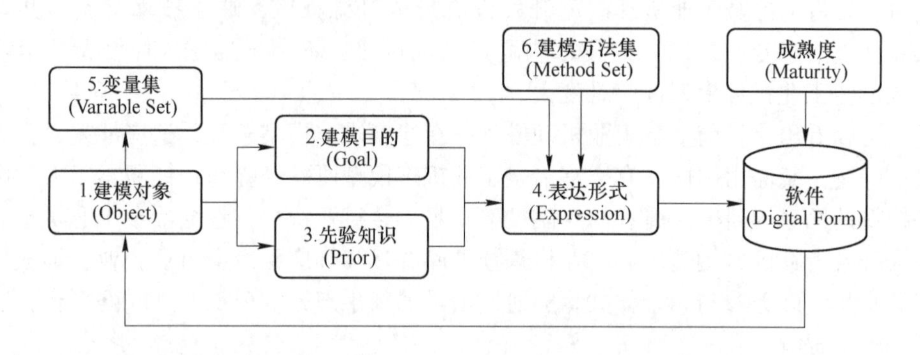

图 3. 1 冶金工业机理模型构建流程图

为了进一步阐释冶金工业机理模型构建流程，对照图 3. 1 论述的机理模型构建方法进行说明。

根据模型应用场景，钢铁工业机理模型的构建可分别以工艺流程、工序、设备作为建模对象。为了提高钢铁工业机理模型的适用性，需要在开发过程中提高多种类机理模型的可重构性。按照层级进行划分，钢铁工业机理模型可分为过程控制级模型和基础自动化级模型。如图 3. 2 所示，钢铁工业板带热连轧生产工艺流程包括加热炉、粗轧、精轧、层流冷却等关键工序。下面以热连轧工艺过程为例，描述钢铁工业板带热连轧生产工艺机理模型构建流程。

3. 2. 2 模型分类

3. 2. 2. 1 过程控制模型

A 过程控制模型功能

热连轧过程自动化机理模型是热连轧基础自动化实时闭环控制的基础。板带轧制机理模型的目标是基于操作要点、秒流量平衡原理、实验分析、轧制数据和 PDI 数据等，从金属塑性变形、辊系弹性变形、热力学理论、摩擦学理论、控制理论、轧制工艺原理等角度描述钢铁工业板带热连轧轧制过程中各工序主要过程参数随时间和操作参数变化的动态特性。钢铁工业板带轧制过程机理建模思路如图 3. 3 所示。

因此，热连轧过程中所用的机理模型主要包括：

（1）变形模型，如压下、宽展、延伸、前滑、轧件稳定性、金属流动、应力分布等。

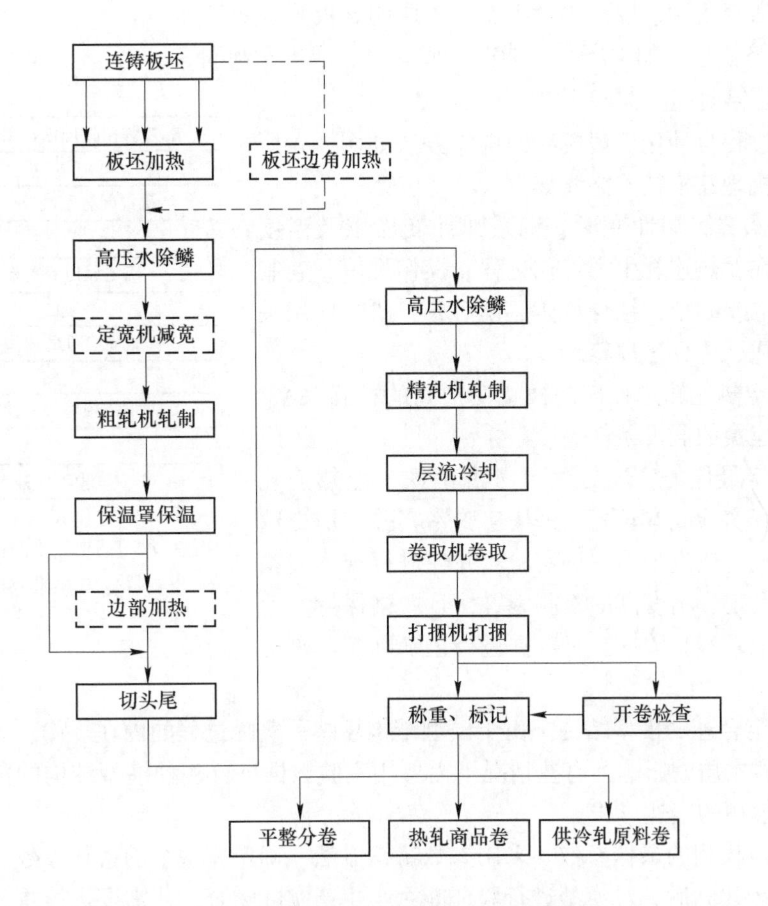

图 3.2 板带热连轧生产工艺流程图

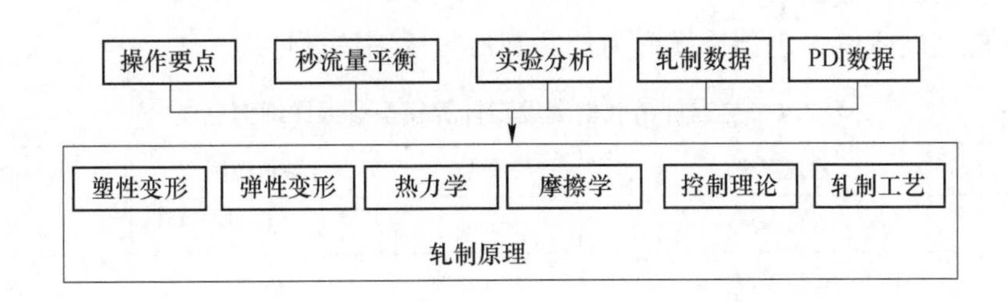

图 3.3 钢铁工业板带轧制过程机理建模思路

(2) 力学模型，如压力、扭矩、能耗、工具受力分布、变形金属应力分布等。

(3) 温度模型，如升温、冷却、温度分布等。

(4) 组织及性能模型，如力学性能、物理性能、组织变化、相变、组织性能分布、显微结构等。

(5) 机械传动模型，如传动系统振动、轧辊弹性压扁、轧机弹跳、部件损耗等。

(6) 边界及物态模型，如摩擦润滑、边界条件、产物态及本构方程等。

(7) 规程设定模型，如粗轧立辊开口度、粗精轧辊缝、粗精轧轧制速度、精轧机架间张力、精轧活套角度、层冷集管组态、卷取侧导板开口度等。

(8) 经济模型，如生产率、能耗、成材率、成本及利润等。

B 过程控制模型构建示例

热连轧过程自动化机理模型的构建方法如图 3.4 所示，其反应机理建模技术路线如下：

(1) 根据金属塑性变形、辊系弹性变形以及温度场等理论，在对热连轧生产工艺过程、操作规范、轧制规程等分析的基础上，结合具体建模对象，研究作用关系、参数组成、边界条件等。

(2) 确定热连轧过程控制模型变量间的相互关系、模型类型、建模的假设条件等。

(3) 确定最佳的实验方案。考虑钢铁工业热连轧板带轧制现场实验成本较高，采用实验室实验与历史数据结合的方式，适当采用现场实验，并在进行现场实验时配置性能稳定、精度高的检测装置，且严格保持实验条件稳定，记录实验数据，对数据进行正确判断、筛选和分析。

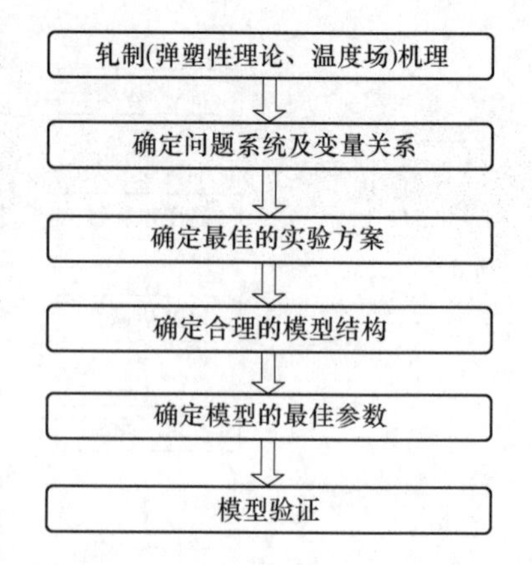

图 3.4 热连轧过程自动化机理建模技术路线

(4) 确定合理的模型结构。由于模型结构反映了实际过程的内在规律，对实验数据的拟合精度有着本质的影响，有些情况下需要用实验数据进行多种模型结构的拟合，从中选出最合适的模型的表达形式。

(5) 确定模型的最佳参数。采用参数辨识方法，确定模型中的最佳参数。

(6) 模型建立后，对模型进行验证能否与生产实际吻合，还需要进行重复试验，确认后才能在生产中应用。模型只有在被检验、评价、确认基本符合要求的情况下，才能被接受，否则需要重新修改模型。

以热连轧精轧辊缝设定计算模型为例，其参数详细信息见表 3.1。

表 3.1 热连轧精轧辊缝设定计算模型参数详细信息表

参数	物理意义	单位	数值范围	获取方式
h_0	入口厚度	mm	25~60	PDI 数据
h_1	出口厚度	mm	0~30	测厚仪测量
R	轧辊半径	mm	100~1000	设备参数
v_0	轧制速度	m/s	0~15	码盘测量
B	带钢宽度	mm	0~2500	测宽仪测量
t	带钢温度	℃	500~1500	高温计测量
F	轧制力	kN	0~50000	压头测量
G	电机齿轮箱减速比	—	0~10	设备参数
k_{s01}	轧机弹跳补偿系数	mm	−0.5~0.5	参数辨识
k_{s02}	调零轧制力	kN	300~1500	定值，与轧线有关

续表 3.1

参数	物理意义	单位	数值范围	获取方式
k_{s03}	轧机刚度	MN/mm	1.5~6	线性回归
k_{s04}	弹跳非线性补偿系数	—	-5.0~5.0	参数辨识
k_{s05}	工作辊未接触区补偿系数	—	-5~5	参数辨识
k_{s06}	宽度影响补偿系数	mm	-2~2	参数辨识
k_{s07}	支撑辊影响系数	—	-3~3	参数辨识
k_{s08}	标称支撑辊半径	mm	200~1200	定值，与轧线有关
k_{s09}	辊缝影响系数	—	0~1	参数辨识
k_{s10}	速度影响系数	—	0~1	参数辨识
k_{s11}	张力影响系数	—	0~1	参数辨识
k_{s12}	轧制力影响系数	—	0~1	参数辨识
k_{s13}	轧辊最大转速	r/min	0~300	定值，与轧线有关
k_{s16}	轧机调零速度	m/s	0~5	定值，与轧线有关

构建的热连轧精轧辊缝设定计算模型结构为：

$$S = h_1 + S_E + S_B + S_{v_0} + \Delta S \tag{3.1}$$

式中，S_E 是轧机弹跳；S_B 是带钢宽度影响补偿项；S_{v_0} 是速度影响补偿项；ΔS 是辊缝修正项。

$$S_E = k_{s01} - \left(1 - k_{s04}\ln\frac{F}{k_{s02}}\right)\frac{F - k_{s02}}{k_{s03}} \tag{3.2}$$

$$S_B = k_{s06} - \frac{[k_{s05}(L_B - B) + k_{s07}]F}{1000} \tag{3.3}$$

$$S_{v_0} = \frac{k_{s09}(k_{s10}a + k_{s11}\sqrt{a}) - k_{s09}(k_{s10}d + k_{s11}\sqrt{d})}{(k_{s10} + k_{s11})\ln F} \tag{3.4}$$

$$a = \frac{v_0}{2\pi k_{s13}RG} \tag{3.5}$$

$$d = \frac{k_{s16}}{2\pi k_{s13}RG} \tag{3.6}$$

3.2.2.2 基础自动化控制模型

A 基础自动化控制模型功能

基础自动化控制模型的作用是通过对设备的闭环控制实现对操作参数设定值的跟踪。基础自动化控制模型根据设备的结构组成、机械特性，采用工业控制算法给定执行器的工作点。如热连轧粗轧立辊轧制力自动宽度控制模型、热连轧粗轧机雪橇控制模型、热连轧精轧机动态 AGC 控制模型、热连轧精轧机压尾补偿控制模型等。建立基础自动化控制模型是实现生产过程正常稳定运行和产品质量控制的基础[1]。

B 基础自动化控制模型构建示例

现以热连轧基础自动化变刚度液压 AGC 控制模型为例，介绍模型构建及控制参数整定过程：

根据弹跳方程，若预调整辊缝值为 S_0，轧机的刚度系数为 K_m，来料厚度为 H_0，则轧制力为 F_1，实际轧出厚度 h_1 为：

$$h_1 = S_0 + \frac{F_1}{K_m} \tag{3.7}$$

当来料厚度因某种原因有变化时，由 H_0 变为 H'，此时厚度偏差为 ΔH，因而在轧制过程中必然会引起轧制力和轧出厚度的变化，轧制力由 F_1 变为 F_2，此时轧出厚度 h_2 变为：

$$h_2 = S_0 + \frac{F_2}{K_m} \tag{3.8}$$

当轧制力由 F_1 变为 F_2 时，则其轧出厚度的厚度偏差 Δh 等于轧制力差引起的弹跳量：

$$\Delta h = h_2 - h_1 = \frac{1}{K_m}(F_2 - F_1) = \frac{1}{K_m}\Delta F \tag{3.9}$$

为了消除此厚度偏差，需通过调节液压缸的流量来控制轧辊位置，补偿因来料厚度差所引起的轧机弹跳变化量，此时液压缸所产生的轧辊位置修正量 Δs 应与此弹跳变化量成正比，方向相反，即：

$$\Delta s = C\frac{1}{K_m}\Delta F \tag{3.10}$$

轧机经过此种补偿后，带钢的轧出厚度偏差便不是 Δh，而是变小了，因此，变刚度液压 AGC 控制模型如下：

$$\Delta h' = \Delta h - \Delta s = \frac{\Delta F}{K_m} - C\frac{\Delta F}{K_m} = \frac{\Delta F}{\dfrac{K_m}{1 - C}} = \frac{\Delta F}{K_E} \tag{3.11}$$

此时，改变轧辊位置补偿系数 C，即改变 K_E。液压 AGC 控制模型就是通过改变等效的轧机刚度系数 K_E 来实现厚度自动控制[2]。

3.2.3 工序机理模型构建

3.2.3.1 粗轧机理模型

A 模型功能概述

粗轧设定模型主要功能是为粗轧平辊轧机和立辊轧机提供设定值，使得粗轧机在不违反轧机限制条件的前提下，提供符合目标宽度和厚度的中间坯。中间坯的宽度是从精轧的目标宽度进行选取的，其中精轧的目标宽度包括了在精轧过程中对宽展的影响值。每个道次和每个轧件间的自适应确保轧机的设定值最大地满足不同轧机和成品的需要。

B 模型分类

a 力能模型

轧制力模型基于 Orowan 平衡微分方程式有：

$$\frac{\mathrm{d}T}{\mathrm{d}\theta} = 2Rp_{\theta}\sin\theta \pm 2Rt_{\theta}\cos\theta \tag{3.12}$$

式中，R 为轧辊半径；p_{θ} 为单位压力；t_{θ} 为摩擦力；θ 为变形区相应的角度。

在粗轧机中，每减少一个道次，轧制力和功率应执行一次计算，在设定或反馈计算过程期间不管任何时候板坯状态发生了改变，都需要重新计算。轴功率是由变形、摩擦、张力功率和功率损耗部分组成的，表示预测电机轴的功率，它包括经由变形、摩擦和张力而消耗的功率和从变速箱、齿轮、轧辊和电机到水平机架间的其他驱动设备的传动系统的功率损失。

b　温度场模型

在热连轧粗轧轧制过程中，温度场中各节点温度是随时间变化而变化的，所以是非稳态的温度场。若想求解出物体的温度场，必须建立导热微分方程，通过对导热微分方程的求解来获得物体的温度分布。根据能量守恒定律与傅里叶定律，可以得出直角坐标系中三位非稳态导热微分方程的一般形式：

$$\frac{\partial^2 T}{\partial x^2} + \frac{\partial^2 T}{\partial y^2} + \frac{\partial^2 T}{\partial z^2} + \frac{\dot{q}_{\mathrm{d}}}{k_{\mathrm{m}}} = \frac{\rho_{\mathrm{m}} c}{k_{\mathrm{m}}} \cdot \frac{\partial T}{\partial t} \tag{3.13}$$

由于轧件宽厚比很大，同时长厚比也很大，所以可以将温度场考虑为一维温度场。当温度场为一维温度场时，忽略宽度和长度方向上的变化，即 $\frac{\partial^2 T}{\partial y^2} = \frac{\partial^2 T}{\partial z^2} = 0$。在粗轧的温度场中也忽略内热源和外热源的影响。

相应的轧件的热平衡方程表示为：

$$\frac{\partial^2 T}{\partial x^2} = \frac{\rho_{\mathrm{m}} c}{k_{\mathrm{m}}} \cdot \frac{\partial T}{\partial t} \tag{3.14}$$

式中，ρ_{m} 为材料密度，kg/m^3；k_{m} 为材料的热传导系数，W/(m · K)；c 为质量热容，J/(kg · K)。

c　轧辊热膨胀和磨损模型

粗轧模型中的一个线程是异步运行的，这个线程执行了轧辊的热膨胀和磨损计算。当粗轧模型启动时这个线程开始运行。在初始化内部数据结构和建立通信路径后，线程的循环时间是固定的，而不是可变动的。当轧机状态变化时，时间循环可以中断处理来自系统的数据。处理完这些数据后，计算轧辊热膨胀和磨损量，然后执行剩余的循环[3]。

d　水平宽展和狗骨恢复宽展模型

宽展模型考虑了由于板坯厚度的减少而引起的板坯宽度增加。宽度方向的延展是由于板坯被轧制时引起的材料横向流动。它是道次压下量和辊径的一个函数，并与宽度和厚度呈反比。在板坯进入水平辊轧制前，由于立辊的轧制减小了板坯的宽度，同时额外的宽展也被产生，坯边缘宽度减小先于水平压下发生，会采取一些特殊的扩展方法来恢复这种损坏。恢复发生主要是由狗骨材料的横向流动引起的[4]。

e　模型自学习

粗轧模型自学习主要包括轧制力自学习、温度自学习、粗轧出口宽度自学习和精轧出口宽度自学习，自学习是通过已经轧制的同钢种、同规格的轧件，采用指数平滑方法实现。

C　模型软件化解决方案

热连轧粗轧设定模型是实现工艺技术指标和产品质量控制的关键模型之一。模型在实际生产过程中直接设定轧机平辊、立辊辊缝及速度参数，直接决定产品质量。然而，目前粗轧模型由于实际生产过程中对宽度、厚度预报波动太大，因此，需要更加准确地设定计算模型。在过程控制模型软件化过程中，将模型算法推荐功能嵌入粗轧设定模型，在粗轧设定模型得到触发之后自动执行算法。并将模型描述的输入输出关系代码化，同时定义其各类属性，包括名称、类别、功能。以粗轧设定模型中轧制力模型为例，模型软件化表示如图3.5所示。

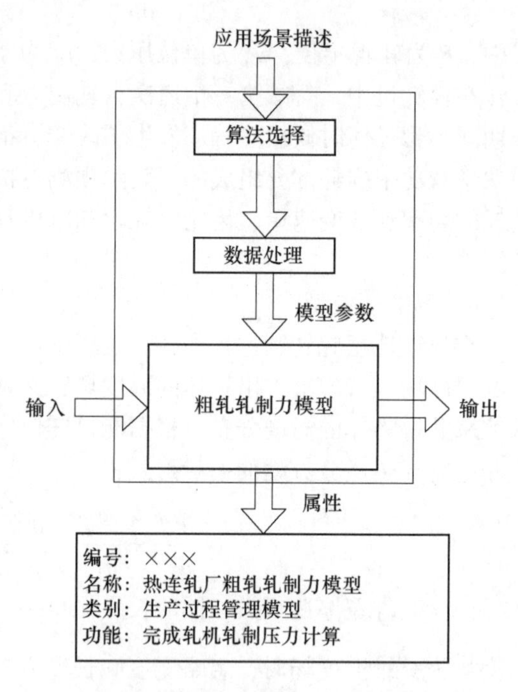

图3.5　热连轧厂粗轧轧制力模型软件化

3.2.3.2　精轧机理模型

A　模型功能概述

精轧设定模型主要完成辊缝设定和速度设定，根据带钢的目标厚度和中间坯的厚度，进行负荷分配，确定各机架出口厚度；末机架的穿带速度可由操作工在HMI画面上给定或者模型根据目标终轧温度来迭代计算；利用秒流量恒定的原则，结合各机架的前滑值，求出各机架的穿带速度。获得粗轧出口带钢的实际温度后，利用温度模型预报精轧入口和出口以及各机架的温度，计算各机架轧制力，然后利用弹跳方程完成辊缝设定计算。

B　模型分类

a　力能模型

轧制力是屈服应力、宽度、接触弧长的函数，接触弧长又与变形辊半径有关，而变形辊半径是轧制力的函数，因此轧制力的计算需经过多次迭代：

$$F = Wl_cK' \tag{3.15}$$

$$l_c = \sqrt{R\left[1 + \frac{K_hF}{W}(H - h)\right]} \tag{3.16}$$

式中，F为轧制力；W为带钢宽度；l_c为接触弧长；R为工作辊半径；K_h为工作辊硬度；H为机架入口带钢厚度；h为机架出口带钢厚度；K'为单位面积上的轧制力。

$$K' = k\left(a + \frac{bl_c}{H + h}\right) \tag{3.17}$$

式中，k为变形抗力；a、b为与带钢材质有关的常数。

$$k = K_cf(T)f(v) \tag{3.18}$$

式中，K_c为与化学成分有关的硬度系数；$f(T)$为与轧制温度相关的函数；$f(v)$为与轧制速度相关的函数。

轧制扭矩模型实质是计算精轧各机架的电机功率。功率模型是为了确定电机负荷需要的综合变形轧制力。在模型设定计算中须考虑电机轧制参数计算结果不超过电机限制条件。如果功率模型检查超过电机功率或电流限制，它将修正速度（精轧目标温度受损），或改变负荷（负荷分配模式受损），目的是保持在主传动的能力范围内。

功率模型的结果也用于计算速降补偿因子，同时也用于一级补偿机架电机的冲击负荷。这个值用在电机的转速和最初的轧机穿带，然后在冲击负荷后消除。

功率模型是用杠杆原理来计算需要的变形功：

$$P = \frac{Fl_c P_f v K_p}{\pi D} - L_t \tag{3.19}$$

式中，P 为电机扭矩；P_f 为功率因子；K_p 为转换系数；v 为轧制速度；l_c 为接触弧长；D 为工作辊直径；L_t 为活套张力扭矩。

轧制扭矩计算模型在精轧设定模型中是极其重要的，若设定规程超出了设备的能力条件，模型就不能输出有效规程。有利于在生产中保护设备安全，同时有利于极限品种规格的开发。

b 温度模型

温度模型是为了得到穿带前或穿带过程中各种因素导致的温度变化（温降或温升），这些温度变化包括在热输出辊道上（保温罩温度计算，保温罩具备自动根据温度控制要求关闭、开启的功能）和轧机里的辐射温降，除鳞水和机架间冷却水温降，轧辊传导温降，变形温升和摩擦温升。另外，可以通过储存在层别表（钢种表和厚度区间表）里的学习系数来修正温度模型精度。它也使用短期或中期自学习方法来描述上面这些轧制参数。

当中间坯压下量计算完成后，调用温度模型计算带钢在各个机架的温度值用于轧制力模型。一旦初期压下量分配完成，通过选择穿带速度算法来调整精轧各机架速度以获得头部出口目标温度。目标温度是根据 PDI 数据加上一个操作工修正值。

为保证目标温度，调整精轧机组速度，对每个机架必须保持秒流量恒定。为确保稳定穿带（没有活套轧制或大的张力），每个机架出口必须保持秒流量恒定。目标秒流量是用目标出口厚度和前滑模型确定的轧辊基准速度来确定，以便有一个好的穿带效果。在按照秒流量恒定原则计算工程中，需要考虑轧制前滑的影响。

由于温度变化对轧制力模型有影响，计算轧制力，必须知道带钢温度；计算带钢温度；也必须知道轧制力。所以，规程计算是一个复杂的迭代计算过程。

c 负荷分配模型

精轧采用标准压下率负荷分配法。给定中间坯厚度 H_1 和终轧目标厚度 h_n，用标准的压下率分配法，计算 $n-1$ 个机架间厚度的分布。用离线计算的方法获得标准压下分布。根据实际需要，可以通过操作工修正 Δr_{0i} 来调节压下率。该算法的主要优势是具有较好的稳定性和可重复性。压下率分布的计算结果必须确保不超过最大电机极限。

每一个钢种和模型表的组合都是利用预存的标准化压下率分布 r_i^*，它是总压下率（H_1/h_n）的函数，每个机架一条曲线。需要注意的是许多不同的钢种共享同一组标准化压下率分布。特别是当机架配置和钢种特性出现较大变化时，应该使用不同的曲线。该曲线按精轧总压下率等量递增，采用线性插值法计算中间变量。r_i 和 r_i^* 的最大（及最小）

极限值也存储在同一张表格中，以便确保压下率在给定的范围内。

d　轧机弹跳模型

在轧制过程中，轧辊对轧件施加轧制力，使轧件产生变形；反过来，轧件对轧辊也有一个反作用，使得轧机的辊缝增大，这即为轧机的弹跳。计算完轧制力之后，利用轧机弹跳模型计算辊缝位置的基准值。轧机弹跳模型的核心是厚度补偿量的计算，补偿量包括轧机弹跳、轧辊挠度、轧辊热膨胀和轧辊磨损等。负荷分配可以得到期望的机架出口厚度。轧机刚度和轧辊挠度是通过轧机测试程序定期完成的。轧辊热膨胀是由带钢出入机架的幂指数函数确定。轧辊磨损是由摩擦力和带钢宽度确定的一个函数。

厚度模型中秒流量厚度的计算方式是以一个简单原理为基础，即在任何适当时间之内，连续秒流量必须适应轧机正常的运行。如果有了目标（或实测）出口厚度和带钢出口速度，那么就可以获得任何目标厚度所需要的机架速度；或者如果有了实测机架速度，就可以获得任何机架间厚度。秒流量是以带钢速度而不是以轧辊速度为基础，因此在调节轧辊速度时必须要考虑带钢的前滑。这可以通过单位压下量和最大滑动值的相关简单函数来实现[5]。

e　模型自学习

精轧过程级数学模型中使用许多简化的理论模型或经验模型，因而在实际使用中都很难精确地描述轧制过程。通过自学习的方法，可以使控制模型的设定值计算精度满足过程控制的要求。模型参数自学习分为短期和长期自学习。短期自学习用于轧件到轧件的参数修正，学习后的参数值自动替代原来的参数值，用于下一块同钢种轧件，主要是与轧件有关的模型参数自学习；长期自学习用于大量同种轧件长期参数修正，主要是与轧机有关的模型参数自学习。

自学习模型是精轧模型的核心组成部分，生产过程中模型设定的精度和稳定性源于模型自学习的效果。

C　模型软件化解决方案

以精轧模型中自学习模型为例，模型软件化表示如图 3.6 所示，定义其输入、输出，将模型描述的输入输出关系代码化，同时定义其各类属性，包括编号、名称、类别、功能。

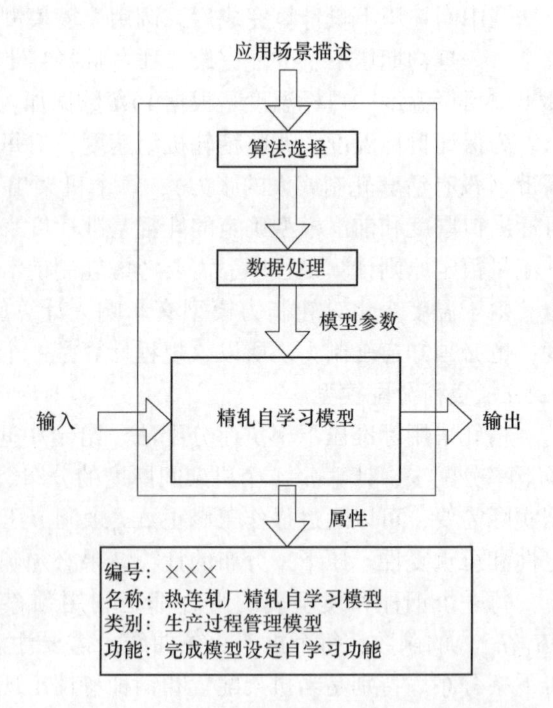

图 3.6　热连轧厂精轧自学习模型软件化

3.2.3.3　板形机理模型

A　模型功能概述

热连轧带钢板形设定计算模型的目的是在精轧设定结果的基础上，在带钢翘曲度极限允许范围内完成带钢在精轧机组内的比例凸度分配，采用轧辊辊形设计、工作辊横移、工作辊弯辊等调节手段，在满足带钢成品厚度精度的前提下得到良好的板形。

B 模型分类

板形及板凸度控制涉及多个数学模型，各机理模型之间的关系如图 3.7 所示。

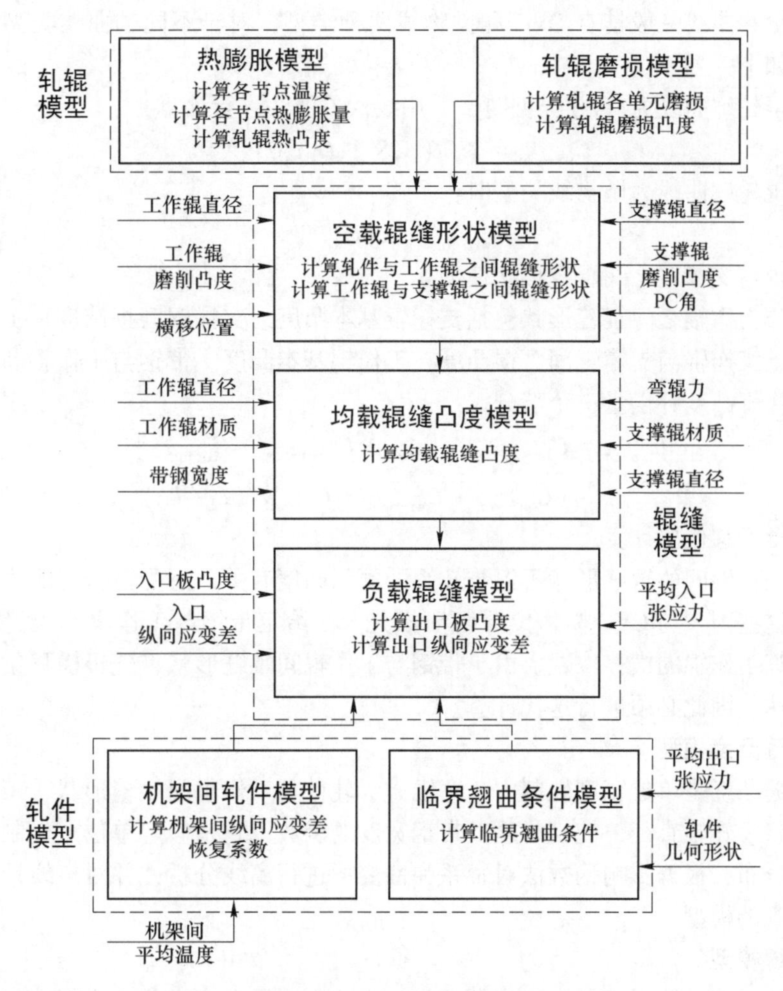

图 3.7 板形及板凸度控制主要机理数学模型

a 辊缝形状模型

空载辊缝形状模型

空载辊缝形状模型描述了空载条件下的辊缝形状，其中包括轧件和工作辊之间的辊缝形状及工作辊和支撑辊之间的辊缝形状两部分。

- 轧件与工作辊之间辊缝形状模型。

带钢与工作辊之间辊缝形状模型包括工作辊等效凸度、工作辊磨削凸度、带钢与工作辊间热凸度、带钢与工作辊间磨损凸度、带钢与工作辊间形状微调值和带钢与工作辊间形状补偿值 6 个部分。

$$C_{\text{pce-wr}} = C_{\text{wr-eqv}} + C_{\text{wr-grn}} + C_{\text{pce-wr-t}} + C_{\text{pce-wr-w}} + C_{\text{wr-vrn}} + C_{\text{wr-off}} \tag{3.20}$$

对于 CVC 轧机工作辊等效凸度为 0，对于 PC 轧机工作辊等效凸度取决于 PC 角，如下式所示：

$$C_{wr-eqv} = \frac{L_w^2(\pi/180 \times \theta_{pc})^2}{D_w} \tag{3.21}$$

工作辊轮廓曲线一般具有 CVC 和抛物线两种类型，对于不同的曲线类型，工作辊磨削凸度分别如下：

当工作辊轮廓曲线为 CVC 类型时，采用线性差值法进行计算，

$$C_{wr-grn} = 2.0f(S, S_{vec}, C[i,0], N) \tag{3.22}$$

当工作辊轮廓曲线为抛物线类型时：

$$C_{wr-grn} = 2.0C_{wr-avg} \tag{3.23}$$

• 工作辊与支撑辊之间辊缝形状模型。

工作辊与支撑辊之间辊缝形状包括支撑辊基本凸度、支撑辊磨损凸度、工作辊与支撑辊间热凸度、工作辊与支撑辊间磨损凸度、工作辊基本凸度、带钢与工作辊凸度自适应值和带钢与工作辊凸度补偿量 7 个部分。

$$\begin{aligned} C_{wr-br} = {} & C_{br-w} + C_{wr-br-t} + C_{wr-br-w} + C_{br-grn} + \\ & (C_{wr-grn} + C_{wr-wrn} + C_{wr-off})(L_b/L_w)^2 \end{aligned} \tag{3.24}$$

• 工作辊横移位置计算。

带钢与工作辊间的辊缝形状不但与轧辊的磨削凸度有关，还受工作辊的磨损和热膨胀的影响，而这些因素与 CVC 横移位置密切相关。在给定带钢与工作辊间辊缝形状的条件下，需要计算工作辊的横移位置。由于带钢与工作辊间辊缝形状与轧辊横移位置的关系无法用显式表达，因此必须进行迭代计算。

均载辊缝凸度模型

均载辊缝凸度是单位宽度轧制力、弯辊力、轧件与工作辊间辊缝形状、工作辊与支撑辊间辊缝形状、轧辊直径、轧辊材质及带钢宽度的函数。它是假定单位宽轧制力沿带钢宽度方向均匀分布，根据影响函数法对辊系弹性变形进行离线分析，并对离线计算结果进行回归处理得到的模型。

负载辊缝模型

负载辊缝模型描述了机架入口比例凸度、机架入口纵向应变差、机架入口张应力、均载辊缝（UFD）凸度与机架出口比例凸度和出口纵向应变差之间的关系。

• 板形板凸度计算。

$$\begin{cases} \mathrm{Cp}_i' = \mathrm{Cp}_{i-1}^{\mathrm{ef}} + (1 - K_{prf-rcv}\, K_{strn-rlf}\xi)\dfrac{\mathrm{Cp}_{i,ufd} - \mathrm{Cp}_{i-1}^{\mathrm{ef}}}{K_{prf-attn}} \\ \varepsilon_i = \xi(\mathrm{Cp}_{i,ufd} - \mathrm{Cp}_{i-1}^{\mathrm{ef}})/K_{prf-attn} \end{cases} \tag{3.25}$$

式中，ξ 为轧件横向流动系数。

轧件横向流动系数 ξ 是指以轧件中心为基准的边部纵向应变差 $\Delta\varepsilon_l$ 与厚向应变差 $\Delta\varepsilon_h$ 的比值，也称板形变化系数。ξ 通常在 0~1 之间，它与轧制变形参数（带钢的宽厚比）密切相关，可以根据各种不同轧制条件由实验确定。

$$\xi = -\frac{\Delta\varepsilon_l}{\Delta\varepsilon_h} \tag{3.26}$$

式中，$\Delta\varepsilon_l$ 为以带钢中心为基准的边部纵向应变差，也称相对延伸差；$\Delta\varepsilon_h$ 为以带钢中心为

基准的边部厚向应变差。

在板形设定系统中，轧件横向流动系数采用插值方法确定：

$$\begin{cases} R = B/H \\ \xi = f(R, R_v[0], \xi_v[0], N) \\ \xi = 0,\ \xi < \xi_{min} \end{cases} \tag{3.27}$$

式中，B 为入口带钢宽度；H 为入口带钢厚度；R 为入口带钢的宽厚比；$R_v[0]$ 为入口带钢的宽厚比向量；$\xi_v[0]$ 为带钢横向流动系数向量；ξ_{min} 为带钢横向流动系数最小值；N 为有序数据点的个数。

- 比例凸度变化衰减因子计算。

比例凸度变化衰减因子反映了负荷不均匀分布对负载辊缝形状的影响，其计算过程如下所示。

压下量计算：

$$\Delta h = H - h \tag{3.28}$$

式中，h 为出口带钢厚度；H 为入口带钢厚度；Δh 为压下量。

希契柯克常数计算：

希契柯克常数是指轧件工作辊和支撑辊压扁计算模型中的系数，它与轧辊的材质和泊松比有关。工作辊和支撑辊的希契柯克常数计算公式如下：

$$\begin{cases} C_{wr-def} = \dfrac{\pi E_w}{16(1 - \gamma_w^2)} \\ C_{br-def} = \dfrac{\pi E_b}{16(1 - \gamma_b^2)} \end{cases} \tag{3.29}$$

式中，E_w 为工作辊弹性模量；γ_w 为工作辊泊松比；E_b 为支撑辊弹性模量；γ_b 为支撑辊泊松比；C_{wr-def} 为工作辊希契柯克常数；C_{br-def} 为支撑辊希契柯克常数。

中间变量计算：

$$\begin{cases} C_1 = \dfrac{A_{tgpt-lbpt}}{2C_{wr-def}} = \dfrac{8(1 - \gamma_w^2) A_{kgpt-lbpt}}{\pi E_w} \\ C_2 = \dfrac{A_{kgpt-lbpt}}{2C_{br-def}} = \dfrac{8(1 - \gamma_b^2) A_{kgpt-lbpt}}{\pi E_b} \end{cases} \tag{3.30}$$

式中，$A_{kgpt-lbpt}$ 为单位变换常数。

工作辊压扁半径计算：

$$R'_w = \frac{D_w}{2}\left(1 + \frac{pA_{kgpt-lbpt}}{C_{wr-def}\Delta h}\right),\ \Delta h > 0 \tag{3.31}$$

式中，R'_w 为工作辊压扁半径；D_w 为工作辊直径；p 为单位宽度轧制力；Δh 为压下量；C_{wr-def} 为工作辊希契柯克常数；$A_{kgpt-lbpt}$ 为单位变换常数。

工作辊压扁接触弧长计算：

$$L' = R'_w \arccos\left(1 - \frac{\Delta h}{2R'_w}\right),\ \Delta h > 0 \tag{3.32}$$

$$L' = \sqrt{\frac{D_w p 16(1-\gamma_w^2)}{2\pi E_w}} = \sqrt{p\frac{8(1-\gamma_w^2)}{\pi E_w}} = \sqrt{pC_1},\ \Delta h \leqslant 0 \tag{3.33}$$

式中，L' 为工作辊压扁接触弧长；R'_w 为工作辊压扁半径；D_w 为工作辊直径；p 为单位宽度轧制力；Δh 为压下量；E_w 为工作辊弹性模量；γ_w 为工作辊泊松比。

带钢与工作辊压扁的费普尔常数计算：

带钢与工作辊压扁的费普尔常数是工作辊的压扁弹性系数，它与单位宽度轧制力的乘积等于工作辊的压扁量。其计算模型如下：

$$K_{wr-pce} = \begin{cases} \dfrac{2p(1-\gamma_w^2)}{\pi E_w}\left(\dfrac{1}{3} + \ln\dfrac{2D_w}{L'}\right) = \dfrac{C_1}{4}\left(\dfrac{1}{3} + \ln\dfrac{2D_w}{L'}\right), & L' > 0 \\ 0, & L' \leqslant 0 \end{cases} \tag{3.38}$$

式中，D_w 为工作辊直径；p 为单位宽度轧制力；E_w 为工作辊弹性模量；L' 为工作辊压扁接触弧长；γ_w 为工作辊泊松比。

工作辊与支撑辊压扁接触弧长度计算：

$$b = \sqrt{16p\left(\frac{1-\gamma_w^2}{\pi E_w} + \frac{1-\gamma_b^2}{\pi E_b}\right)\frac{R_w R_b}{R_w + R_b}} = \sqrt{p(C_1 + C_2)\frac{D_w D_b}{D_w + D_b}} \tag{3.39}$$

式中，b 为工作辊与支撑辊压扁接触弧长度；p 为单位宽度轧制力；E_w 为工作辊弹性模量；E_b 为支撑辊弹性模量；γ_w 为工作辊泊松比；γ_b 为支撑辊泊松比；D_w 为工作辊直径；D_b 为支撑辊直径。

工作辊与支撑辊压扁的费普尔常数计算：

工作辊与支持辊压扁的费普尔常数是轧辊之间的压扁弹性系数，它与辊间单位宽度压力的乘积等于工作辊与支撑辊轴心的接近量。其计算模型如下：

$$K_{wr-br} = \begin{cases} \dfrac{C_1}{4}\left(\dfrac{1}{3} + \ln\dfrac{2D_w}{b}\right) + \dfrac{C_2}{4}\left(\dfrac{1}{3} + \ln\dfrac{2D_b}{b}\right), & b > 0 \\ 0, & b \leqslant 0 \end{cases} \tag{3.40}$$

式中，b 为工作辊与支撑辊压扁接触弧长度；D_w 为工作辊直径；D_b 为支撑辊直径。

出口带钢张力增益因子计算：

$$K_{ten} = \frac{pE_{mod}}{h\sigma_s} \tag{3.41}$$

式中，h 为出口带钢厚度；p 为单位宽度轧制力；σ_s 为带钢屈服应力；E_{mod} 为带钢弹性模量。

比例凸度变化增益因子计算：

$$K_{prf-chg} = 1 + \xi(K_{ten} - M_0)[2K_{wr-pce} + f_{wr-br-def}K_{wr-br}(B/L_w)^3] \tag{3.42}$$

式中，ξ 为带钢横向流动系数；M_0 为出口带钢模量；K_{ten} 为出口带钢张力增益因子；B 为带钢宽度；L_w 为工作辊辊面宽度；$f_{wr-br-def}$ 为工作辊与支撑辊压扁费普尔常数的修正系数；K_{wr-br} 为工作辊与支撑辊压扁的费普尔常数；K_{wr-pce} 为带钢与工作辊压扁的费普尔常数。

b　轧件模型

机架间纵向应变差恢复系数模型

带钢轧制后，比例凸度通常会发生变化，导致机架出口处应力沿带钢宽度方向上分布不均，使带钢宽度方向上存在拉应力或压应力。如果压应力超过临界翘曲极限，会引起带钢表观板形不良。但是，在进入下游机架入口之前，由于回复、应力松弛或蠕变等原因，机架间轧件应力得到释放。

临界翘曲条件模型

机架出口带钢的应力分布必须超过临界翘曲极限才能发现表观浪形。临界翘曲极限是评价带钢平直度缺陷的重要指标。平直度缺陷可分为中浪和边浪。临界翘曲极限模型假设应力沿带钢宽度方向呈抛物线状分布。

• 带钢翘曲临界条件：

$$\Delta \mathrm{Cp}(i) = \mathrm{COEF}(i)\left(\frac{h}{B - 2S_{\mathrm{edg}}}\right)^2 + \frac{S(i)\ T_{\mathrm{avg}}}{E_{\mathrm{mod}}},\ 0 \leqslant i \leqslant 1 \tag{3.43}$$

式中，$\Delta \mathrm{Cp}(i)$ 为比例凸度差的极限值，$i=0$ 表示带钢生产边浪，$i=1$ 表示带钢生产中浪；$\mathrm{COEF}(i)$ 为比例凸度差极限值计算模型系数；h 为出口带钢厚度；B 为带钢宽度；S_{edg} 为板凸度参考点；$S(i)$ 为平均应变影响系数；T_{avg} 为机架间带钢平均张应力；E_{mod} 为带钢弹性模量。

• 带钢翘曲极限条件的修正：

$$\begin{cases} \Delta \mathrm{Cp}_{\mathrm{buf}}(i) = m(i)\Delta \mathrm{Cp}(i) + \Delta \mathrm{Cp}_{\mathrm{offs}}(i), & 0 \leqslant i \leqslant 1 \\ \Delta \mathrm{Cp}_{\mathrm{offs}}(i) = \begin{cases} \Delta \mathrm{Cp}_{\mathrm{offs}}(i), & \Delta \mathrm{Cp}_{\mathrm{offs}}(1) \leqslant \Delta \mathrm{Cp}_{\mathrm{offs}}(0) \\ 0.5[\Delta \mathrm{Cp}_{\mathrm{offs}}(0) + \Delta \mathrm{Cp}_{\mathrm{offs}}(1)], & \Delta \mathrm{Cp}_{\mathrm{offs}}(1) > \Delta \mathrm{Cp}_{\mathrm{offs}}(0) \end{cases} \end{cases} \tag{3.44}$$

式中，$\Delta \mathrm{Cp}_{\mathrm{buf}}(i)$ 为比例凸度差极限值修正量；$\Delta \mathrm{Cp}(i)$ 为比例凸度差极限值；$m(i)$ 为比例凸度差极限值修正因子；$\Delta \mathrm{Cp}_{\mathrm{offs}}(i)$ 为比例凸度差极限值偏移量。

c 轧辊模型

轧辊磨损模型

基于摩擦学的基本原理，将轧辊的辊身沿轴向分割成若干宽度相等的单元，计算各单元的磨损量来确定磨损的轴向分布。

工作辊磨损量沿轴向分布是不均匀的，工作辊磨损轮廓的形成过程与下列参数有关：单位宽度轧制力的大小和负荷分布；轧制总里程；轧辊表面的粗糙度，轧辊与轧件之间的摩擦系数及辊面硬度；工作辊与支撑辊间的辊间相对滑动程度和辊间压力的横向分布情况；该换辊周期内产品种类（如厚度、宽度、重量和材质）、轧制计划编排的合理性；轧件温度的不均匀分布，轧辊表面温度的不均匀性；工作辊的横移[6]。

典型的轧辊磨损轮廓曲线如图 3.8 所示，磨损分中部定常磨损区和边部集中磨损区两部分，图中 V_{t} 是中部定常区的磨损，V_{t1} 是传动侧边部集中磨损区的磨损，V'_{t1} 为操作侧的轧辊边部的集中磨损区的磨损，W 为带钢的宽度，S 为带钢在轧制过程中带钢中心与轧辊中心的偏差即跑偏量，A 为点 3 与点 4 和点 5 与点 6 的距离，B 为点 2 与点 3 和点 6 与点 7 的距离。

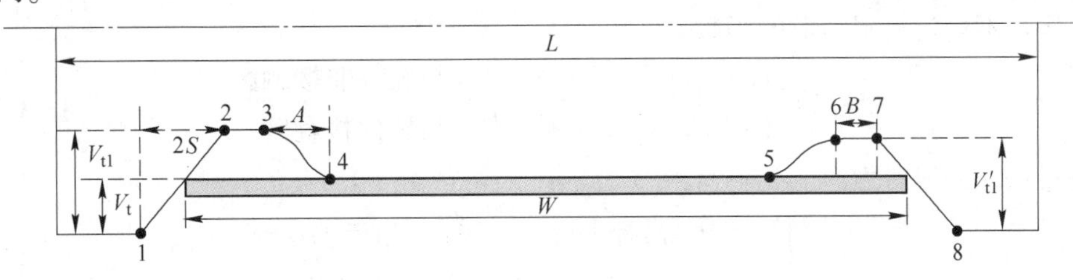

图 3.8 工作辊磨损轮廓示意图

考虑轧辊材质、轧辊直径、带钢跑偏、单位宽度轧制力和轧制里程主要影响因素，建立轧辊磨损的预报模型。用8个典型的磨损点将辊面分为9个磨损段，磨损段的编号规则如下：

磨损点1左侧为磨损段1，磨损点8右侧为磨损段9，磨损点 i 和磨损点 $i+1$ 为磨损段 $i(i=2, 3, \cdots, 8)$。

模型首先确定各典型点的磨损，其次再确定各磨损段的磨损量计算函数，最后得到轧辊的磨损轮廓。

- 典型点的坐标。

不考虑跑偏 S，带钢左侧端点坐标为：

$$G = \frac{L - W}{2} - S \tag{3.45}$$

不考虑跑偏 S，带钢右侧端点坐标为：

$$G_x = G + W \tag{3.46}$$

各典型点的坐标为：

$$\begin{cases} x_1 = G - S \\ x_2 = G + S \\ x_3 = x_2 + B \\ x_4 = x_3 + A \\ x_5 = G_x - B - A - S \\ x_6 = x_5 + A \\ x_7 = G_x - S \\ x_8 = G_x + S \end{cases} \tag{3.47}$$

式中，A 为磨损定长区与局部严重磨损区之间的轴向距离，可根据经验来确定；B 为局部的严重磨损区域的范围。

- 典型磨损点的磨损。

轧辊磨损量按下式计算：

$$\begin{cases} V_t = K_w L_s \dfrac{L}{D} p_x{}^{K_s} (1 + K_u f_j(x)) \\ V_{t1} = V_t K_e \\ V'_{t1} = V_t K'_e \end{cases} \tag{3.48}$$

式中，K_w 为轧辊的磨损系数；L_s 为该机架所轧制带钢的长度，mm；L 为考虑轧辊压扁的接触弧长，mm；p_x 为单位宽度轧制力，kN/mm；D 为工作辊直径，mm；K_s 为轧辊磨损指数；K_e、K'_e 为传动侧和操作侧轧辊边部磨损的倍率；K_u 为轧辊的不均匀磨损系数；$f_j(x)$ 为用来描述工作辊不均匀磨损情形的函数。

$$f_j(x) = \begin{cases} 0 & \text{与轧件非接触区} \\ a_0 + a_1 x^2 + a_2 x^4 & \text{与轧件接触区} \end{cases} \tag{3.49}$$

特定点的磨损值为：

$$\begin{cases} y_1 = 0 \quad y_2 = V_{t1} \quad y_3 = V_{t1} \quad y_4 = V_t \\ y_5 = V_t \quad y_6 = V'_{t1} \quad y_7 = V'_{t1} \quad y_8 = 0 \end{cases} \tag{3.50}$$

● 抛物线形磨损系数。

采用增加一项抛物线磨损量的方式来修正磨损的非线性分布，抛物线磨损量的方程为：

$$\begin{cases} y_p = c_2 x^2 + c_1 x + c_0 \\ c_2 = \dfrac{Y_1}{(X_2 - X_1)^2} \\ c_1 = -2c_2 \cdot X_1 \\ c_0 = c_2 \cdot X_2^2 \\ X_2 = L/2 - S_s \\ X_1 = G \\ Y_1 = V_t \times P_w - V_t \end{cases} \tag{3.51}$$

● 各磨损段磨损量的数学模型。

采用三次曲线来描述第 4 段和第 6 段的轧辊磨损轮廓。第 4 段磨损量计算模型：

$$\begin{cases} V_t = 0.5(y_3 + y_4) + a \cdot M_1^3 + c \cdot M_1 \\ a = \dfrac{2(y_3 - y_4)}{A^3} \\ c = 3a \cdot A^2/4 \\ M_1 = x - \dfrac{x_3 + x_4}{2} \end{cases} \quad x_3 \leqslant x < x_4 \tag{3.52}$$

第 6 段磨损量计算模型：

$$\begin{cases} V_t = 0.5(y_5 + y_6) + a \cdot M_2^3 + c \cdot M_2 \\ a = \dfrac{2(y_5 - y_6)}{A^3} \\ c = 3a \cdot A^2/4 \\ M_2 = x - \dfrac{x_5 + x_6}{2} \end{cases} \quad x_5 \leqslant x < x_6 \tag{3.53}$$

其他段磨损量计算模型：

$$V_w = \begin{cases} 0 & 0 \leqslant x < x_1 \\ y_1 + \dfrac{x - x_1}{x_2 - x_1}(y_2 - y_1) + y_p & x_1 \leqslant x < x_2 \\ y_2 + y_p & x_2 \leqslant x < x_3 \\ y_4 + \dfrac{x - x_4}{x_5 - x_4}(y_5 - y_4) + y_p & x_4 \leqslant x < x_5 \\ y_6 + y_p & x_6 \leqslant x < x_7 \\ y_7 + \dfrac{x - x_6}{x_7 - x_8}(y_7 - y_8) + y_p & x_7 \leqslant x < x_8 \\ 0 & x_8 \leqslant x \leqslant L \end{cases} \tag{3.54}$$

对各磨损点所处磨损段进行轧辊磨损的插值计算。

轧辊热凸度模型

• 单元的划分。

轧辊的 1/4 模型节点划分如图 3.9 所示。单元温度用节点的温度来表示，为使计算精度更高，在温度变化比较大的这些区域，单元的划分要精细一些。沿轧辊半径方向上的温度梯度的最大值接近轧辊的表面，所以需要比较精细地划分外层边界上的单元。基于上述考虑，单元划分在沿径向进行非等分而沿轴向则采用等分的方法，将轧辊沿半径方向，划分为 4 层，而沿轧辊长度方向则划分为 n 段，编号规则如图 3.9 所示。图中，$T[i][j]$ 表示轧辊单元划分中第 i 层第 j 段的温度。

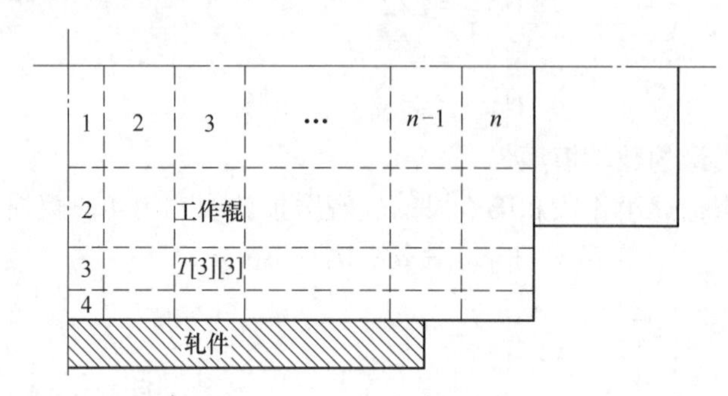

图 3.9　轧辊单元划分

• 边界条件。

热轧轧辊热膨胀和热凸度计算的边界条件，表示热轧轧辊表面层的单元与其他物体或介质之间的热量传递的计算。热轧过程中，轧辊表面层单元主要有空载轧制状态下的空冷和轧辊冷却水水冷，以及带载轧制状态下的轧辊冷却水水冷过程。

• 空载时轧辊空冷散热计算。

空载时轧辊的空冷散热量计算：

$$q_{\text{out}}[k] = a_1[k]\pi dw(T_{\text{空}} - T[4][k]) \tag{3.55}$$

空载时轧辊的空冷吸热量为 0：

$$q_{\text{in}}[k] = 0 \tag{3.56}$$

• 空载时轧辊水冷散热计算。

空载时轧辊冷却水水冷时轧辊的散热量计算：

$$q_{\text{out}}[k] = a_2[k]\pi dw(T_{\text{水}} - T[4][k]) \tag{3.57}$$

空载时轧辊冷却水水冷时轧辊吸收的热量为 0：

$$q_{\text{in}}[k] = 0 \tag{3.58}$$

• 带载时轧辊水冷散热计算。

沿轧辊长度方向上，轧辊各段与带钢的接触情况有所不同，轧辊各段的热量吸收或散发的计算公式也不尽相同。沿轧辊长度方向上轧辊的每一段和带钢的接触情况如图 3.10 所示，包括完全接触、部分接触和不接触。

带载时轧辊与带钢完全接触段之间的热量传递计算：

轧辊的吸热量为：

$$q_{\text{in}}[k] = a_3[k](\sqrt{r'\Delta h} + l')w(T_{\text{钢}} - T[4][k]) \tag{3.59}$$

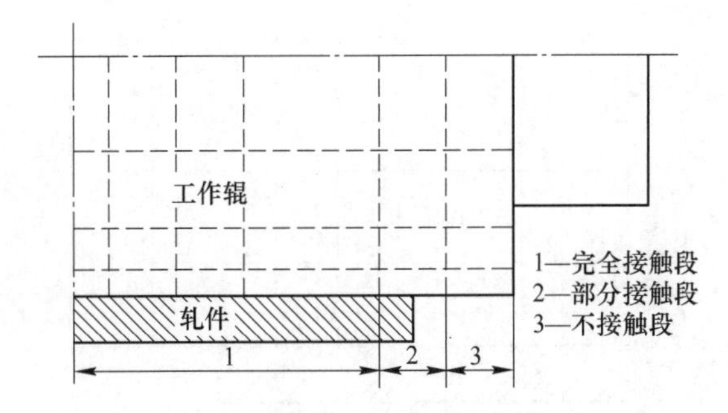

图 3.10　轧辊表面单元与带钢接触形式

带载时轧辊与带钢部分接触段之间的热量传递计算：

带载时轧辊的热量散失：

$$\begin{cases} q_{\text{out}}[k] = a_2[k]K_{\text{K}}dw(T_{\text{水}} - T[4][k]) \\ K_{\text{K}} = \left[\pi - \dfrac{\arccos\left(1 - \dfrac{\Delta h}{d}\right)}{2}\right]\dfrac{w'}{w} + \pi\dfrac{w - w'}{w} \end{cases} \tag{3.60}$$

带载时轧辊的吸热量：

$$q_{\text{in}}[k] = a_3[k](\sqrt{r'\Delta h} + l')w(T_{\text{钢}} - T[4][k])\frac{w'}{w} \tag{3.61}$$

带载时轧辊与带钢非接触段热量传递计算：

按照牛顿定律，带载时轧辊与带钢非接触段散热量的计算方式与空载水冷时的计算方法相同，此时，轧辊的热量吸收量为0。

轧辊内部的热量传递：计算轧辊的温度场分布情况，首先必须进行轧辊传热的计算。划分后的轧辊内部各单元之间的热量传递的计算主要有：沿半径方向的单元和沿长度方向的单元之间的热量传递。

沿轧辊半径方向各单元之间的热量传递计算：

$$\begin{cases} q_{\text{r}}[i][k] = \lambda_{\text{r}}[i]\dfrac{2\pi(r'[i+1] - r'[i])}{\lg\dfrac{r'[i+1]}{r'[i]}}\dfrac{w}{r'[i+1] - r'[i]}(T[i][k+1] - T[i][k]),\ i = 1,\ 2,\ 3 \\ q_{\text{r}}[4][k] = q_{\text{in}}[k] + q_{\text{out}}[k] \end{cases} \tag{3.62}$$

轧辊轴向各单元之间的热量传递计算：

$$q_{\text{a}}[i][k] = \lambda_{\text{a}}[k]\frac{\pi(r[i]^2 - r[i-1]^2)}{w}(T[i][k+1] - T[i][k]) \tag{3.63}$$

• 轧辊温度场计算。

根据能量守恒的原理，按照不同的单元位置，计算轧辊的各层各段的温度场分布，如图 3.11 所示。

轧辊第 1 层第 1 段（A 区域）温度变化量计算：

$$\text{d}T[1][1] = \frac{q_{\text{r}}[1][1] + q_{\text{a}}[1][1] \cdot 2}{\rho c\Delta V[1][1]}\text{d}t \tag{3.64}$$

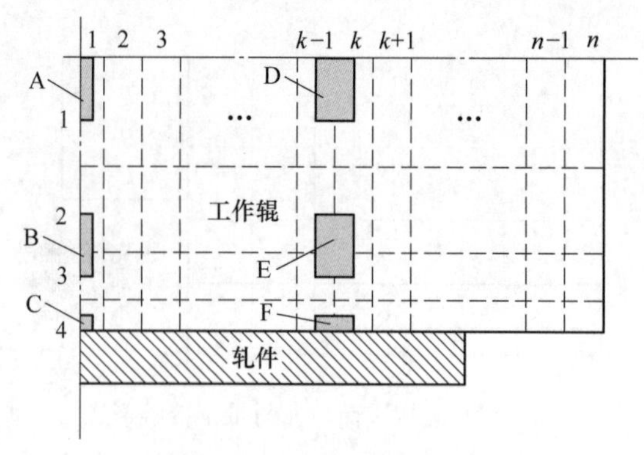

图 3.11　划分的单元位置

轧辊 2~3 层 1 段（B 区域）温度变化量的计算：

$$dT[i][1]=\frac{q_r[i][0]-q_r[i-1][1]+q_a[i][1]\cdot 2}{\rho c\Delta V[i][1]}dt \quad i=2,\ 3 \tag{3.65}$$

轧辊 4 层 1 段（C 区域）温度变化量的计算：

$$dT[4][1]=\frac{q_{in}[1]-q_{out}[1]-q_r[3][1]+q_a[4][1]\cdot 2}{\rho c\Delta V[4][1]}dt \tag{3.66}$$

轧辊 1 层 k 段（D 区域）温度变化量的计算：

$$dT[1][k]=\frac{q_r[1][k]-q_r[1][k-1]+q_a[1][1]\cdot 2}{\rho c\Delta V[1][k]}dt \tag{3.67}$$

轧辊 2~3 层 k 段（E 区域）温度变化量的计算：

$$dT[i][k]=\frac{q_r[i][k]-q_r[i][k-1]+q_a[i][k]-q_a[i-1][k]}{\rho c\Delta V[i][k]}dt \quad i=2,\ 3 \tag{3.68}$$

轧辊 4 层 k 段（F 区域）温度变化量的计算：

$$dT[i][k]=\frac{q_{in}[k]-q_{out}[k]-q_r[i][k-1]+q_a[i][k]-q_a[i-1][k]}{\rho c\Delta V[4][k]}dt \tag{3.39}$$

● 轧辊热膨胀计算。

轧辊热膨胀可近似用下式计算[7]：

$$\begin{cases} u=\dfrac{2\beta}{R}\displaystyle\int_0^R (T_R-T_{R0})r\mathrm{d}r=\beta\Delta\overline{T}_R R \\ \Delta\overline{T}_R=\displaystyle\int_0^R (T_R-T_{R0})2\pi r\mathrm{d}r/\pi R \end{cases} \tag{3.70}$$

对于轧辊的各层单元，利用有限差分法计算轧辊热膨胀：

$$u(k)=R\sum_{i=1}^{4}(dT[i][k]\cdot\beta[i]) \tag{3.71}$$

● 求解方法：

本模型采用有限差分法进行数值计算。

C　模型软件化解决方案

热连轧板形控制模型是实现工艺技术指标和产品质量控制的关键之一。传统的轧辊温度和磨损计算不能准确地预报轧辊的凸度，这使得板形模型在设定弯辊力和窜辊量的时候都不能准确，导致出口板凸度和平直度与目标值波动较大，不能得到稳定的板形质量。因此，为了开发更加准确的预报模型，在过程控制模型软件化过程中，将算法功能嵌入板形控制模型用于板形设定模型。以板形模型中负载辊缝模型为例，模型软件化表示如图3.12所示，定义其输入、输出，将模型描述的输入输出关系代码化，同时定义其各类属性，包括编号、名称、类别、功能。

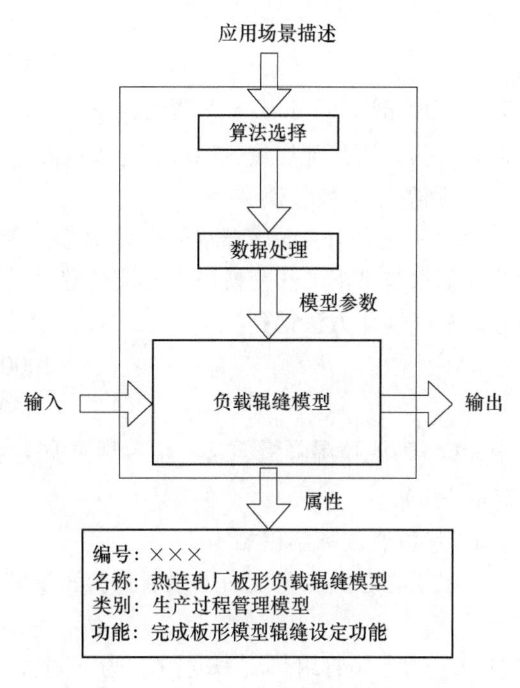

图3.12 热连轧厂板形负载辊缝模型软件化

3.2.3.4 层流冷却模型

A 模型功能概述

层流冷却设备安装在精轧机末机架出口至卷取机之间，在过程自动化系统和基础自动化系统的控制之下，根据带钢精轧出口的带钢温度、速度等数据和其他工艺设备参数，经过模型运算（包括预设定计算、修正设定计算、自学习计算），控制层流冷却区的冷却设备的集管组态，实现对带钢的冷却模式、卷取温度和冷却速率的控制，将热轧带钢按预定路径冷却到工艺要求的卷取温度，使其力学性能和金相组织结构达到预定的质量要求。

B 模型分类

层流冷却机理数学模型主要包括空冷温降数学模型、水冷温降数学模型，以及侧喷温降数学模型。

a 空冷温降数学模型

$$\begin{cases} B = a_{\text{air}}H + b_{\text{air}} \\ \text{AX} = \dfrac{2B\sigma}{c_{\text{p}}\gamma} \\ T_{\text{air}} = \dfrac{1}{\sqrt[3]{\dfrac{3\text{AX}}{H/1000}t + \dfrac{1}{(T_{\text{FDT}} + K)^3}}} - K \end{cases} \tag{3.72}$$

式中，B 为轧件热辐射系数；a_{air} 和 b_{air} 为模型修正系数；σ 为玻耳兹曼常数；γ 为密度，kg/m³；c_{p} 为质量定压热容，kJ/(kg·℃)；H 为带钢厚度，mm；T_{FDT} 为精轧机出口温度，℃；t 为FDT到CT所用的时间，s；K 为热力学常数（273）；T_{air} 为空冷后的带钢温度，℃。

b 水冷温降数学模型

水冷温降模型可以根据带钢的对流温降公式通过积分以及线性化方法得到。

$$\Delta T_{\mathrm{D}} = \frac{1000 L_{\mathrm{group}} Q_{\mathrm{XD}}}{3600 v c_p \gamma H} \tag{3.73}$$

式中，H 为带钢厚度，mm；γ 为密度，kg/m^3；c_p 为质量定压热容，kJ/(kg · ℃)；v 为带钢速度，m/s；Q_{XD} 为集管热流密度，$kJ/(m^2 \cdot h)$；L_{group} 为集管组长，m；ΔT_{D} 为层流冷却每组温降。

c　侧喷温降数学模型

为了保证带钢表面冷却水的运动状态，在每组集管后交替布置侧向喷水装置。侧向喷射的冷却水与带钢的热交换属于对流传热。其温降模型可以根据带钢的对流温降公式通过积分以及线性化方法得到。

$$\Delta T_{\mathrm{s}} = \frac{1000 L_{\mathrm{SD}} K_{\mathrm{X}} Q_{\mathrm{s}}}{3600 v c_p \gamma H} \tag{3.74}$$

式中，ΔT_{s} 为侧喷温降量，℃；L_{SD} 为侧喷喷射幅，m；K_{X} 为侧喷个数；Q_{s} 为侧喷热流密度，$kJ/(m^2 \cdot h)$。

d　热流密度数学模型

一组集管总热流密度由上集管热流密度和下集管热流密度组成，即：

$$Q_{\mathrm{XD}} = Q_{\mathrm{D}} + Q'_{\mathrm{D}} \tag{3.75}$$

式中，Q_{D} 为上集管组热流密度；Q'_{D} 为下集管组热流密度；Q_{XD} 为集管组热流密度。

（1）上集管组热流密度。

$$Q_{\mathrm{D}} = f_0 f_2 K_{\mathrm{w}} a \frac{N}{N_0}(1 - 5.371E - 7v) \tag{3.76}$$

式中，f_0 为基本热流密度；f_2 为上集管组热流密度修正系数；K_{w} 为水温修正系数；a 为上集管组喷水状况修正值；v 为带钢速度，m/s；N 为一组上集管设定的集管根数；N_0 为一组上集管实际安装的集管根数；Q_{D} 为上集管组热流密度，$kJ/(m^2 \cdot h)$。

（2）下集管组热流密度。

$$Q'_{\mathrm{D}} = f_0 f'_2 K_{\mathrm{w}} a' \frac{N'}{N'_0} \tag{3.77}$$

式中，f_0 为基本热流密度；f'_2 为下集管组热流密度修正系数；a' 为下集管组喷水状况修正值；N' 为一组下集管设定的集管根数；N'_0 为一组下集管实际安装的集管根数；Q'_{D} 为下集管组热流密度，$kJ/(m^2 \cdot h)$。

e　反馈控制数学模型

层流冷却控制系统采用前馈为主反馈为辅的控制策略，层冷出口高温计检得以后，系统根据带钢卷取温度的实测值与目标值的偏差，通过动态开闭最后一组集管来消除卷取温度偏差，提高控制精度。

每根精调集管所产生的温降为：

$$\Delta T_{\mathrm{D}} = \frac{1000 L_{\mathrm{u}}}{3600 v c_p \gamma H} Q_{\mathrm{XF}} \tag{3.78}$$

层流冷却实测终冷温度偏差 ΔT_{f} 与增减集管数 N 的关系计算如下：

$$N = \mathrm{INT}(\Delta T_{\mathrm{f}} / \Delta T_{\mathrm{D}} + 0.5) \tag{3.79}$$

式中，Q_{XF} 为每根精调集管热流密度，$kJ/(m^2 \cdot h)$；L_{u} 为每根精调集管长，m。

以上模型相当于只采用 P 调节时的模型，实际上不能直接采用。当采用 PID 控制模型时，应作如下修改：

在使用 PID 控制策略时，将 PID 的放大倍数先设定为 1，由此得到的 PID 控制算法的输出设为 ΔT_u。

将最终集管的增减量 N 的计算公式修改如下：

$$N = \mathrm{INT}\left(\alpha \frac{v_L}{v_{max}} \Delta T_u / \Delta T_D + 0.5\right) \tag{3.80}$$

式中，α 为层流冷却反馈控制调节因子，其取值范围为 $0 < \alpha < 1$；v_L 为实测带钢线速度，m/s；v_{max} 为带钢最高速度，m/s。

C　模型软件化解决方案

以层流冷却模型中空冷温降数学模型为例，模型软件化表示如图 3.13 所示，定义其输入、输出，将模型描述的输入输出关系代码化，同时定义其各类属性，包括编号、名称、类别、功能。

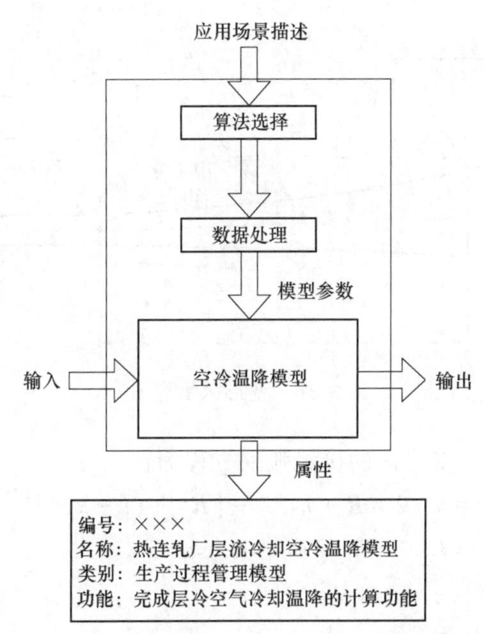

图 3.13　热连轧厂层流冷却空冷温降模型软件化

3.3　基于能量法的轧制过程力能参数解析建模

能量法是轧制理论发展的第二个里程碑，它使加工过程的求解精度大幅提高，成为提高力能参数计算精度的重要工具，它利用与研究变形状态相似的变形模型，计算变形体中、接触面与边界处的能量流出，进而得到变形所需的力能参数。

3.3.1　平轧过程力能参数解析建模

通过对带钢热轧过程的变形区进行分析，建立满足运动许可条件的速度场，采用 GM

线性屈服准则计算塑性变形功率；利用共线向量积计算摩擦功率，在确定变形抗力的过程中，依据变形区出口温度收敛的条件进行迭代求解，以此建立基于能量法的热力耦合解析模型。并分析轧制力设定模型预报偏差的原因，对传统轧制力自学习算法进行优化。

3.3.1.1　正弦速度场

如图 3.14 所示，带钢经过一对半径为 R 的轧辊进行轧制，带钢厚度从 h_0 轧制到 h_1。坐标系原点位于轧制变形区的入口截面的中心处，x、y、z 分别为带钢长度、宽度和厚度方向。

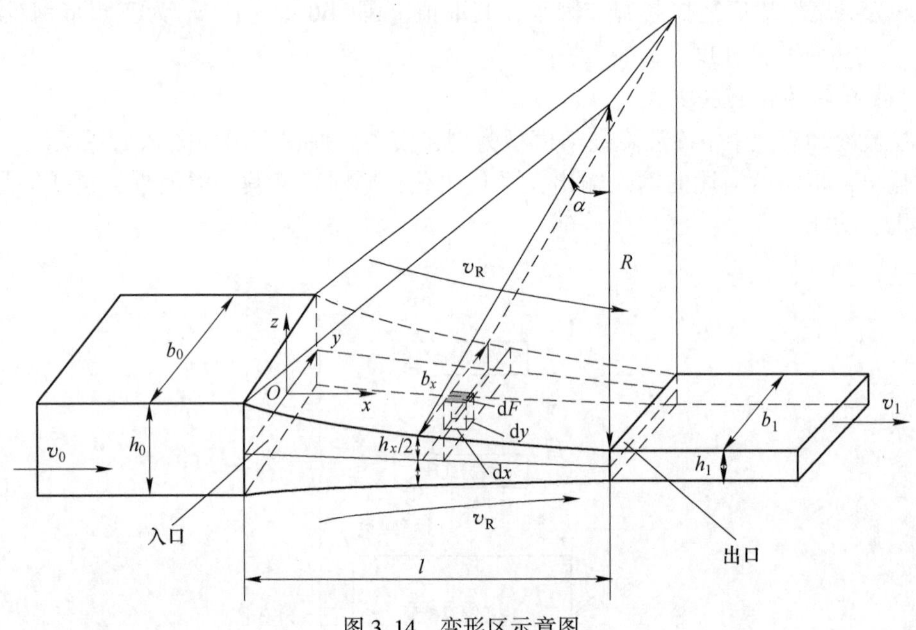

图 3.14　变形区示意图

由于变形区的对称性，变形区的接触弧的方程为：

$$\begin{cases} z = h_x/2 = R + h_1/2 - [R^2 - (l - x)^2]^{1/2} \\ z = h_\alpha/2 = R + h_1 - R\cos\alpha \\ l - x = R\sin\alpha \\ \mathrm{d}x = -R\cos\alpha\mathrm{d}\alpha \\ h_x' = -2\tan\alpha \end{cases} \tag{3.81}$$

式中，h_x 为 x 处的带钢厚度，mm；h_α 为角度 α 处的带钢厚度，mm。

假定轧制变形区的横截面保持平面，提出如下正弦速度场，此速度场具有结构形式简单、方便积分的特点：

$$\begin{cases} v_x = v_0\left(1 + \sin\dfrac{h_0 - h_x}{h_0}\right) \\ v_y = v_0 h_x'\left[\dfrac{1}{h_0}\cos\dfrac{h_0 - h_x}{h_0} - \dfrac{1}{h_x}\left(1 + \sin\dfrac{h_0 - h_x}{h_0}\right)\right]y \\ v_z = \dfrac{v_0 h_x'}{h_x}\left(1 + \sin\dfrac{h_0 - h_x}{h_0}\right)z \end{cases} \tag{3.82}$$

式中，v_x、v_y、v_z 分别为 x、y、z 方向的速度分量，m/s。

根据柯西方程：

$$\begin{cases}\dot{\varepsilon}_x = -\dfrac{v_0}{h_0}\cos\dfrac{h_0 - h_x}{h_0}h'_x \\ \dot{\varepsilon}_y = v_0 h'_x\left[\dfrac{1}{h_0}\cos\dfrac{h_0 - h_x}{h_0} - \dfrac{1}{h_x}\left(1 + \sin\dfrac{h_0 - h_x}{h_0}\right)\right] \\ \dot{\varepsilon}_z = \dfrac{v_0}{h_x}h'_x\left(1 + \sin\dfrac{h_0 - h_x}{h_0}\right)\end{cases} \tag{3.83}$$

式中，$\dot{\varepsilon}_x$、$\dot{\varepsilon}_y$、$\dot{\varepsilon}_z$ 分别为 x、y、z 方向的等效应变速率，s^{-1}。

在热轧中，形状因子满足 $l/h_m > 1$ 并且 $b/h_m > 10$，所以，宽度 b 为常数，$b_0 = b_n = b_1 = b$，$U = v_0 h_0 b_0/4 = v_n h_n b/4 = v_R\cos\alpha_n b(R + h_1 - R\cos\alpha_n)$，$U$ 为变形区四分之一秒流量。显然，此速度场满足运动许可条件。

3.3.1.2 成形功率泛函

A 塑性变形功率

GM 屈服准则已经在金属成型领域广泛使用，在 π 平面上取 Tresca 和双剪应力屈服轨迹误差三角形的几何中线确定的屈服轨迹，作为几何中线屈服准则[8]。表达式如下：

$$\begin{cases}\sigma_1 - \dfrac{2}{7}\sigma_2 - \dfrac{5}{7}\sigma_3 = \sigma_s,\ \sigma_2 \leqslant \dfrac{1}{2}(\sigma_1 + \sigma_3) \\ \dfrac{5}{7}\sigma_1 + \dfrac{2}{7}\sigma_2 - \sigma_3 = \sigma_s,\ \sigma_2 > \dfrac{1}{2}(\sigma_1 + \sigma_3)\end{cases};\ D(\dot{\varepsilon}_{ij}) = \frac{7}{12}\sigma_s(\dot{\varepsilon}_{max} - \dot{\varepsilon}_{min}) \tag{3.84}$$

式中，$D(\dot{\varepsilon}_{ij})$ 是 Mises 变形功的线性估计。

根据速度场和屈服准则，计算得到塑性变形功率为：

$$\begin{aligned}\dot{W}_i &= \int_V D(\dot{\varepsilon}_{ij})\mathrm{d}V = 4\int_0^l\int_0^{\frac{b}{2}}\int_0^{\frac{h_x}{2}}\frac{7}{12}\sigma_s(\dot{\varepsilon}_{max} - \dot{\varepsilon}_{min})\mathrm{d}x\mathrm{d}y\mathrm{d}z \\ &= \frac{7\sigma_s U}{3}\left(\frac{h_1}{h_0}\sin\frac{h_0 - h_1}{h_0} - 2\cos\frac{h_0 - h_1}{h_0} - \frac{h_1}{h_0} + 3\right)\end{aligned} \tag{3.85}$$

式中，$\dot{W}_i$ 为塑性变形功率，W；σ_s 为变形抗力，MPa。

B 摩擦功率

根据速度场，沿着轧辊的切线速度不连续量 Δv_f 为：

$$\begin{cases}\Delta v_x = v_R\cos\alpha - v_0\left(1 + \sin\dfrac{h_0 - h_x}{h_0}\right) \\ \Delta v_y = -v_0 h'_x\left[\dfrac{1}{h_0}\cos\dfrac{h_0 - h_x}{h_0} - \dfrac{1}{h_x}\left(1 + \sin\dfrac{h_0 - h_x}{h_0}\right)\right]y \\ \Delta v_z = v_R\sin\alpha - v_0\left(1 + \sin\dfrac{h_0 - h_x}{h_0}\right)\tan\alpha\end{cases} \tag{3.86}$$

式中，$z = h_x/2$，$h'_x = -2\tan\alpha$，$\Delta h_x = h_0 - h_x$。

如图 3.15 所示，轧辊表面方程 $z = h_x = R + h_1 - [R^2 - (l - x)^2]^{1/2}$，$\mathrm{d}F = \sqrt{1 + (h'_x/2)^2}\,\mathrm{d}y\mathrm{d}x = \sec\alpha\mathrm{d}x\mathrm{d}y$，$\tau_{\mathrm{f}}$ 和 Δv_{f} 为共线向量，所以基于共线向量积的摩擦功率为：

$$\begin{aligned}\dot{W}_{\mathrm{f}} &= 4\int_0^{\frac{l}{2}}\int_0^{\frac{b}{2}}(\tau_{\mathrm{fx}}\Delta v_x + \tau_{\mathrm{fy}}\Delta v_y + \tau_{\mathrm{fz}}\Delta v_z)\mathrm{d}F \\ &= 4mk\int_0^{\frac{l}{2}}\int_0^{\frac{b}{2}}(\Delta v_x\cos\alpha + \Delta v_y\cos\beta + \Delta v_z\cos\gamma)\sec\alpha\mathrm{d}x\mathrm{d}y\end{aligned} \tag{3.87}$$

式中，$\dot{W}_{\mathrm{f}}$ 为摩擦功率，W；m 为摩擦因子；k 为剪切屈服应力，MPa；τ_{fx}、τ_{fy}、τ_{fz} 为变形区表面的摩擦剪切应力，MPa。

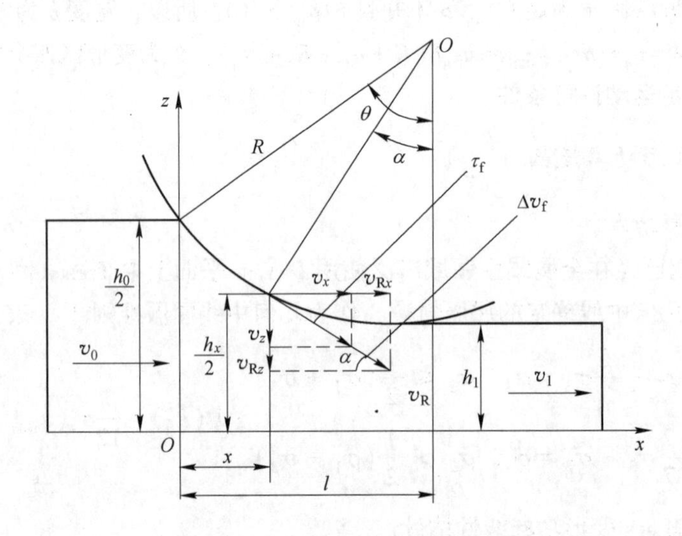

图 3.15 τ_{f} 和 Δv_{f} 共线向量示意图

根据接触弧方程，Δv_{f} 与坐标轴的方向余弦分别为：

$$\cos\alpha = \pm\sqrt{R^2 - (l - x)^2}/R\ ,\ \cos\gamma = \pm(l - x)/R = \sin\alpha\ ,\ \cos\beta = 0 \tag{3.88}$$

积分得：

$$\begin{aligned}\dot{W}_{\mathrm{f}} &= 2mkb\left\{\int_0^l\left[v_{\mathrm{R}}\cos\alpha - v_0\left(1 + \sin\frac{h_0 - h_x}{h_0}\right)\right]\mathrm{d}x + \int_0^l\left[v_{\mathrm{R}}\sin\alpha - \right.\right. \\ &\quad \left.\left. v_0\left(1 + \sin\frac{h_0 - h_x}{h_0}\right)\tan\alpha\right]\tan\alpha\mathrm{d}x\right\} \\ &= 2mkb(I_1 + I_2)\end{aligned} \tag{3.89}$$

积分项 I_1 和 I_2 为：

$$I_1 = -\frac{1}{2}v_{\mathrm{R}}R\left(\sin2\alpha_{\mathrm{n}} - \frac{1}{2}\sin2\theta + 2\alpha_{\mathrm{n}} - \theta\right) + Rv_0g_{\mathrm{b}}(\sin\alpha_{\mathrm{n}} - \sin\theta) + Rv_0g_{\mathrm{f}}\sin\alpha_{\mathrm{n}} \tag{3.90}$$

$$I_2 = \frac{1}{2}v_R R\left(\sin2\alpha_n - \frac{1}{2}\sin2\theta - 2\alpha_n + \theta\right) + Rv_0 g_b \ln\frac{\tan\left(\frac{\pi}{4}+\frac{\alpha_n}{2}\right)}{\tan\left(\frac{\pi}{4}+\frac{\theta}{2}\right)} + \tag{3.91}$$

$$Rv_0 g_f \ln\tan\left(\frac{\pi}{4}+\frac{\alpha_n}{2}\right) + v_0 R g_b(\sin\theta - \sin\alpha_n) - v_0 R g_f \sin\alpha_n$$

摩擦功率为:

$$\dot{W}_f = 4mkbR\left[v_R(-2\alpha_n+\theta) + v_0 g_b \ln\frac{\tan\left(\frac{\pi}{4}+\frac{\alpha_n}{2}\right)}{\tan\left(\frac{\pi}{4}+\frac{\theta}{2}\right)} + v_0 g_f \ln\tan\left(\frac{\pi}{4}+\frac{\alpha_n}{2}\right)\right] \tag{3.92}$$

式中, $g_f = 1 + \sin\frac{h_0 - h_{mf}}{h_0}$, $g_b = 1 + \sin\frac{h_0 - h_{mb}}{h_0}$, $h_{mf} = \frac{h_{\alpha_n} + h_1}{2}$, $h_{mb} = \frac{h_0 + h_{\alpha_n}}{2}$, g_f和g_b为$\left[1 + \sin\left(\frac{h_0 - h_x}{h_0}\right)\right]$分别在前滑区和后滑区平均值。

C 剪切功率

速度场中 $x = l$, $h'_{x=l} = 0$, $v_z|_{x=l} = v_y|_{x=l} = 0$, 所以在变形区的出口处没有剪切功率。然而在入口处, 假设速度 v_z 沿着 z 是线性分布, 所以, $v_z|_{\substack{x=0\\z=0}} = 0$, $v_z|_{\substack{x=0\\z=h_0/2}} = -v_0\tan\theta$, $|\bar{v}_z|_{x=0} = \frac{v_0\tan\theta}{2}$, $v_y|_{\substack{x=0\\y=0}} = 0$, $v_y|_{\substack{x=0\\y=b/2}} = 0$, $|\bar{v}_y|_{x=0} = 0$, 因此可以得到:

$$\Delta v_t = \sqrt{\bar{v}_y^2 + \bar{v}_z^2} = |\bar{v}_z| = \frac{v_0\tan\theta}{2} \tag{3.93}$$

剪切功率如下:

$$\dot{W}_s = \dot{W}_{s0} = 4k\int_0^{\frac{h_0}{2}}\int_0^{\frac{b_0}{2}}|\Delta v_t|\mathrm{d}y\mathrm{d}z = 4k\int_0^{\frac{b}{2}}\int_0^{\frac{h_0}{2}}\frac{v_0\tan\theta}{2}\mathrm{d}y\mathrm{d}z = \frac{1}{2}kbh_0v_0\tan\theta = \frac{1}{2}kU\tan\theta \tag{3.94}$$

式中, $\dot{W}_s$ 为剪切功率, W; v_x、v_y、v_z 为 x、y、z 方向的速度分量, m/s。

3.3.1.3 功率泛函最小化

总功率泛函为:

$$J^* = \dot{W}_i + \dot{W}_s + \dot{W}_f = \frac{7\sigma_s U}{3}\left(\frac{h_1}{h_0}\sin\frac{h_0 - h_1}{h_0} - 2\cos\frac{h_0 - h_1}{h_0} - \frac{h_1}{h_0} + 3\right) + 2kU\tan\theta +$$

$$2mkbR\left[v_R(-2\alpha_n+\theta) + v_0 g_b \ln\frac{\tan\left(\frac{\pi}{4}+\frac{\alpha_n}{2}\right)}{\tan\left(\frac{\pi}{4}+\frac{\theta}{2}\right)} + v_0 g_f \ln\tan\left(\frac{\pi}{4}+\frac{\alpha_n}{2}\right)\right] \tag{3.95}$$

式中, J^* 为总功率, W。

使得 J^* 最小，以 α_n 为自变量对方程进行求导，导数的结果等于0，所以：

$$\frac{dJ^*}{d\alpha_n}=\frac{d\dot{W}_i}{d\alpha_n}+\frac{d\dot{W}_s}{d\alpha_n}+\frac{d\dot{W}_f}{d\alpha_n}=0 \tag{3.96}$$

式中，α_n 为中性角，rad。

$$\frac{d\dot{W}_i}{d\alpha_n}=\frac{7\sigma_s N}{3}\left(\frac{h_1}{h_0}\sin\frac{h_0-h_1}{h_0}-2\cos\frac{h_0-h_1}{h_0}-\frac{h_1}{h_0}+3\right) \tag{3.97}$$

$$\frac{d\dot{W}_s}{d\alpha_n}=2kN\tan\theta \tag{3.98}$$

$$\frac{d\dot{W}_f}{d\alpha_n}=4mkbR\left\{-v_R+\frac{2U(g_b+g_f)}{h_0 b\cos\alpha_n}-\frac{2UR\sin\alpha_n}{h_0^2 b}\left[\cos\frac{h_0-h_{mb}}{h_0}\ln\frac{\tan\left(\frac{\pi}{4}+\frac{\alpha_n}{2}\right)}{\tan\left(\frac{\pi}{4}+\frac{\theta}{2}\right)}+\cos\frac{h_0-h_{mf}}{h_0}\ln\tan\left(\frac{\pi}{4}+\frac{\alpha_n}{2}\right)\right]+\frac{2N}{h_0 b}\left[g_b\ln\frac{\tan\left(\frac{\pi}{4}+\frac{\alpha_n}{2}\right)}{\tan\left(\frac{\pi}{4}+\frac{\theta}{2}\right)}+g_f\ln\tan\left(\frac{\pi}{4}+\frac{\alpha_n}{2}\right)\right]\right\} \tag{3.99}$$

推导得到摩擦因子为：

$$m=\frac{\frac{7\sigma_s U}{3}\left(\frac{h_1}{h_0}\sin\frac{h_0-h_1}{h_0}-2\cos\frac{h_0-h_1}{h_0}-\frac{h_1}{h_0}+3\right)+2kU\tan\theta}{2kb\left[v_R R(2\alpha_n-\theta)-Rv_0 g_b\ln\frac{\tan\left(\frac{\pi}{4}+\frac{\alpha_n}{2}\right)}{\tan\left(\frac{\pi}{4}+\frac{\theta}{2}\right)}-Rv_0 g_f\ln\tan\left(\frac{\pi}{4}+\frac{\alpha_n}{2}\right)\right]} \tag{3.100}$$

式中，$N=dU/d\alpha_n=v_R bR\sin2\alpha_n/2-v_R b/2(R+h_1/2)\sin\alpha_n$。

可见，摩擦因子为压下率、轧辊速度、轧辊半径、带钢宽度、带钢厚度和中性角的函数。

将上式确定的 α_n 代入总功率泛函式，得到整个变形功率的最小功率 J_{min}^*。轧制力和应力状态系数的最小值可以被确定为：

$$M_{min}=\frac{RJ_{min}^*}{2v_R},\ F_{min}=\frac{M_{min}}{\chi l},\ n_\sigma=\frac{\bar{p}}{2k}=\frac{F_{min}}{4blk} \tag{3.101}$$

式中，v_R 为轧辊表面线速度，m/s；M_{min} 为最小的轧制力矩，Nm；n_σ 为应力状态影响系数；对于热轧，力臂系数 χ 确定为0.39~0.44。

3.3.2 立轧余弦狗骨模型解析建模

粗轧的过程在减少轧件的厚度的同时，还需要对轧件的宽度进行控制，为精轧提供良好尺寸的坯料。在立轧模型解析过程中使用的参数见表3.2[1]。

表3.2 解析过程参数名称

参数变量	变量符号
初始宽度/m	W_0
初始厚度/m	h_0
立轧出口宽度/m	W_E
立辊与轧件的接触角/rad	α
轧辊与轧件的接触弧投影长度/m	l
轧辊半径/m	R
轧件的变形抗力/MPa	σ_s
轧辊与轧件的接触面上轧辊与轧件线速度之差/m·s^{-1}	Δv_t
轧辊与轧件的接触面上的摩擦应力/MPa	τ_f
初始轧件咬入线速度/m·s^{-1}	v_0
轧制力力矩/N·m	M

3.3.2.1 平面变形假设

立辊轧制过程咬入区域等分线速值图如图3.16所示，取整个轧件的一半作为研究对象，沿着整个接触弧投影长度 l 取均等的3份（记为 A），得到出入口在内的4处速度截面，记录立轧轧制过程中每一份速度截面的即时速度，形成下面的图线，从图中得到，整个的轧件受到立辊的加速作用并不明显，只有轧件边部的位置在立辊轧制下速度有所变化，程度较小。

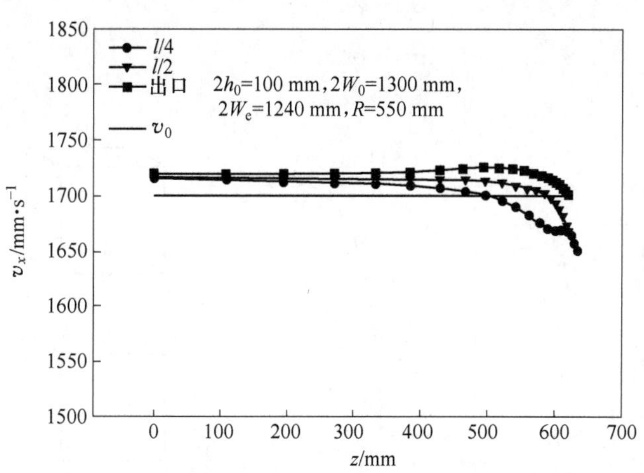

图3.16 咬入区域等分线速值图

基于有限元模拟计算表明，立轧轧辊速度对于轧件形状参数几乎没有影响。通过有限元模拟各个方向分速度，如图 3. 17 所示。

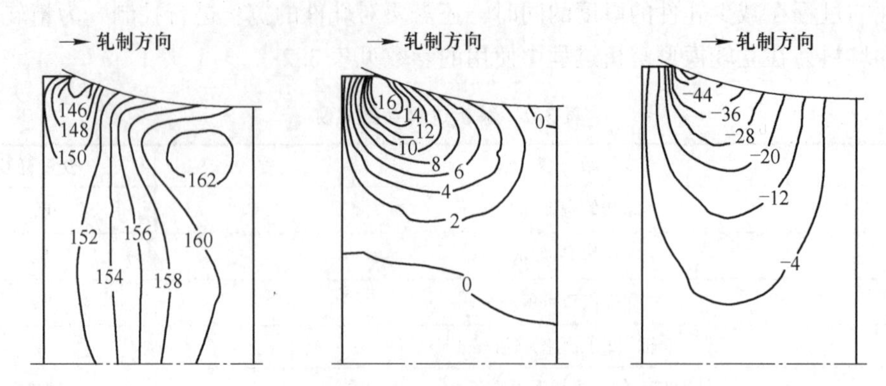

图 3. 17　咬入区各方向速度云图

图中由左向右分别为 u_x、u_y、u_z，表明沿各个坐标轴的分速度云图，其中沿 x 轴方向分速度的速度云图并不如 u_y 和 u_z，在轧制方向上，速度分布十分均匀且相差很少。

进一步，将立辊轧制的轧制速度看作是匀速的，将整个的轧制区域看作是后滑区，上述假设并不能影响立辊轧制后的轧件特性。

设轧件进入轧区的速度，即轧件被轧辊咬入时的速度为 v_0。在模型中将最初的接触角设为 α_0，其值为 $\alpha_0 = \sin^{-1}(l/R)$。如假设所述，将轧制方向的分速度速度 v_x 设为 v_0。

$$v_0 = v_R \cos\alpha_0 \tag{3.102}$$

$$v_x = v_0 \tag{3.103}$$

由图 3. 18 所示，可以看出在立辊轧制过程的受力分析结果，整个过程是轧件侧面被立辊压入，压入部分从厚度方向上升，形成狗骨。其中受力分析表示如下：

$$\begin{cases} \sigma_x = (\sigma_y + \sigma_z)/2 \\ \sigma_y = \sigma_1 \\ \sigma_x = \sigma_2 \\ \sigma_z = \sigma_3 \end{cases} \tag{3.104}$$

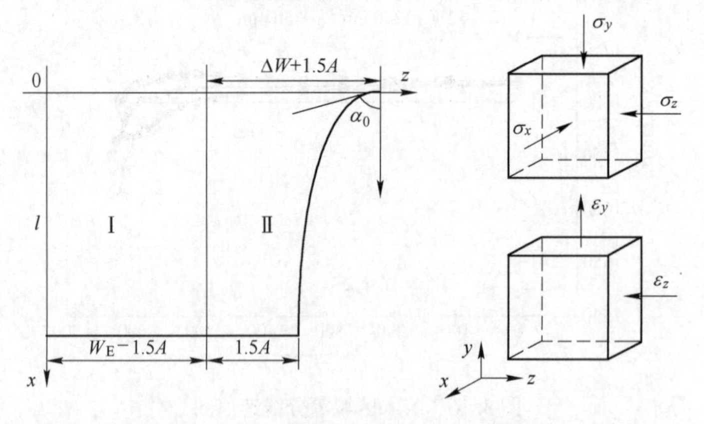

图 3. 18　轧制咬入区分区及受力分析图

3.3.2.2 速度场和应变速率场的建立

将整个轧件按照变形的特点分为两个区域，Ⅰ区域为轧件的内部区域，此区域远离立辊，在轧制过程中几乎不发生变形。立辊的侧压作用无法深入轧件中心，所以将其考虑为一个刚性区域。然而Ⅱ区域为与轧件直接接触的区域。这个区域为立轧过程的主要变形集中区域，考虑到平面变形假设，将Ⅱ区域的变形图单独作为分析对象。立轧狗骨模型建立示意图如图 3.19 所示。

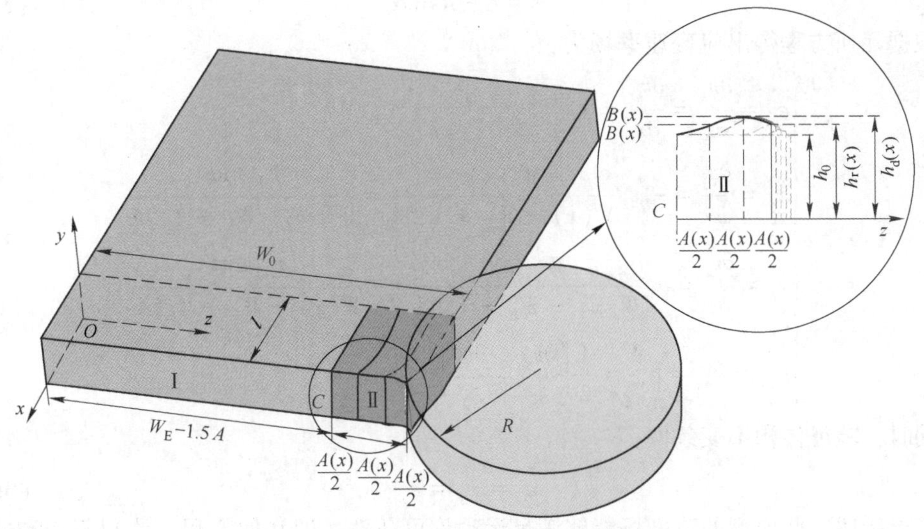

图 3.19 立轧狗骨模型建立示意图

此过程示意图如图 3.20 所示。

按照体积不变原则，可以进一步得到下式：

$$(W(x) - W_E + 1.5A)\Delta h(x) = h_0 \Delta W(x) \tag{3.105}$$

式中，W_E 为立辊出口侧轧件宽度。

如图中表示的在轧制中的每一个截面右侧的阴影部分都被压入厚向的阴影位置，两个阴影面积相等。则速度场可以表示为：

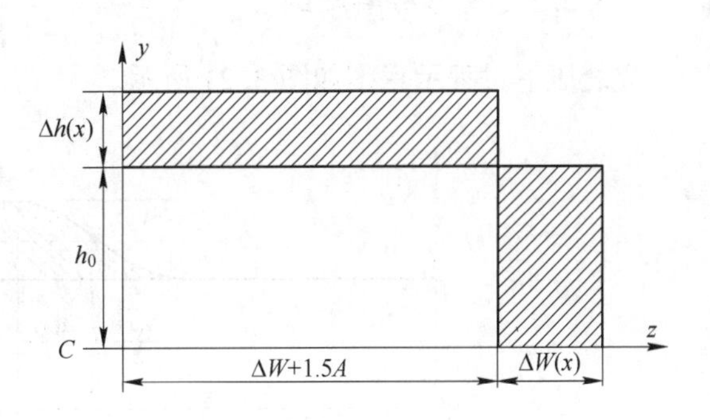

图 3.20 均匀变形下塑性区立轧变形示意图

$$\begin{cases} v_x = v_0 \\ v_y = \dfrac{v_0 W'(x) y}{W(x) - W_E + 1.5A} \\ v_z = \dfrac{v_0 W'(x)(z - W_E + 1.5A)}{W(x) - W_E + 1.5A} \end{cases} \tag{3.106}$$

建立速度场之后，验证边界条件，在轧制入口处有：

$$v_z \big|_{\substack{x=0 \\ z=W_0}} = v_0 W'(0) = -v_0 \tan\alpha_0 \,,\ v_z \big|_{\substack{x=0 \\ z=W_E-1.5A}} = 0 \,,\ v_y \big|_{\substack{x=0 \\ y=0}}$$

在轧制出口处有：

$$v_y\big|_{\substack{x=l\\y=h}} = 0\ ,\ v_y\big|_{\substack{x=l\\y=0}} = 0\ ,\ v_z\big|_{\substack{x=l\\z=W_E}} = 0\ ,\ v_z\big|_{\substack{x=l\\z=W_E-1.5A}}$$

其中接触弧方程为：

$$W(x) = W_E + R - \sqrt{R^2 - (l-x)^2} \tag{3.107}$$

$$W'(x) = -\frac{l-x}{\sqrt{R^2-(l-x)^2}} = -\tan\alpha \tag{3.108}$$

$$x = l - R\sin\alpha \tag{3.109}$$

根据几何方程得出应变速率场为：

$$\begin{cases} \dot{\varepsilon}_x = \dfrac{\partial v_x}{\partial x} = \dfrac{\partial v_0}{\partial x} = 0 \\ \dot{\varepsilon}_y = \dfrac{\partial v_y}{\partial y} = -v_0\dfrac{W'(x)}{W(x) - W_E + 1.5A} = \dfrac{v_0\tan\alpha}{W(x) - W_E + 1.5A} \\ \dot{\varepsilon}_z = \dfrac{\partial v_z}{\partial z} = v_0\dfrac{W'(x)}{W(x) - W_E + 1.5A} = -\dfrac{v_0\tan\alpha}{W(x) - W_E + 1.5A} \\ \dot{\varepsilon}_{xy} = \dot{\varepsilon}_{xz} = \dot{\varepsilon}_{yz} = \dfrac{1}{2}\left(\dfrac{\partial v_y}{\partial z} + \dfrac{\partial v_z}{\partial y}\right) \end{cases} \tag{3.110}$$

同时，验证体积不变条件：

$$\dot{\varepsilon}_x = \dot{\varepsilon}_y = \dot{\varepsilon}_z \tag{3.111}$$

综上所述，此模型的速度场能够满足运动许可条件，即几何方程、体积不变和速度边界条件。

3.3.2.3 变形功率泛函

立轧压下过程示意图如图 3.21 所示。

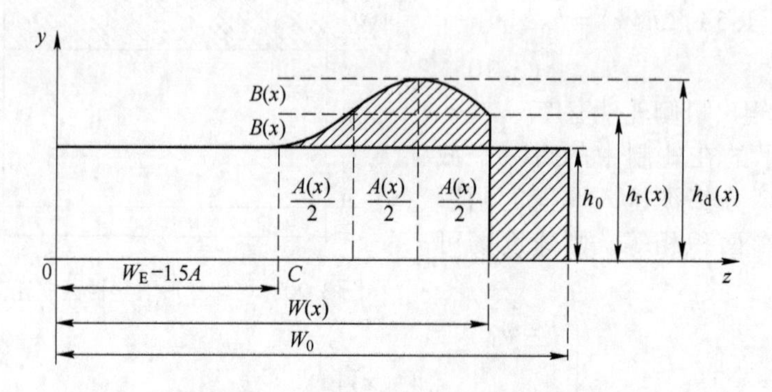

图 3.21 非均匀状态下立轧变形示意图

由图 3.21 可得出狗骨形状参数 $A(x)$：

$$A(x) = \frac{2}{3}(W(x) - W_E + 1.5A) \tag{3.112}$$

在轧制出口处：

$$A(l) = A \tag{3.113}$$

将整个Ⅱ区域按照对称与反对称描述出整个狗骨区域。

在区域Ⅰ:

$0 < z < W_E - 1.5A$:

$$h_{\mathrm{I}}(x, z) = h_0 \tag{3.114}$$

在区域Ⅱ:

$W_E - 1.5A < z < W(x)$:

$$h_{\mathrm{II}}(x, z) = B(x)\cos\left[\frac{3\pi(z - W(x))}{2(W(x) - W_E + 1.5A)} + \frac{\pi}{2}\right] + B(x) + h_0 \tag{3.115}$$

将应变速率场代入式(3.115),于是得到:

$$(W_0 - W(x))h_0 = \int_{W_E-1.5A}^{W(x)} \left\langle B(x)\cos\left[\frac{3\pi(z - W(x))}{2(W(x) - W_E + 1.5A)} + \frac{\pi}{2}\right] + B(x) \right\rangle \mathrm{d}z \tag{3.116}$$

经过积分计算,得到了厚向形状参数:

$$B(x) = \frac{3\pi(W_0 - W(x))h_0}{(2 + 3\pi)(W(x) - W_E + 1.5A)} \tag{3.117}$$

则狗骨接触高度 $h_r(x)$ 和 $h_d(x)$ 可被表示为:

$$h_r(x) = h_0 + B(x) \tag{3.118}$$

$$h_d(x) = h_0 + 2B(x) \tag{3.119}$$

验证边界条件后得到:

$$\begin{cases} h_{\mathrm{I}}(0, z) = h_0 \\ h_{\mathrm{I}}(l, W_E - 1.5A) = h_{\mathrm{II}}(l, W_E - 1.5A) = h_0 \\ h_{\mathrm{II}}(l, W_E - 1.5A) = h_0 + B(l) = h_{\mathrm{II}}(l, W_E) = h_r(l) \\ h_{\mathrm{II}}(l, W_E - 0.5A) = h_0 + 2B(l) = h_d(l) \end{cases}$$

通过上述论述,余弦函数狗骨模型的速度场、应变速率场以及由此模型得到的形状参数,都可以满足对应的运动许可条件和几何模型边界条件。

A 刚塑性材料的第一变分原理

第一变分原理表明,基于满足体积不变条件、几何方程以及应力与速度边界条件的速度场,可获得变形功率泛函表达式,通过进一步以该泛函对变形参数求导为零,可获得变形功率泛函极小值,从而取得变形中真实变形功率。

由 Drucker 公设

$$\int_V (\sigma_{ij}^* - \sigma_{ij})\dot{\varepsilon}_{ij}^* \mathrm{d}V \geq 0 \tag{3.120}$$

对于真实解的 σ_{ij} 和运动许可速度场 v_i^*、$\dot{\varepsilon}_{ij}^*$ 之间用虚功率方程:

$$\int_V \sigma_{ij}\dot{\varepsilon}_{ij}^* \mathrm{d}V = \int_{S_p} \bar{p}_i v_i^* \mathrm{d}s + \int_{S_v} \sigma_{ij} n_j \bar{v}_i \mathrm{d}S \tag{3.121}$$

代入 Drucker 公设后得到:

$$\int_V \sigma_{ij}^* \dot{\varepsilon}_{ij}^* \mathrm{d}V - \int_{S_p} \bar{p}_i v_i^* \mathrm{d}s \geq \int_{S_v} \sigma_{ij} n_j \bar{v}_i \mathrm{d}S \tag{3.122}$$

进而得到：

$$\int_V \sigma_{ij}^* \bar{\varepsilon}_{ij}^* \mathrm{d}V - \int_{S_p} \bar{p}_i v_i^* \mathrm{d}S \geqslant \sqrt{\frac{2}{3}}\sigma_s \int_V \sqrt{\dot{\varepsilon}_{ij}\dot{\varepsilon}_{ij}}\mathrm{d}V - \int_{S_p} \bar{p}_i v_i \mathrm{d}s \tag{3.123}$$

即：

$$\phi_1^* \geqslant \phi_1 \tag{3.124}$$

在 S_p 上的外力功率应结合塑性加工具体情况确定，轧制能率泛函的具体形式为：

$$\int_{S_p} \bar{p}_i v_i \mathrm{d}S = -\int_{S_f} \tau_f |\Delta v_f| \mathrm{d}S - q_b F_b v_b + q_f F_f v_f \tag{3.125}$$

式中，$\tau_f = m\dfrac{\sigma_s}{\sqrt{3}}$，为单位摩擦力，$0 \leqslant m \leqslant 1$，$m$ 为摩擦因子；v_f、v_b、F_f、F_b 分别为轧件前后外端的水平移动速度和横断面积。

考虑到在没有前后外端功率和质量力、惯性力的轧制功率泛函可表示为：

$$\phi_1 = \sqrt{\frac{2}{3}}\sigma_s \int_V \sqrt{\dot{\varepsilon}_{ij}\dot{\varepsilon}_{ij}}\mathrm{d}V + \int_{S_f} \tau_f |\Delta v_f| \mathrm{d}S + \int_{S_D} k|\Delta v_t| \mathrm{d}S \tag{3.126}$$

B　内部变形功率泛函

取 1/4 的轧件为研究对象，则内部变形功率为：

$$\dot{W}_i = \int_V \bar{\sigma}\dot{\bar{\varepsilon}}\mathrm{d}V = 4\int_0^l \int_{W_E - 1.5A}^{W(x)} \int_0^{h_{\mathrm{II}}(x,z)} \bar{\sigma}\dot{\bar{\varepsilon}}\mathrm{d}y\mathrm{d}z\mathrm{d}x \tag{3.127}$$

同时在计算中，将 $\bar{\sigma} = \sigma_s$ 作为模型计算取值。

等效变形速率为：

$$\dot{\bar{\varepsilon}} = \sqrt{\frac{2}{9}[(\dot{\varepsilon}_x - \dot{\varepsilon}_y)^2 + (\dot{\varepsilon}_y - \dot{\varepsilon}_z)^2 + (\dot{\varepsilon}_x - \dot{\varepsilon}_z)^2 + 6(\dot{\varepsilon}_{xy}^2 + \dot{\varepsilon}_{xz}^2 + \dot{\varepsilon}_{yz}^2)]} \tag{3.128}$$

代入 $\dot{\varepsilon}_x + \dot{\varepsilon}_y + \dot{\varepsilon}_z = 0$ 体积不变条件

$$\dot{\bar{\varepsilon}} = \sqrt{\frac{2}{3}(\dot{\varepsilon}_x^2 + \dot{\varepsilon}_y^2 + \dot{\varepsilon}_z^2 + 2\dot{\varepsilon}_{xy}^2 + 2\dot{\varepsilon}_{yz}^2 + 2\dot{\varepsilon}_{zx}^2)} \tag{3.129}$$

代入式（3.118）应变速率场最终：

$$\dot{\bar{\varepsilon}} = \sqrt{\frac{2}{3}\left[\frac{v_0 W'(x)}{W(x) - W_E + 1.5A} + \left(-\frac{v_0 W'(x)}{W(x) - W_E + 1.5A}\right)\right]} \tag{3.130}$$

内部变形的积分计算为：

$$\begin{aligned}
\dot{W}_i &= \frac{8\sigma_s}{\sqrt{3}}\int_0^l \int_{W_E - 1.5A}^{W(x)} \frac{v_0 W'(x)}{W(x) - W_E + 1.5A}\left\langle B(x)\right. \\
&\quad \left.\left\{\cos\left[\frac{3\pi(z - W(x))}{2(W(x) - W_E + 1.5A)} + \frac{\pi}{2}\right] + 1\right\} + h_0\right\rangle \mathrm{d}z\mathrm{d}x \\
&= \frac{8\sigma_s h_0}{\sqrt{3}}\int_0^l \frac{v_0 W'(x)(\Delta W + 1.5A)}{W(x) - W_E + 1.5A}\mathrm{d}x \\
&= \frac{8\sigma_s v_0 h_0(\Delta W + 1.5A)}{\sqrt{3}}\ln\frac{\Delta W + 1.5A}{1.5A}
\end{aligned} \tag{3.131}$$

内部变形功率表达式中 $\Delta W+1.5A$ 为塑性区域入口宽度；1.5A 为塑性区域出口宽度；$\varepsilon=\ln\dfrac{1.5A}{\Delta W+1.5A}$ 为立轧过程的压下率。

$$\dot{W}_{\mathrm{i}}=[8\sigma_{\mathrm{s}}v_0h_0(\Delta W+1.5A)(-\varepsilon)]/\sqrt{3} \tag{3.132}$$

从式（3.51）中可以发现内部变形功率随着初始厚度、咬入速度、初始塑性区域宽度和立辊轧制压下率的增加而增加。

C 摩擦功率泛函

立轧轧辊轧件接触面示意图如图 3.22 所示，沿着接触表面，速度的不连续量表达式是 $|\Delta v_{\mathrm{f}}|=\left|\sqrt{\Delta v_y^2+\Delta v_{\mathrm{t}}^2}\right|$，摩擦应力表达式为 $|\tau_{\mathrm{f}}|=m\sigma_{\mathrm{s}}/\sqrt{3}$。$\boldsymbol{\tau}_{\mathrm{f}}$ 和 $\Delta\boldsymbol{v}_{\mathrm{f}}$ 是一对共线向量。

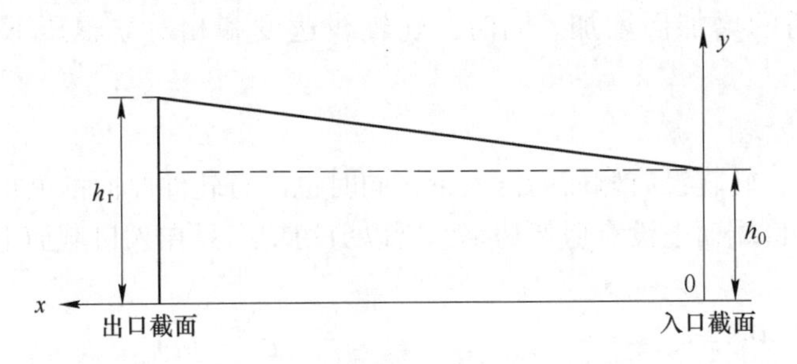

图 3.22 立轧轧辊轧件接触面示意图

摩擦功率为：

$$\begin{aligned}
\dot{W}_{\mathrm{f}} &= 4\int_0^l\int_0^{\overline{h}_{\mathrm{r}}(x)}\boldsymbol{\tau}_{\mathrm{f}}|\Delta\boldsymbol{v}_{\mathrm{f}}|\mathrm{d}s \\
&= 4\int_0^l\int_0^{\overline{h}_{\mathrm{r}}(x)}|\Delta\boldsymbol{v}_{\mathrm{f}}||\boldsymbol{\tau}_{\mathrm{f}}|\cos(\Delta\boldsymbol{v}_{\mathrm{f}},\ \boldsymbol{\tau}_{\mathrm{f}})\mathrm{d}s \\
&= 4\int_0^l\int_0^{\overline{h}_{\mathrm{r}}(x)}\Delta\boldsymbol{v}_{\mathrm{f}}\boldsymbol{\tau}_{\mathrm{f}}\mathrm{d}s \\
&= 4\tau_{\mathrm{f}}\int_0^l\int_0^{\overline{h}_{\mathrm{r}}(x)}\left(\frac{\Delta v_{\mathrm{t}}\Delta v_{\mathrm{t}}}{\sqrt{v_y^2+\Delta v_{\mathrm{t}}^2}}+\frac{v_yv_y}{\sqrt{v_y^2+\Delta v_{\mathrm{t}}^2}}\right)\mathrm{d}s \\
&= 4\tau_{\mathrm{f}}\int_0^l\int_0^{\overline{h}_{\mathrm{r}}(x)}\{\Delta v_{\mathrm{t}}[1+(v_y/\Delta v_{\mathrm{t}})^2]^{-1/2}+v_y[1+(v_y/\Delta v_{\mathrm{t}})^{-2}]^{-1/2}\}\mathrm{d}s
\end{aligned} \tag{3.133}$$

通过观察，可以发现接触面上的摩擦功率是很难直接计算的，所以在这里可以使用积分中值定理进行相应的简化。

接触面上的平均高度值：

$$\overline{h}=\frac{h_{\mathrm{r}}(l)+h_0}{2}=h_0\left[1+\frac{\pi\Delta W}{(2+3\pi)A}\right] \tag{3.134}$$

接触面上 y 向的平均速度：

$$\overline{v}_y=\frac{1}{l\overline{h}}\int_0^l\int_0^{\overline{h}}\frac{W'(x)}{W(x)-W_{\mathrm{E}}+1.5A}v_0y\mathrm{d}y\mathrm{d}x \tag{3.135}$$

接触面上轧辊与轧件的平均速度差：

$$\Delta\overline{v}_{\mathrm{t}} = -\frac{1}{\alpha}\int_{\alpha_0}^{0} v_{\mathrm{R}} - \frac{v_0}{\cos}\mathrm{d}\alpha = v_{\mathrm{R}} - \frac{v_0}{2\alpha_0}\ln\left(\frac{R+l}{R-l}\right) \tag{3.136}$$

代入这些简化值到摩擦功率泛函计算式有：

$$\begin{aligned}\dot{W}_{\mathrm{f}} &= 4\tau_{\mathrm{f}}\int_0^l\int_0^{\overline{h}}\{\Delta\overline{v}_{\mathrm{t}}[1+(\overline{v}_y/\Delta\overline{v}_{\mathrm{t}})^2]^{-1/2} + \overline{v}_y[1+(\overline{v}_y/\Delta\overline{v}_{\mathrm{t}})^{-2}]^{-1/2}\}\frac{\mathrm{d}y\mathrm{d}x}{\cos\alpha} \\ &= \frac{4m\sigma_{\mathrm{s}}\overline{h}R\alpha_0}{\sqrt{3}}\left\{\Delta\overline{v}_{\mathrm{t}}\left[1+\left(\frac{\overline{v}_y}{\Delta\overline{v}_{\mathrm{t}}}\right)^2\right]^{-1/2} + \overline{v}_y\left[1+\left(\frac{\overline{v}_y}{\Delta\overline{v}_{\mathrm{t}}}\right)^{-2}\right]^{-1/2}\right\}\end{aligned} \tag{3.137}$$

从最终的摩擦功率泛函表达式中可以看到，摩擦功率随着摩擦系数、平均接触高度、轧辊半径和咬入角的增加而增加。同时，轧辊线速度和相对立辊压下率也会影响摩擦功率。

D　剪切功率泛函

在轧制出口处，轧辊没有侧面的压入量，同时也没有轧件厚向的鼓出继续形成狗骨形状，所以在这个出口端面上没有剪切功率，所以剪切功率只在入口截面上，还有Ⅰ区和Ⅱ区的分界面上。

入口截面剪切功率：

$$\dot{W}_{\mathrm{s1}} = 4\int_{W_{\mathrm{E}}-1.5A}^{W_0}\int_0^{h_0} k\sqrt{(v_y|_{x=0})^2 + (v_z|_{x=0})^2}\,\mathrm{d}y\mathrm{d}z \tag{3.138}$$

在轧制入口截面上，根据计算的简便性，将其分为两个积分区域，具体如图 3.23 所示。

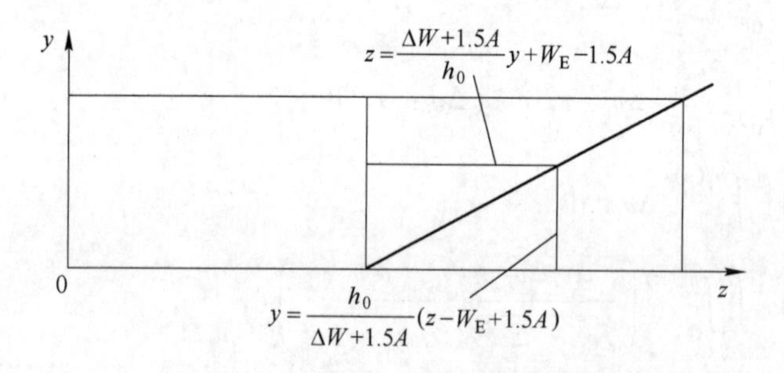

图 3.23　入口剪切面剪切功率示意图

$$\begin{aligned}\dot{W}_{\mathrm{s1}} &= \frac{4kv_0\tan\alpha_0}{\Delta W+1.5A}\left[\int_{W_{\mathrm{E}}-1.5A}^{W_0}\int_0^{\frac{h_0}{\Delta W+1.5A}(z-W_{\mathrm{E}}+1.5A)}\sqrt{y^2+(z-W_{\mathrm{E}}+1.5A)^2}\,\mathrm{d}y\mathrm{d}z + \right. \\ &\left.\int_0^{h_0}\int_{W_{\mathrm{E}}-1.5A}^{\frac{\Delta W+1.5A}{h_0}y+W_{\mathrm{E}}-1.5A}\sqrt{y^2+(z-W_{\mathrm{E}}+1.5A)^2}\,\mathrm{d}z\mathrm{d}y\right] = \frac{4kv_0\tan\alpha_0}{\Delta W+1.5A}(I_1+I_2)\end{aligned} \tag{3.139}$$

其中的 I_1 和 I_2 分别为：

$$I_1 = \int_{W_{\mathrm{E}}-1.5A}^{W_0}\frac{h_0(z-W_{\mathrm{E}}+1.5A)^2}{2(\Delta W+1.5A)}\sqrt{\left(\frac{h_0}{\Delta W+1.5A}\right)^2+1} +$$

$$\frac{(z-W_E+1.5A)^2}{2}\ln\left[\frac{h_0}{\Delta W+1.5A}+\sqrt{\left(\frac{h_0}{\Delta W+1.5A}\right)^2+1}\right]dz$$

$$=\frac{h_0}{6}(\Delta W+1.5A)^2\sqrt{\left(\frac{h_0}{\Delta W+1.5A}\right)^2+1}+$$

$$\frac{(\Delta W+1.5A)^3}{6}\ln\left[\frac{h_0}{\Delta W+1.5A}+\sqrt{\left(\frac{h_0}{\Delta W+1.5A}\right)^2+1}\right] \tag{3.140}$$

同理得到 I_2 的表达式：

$$I_2=\frac{h_0^2(\Delta W+1.5A)}{6}\sqrt{\left(\frac{\Delta W+1.5A}{h_0}\right)^2+1}+\frac{h_0^3}{6}\ln\left[\frac{\Delta W+1.5A}{h_0}+\sqrt{\left(\frac{\Delta W+1.5A}{h_0}\right)^2+1}\right] \tag{3.141}$$

在此之后计算 $\dot{W}_{s2}$，Ⅰ区Ⅱ区分界面（塑性区和刚性区分界面）剪切功率：

$$\dot{W}_{s2}=4k\int_0^l\int_0^{h_0}v_y\bigg|_{z=W_E-1.5A}dydx=4kv_0I_{s2} \tag{3.142}$$

其中 I_{s2} 的表达式为：

$$I_{s2}=\int^{l_0}\int_0^{h_0}-\frac{W'(x)}{W(x)-W_E+1.5A}ydydx$$

在计算中取 $k=\sigma_s/\sqrt{3}$。

所以总的剪切功率可以表示为：

$$\dot{W}_s=\dot{W}_{s1}+\dot{W}_{s2}$$

$$=\frac{2\sigma_s v_0\tan\alpha_0}{3\sqrt{3}(\Delta W+1.5A)}\left\{h_0(\Delta W+1.5A)^2\sqrt{\left(\frac{h_0}{\Delta W+1.5A}\right)^2+1}+\right.$$

$$(\Delta W+1.5A)^3\ln\left[\frac{h_0}{\Delta W+1.5A}+\sqrt{\left(\frac{h_0}{\Delta W+1.5A}\right)^2+1}\right]+$$

$$h_0^2(\Delta W+1.5A)\sqrt{\left(\frac{\Delta W+1.5A}{h_0}\right)^2+1}+$$

$$\left.h_0^3\ln\left[\frac{\Delta W+1.5A}{h_0}+\sqrt{\left(\frac{\Delta W+1.5A}{h_0}\right)^2+1}\right]+2\sigma_s v_0h_0^2(-\varepsilon)/\sqrt{3}\right\} \tag{3.143}$$

这里为了便于简化剪切功率的表达式，设 $M=(\Delta W+1.5A)/h_0$，即Ⅱ区（塑性区域）的入口宽厚比。则最终剪切功率表达式变为：

$$\dot{W}_s=\frac{2\sigma_s v_0\tan\alpha_0}{3\sqrt{3}(\Delta W+1.5A)}\left[h_0(\Delta W+1.5A)^2\sqrt{M^{-2}+1}+(\Delta W+1.5A)^3\ln(M^{-1}+\sqrt{M^{-2}+1})+\right.$$

$$\left.h_0^2(\Delta W+1.5A)\sqrt{M^2+1}+h_0^3\ln(M+\sqrt{M^2+1})\right]+2\sigma_s v_0h_0^2(-\varepsilon)/\sqrt{3} \tag{3.144}$$

从上式中可以看出剪切功率随着咬入速度、咬入角、相对立辊压下率的增加而增加，同时 M 即塑性区域的入口宽厚比也会影响剪切功率。

3.3.2.4 功率泛函最小化

总功率泛函表达式为：

$$\begin{aligned}
\phi &= \dot{W}_{\mathrm{d}} + \dot{W}_{\mathrm{f}} + \dot{W}_{\mathrm{s}} \\
&= \frac{2\sigma_{\mathrm{s}}}{\sqrt{3}} \Big\langle v_0 h_0(-\varepsilon)[4(\Delta W + 1.5A) + h_0] + \\
&\quad 2m\bar{h}R\alpha_0 \left\{ \Delta\bar{v}_{\mathrm{t}} \left[1 + \left(\frac{\bar{v}_y}{\Delta\bar{v}_{\mathrm{t}}}\right)^2\right]^{-\frac{1}{2}} + \bar{v}_y \left[1 + \left(\frac{\bar{v}_y}{\Delta\bar{v}_{\mathrm{t}}}\right)^{-2}\right]^{-\frac{1}{2}} \right\} + \\
&\quad \frac{v_0 \tan\alpha_0}{3(\Delta W + 1.5A)} [h_0 (\Delta W + 1.5A)^2 \sqrt{M^{-2} + 1} + (\Delta W + 1.5A)^3 \ln(M^{-1} + \sqrt{M^{-2} + 1}) + \\
&\quad h_0^2 (\Delta W + 1.5A) \sqrt{M^2 + 1} + h_0^3 \ln(M + \sqrt{M^2 + 1})] \Big\rangle
\end{aligned} \tag{3.145}$$

在方程左右两边同时除以 σ_{s} 得到：

$$\phi/\sigma_{\mathrm{s}} = f(\Delta W,\ R,\ h_0,\ \varepsilon,\ v_0,\ m,\ A) \tag{3.146}$$

根据变分原理的解析方法，需要求得 ϕ/σ_{s} 的最小值。

于是：

$$\frac{\partial(\phi/\sigma_{\mathrm{s}})}{\partial A} = 0 \tag{3.147}$$

代入式（3.145）后得到：

$$\begin{aligned}
&\frac{8\sigma_{\mathrm{s}}}{\sqrt{3}} v_0 h_0 \left(1.5\ln\frac{\Delta W + 1.5A}{1.5A} - \frac{\Delta W}{A}\right) + \frac{4mR\alpha_0\sigma_{\mathrm{s}}}{\sqrt{3}} \Big\langle -\frac{h_0 \pi \Delta W}{(2 + 3\pi)A^2} \\
&\left\{ \Delta v_{\mathrm{t}} \left[1 + \left(\frac{\bar{v}_y}{\Delta\bar{v}_{\mathrm{t}}}\right)^2\right]^{-\frac{1}{2}} + \bar{v}_y \left[1 + \left(\frac{\bar{v}_y}{\Delta\bar{v}_{\mathrm{t}}}\right)^{-2}\right]^{-\frac{1}{2}} \right\} + \\
&\frac{\bar{h} v_0}{2l} \left[-\frac{h_0 \pi \Delta W}{(2 + 3\pi)A^2} \ln\frac{\Delta W + 1.5A}{1.5A} - \frac{\Delta W \bar{h}}{A(\Delta W + 1.5A)} \right] \\
&\left\{ -\left[1 + \left(\frac{\bar{v}_y}{\Delta\bar{v}_{\mathrm{t}}}\right)^2\right]^{-\frac{3}{2}} \left(\frac{\bar{v}_y}{\Delta\bar{v}_{\mathrm{t}}}\right) + \left[1 + \left(\frac{\bar{v}_y}{\Delta\bar{v}_{\mathrm{t}}}\right)^{-2}\right]^{-\frac{1}{2}} + \right. \\
&\left. \left[1 + \left(\frac{\bar{v}_y}{\Delta\bar{v}_{\mathrm{t}}}\right)^{-2}\right]^{-\frac{3}{2}} \left(\frac{\bar{v}_y}{\Delta\bar{v}_{\mathrm{t}}}\right)^{-2} \right\} \Big\rangle + \\
&\frac{2v_0 \tan\alpha_0}{3\sqrt{3}} \Bigg\{ h_0 \left[1.5\sqrt{M^{-2} + 1} - (\Delta W + 1.5A)\frac{1.5M^{-3}}{h_0\sqrt{M^{-2} + 1}}\right] + \\
&3(\Delta W + 1.5A)\ln(M^{-1} + \sqrt{M^2 + 1}) + \\
&(\Delta W + 1.5A)^2 \frac{-1.5M^{-2}\left(1 + \dfrac{M^{-1}}{\sqrt{M^{-2} + 1}}\right)}{h_0(M^{-1} + \sqrt{M^{-2} + 1})} + \frac{1.5h_0 M}{\sqrt{M^2 + 1}} - \\
&\frac{1.5h_0^3}{(\Delta W + 1.5A)^2}\ln(M + \sqrt{M^2 + 1}) + \frac{1.5{h_0}^2\left(1 + \dfrac{M}{\sqrt{M^2 + 1}}\right)}{(\Delta W + 1.5A)(M + \sqrt{M^2 + 1})} \Bigg\} - \\
&\frac{2}{\sqrt{3}} \frac{\sigma_{\mathrm{s}} v_0 h_0 \Delta W}{A(\Delta W + 1.5A)} = 0
\end{aligned} \tag{3.148}$$

上式为一个超越方程，不便于解析求解，因此，使用MATLAB中的编程求解和图解方法求解此方程。

如图3.24所示，可以看出，在确定了轧辊辊径R、轧辊线速度v_R、初始厚度h_0、立辊侧压量$\Delta W = W_0 - W_E$、摩擦系数m等参数后，就可以得出形状参数A的具体数值。

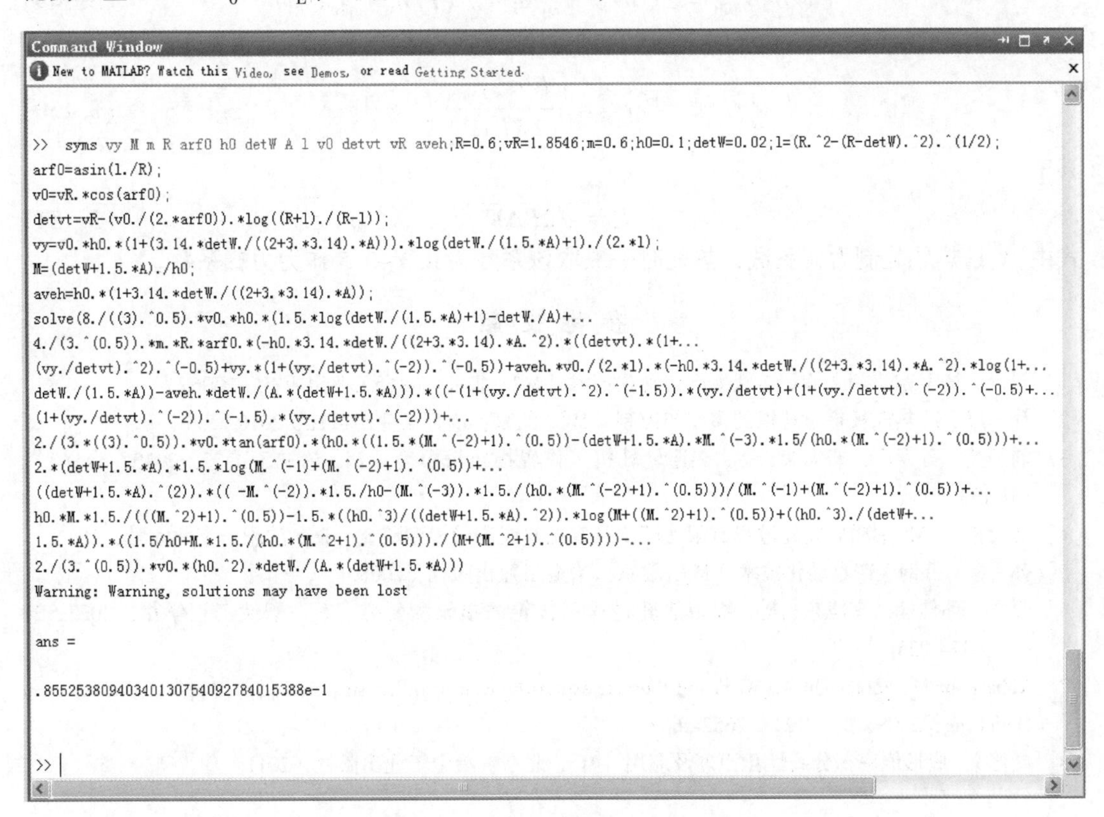

图3.24　MATLAB求解极小值程序截图

同样，也可以使用MATLAB里面的作图工具，制作出该函数在取值区间内的$0 \leqslant A \leqslant W_E$的图像，如图3.25所示。

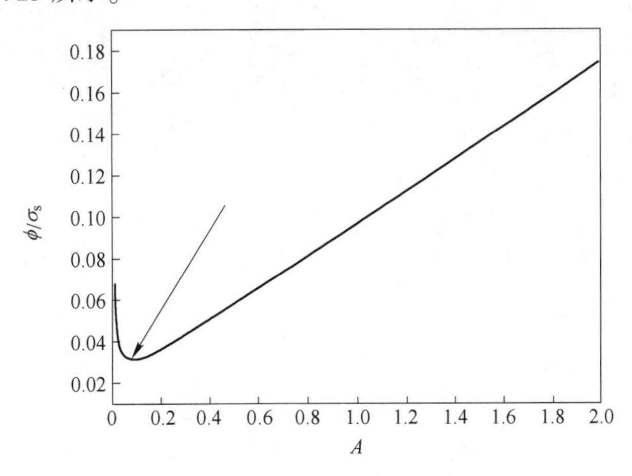

图3.25　使用MATLAB计算出的ϕ/σ_s随A变化曲线

在图中可以看到，在同样的条件下，图示搜索法也可以找到相应的使得 ϕ/σ_s 为最小值的 A 的值。

进一步，得到轧制力的解析解：

$$(\phi/\sigma_s)_{\min} = 2(M/\sigma_s)_{\min}\omega = 2(\overline{F}/\sigma_s)_{\min}\chi l_d\omega \tag{3.149}$$

于是有：

$$\overline{F}/\sigma_s = \frac{(\phi/\sigma_s)_{\min}}{2\chi l_d\omega} \tag{3.150}$$

其中，

$$l_d = \sqrt{2R\Delta W} \tag{3.151}$$

式中，χ 是热轧轧制力臂系数，热轧时一般取该系数为 0.3~0.5 作为力臂系数。

参 考 文 献

[1] 刘玠，杨卫东，刘文仲．热轧生产自动化技术［M］. 北京：冶金工业出版社，2006.

[2] 孙一康．冷热轧板带材轧机的模型与控制［M］. 北京：冶金工业出版社，2010.

[3] 刘子英，孙彦广，宋向荣，等. 热连轧轧机工作辊损预报模型［J］. 热加工工艺，2015，44（1）：131-133.

[4] 刘元铭．热带钢粗轧立轧过程有限元模拟及双抛物线狗骨模型研究［D］. 沈阳：东北大学，2014.

[5] 孙一康. 带钢生产自动化技术［M］. 北京：冶金工业出版社，2008.

[6] 彭文，孙佳楠，李旭东，等. 板带热轧过程工作辊磨损预测研究［J］. 塑性工程学报，2023，30（5），214-225.

[7] Abbaspour M, Saboonchi A. Work roll thermal expansion control in hot strip mill [J]. Applied Mathematical Modelling, 2008, 32 (12): 2652-2669.

[8] 赵德文. 成形能率积分线性化原理及应用［M］. 北京：冶金工业出版社，2011.

4 热连轧数据模型构建方法

4.1 带钢头部厚度预测建模

热连轧生产过程中，厚度是重要的质量指标。热轧产品头部厚度的精准控制能够为厚度自动控制（Automatic Gauge Control，AGC）系统提供良好的基准条件，进而保证带钢全长的厚度控制精度。因此，建立高精度的带钢头部厚度预测模型，对于减少头部厚度偏差，提高产品成材率具有重要意义。

4.1.1 模型数据预处理

以某钢铁公司热轧生产线为对象，共搜集数据 6833 条。为了建立准确的头部厚度预测模型，首先进行数据预处理，对数据中的缺失值进行删除，最终有效数据 4807 条，之后按 7 : 3 的比例将数据集划分为训练集和测试集，其中训练集包含 3365 条数据，测试集包含 1442 条数据。每条数据均包含特征 81 种，如中间坯厚度参数、化学成分、各机架工艺参数等特征以及带钢头部厚度实测值。具体特征描述见表 4.1[1]。

表 4.1 建模用数据特征

数据项序号	数据项名称	数据来源
1	中间坯头部温度	高温计测量
2	中间坯头部宽度	测宽仪测量
3	中间坯头部厚度	测厚仪测量
4~27	化学元素	炼钢检化验系统
28~33	F1~F6 压下率	L2 系统
34~39	F1~F6 工作辊辊径	磨辊间磨床
40~45	F1~F6 入口温度	L2 系统
46~51	F1~F6 摩擦系数	L2 系统
52~57	F1~F6 轧辊速度	编码器测量
58~63	F1~F6 头部轧制力	压力传感器测量
63~68	F1~F6 变形抗力	L2 系统
69~74	F1~F6 轧机刚度	L2 系统
74~79	F1~F6 后张力	活套角度测量计算
80	精轧出口温度	高温计测量
81	精轧出口宽度	测宽仪测量
82	精轧出口厚度	测厚仪测量

为了消除不同数据的量纲差异，采用标准化方法将数据压缩在-1~1之间，基于式（2.24）进行标准化处理。

4.1.2 基于层次聚类的特征选择

基于层次聚类方法分别建立聚类策略1和聚类策略2进行特征选择，聚类策略如图4.1所示。聚类策略1将所有的特征分为C_1~C_6，共6个簇，聚类策略2将所有特征分为C_1'~C_{12}'，共12个簇。在进行特征选择时，首先基于互信息方法，计算每个簇中各个特征与带钢头部厚度的依赖性I，并根据变量特征与头部厚度的依赖程度在簇内进行排序。其次，以无放回取出的方式，依次从每个簇中取出当前I值最大的特征，组成特征集S_1，此时S_1中特征数等于簇的数目，将S_1输入到深度神经网络（DNN）模型，获得输入特征为S_1时模型的决定系数R^2。之后，依次提取簇中剩余特征中I最大的特征加入特征集，特征集中每增加一个特征后，将当前的特征集输入DNN中进行训练，重复上述过程，直到所有簇中的特征均加入特征集。提取过程中，特征较少的簇会转为空集，则跳过此簇。最终得到不同输入特征数目下DNN模型的R^2，对比得到最优的输入特征和特征数量。

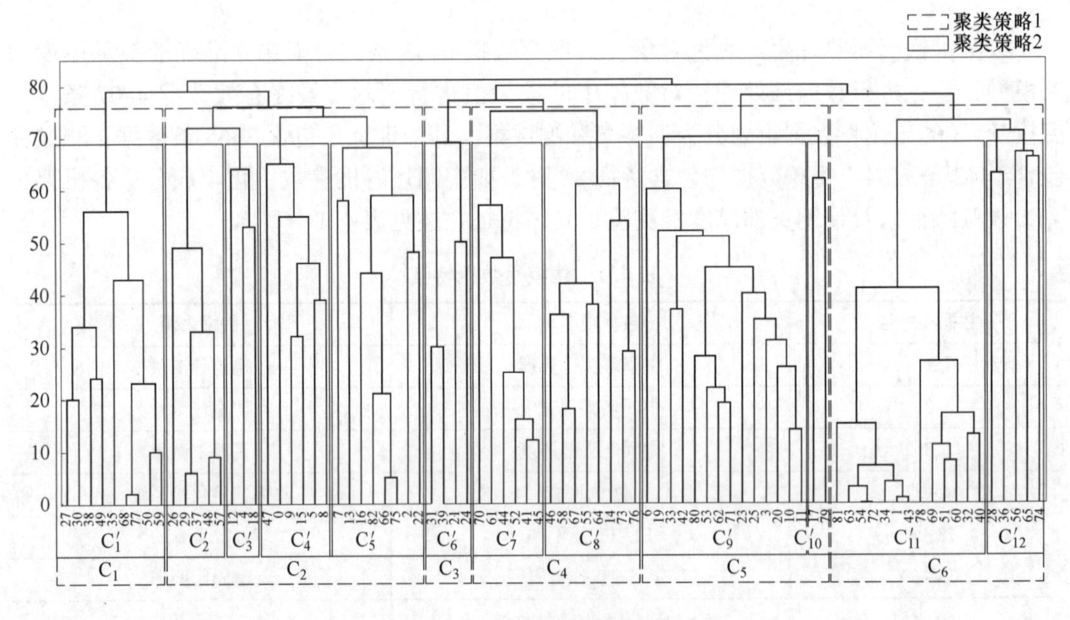

图4.1 层次聚类树形图

基于上述聚类策略进行特征选择，依次从不同的集合中选择依赖程度较高的特征组合为特征子集，作为带钢头部厚度的输入变量，通过DNN模型进行训练，实现带钢头部厚度预测，并采用5折交叉验证的方法，得到不同特征子集时模型的决定系数，对比分析不同特征子集下模型的泛化能力。图4.2所示为两种聚类策略下，不同输入特征子集时模型的决定系数。可以看到，当输入特征很少时，模型难以表达数据之间的非线性关系，模型的决定系数较低。同时还会有冗余特征，损害模型的性能，导致决定系数降低。当模型的输入特征达到50个左右时，随着输入特征的增加，模型的泛化能力在小范围内波动，其中，对于聚类策略2，当输入特征数为75时，模型具有最优的泛化能力，R^2为0.9916；

对于聚类策略 1，当输入特征数为 51 时，模型泛化能力最强，R^2 为 0.9921。相比于聚类策略 2，聚类策略 1 的输入特征更少，性能更优，具有更好的效果。因此，采用聚类策略 1 所选择的 51 个特征作为输入，建立厚度预测模型。

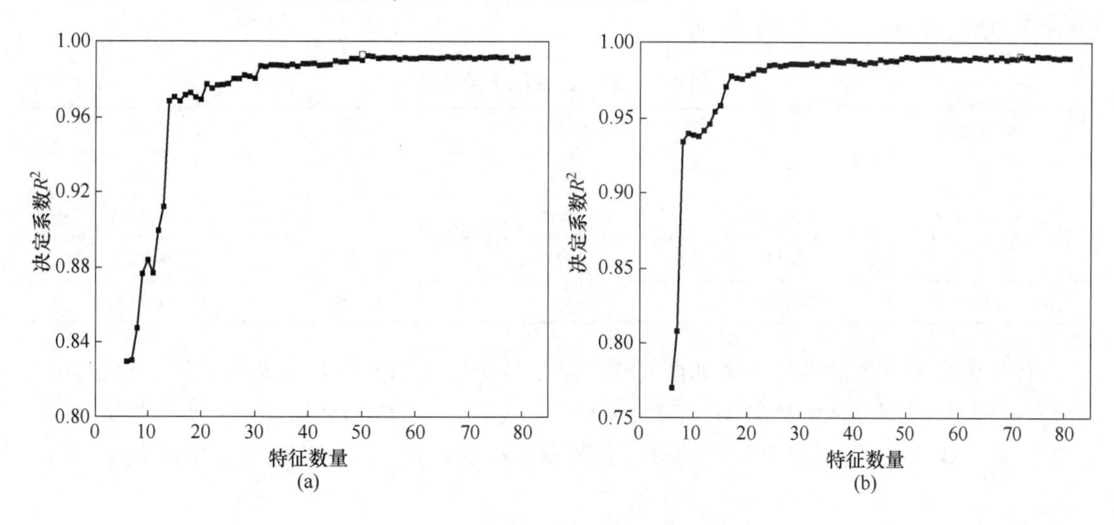

图 4.2 不同聚类策略下模型的决定系数

（a）聚类策略 1；（b）聚类策略 2

4.1.3 预测结果分析

基于所选择的 51 个特征，建立预测模型。模型是基于 Python 3.8 实现。为了确定较好的预测模型，引入了深度神经网络（DNN）模型、分布式梯度增强库（XGBoost）、支持向量机（SVR）和梯度提升决策树（GBDT）进行对比。其中各个模型的参数见表 4.2。

表 4.2 各预测模型的参数

预测模型	参数符号	参数值	参数描述
DNN	hidden_ layer_ sizes	（50，20，30）	隐藏层结构
	max_ iter	2000	最大迭代数
	lr	0.002	学习率
XGBoost	n_ estimators	150	树的数量
	Learning_ rate	0.05	学习率
SVR	kernel	rbf	核函数
	gamma	0.019	核系数
GBDT	Learning_ rate	0.1	学习率
	n_ estimators	100	树的数量
	max_ depth	3	单个回归树的最大深度

为了验证各个模型的泛化能力，需要使用测试集对模型的泛化能力进行度量。测试集共包含 1442 条数据，模型运行 10 次，取均值作为最终结果。表 4.3 展示了各个模型的度

量结果，DNN 模型的 R^2 相对于训练集略有下降，但仍具有较高的泛化性能，并在所有模型中效果最好。DNN 模型 MAE、MSE、MAPE 和 R^2 分别为 0.0154、0.0003、0.0044、0.9921。XGBoost 模型对于训练集具有较高的 MAE 值，但对于测试集的效果较差，MAE 值大于 DNN 模型。

表 4.3　测试集性能度量结果

预测模型	MAE	MSE	MAPE	R^2
DNN	0.0154	0.0003	0.0044	0.9921
XGBoost	0.0326	0.0445	0.0107	0.9804
SVR	0.0515	0.0896	0.0245	0.9225
GBDT	0.0226	0.0225	0.0065	0.9886

各个模型测试集的预测结果如图 4.3 所示，各个模型都能够对大部分数据进行很好的拟合，然而存在部分预测结果偏差较大。对于 DNN 模型，97.15%的数据预测偏差小于 0.03 mm；XGBoost 模型有 79.5%的数据预测偏差小于 0.03 mm；SVR 模型预测偏差小于

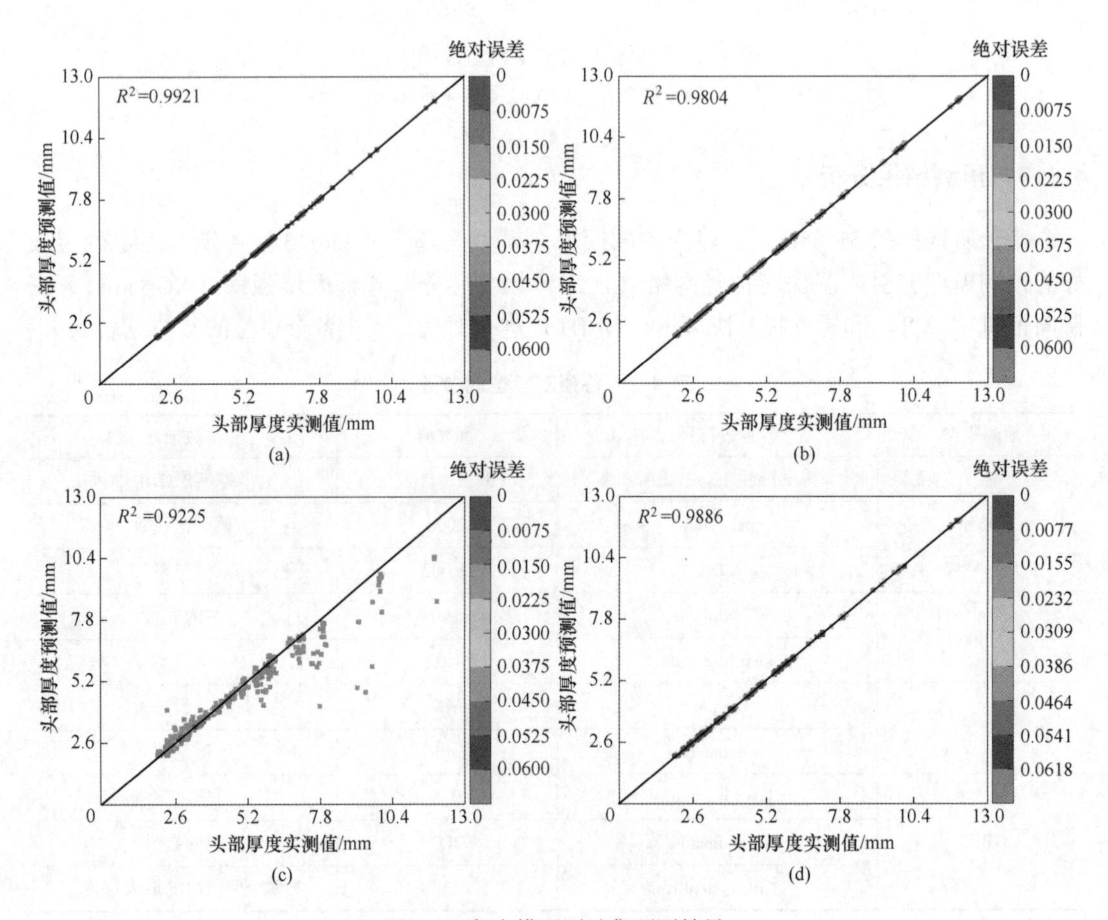

图 4.3　各个模型测试集预测结果
(a) DNN；(b) XGBoost；(c) SVR；(d) GBDT

0.03 mm 的数据少于 50.00%；GBDT 模型有 83.16%的数据预测偏差小于 0.03 mm。

图 4.4 为各个模型的预测误差直方图，其中 SVR 模型预测误差最大，最大预测偏差为 7.37 mm；DNN 模型预测误差最小，最大预测偏差小于 0.04 mm；XGBoost 和 GBDT 模型最大预测偏差均小于 0.06 mm。DNN 模型具有所有模型中最优的性能。

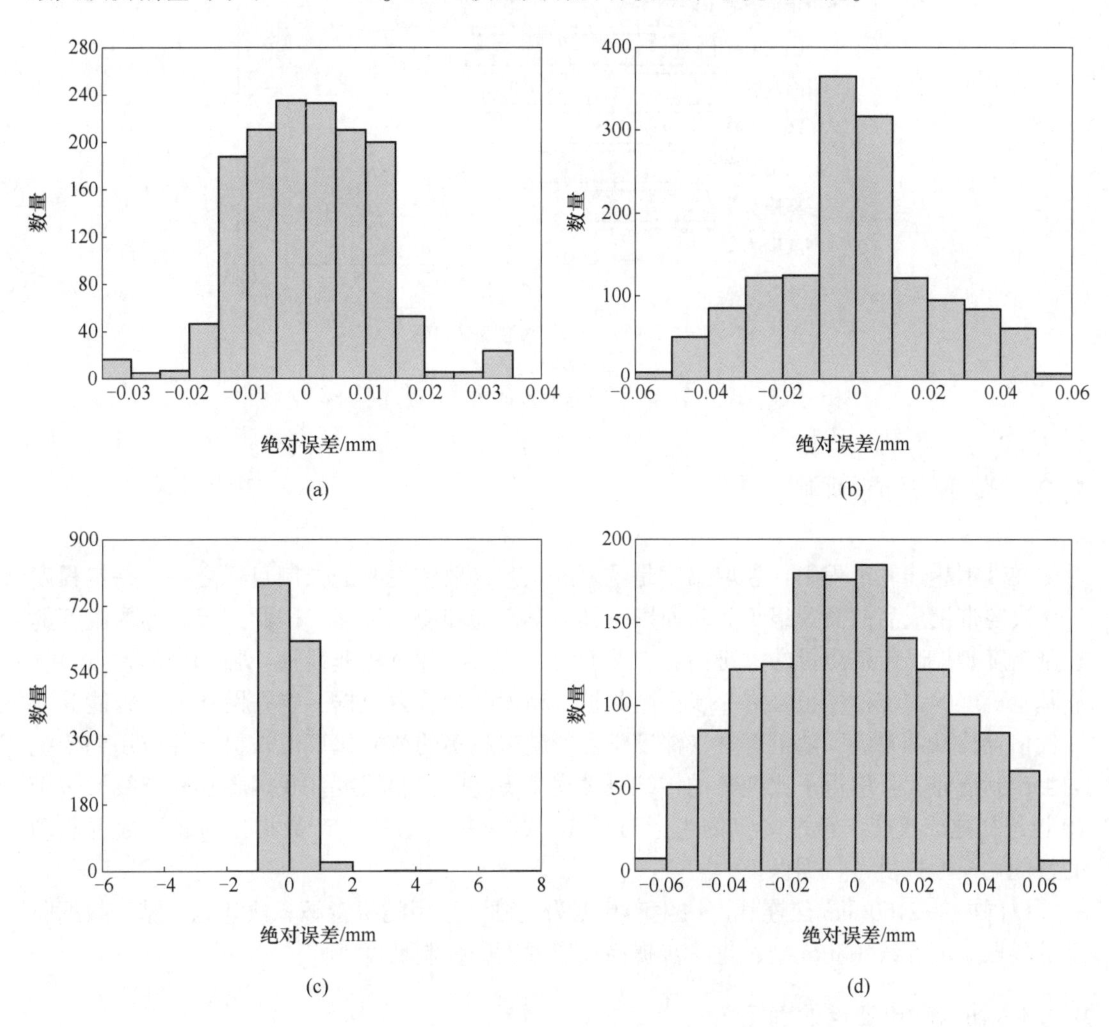

图 4.4 各个模型在测试集的预测误差直方图
(a) DNN；(b) XGBoost；(c) SVR；(d) GBDT

为了探究工艺参数对带钢头部厚度的影响，基于 SHAP 方法进行特征分析，得到各个工艺参数的重要性排序。图 4.5 展示了排名前 10 的工艺参数，可以看到，各机架压下率对头部厚度的影响较大，带钢入口温度也具有较高的影响力。

通过特征选择后，输入特征从 81 个减少为 51 个，特征数目减少的同时，模型预测效率和模型精度均得到提升。所提出的基于层次聚类的特征选择方法能够很好地减少特征冗余，为建立良好的带钢头部厚度预测模型提供帮助；所建立的 DNN 模型具有优异的泛化性能，能够实现头部厚度的准确预测，为工艺制定和过程控制提供指导。

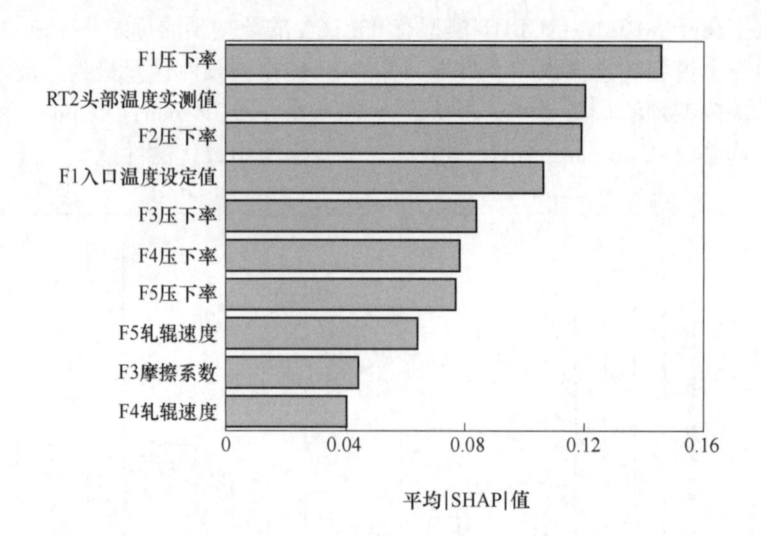

图 4.5　工艺参数的特征重要性排序

4.2　卷取温度预测建模

在带钢热连轧过程中，卷取温度是重要的工艺参数和主要的控制目标之一，一定程度上可决定带钢成品的微观组织，从而影响其力学性能和使用性能。因此，提高卷取温度的控制精度是提高带钢质量的关键措施。然而由于轧后冷却过程非线性、强耦合的特点，仅靠基于机理的传统模型很难进一步提高其控制精度。随着大数据、物联网和人工智能等新一代信息技术的发展，随机森林、深度学习等越来越多的智能化算法被提出并应用到传统的生产制造业，且取得了比纯粹的传统机理模型更高的控制精度。我国各热轧产线大多于20 世纪初建成投产，经过多年的生产与采集，积累了大量的生产数据，为建立数据驱动的智能化模型提供了数据保证。

以国内某 2160 mm 热连轧产线生产数据为基础，采用随机森林算法建立了基于数据驱动的卷取温度在线预测模型，进一步提高卷取温度的控制精度[2]。

4.2.1　输入输出变量的确定

由轧后冷却换热方式及机理可知，凡是可影响带钢点冷却特征的因素都会影响带钢点的卷取温度，包括冷却水的流量、水压、水温及其在带钢表面的运动状态，带钢点化学成分、宽度、厚度、温度以及运动速度、加速度等，冷却水集管的开启状态及位置，上下起始阀与终止阀位置，冷却策略（阀门开启优先级），故障阀数量及位置等多个因素。考虑现场单个阀门的最大流量、水压短时间内保持不变，中间高温计检测不准确，没有现场环境温度检测手段及各检测设备等实际情况，最终选择某一具体冷却策略下包括带钢点速度、加速度、厚度、宽度、终轧温度、卷取设定温度、化学成分、经过冷却水阀门数量等26 个特征属性作为卷取温度预测模型的输入变量，带钢点卷取温度的实测值作为模型的输出变量。各变量的符号及意义见表 4.4。

表 4.4 卷取温度预测模型的输入与输出变量

序号	符　号	意　义	单位
1	thickness	带钢点厚度	mm
2	speed	带钢点速度	m/s
3	acceleration	带钢点加速度	m/s^2
4	time	带钢点在冷却区运动时间	s
5	FT	带钢点终轧温度	℃
6	valve_t	带钢点上表面经过的冷却水数量	个
7	valve_b	带钢点下表面经过的冷却水数量	个
8	water_T	冷却水水温	℃
9	cofa	热流密度自适应系数	—
10~25	C/Si/Mn/Cr/Ni/others	化学成分	%
26	CT_m	带钢点卷取实测温度（输出）	℃

4.2.2 数据的可视化及预处理

根据上一小节确定的卷取温度预测模型的输入输出变量，从热连轧产线生产历史数据中收集了 215 卷带钢冷却过程数据的 PDA 文件与日志文件，如图 4.6 所示。不管是 PDA 文件还是日志文件，所记录的数据都是实时采集数据，需要进行时间离散化将每个带钢点的特征属性对应起来。例如，在日志文件中第一个带钢点的实测终轧温度在第一行，而实

```
   Segment length: 5 cycles  Last MV-set: 386  Segments: 77
   Deviation is 'T(measured) - T(calculated)'
                                             | pyro 0       | pyro 1       | t     b    |
lRilofS thick speed  slope  diff. TFM   Tm-Ts| meas. dev.   | meas. dev.   | x  y  x  y |

   12.2  4.07  9.08  8.198  0.02  874    0.0 | 301.1 -349.5 |   0.0 -611.9 |  6  7  5  5 |
   20.9  4.04  9.08  0.000 -0.00  870    0.0 | 301.2 -349.5 |   0.0 -611.9 |  6  7  6  6 |
   29.6  4.03  9.07 -0.009  0.01  871    0.0 | 301.2 -349.4 |   0.0 -611.9 |  6  7  7  7 |
   38.3  4.01  9.05 -0.023  0.03  867    0.0 | 301.1 -349.5 |   0.0 -611.9 |  6  7  6  6 |
   47.0  4.00  9.03 -0.018  0.05  870    0.0 | 301.2 -349.4 |   0.0 -611.9 |  8  7  8  6 |
   55.7  3.99  9.03 -0.007  0.05  869    0.0 | 352.0 -298.6 |   0.0 -611.9 |  8  9  7  8 |
   64.4  3.99  9.05  0.016  0.04  870    0.0 | 763.7   -9.2 |   0.0 -611.9 | 12 12  9  8 |
   73.1  4.00  9.07  0.033  0.01  868   76.9 | 786.9    8.8 |   0.0 -611.9 |  9 10  9 10 |
   81.8  3.98  9.10  0.025 -0.02  868   80.7 | 790.7   16.6 |   0.0 -611.9 | 12 10 11 10 |
   90.6  3.99  9.12  0.019 -0.04  870   75.3 | 785.3   23.5 |   0.0 -611.9 | 12 13 10 11 |
   99.3  3.99  9.13  0.017 -0.05  870   69.8 | 779.8   19.8 |   0.0 -611.9 | 11 12  9  9 |
  108.1  3.99  9.17  0.045 -0.09  870   69.1 | 779.1   17.2 |   0.0 -611.9 |  9 12  8  9 |
  117.0  4.00  9.21  0.039 -0.14  873   71.9 | 781.9   21.2 | 433.7 -269.5 | 14 15 11 11 |
  125.9  3.99  9.26  0.052 -0.18  873    6.0 | 781.6   19.9 | 716.0  -17.6 | 14 15 13 13 |
  134.8  3.98  9.28  0.025 -0.22  876   13.5 | 779.3   22.0 | 723.5  -12.0 | 15 15 13 13 |
  143.7  3.98  9.29  0.004 -0.22  878   13.8 | 775.6   17.0 | 723.8   -3.5 | 16 17 13 13 |
  152.6  3.99  9.28 -0.010 -0.22  880    7.6 | 774.0   13.9 | 717.6    5.6 | 15 16 12 12 |
  161.5  4.00  9.25 -0.031 -0.20  879    1.4 | 777.2   18.1 | 711.4   -2.0 | 15 16 12 12 |
  170.4  4.00  9.24 -0.018 -0.18  878   -0.2 | 776.5   17.7 | 709.8   -1.5 | 15 16 12 12 |
  179.2  4.00  9.21 -0.018 -0.16  879   -2.1 | 775.9   21.2 | 707.9   -2.4 | 15 16 12 12 |
  188.0  3.99  9.20 -0.024 -0.15  882    1.3 | 777.6   21.4 | 711.3    3.1 | 15 16 11 12 |
  196.8  4.00  9.18 -0.016 -0.13  882    0.8 | 778.3   19.7 | 710.8    0.9 | 15 16 11 11 |
  205.6  4.01  9.16 -0.025 -0.12  883    1.7 | 778.5   18.2 | 711.7   -0.1 | 14 16 13 13 |
  214.4  4.00  9.14 -0.021 -0.10  878   -2.7 | 777.9   18.7 | 707.3   -3.7 | 14 15 14 14 |
  223.2  4.01  9.12 -0.016 -0.09  878   -5.3 | 777.9   21.4 | 704.7   -5.2 | 15 16 13 13 |
  231.9  4.00  9.10 -0.024 -0.07  879   -4.0 | 776.6   20.3 | 706.0    0.8 | 15 16 11 12 |
  240.6  3.99  9.08 -0.017 -0.05  880   -6.3 | 777.2   23.0 | 703.7   -1.4 | 14 15 11 11 |
  249.3  4.00  9.06 -0.024 -0.03  881   -3.9 | 779.9   20.5 | 706.1   -2.1 | 14 15 11 11 |
  258.0  4.00  9.04 -0.016 -0.02  881   -2.7 | 777.5   21.4 | 707.3   -0.7 | 13 15 12 10 |
  266.7  4.01  9.02 -0.025  0.01  879   -2.7 | 778.2   22.1 | 707.3   -0.7 | 14 15 12 12 |
```

(a)

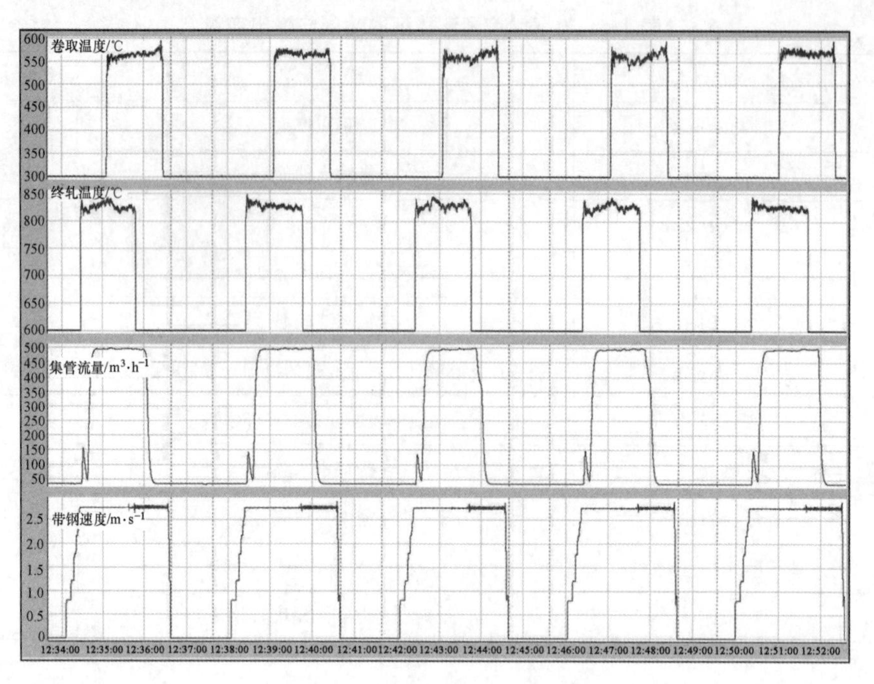

图 4.6　带钢冷却数据记录文件

(a) 日志文件；(b) PDA 文件

测卷取温度在第 14 行，且需要判断带钢点在冷却区的实时位置以确定当前带钢点是否经过某一冷却水。且原始数据中心存在卷取实测温度为 0 或者实测终轧温度为-9999 的点，这些异常值是由于采集时刻的实际温度不在高温计的检测区间。且存在远低于某一列均值的异常值。异常值的存在会降低模型的预测性能，因此在将数据传入模型进行训练之前需要对数据进行预处理，剔除掉异常值，减少其对模型的影响。

由于钢种及规格的不同，模型的各输入参数差别较大，就收集到的卷取设定温度来说最低温度为 500 ℃，最高温度为 720 ℃，两者相差 220 ℃，所以不能对所有的收集数据使用第 2 章数据处理过程使用的 Pauta 准则进行处理。因此本章数据处理过程与收集同时进行，数据处理是按卷进行的，因为同一卷钢中的数据各参数的取值基本一致，若某一值不符合 Pauta 准则，那么其一定是异常数据，需要剔除。

对建模数据进行可视化可直观清晰地发现数据的分布趋势、是否存在异常点及各个特征之间的关联性，是保证建模数据质量的有效方法和必不可少的步骤。图 4.7 为对某一卷带钢进行时间离散化后部分带钢点各特征按关联性分组后的数据分布情况。图 4.8 为收集到的所有建模数据化学成分的箱型图。

由图 4.7 和图 4.8 可知，原始数据各特征整体分布比较均匀，但依然存在部分偏离主体的异常点。考虑不同钢种及规格的带钢各参数的差值较大，在数据采集过程中针对单卷钢使用 Pauta 准则进行数据清洗，清洗前后部分数据的分布见表 4.5。由表 4.5 可知清洗后，部分偏离主体的异常点被剔除，数据整体分布更加集中。

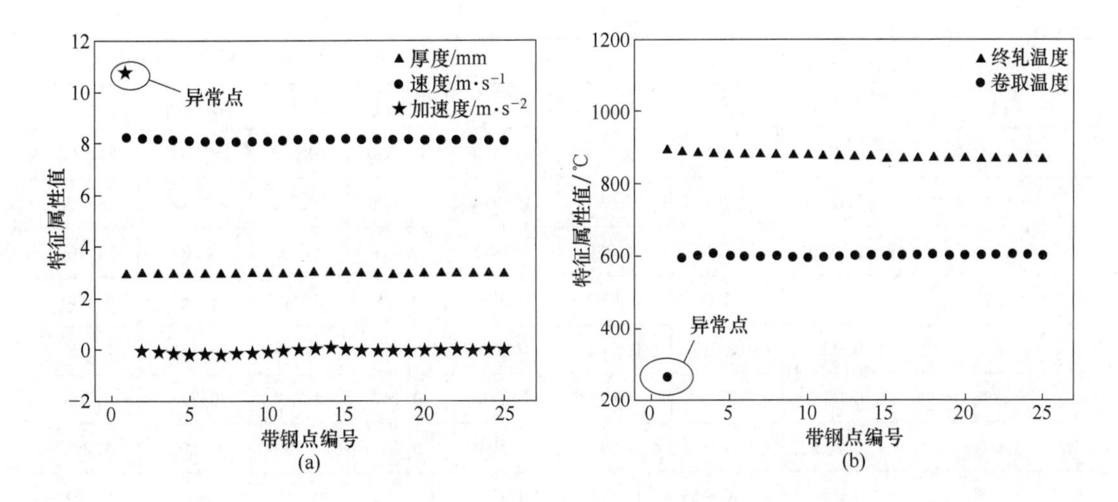

图 4.7　部分带钢点原始数据分布

（a）厚度-速度-加速度；（b）终轧温度-卷取温度

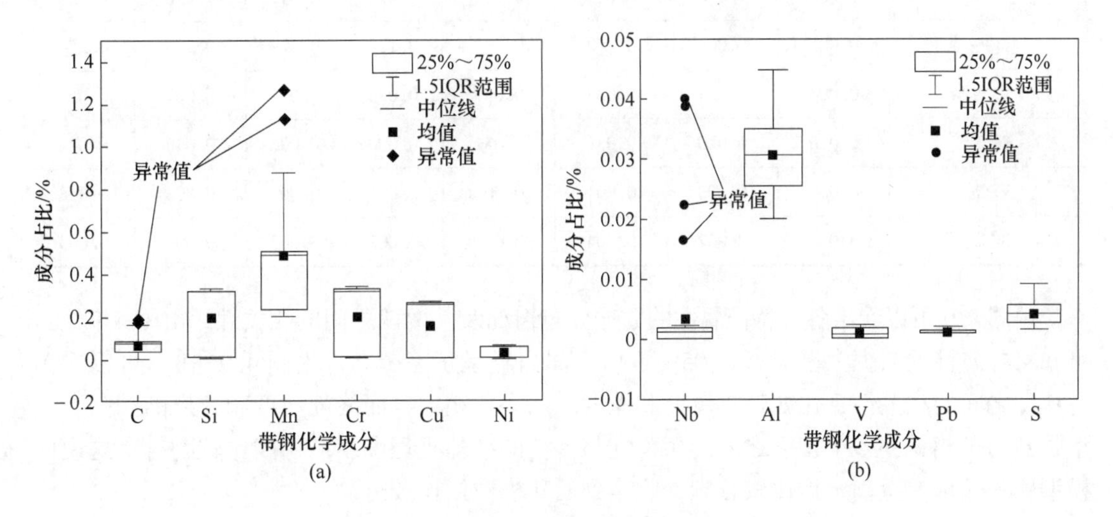

图 4.8　带钢化学成分分布

（a）C-Si-Mn-Cr-Cu-Ni；（b）Nb-Al-V-Pb-S

表 4.5　数据清洗前后的数据分布情况

变量	最小值		平均值		标准差		最大值	
	清洗前	清洗后	清洗前	清洗后	清洗前	清洗后	清洗前	清洗后
Thickness/mm	1.770	1.830	2.506	2.590	0.804	0.814	5.810	5.780
Speed/m · s^{-1}	5.012	5.040	10.647	10.629	1.355	1.428	14.531	14.531
Acceleration/m · s^{-2}	−1.475	−1.361	0.130	0.007	1.180	0.065	14.476	1.280
Time/s	7.625	7.625	10.619	10.661	1.722	1.805	22.109	21.984
FT/℃	845.000	845.000	878.678	879.497	12.557	12.548	945.000	941.000
CT_m/℃	0.000	529.800	619.348	621.377	39.340	21.604	745.800	727.200

续表 4.5

变量	最小值		平均值		标准差		最大值	
	清洗前	清洗后	清洗前	清洗后	清洗前	清洗后	清洗前	清洗后
valve_t/个	8.000	11.000	19.719	21.542	10.030	10.504	50.000	51.000
valve_b/个	5.000	11.000	17.593	19.674	10.009	10.263	47.000	48.000
water_T/℃	29.700	29.700	31.729	31.842	1.091	1.109	34.100	34.100
cofa	0.703	0.703	0.877	0.873	0.049	0.049	1.052	1.050
C/%	0.002	0.002	0.076	0.075	0.036	0.038	0.185	0.185
Si/%	0.006	0.006	0.194	0.176	0.147	0.149	0.334	0.334
Mn/%	0.205	0.205	0.500	0.503	0.262	0.280	1.290	1.290
Cr/%	0.009	0.009	0.192	0.172	0.159	0.160	0.341	0.341
Nb/%	0.000	0.000	0.004	0.004	0.009	0.010	0.042	0.042
Ti/%	0.000	0.000	0.025	0.025	0.012	0.012	0.056	0.056
Cu/%	0.005	0.005	0.152	0.137	0.128	0.129	0.274	0.274
Ni/%	0.004	0.004	0.038	0.035	0.028	0.029	0.067	0.067
Al/%	0.020	0.020	0.031	0.031	0.006	0.006	0.045	0.045
V/%	0.000	0.000	0.001	0.001	0.001	0.001	0.003	0.003
S/%	0.002	0.002	0.004	0.005	0.002	0.002	0.009	0.009

由图 4.9 可以看出各个特征属性的数据分布情况及其两两之间的相关性。由图 4.9（a）可知，各属性的数据大多分布在 95%置信区间内且呈正态分布。由图 4.9（b）可以看出各特征之间的相关性，比如带钢厚度和速度之间呈负相关，而终轧温度和开启的阀门数量呈强烈的正相关，各个特征之间的相关性与传统的冷却机理和生产实践比较吻合。这说明模型输入输出变量确定地比较合理，收集到的建模数据比较可靠。

经过上述的数据收集及清洗工作，从现场生产数据中收集到 9846 组建模数据，然后使用 Holdout 交叉验证方法将原始数据集按照 8：2 划分为训练集和测试集，前者用于模型训练，后者用于评估模型的预测性能。

4.2.3 卷取温度预测模型的建立

通过前一小节的数据预处理，获得了 7876 组训练数据用于随机森林（RF）模型的训练。采用 Python 编程语言实现卷取温度预测模型的建模过程。

同其他机器学习模型类似，RF 模型的预测性能同样受其超参数的影响。RF 模型的超参数包括决策树数量、输入特征采样率、决策树最大深度、叶子结点中的最小样本数、节点分裂所需的最小样本数，除决策树数量为随机森林超参数外，其他参数都是决策树的结构超参数，用于控制决策树的生长，提高树模型的泛化性能。表 4.6 为 RF 模型的超参数及其相应的取值范围及类型。

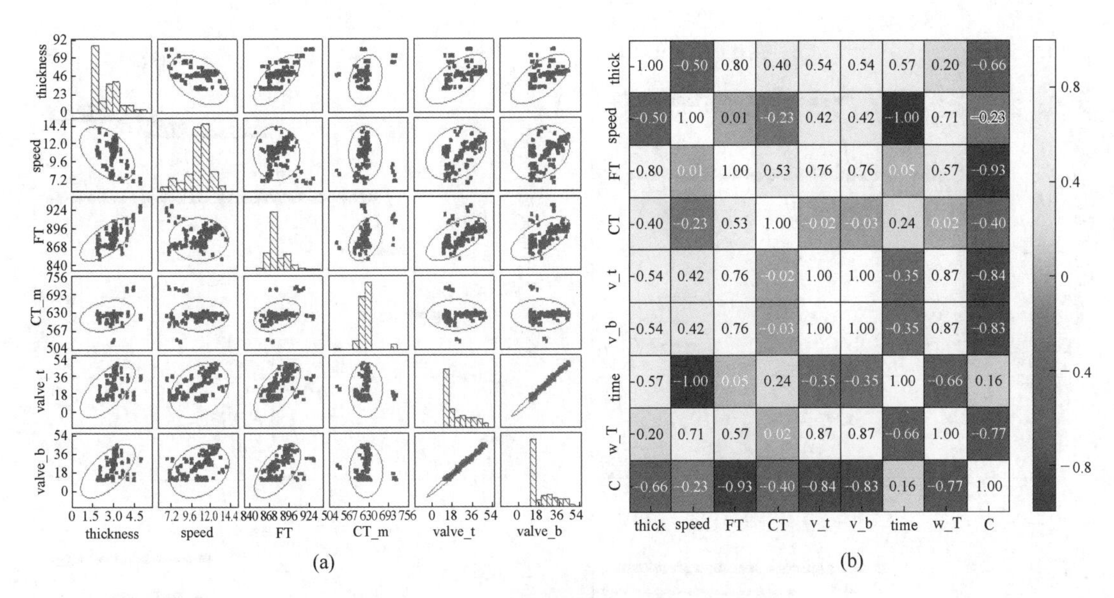

图 4.9 部分特征的矩阵散点图和热度图

(a) 矩阵散点图；(b) 热度图

表 4.6 RF 模型超参数寻优区间

序号	超参数	符　号	寻优区间	类型
1	决策树数量	n_estimators	[10, 500]	int
2	决策树最大深度	max_depth	[2, 100]	int
3	节点分裂所需的最小样本数	min_samples_split	[2, 30]	int
4	叶子结点中的最小样本数	min_samples_leaf	[2, 20]	int
5	输入特征采样率	max_features	[0.1, 0.99]	float

为获得预测性能最佳的 RF 模型，需要确定一组最优的超参数组合。使用基于贝叶斯推理和高斯过程（Guss Process，GP）的贝叶斯优化方法进行 RF 模型超参数的寻优过程。为了确定不同超参数组合的泛化性能，采用十折交叉验证用于模型超参数优化过程中的性能评估，并将每个观测点（即任意一组超参数组合）下通过十折交叉验证获得的负均方误差的均值（Mean of Negative Mean Square Error，MNMSE）作为贝叶斯优化的目标函数。

采用贝叶斯优化方法进行超参数调优时，其优化结果受贝叶斯优化方法自身三个超参数的影响，分别为：(1) 初始化观测点数量；(2) 最大迭代次数；(3) 采集函数（Acquisition Function，AC）类型，常用的采集函数包括概率增量 PI、期望增量 EI、置信度上界 UCB。本节通过设置不同的初始化观测点数量和迭代次数对比分析了不同参数对优化结果的影响，图 4.10 为初始化观测点数量分别为 5、10、15、20，最大迭代次数分别为 25、30、40、50，采集函数分别为 PI、EI、UCB 时目标函数对应的迭代过程优化结果。

由图 4.10 可知，不同采集函数、初始化观测点数量和迭代次数在初始化观测点上目标函数的得分几乎相同，这是因为在贝叶斯优化过程设置了相同的随机数种子。比较不同情况下目标得分可以发现，使用 20 个初始化观测点数量，迭代 50 次，使用 PI 采集函数，

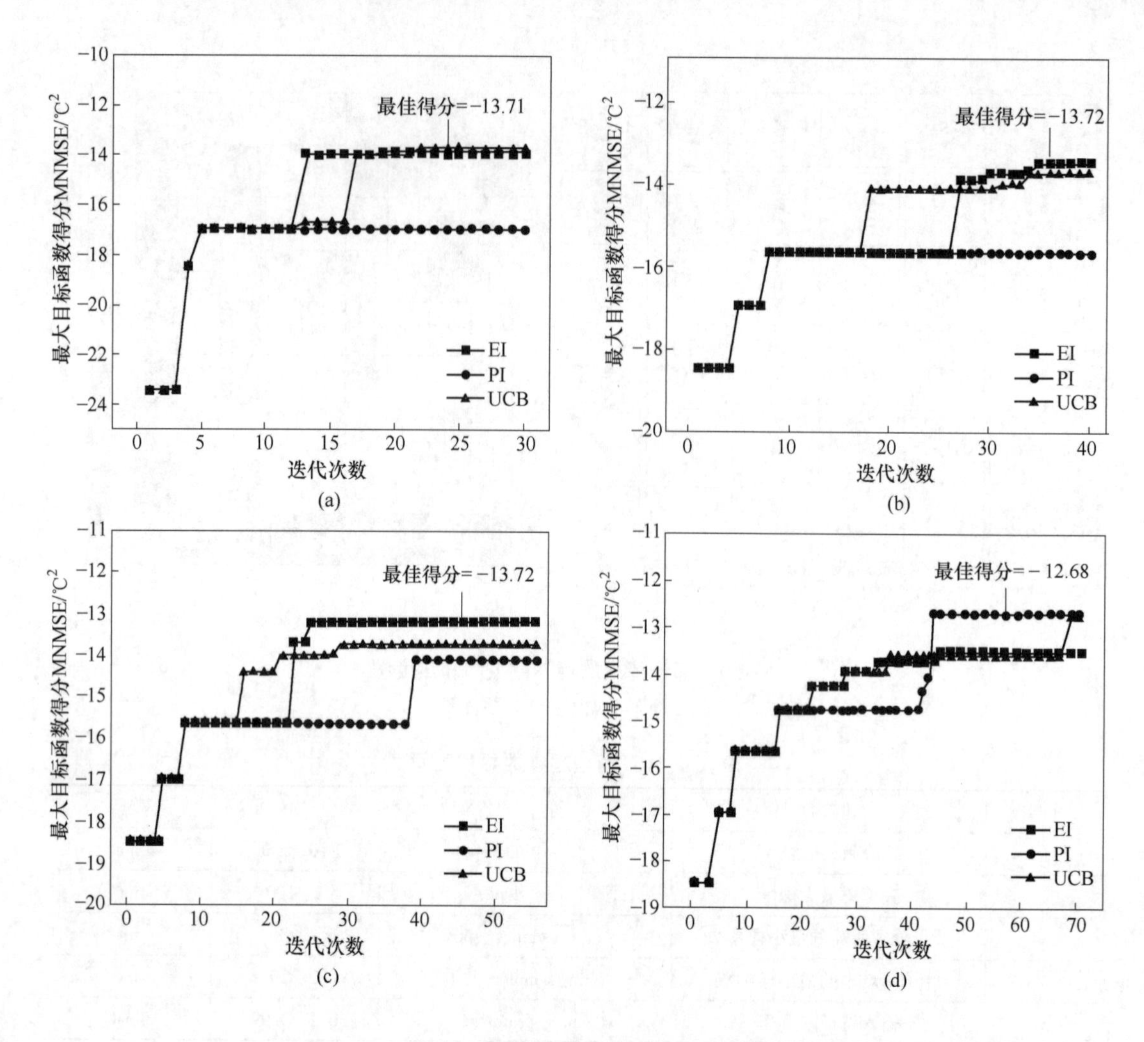

图 4.10 RF 模型的贝叶斯优化过程

(a) $M=5$, $J=25$; (b) $M=10$, $J=30$; (c) $M=15$, $J=40$; (d) $M=20$, $J=50$

在经过 46 次迭代后获得了最大的 MNMSE 为-12.68 ℃²，其对应的超参数组合为 RF 模型超参数的最优值，结果见表 4.7。

表 4.7 RF 模型的贝叶斯优化结果

序号	超参数	最优值	序号	超参数	最优值
1	最佳 MNMSE/℃²	-12.68	6	max_depth	68
2	初始化观测点数 M	20	7	min_samples_split	3
3	迭代次数 J	50	8	min_samples_leaf	2
4	采集函数 AC	PI	9	max_features	0.439
5	n_estimators	50			

4.2.4 模型性能评估

4.2.4.1 模型在测试集上的预测性能

采用贝叶斯优化获得的最佳超参数对训练集 7876 组训练数据进行 RF 模型的训练可得到最优的卷取温度预测模型。使用最终训练的 RF 模型对测试集 1970 组测试数据进行预测，其预测结果如图 4.11 所示。图中横坐标为测试集带钢点的实测卷取温度，纵坐标为模型预测结果，灰线 $y=x$ 表示带钢的实测卷取温度，两条黑色的线分别为实测温度±15 ℃区间。左图为测试集所有带钢点的预测结果，右图为距离带钢头部 100 m 内的带钢点的预测结果。

由图 4.11 可知，基于数据驱动建立的卷取温度预测模型和现场模型在测试集的预测结果与实测温度偏差基本上都在±15 ℃以内。且 RF 模型的预测结果分布更加集中在 $y=x$ 附近，说明 RF 模型的预测卷取温度更加接近于实测值，RF 模型的预测性能优于现场模型，且这一优势在带钢头部 100 m 内表现得更加明显。

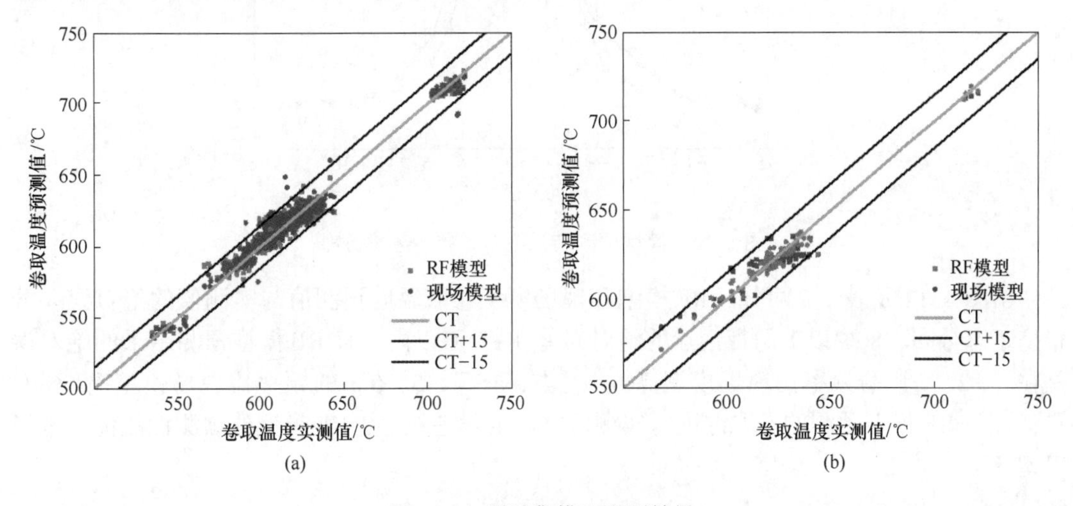

图 4.11 测试集模型预测结果
（a）整体带钢；（b）头部 100 m

可视化的方法可直观清晰地展示模型预测结果的分布，可初步评估模型的预测性能。采用回归模型性能评估指标可进一步具体评估 RF 模型的预测精度，常用回归模型的性能评估指标包括均方误差 MSE、决定系数 R^2 以及平均绝对误差 MAE 等。RF 模型和现场模型各指标在测试集的计算结果见表 4.8。

表 4.8 模型性能评估指标结果

评估指标	整体带钢		头部 100 m	
	RF 模型	现场模型	RF 模型	现场模型
MSE	14.674	17.754	25.865	51.958
MAE	2.645	3.003	3.381	5.422
R^2	0.972	0.966	0.960	0.919

由表4.8可以看出，RF模型各指标的结果明显优于现场模型。在整体带钢上RF模型的精度稍微高于现场模型，前者的平均绝对误差比后者降低了0.5 ℃左右。针对带钢头部，RF模型的预测结果的MAE比现场模型降低了2.0 ℃左右。

由前面章节的介绍可知，热轧带钢卷取温度受多因素的影响，这些因素具有时变性和随机性，因此实际生产中只要保证实际卷取温度在目标卷取温度的某一区间之内即认为达到卷取温度的控制精度。根据钢种及工艺要求的不同，这一区间在目标卷取温度的±15~±30 ℃。图4.12为RF模型和现场模型在测试集预测卷取温度值与实测值之间绝对误差的频率分布。两模型预测结果的绝对误差统计见表4.9。

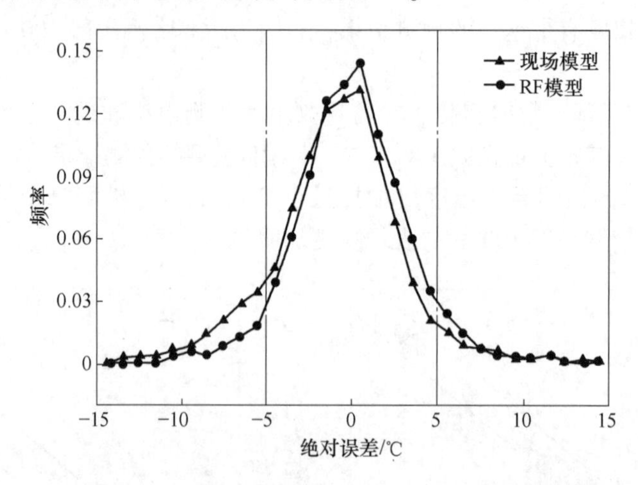

图4.12 模型预测结果绝对误差的频率分布

由图4.12及表4.9可知，RF模型和现场模型卷取温度预测值与实测值的绝对误差分布呈正态分布，80%以上的带钢点的绝对误差在±5 ℃以内，且RF模型预测结果的绝对误差在［-2，2］的频率比现场模型高6%左右，在［-5，5］的频率比现场模型高5%左右，说明RF模型预测的卷取温度与实测值之间的偏差更小，RF模型的预测性能优于现场模型。

表4.9 测试集模型预测结果的绝对误差统计

模 型	AE/℃			
	［-2，2］	［-5，5］	［-10，10］	|AE|>10
现场模型	46.19%	81.73%	96.45%	3.55%
RF模型	50.96%	86.95%	97.87%	2.03%

4.2.4.2 RF模型现场应用效果

为验证基于数据驱动建立的卷取温度预测模型非稳态轧制过程的预测性能，从2160热连轧产线的历史生产数据中选取某一换规格后首块钢使用RF模型对其卷取温度进行预测。该钢成品厚度为2.83 mm，宽度为1170 mm，钢种为SPA-H耐候钢，化学成分（质量分数，%）为C 0.083，Si 0.334，Mn 0.504，Cr 0.336，Ti 0.033，Cu 0.262，Ni 0.064，Al 0.023，目标终轧温度（FDT）为870 ℃，目标卷取温度（CT）为590 ℃，冷却方式采用前段主冷，上/下集管组开启方式为上 4 下 4，上/下起始阀均为 17，故障阀均为 17。其预测结果如图 4.13 所示。

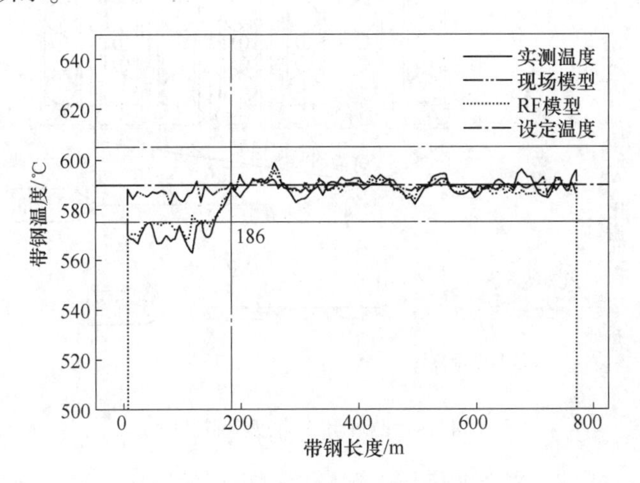

图 4.13　SPA-H 钢卷取温度预测
（扫描书前二维码查看彩图）

由图 4.13 可知，RF 模型预测的卷取温度在整条带钢上与实测温度基本保持一致。在距离头部 180 m 的范围内现场模型计算的卷取温度在目标卷取温度附近，比实测的卷取温度高 20 ℃左右；180 m 后现场模型的计算结果、RF 模型的预测结果和卷取温度实测值三者基本保持一致。现场模型在带钢头部的计算值与实测值偏差较大，基本上已经超出实际生产的温度偏差范围。180 m 后温度偏差减小并稳定在目标卷取温度附近，是由于模型的实时自适应，通过调整热流密度自适应系数，使得模型计算值趋于准确。总体来说，RF 模型的预测性能明显优于现场模型。

4.3　板形预测建模

由传统的板形控制策略可知，带钢入口比例凸度和出口比例凸度保持不变是平直度良好的前提条件。与冷连轧相比，热连轧带钢具有更厚的厚度，轧制过程中金属并不是没有宽展，而是存在一定的横向流动，宽展的存在使得轧制中难以保持严格的比例凸度恒定，因此在热连轧时就需要一个板形控制策略，图 4.14 为目前普遍采用的热连轧板形控制策略。

图 4.14 所示的板形控制策略将精轧机组的 7 个机架分成 3 个区段，即 F1~F3 的凸度调节区段、F4~F6 的平直度保持区段和 F7 的平直度控制区段。凸度调节区段通过前三个机架的凸度调节使 F3 机架出口比例凸度达到平直度良好所需要的目标比例凸度，这一目标比例凸度在平直度保持区段也就是 F4~F6 机架严格保持不变，最后一个机架则用于平直度反馈控制，严格保证带钢平直。这一控制策略虽然在实践中发挥了不可替代的重要作用，但是也存在不可避免的缺陷，主要是下游机架不参与凸度调节，降低了精轧机组目标凸度的命中率，轧机设备原有的凸度调节能力并不能充分发挥。另外需要指出的是，该板形控制策略没有考虑将上游机架带钢存在的潜在不良板形对下游机架带钢出口平直度的影

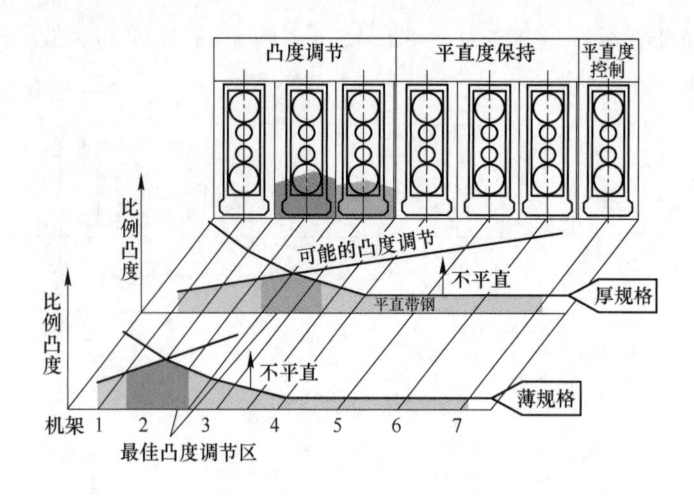

图 4.14 凸度和平直度控制区段

响作用。典型的后果就是，当上游机架带钢较厚时出现的潜在板形不良会随着下游机架带钢的逐渐减薄而最终形成表观板形不良。

本节采用 MLP 网络和智能优化算法建立基于数据驱动的热连轧带钢出口凸度和平直度预测模型，为解决上述传统板形控制策略中存在的问题提供新的思路。

4.3.1 建模方法概述

4.3.1.1 MLP 及其算法简介

多层感知机（Multilayer Perceptron，MLP）是人工神经网络（ANN）的一种，是在现代生物学研究人脑组织所取得成果的基础上提出的，它是由具有适应性的简单单元组成的广泛并互连的网络来模拟生物系统对真实世界物体所作出的交互反应。今天，神经网络已经是一个相当大的、多学科交叉的学科领域。其研究成果显示了 ANN 具有人脑功能的基本物质特征，即学习、记忆、概括、归纳和抽取等，从而解决了诸多传统数学模型难以解决的非线性、强耦合问题，是目前应用最为广泛的人工智能方法之一。网络结构包括输入层、若干隐含层和输出层。多层感知机的学习能力比单层感知机强得多，但随着其结构的复杂化，对应的训练方法也不同于单层感知机的简单规则，最常使用的方法是误差逆传播算法，也就是 BP 算法，它是迄今为止最成功的神经网络学习算法。

给定训练集 $D'=\{(\boldsymbol{x}_1,\boldsymbol{y}_1),(\boldsymbol{x}_2,\boldsymbol{y}_2),\cdots,(\boldsymbol{x}_m,\boldsymbol{y}_m)\}$，$\boldsymbol{x}_m\in\mathbf{R}^d$，$\boldsymbol{y}_m\in\mathbf{R}^l$。以单隐层前馈神经网络为例进行说明，如图 4.15 所示。过程中所涉及符号定义如下：

d 为输入层神经元个数；l 为输出层神经元个数；q 为隐含层神经元个数；θ_j 为输出层第 j 个神经元的阈值；γ_h 为隐含层第 h 个神经元的阈值；v_{ih} 为输入层第 i 个神经元和隐含层第 h 个神经元的连接权值；w_{hj} 为隐含层第 h 个神经元和输出层第 j 个神经元的连接权值；b_h 为隐含层第 h 个神经元的输出；$\alpha_h=\sum_{i=1}^{d}v_{ih}x_i$，隐含层第 h 个神经元的输入；$\beta_j=\sum_{h=1}^{q}w_{hj}b_h$，输出层第 j 个神经元的输入。

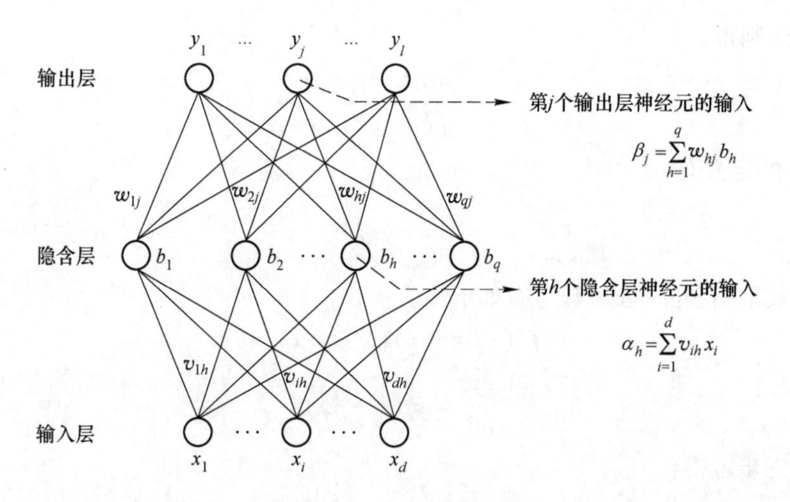

图 4.15 BP 网络结构

第一步：定义损失函数

对于样本（$\boldsymbol{x}_k$，$\boldsymbol{y}_k$），假设神经网络的输出为 $\hat{\boldsymbol{y}}_k=(\hat{y}_1^k，\hat{y}_2^k，\cdots，\hat{y}_l^k)$，则有表达式：

$$\hat{y}_j^k=f(\beta_j-\theta_j) \tag{4.1}$$

网络在样本（$\boldsymbol{x}_k$，$\boldsymbol{y}_k$）上的均方误差为：

$$E_k=\frac{1}{2}\sum_{j=1}^{l}(\hat{y}_j^k-y_j^k)^2 \tag{4.2}$$

第二步：确定参数调整策略

BP 算法基于梯度下降策略，以目标的负梯度方向对参数进行调整，任意参数 v 的更新式为：

$$v=v+\Delta v \tag{4.3}$$

$$\Delta v=-\eta\frac{\partial E_k}{\partial v} \tag{4.4}$$

第三步：计算输出层阈值 θ_j 的梯度 $\dfrac{\partial E_k}{\partial\theta_j}$

由链式法则得：

$$\frac{\partial E_k}{\partial\theta_j}=\frac{\partial E_k}{\partial\hat{y}_j^k}\cdot\frac{\partial\hat{y}_j^k}{\partial\theta_j} \tag{4.5}$$

由式（4.2）可得：

$$\frac{\partial E_k}{\partial\hat{y}_j^k}=\hat{y}_j^k-y_j^k \tag{4.6}$$

所以得：

$$g_j=\frac{\partial E_k}{\partial\theta_j}=\frac{\partial E_k}{\partial\hat{y}_j^k}\cdot\frac{\partial\hat{y}_j^k}{\partial\theta_j}=\hat{y}_j^k(1-\hat{y}_j^k)(y_j^k-\hat{y}_j^k) \tag{4.7}$$

第四步：计算隐含层到输出层连接权值 w_{hj} 的梯度 $\dfrac{\partial E_k}{\partial w_{hj}}$

由链式法则得：

$$\frac{\partial E_k}{\partial w_{hj}}=\frac{\partial E_k}{\partial \hat{y}_j^k}\cdot\frac{\partial \hat{y}_j^k}{\partial \beta_j}\cdot\frac{\partial \beta_j}{\partial w_{hj}} \tag{4.8}$$

根据 β_j 的定义有：

$$\frac{\partial \beta_j}{\partial w_{hj}}=b_h \tag{4.9}$$

激活函数采用 Sigmoid 函数，有如下性质：

$$f'(x)=f(x)(1-f(x)) \tag{4.10}$$

$$\frac{\partial \hat{y}_j^k}{\partial \beta_j}=\hat{y}_j^k(1-\hat{y}_j^k) \tag{4.11}$$

结合第三步可得：

$$\frac{\partial E_k}{\partial w_{hj}}=-g_j b_h \tag{4.12}$$

第五步：计算隐含层阈值 γ_h 的梯度 $\frac{\partial E_k}{\partial \gamma_h}$

由链式法则得：

$$\frac{\partial E_k}{\partial \gamma_h}=\frac{\partial E_k}{\partial b_h}\cdot\frac{\partial b_h}{\partial \gamma_h} \tag{4.13}$$

$$\begin{aligned}\frac{\partial E_k}{\partial b_h}&=\sum_{j=1}^{l}\frac{\partial E_k}{\partial \hat{y}_j^k}\cdot\frac{\partial \hat{y}_j^k}{\partial \beta_j}\cdot\frac{\partial \beta_j}{\partial b_h}\\&=-\sum_{j=1}^{l}g_j w_{hj}\end{aligned} \tag{4.14}$$

$$\begin{aligned}\frac{\partial b_h}{\partial \gamma_h}&=\frac{\partial}{\partial \gamma_h}f(\alpha_h-\gamma_h)\\&=-f'(\alpha_h-\gamma_h)\\&=-b_h(1-b_h)\end{aligned} \tag{4.15}$$

所以有：

$$\frac{\partial E_k}{\partial \gamma_h}=b_h(1-b_h)\sum_{j=1}^{l}g_j w_{hj} \tag{4.16}$$

上式表明，隐含层阈值梯度取决于隐含层神经元输出、输出层阈值梯度和隐含层与输出层的连接权值。在阈值调整的过程中，当前层的阈值梯度取决于下一层的阈值梯度，这就是 BP 算法的精髓所在。

4.3.1.2　MEA 优化 MLP

思维进化算法（MEA）是孙承意等人在 1998 年提出的一种新型的进化算法[3]。该算法与遗传算法（GA）具有一些相似的概念，如“群体”“子群体”等，也引进了一些新的概念，如“公告板”“趋同操作”和“异化操作”等，为了清楚地阐释 MEA 的基本原理，下面对这些基本概念进行逐一介绍。

群体和子群体：MEA 是一种通过迭代进行寻优的智能算法，迭代过程中每一代的所有个体共同组成一个群体。一个群体又分为优胜子群体和临时子群体两类，优胜子群体记录全局竞争中优胜者的相关信息，临时子群体则记录全局竞争的过程。

公告板：在进化过程中，为个体之间和子群体之间提供信息交流机会的信息平台称为公告板。公告板记录个体和子群体的序号、动作和得分 3 条有效信息。其中，序号可以方便区分不同个体或子群体；动作的描述因研究领域的不同而不同，对于本节研究的参数优化问题，动作记录的就是个体或子群体的具体位置；得分是环境对个体或子群体动作的评价，算法进行过程中，时刻记录个体或子群体得分会方便快速地找到最优的个体或子群体。子群体的个体在局部公告板张贴各自的信息，全局公告板用于张贴各子群体的信息。

趋同操作：趋同操作包括两方面的含义。首先，在子群体范围内，个体为了成为优胜者而竞争的过程称为趋同。其次，一个子群体在趋同过程中，若不再产生新的优胜者，则称该子群体已经成熟；当子群体成熟时，该子群体的趋同过程结束。一个子群体从诞生到成熟的时间段称为生命期。

异化操作：在整个解空间中，各子群体为了成为优胜者而竞争，不断地探测解空间中新的点，这个过程称为异化操作。具体含义是，首先，各子群体进行全局竞争，若一个临时子群体的得分高于某个成熟的优胜子群体的得分，则该优胜子群体被获胜的临时子群体取代，原优胜子群体中的个体被释放；若一个成熟的临时子群体的得分低于任意一个优胜子群体的得分，则该临时子群体被废弃，其中的个体被释放。被释放的个体在全局范围内重新进行搜索并形成新的临时子群体。

MEA 的主要系统框架如图 4.16 所示。

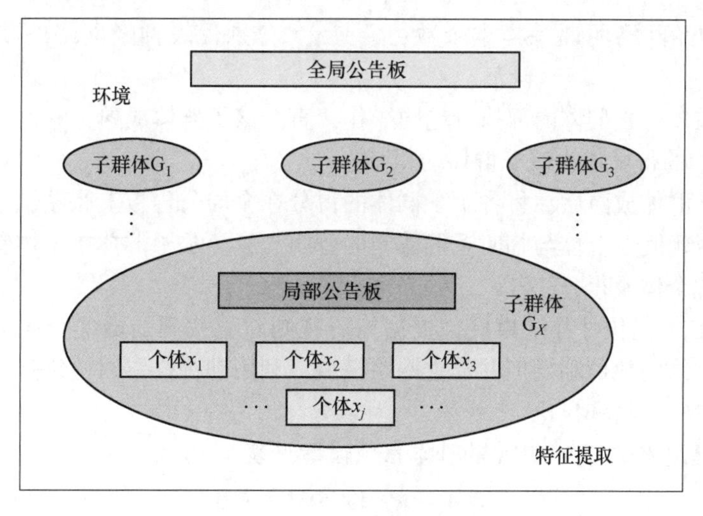

图 4.16 MEA 系统结构图

MLP 网络的初始权值和阈值的生成具有很大的随机性，这不利于构建性能良好的网络模型，因此，本节采用 MEA 对 MLP 网络初始权值和阈值进行优化以提升其性能。

图 4.17 给出了 MEA 优化 MLP 神经网络的流程图。根据该流程图可以将优化过程总结如下：

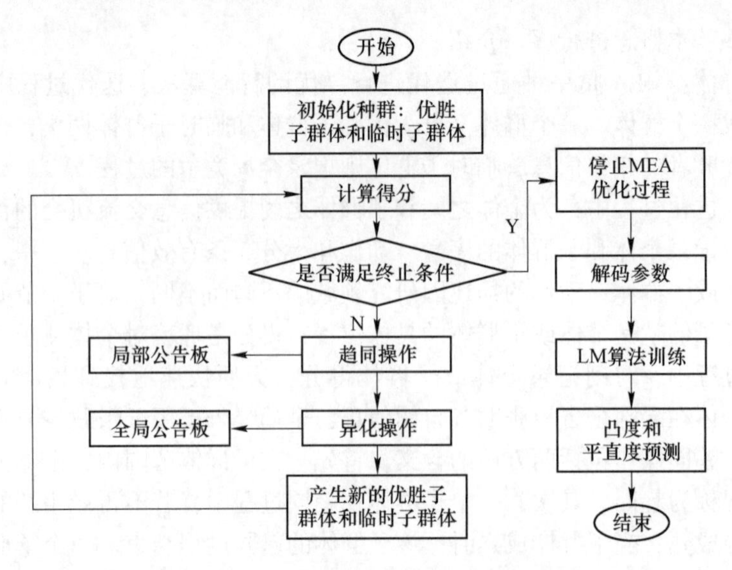

图 4.17　MEA 优化 MLP 神经网络流程图

第一步：根据编码规则将神经网络的初始权值和阈值编码为个体，即在解空间内随机生成一定规模的个体。根据得分函数分别搜索出群体中得分最高的若干个优胜个体和临时个体，得分函数定义如式（4.17）所示。分别以这些优胜个体和临时个体为中心，在每个个体的周围产生一些新的个体，从而得到若干个优胜子群体和临时子群体。

$$F' = \frac{1}{\sum_{i=1}^{n'} \frac{(y_i - y_i^*)^2}{n'}} \tag{4.17}$$

式中，n' 代表神经网络的训练样本个数；y_i 和 y_i^* 分别代表神经网络的期望输出和实际输出。

第二步：在各个子群体内部执行趋同操作，直至该子群体成熟，并以该子群体中最优个体（即中心）的得分作为该子群体的得分。

第三步：子群体成熟后，将各个子群体的得分在全局公告板上张贴，子群体之间执行异化操作，完成优胜子群体与临时子群体间的替换、废弃及子群体中个体释放的过程，从而计算全局最优个体及得分。

第四步：MEA 优化过程结束后，根据编码规则对寻找到的最优个体进行解析，从而得到对应神经网络的权值和阈值并建立网络模型，利用训练样本对网络进行训练学习，对模型预测结果进行分析和讨论。

本节在建模过程中有关 MEA 的基本参数设置见表 4.10。

表 4.10　MEA 参数设定值

参　数	设 定 值
种群大小	200
优胜子群体个数	5
临时子群体个数	5
子群体大小	20
迭代次数	10，15，20，25，30

4.3.1.3 GA 优化 MLP

GA 是一种经典的进化算法，自 1975 年首次提出以来，该算法在函数优化、组合优化、自动控制、机器人学、图像处理、人工生命、遗传编码、机器学习等各个领域中得到了广泛的应用并取得了极大的成功。但是，GA 也有其不可避免的缺陷，如早熟和收敛速度慢等。本节为了充分证明 MEA 在解决上述缺陷方面的显著效果，增加两种算法的对比说明，同时采取了 GA 对 MLP 的初始权值和阈值进行了优化。优化过程的详细策略如下：

第一步：根据编码规则将神经网络的初始权值和阈值编码为个体，用训练数据训练网络后预测系统输出，把预测输出和期望输出的误差绝对值的倒数定义为个体的适应度函数，计算公式如下：

$$F' = \frac{1}{\sum_{i=1}^{n'} |y_i - y_i^*|} \tag{4.18}$$

式中，n' 代表神经网络的训练样本个数；y_i 和 y_i^* 分别代表神经网络的期望输出和实际输出。

第二步：进行选择操作，采用轮盘赌法，即基于适应度比例的选择策略，每个个体 i 被选择的概率 P_i 为：

$$P_i = \frac{F_i}{\sum_{i=1}^{N} F_i} \tag{4.19}$$

式中，F_i 为个体 i 的适应度值；N 为种群个体数。

第三步：进行交叉操作，由于个体采用实数编码，所以交叉操作采用实数交叉法，第 k 个染色体 chromA_k 和第 l 个染色体 chromA_l 在 j 位的交叉方法如下：

$$\begin{cases} \mathrm{chromA}_{kj} = \mathrm{chromA}_{kj}(1-\eta) + \mathrm{chromA}_{lj}\eta \\ \mathrm{chromA}_{lj} = \mathrm{chromA}_{lj}(1-\eta) + \mathrm{chromA}_{kj}\eta \end{cases} \tag{4.20}$$

式中，η 为 0 到 1 之间的随机数。

第四步：进行变异操作，选取第 i 个基因 geneA_{ij} 进行变异，操作方法如下：

$$\mathrm{geneA}_{ij} = \begin{cases} \mathrm{geneA}_{ij} + (\mathrm{geneA}_{ij} - \mathrm{geneA}_{\max})f(g), & r_1 > 0.5 \\ \mathrm{geneA}_{ij} + (\mathrm{geneA}_{\min} - \mathrm{geneA}_{ij})f(g), & r_1 \leqslant 0.5 \end{cases} \tag{4.21}$$

$$f(g) = r_2\left(1 - \frac{G}{G_{\max}}\right)^2 \tag{4.22}$$

式中，$\mathrm{geneA}_{\max}$ 和 $\mathrm{geneA}_{\min}$ 分别为基因 geneA_{ij} 的上下界；$G_{\max}$ 为最大进化次数；r_1、r_2 为 0 到 1 之间的随机数。

本节在建模过程中有关 GA 的基本参数设置见表 4.11。GA 优化 MLP 神经网络的流程如图 4.18 所示。

表 4.11 GA 参数设定值

参 数	设定值
种群规模	200
交叉概率	0.25
变异概率	0.01
迭代次数	10, 15, 20, 25, 30

4.3.2 建模数据准备

4.3.2.1 输入变量和输出变量的确定

根据热连轧带钢板形控制的基本理论可以发现，与末机架带钢出口凸度和平直度有关的热连轧过程主要参数有：板坯的化学成分、中间坯凸度、带钢精轧出口厚度、带钢宽度、带钢精轧出口目标凸度、各机架的压下率、各机架的轧制力以及各机架工作辊凸度（包括工作辊初始磨削凸度、磨损凸度和热膨胀带来的热凸度），在此需要特别说明的是工作辊直径也是影响带钢出口凸度的一个显著因素，但是本节数据提取的该 1780 mm 热轧生产线对各机架上线工作辊直径有严格要求，经过对采集到的各个机架工作辊直径数据的对比发现，同一机架工作辊直径变化很小，基本可以认为是常数，故各机架工作辊直径不作为网络输入变量，实际应用中如需考虑这一因素，可以灵活增加网络输入。因此，选取上述除工作辊直径外参数作为 MLP 神经网络的输入变量，将末机架带钢出口凸度和平直度作为网络的输出变量，对各个变量的统计描述见表 4.12。

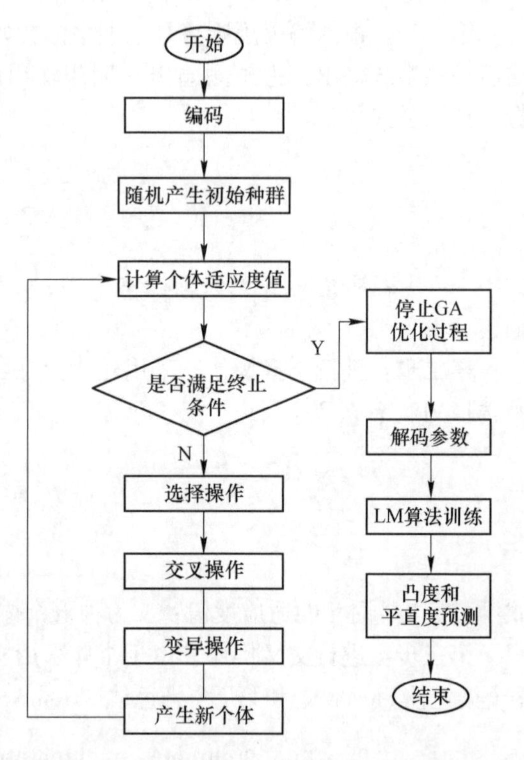

图 4.18 GA 优化 MLP 神经网络流程图

表 4.12 MLP 神经网络的输入参数和输出参数列表

序号	变 量	最大值	最小值	平均值
1	C 含量/%	1.9×10^{-3}	1.1×10^{-4}	9.08×10^{-4}
2	Si 含量/%	1.9×10^{-3}	1.0×10^{-4}	6.47×10^{-4}
3	Mn 含量/%	1.82×10^{-2}	1.7×10^{-3}	4.15×10^{-3}
4	Ni 含量/%	3.5×10^{-4}	0	1.32×10^{-4}
5	Cr 含量/%	9.0×10^{-4}	0	2.94×10^{-4}
6	Nb+Ti+V 含量/%	1.42×10^{-3}	0	9.55×10^{-5}
7	带钢宽度/m	1.538	1.235	1.346

续表 4.12

序号	变　量	最大值	最小值	平均值
8	带钢精轧出口厚度/mm	9.90	1.25	3.87
9	中间坯凸度/μm	508.30	325.24	390.08
10	精轧目标凸度/μm	60.00	30.00	38.71
11	F1 压下率/%	58.83	25.21	38.73
12	F2 压下率/%	54.99	29.89	41.09
13	F3 压下率/%	43.14	25.57	35.66
14	F4 压下率/%	36.30	17.94	28.39
15	F5 压下率/%	36.24	17.10	26.17
16	F6 压下率/%	24.97	13.78	18.74
17	F7 压下率/%	16.06	8.16	12.09
18	F1 轧制力/kN	35349.10	17578.90	24834.70
19	F2 轧制力/kN	36299.20	17413.30	24038.61
20	F3 轧制力/kN	34248.00	16897.60	23680.19
21	F4 轧制力/kN	29585.90	13438.50	19268.63
22	F5 轧制力/kN	21652.50	9393.73	14649.63
23	F6 轧制力/kN	17908.50	8274.46	12149.92
24	F7 轧制力/kN	14968.40	6058.15	9639.15
25	F1 工作辊凸度（磨削凸度+热凸度+磨损凸度）/μm	408.74	268.17	350.50
26	F2 工作辊凸度（磨削凸度+热凸度+磨损凸度）/μm	408.25	276.03	348.90
27	F3 工作辊凸度（磨削凸度+热凸度+磨损凸度）/μm	442.94	335.04	374.87
28	F4 工作辊凸度（磨削凸度+热凸度+磨损凸度）/μm	500.56	346.34	395.03
29	F5 工作辊凸度（磨削凸度+热凸度+磨损凸度）/μm	317.58	92.46	145.87
30	F6 工作辊凸度（磨削凸度+热凸度+磨损凸度）/μm	306.30	99.13	156.24
31	F7 工作辊凸度（磨削凸度+热凸度+磨损凸度）/μm	421.91	180.03	224.30
32	带钢出口凸度（OUTPUT）/μm	144.41	30.98	62.67
33	带钢出口平直度（OUTPUT）/I	0.02000	0.00055	0.00863

4.3.2.2 建模数据的处理

根据第 2 章的数据处理方法，剔除样本总量 2%的数据，剩余样本数据作为建模数据用于神经网络训练。经过数据预处理，共获得 18 个样本规格共 769 块带钢的数据作为样本数据进行建模。图 4. 19 显示了样本数据不同厚度范围的分布和数量统计。

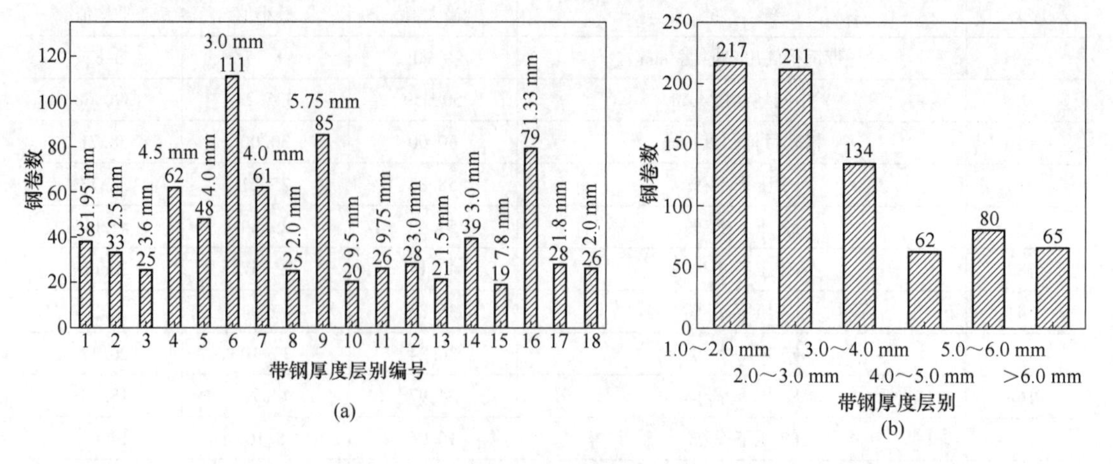

图 4. 19　样本数据的厚度分布和数量统计
(a) 厚度分布；(b) 数量统计

4. 3. 3　模型预测结果分析

在建立了混合 MEA-MLP、GA-MLP 和 PCA-MEA-MLP 模型后进行热连轧带钢出口板形预测研究，在计算机上进行了大量实验并最终得到具有良好泛化能力的最佳模型。采用回归模型评价的常用指标（决定系数和其他三个误差指标 MAE、MAPE 和 RMSE）来对模型的整体性能作出综合评价。

4. 3. 3. 1　GA 和 MEA 搜索效率的比较

采用 GA 和 MEA 对具有 31-30-2 拓扑结构的 MLP 神经网络分别进行了优化。这两种情况下，网络参数的设置都是相同的。当设置迭代次数分别为 10、15、20、25、30 时分别记录两种智能算法在解空间中的搜索过程，并绘制搜索过程中的最佳适应度和得分曲线，如图 4. 20 和图 4. 21 所示。

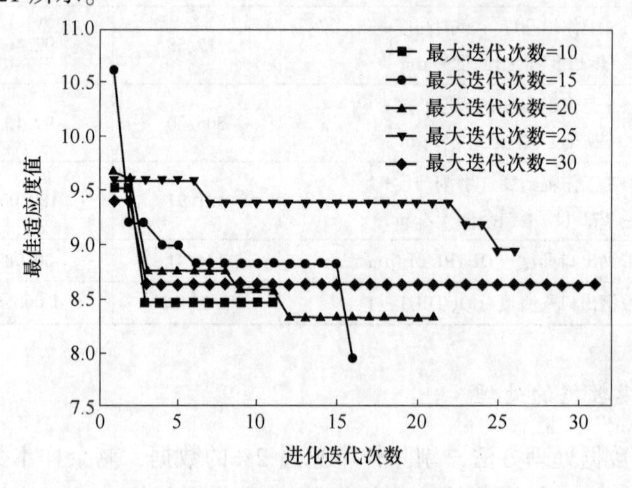

图 4. 20　GA 寻优过程最佳适应度曲线

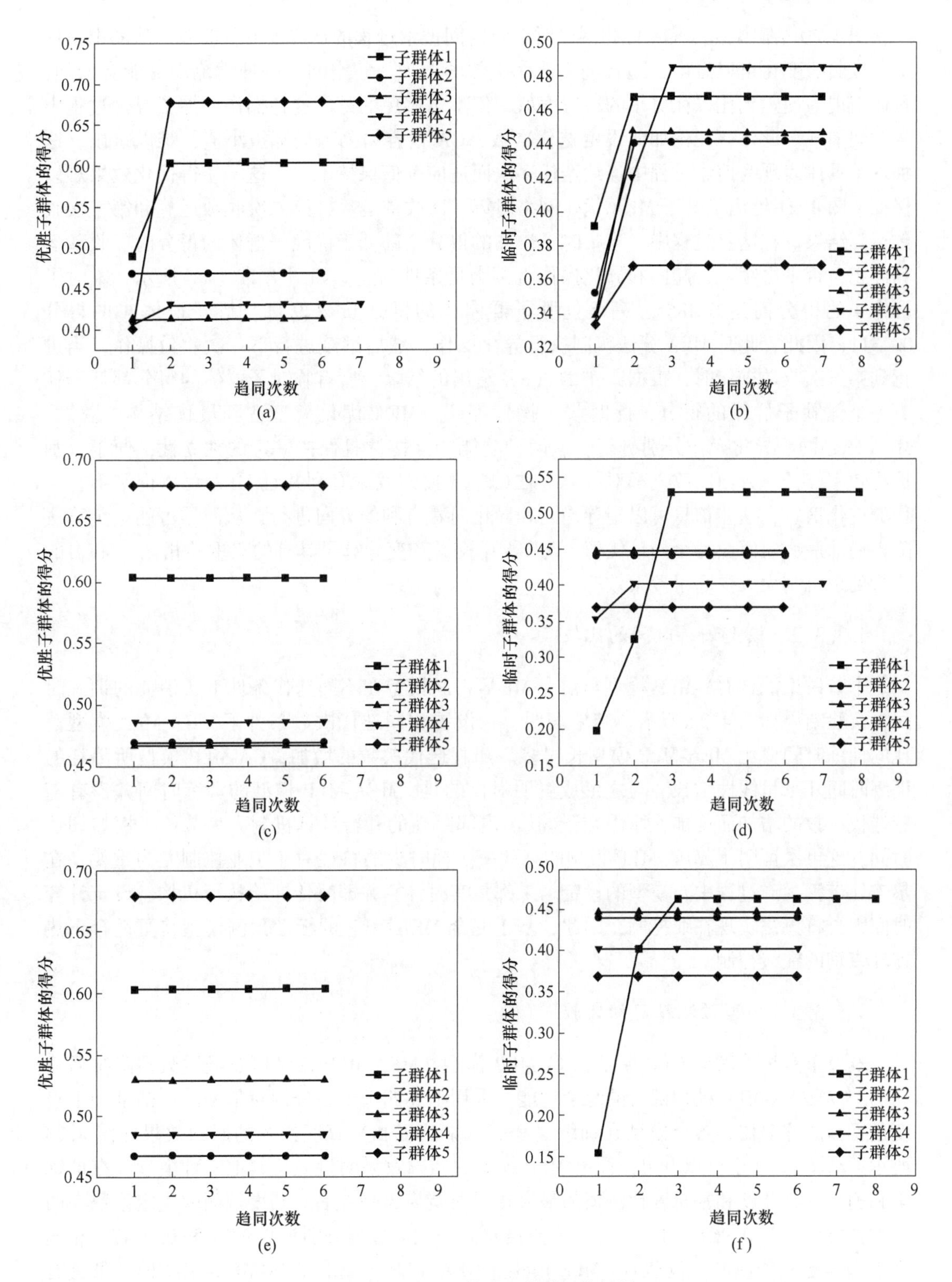

图 4.21 MEA 寻优过程收敛运算结果

（a）第一次收敛运算优胜子群体得分；（b）第一次收敛运算临时子群体得分；（c）第二次收敛运算优胜子群体得分；（d）第二次收敛运算临时子群体得分；（e）第三次收敛运算优胜子群体得分；（f）第三次收敛运算临时子群体得分

图 4. 20 给出了基于 GA 优化网络时在解空间搜索过程的适应度变化曲线。从图中最佳适应度曲线变化可以看出，随着进化迭代次数的增加，解空间中的搜索范围可能会增加，具体表现为搜索到比以往更小的适应度值。但不可避免的是，这种操作增加了寻优过程中的时间消耗。此外，无论如何设定迭代次数，GA 很容易陷入局部极小值，难以跳出，这种现象具体表现为搜索过程中连续迭代多次而适应度值保持不变，这将使得优化效果难以保证。图 4. 21 给出了基于 MEA 优化网络时第一次收敛运算、第二次收敛运算和第三次收敛运算结果。在迭代过程中，当临时子群体的得分全部低于优胜子群体的得分时，收敛运算停止，否则继续进行趋同和异化操作直至满足条件为止。如图 4. 21（a）所示，临时子群体 4 的得分高达 0. 4855，高于优胜子群体 3 的得分 0. 4129 和优胜子群体 4 的得分 0. 4311，因此，此时 MEA 算法机制执行异化操作，然后继续进行下一次收敛操作。当进行到第三次收敛操作时，根据图 4. 21（c）给出的结果，所有临时子群体的得分都低于任意一个优胜子群体的得分，此时收敛操作停止，MEA 优化模型达到最优结构。总之，MEA 的趋同和异化操作分别进行，这两种功能相互协调且保持一定的独立性，便于分别提高效率，任一方面的改进都对提高算法的整体搜索效率有利并且 MEA 可以记忆不止一代的进化信息，这些信息可以指导趋同和异化向着有利的方向进行，从而尽可能避免算法陷入局部最优值而获得全局最优值。与 GA 中交叉和变异算子具有的双重性相比，MEA 的并行处理机制大大提高了搜索效率。

4. 3. 3. 2　模型训练时间的比较

本节讨论混合 GA-MLP 模型与混合 MEA-MLP 模型在不同迭代条件下所消耗的训练时间。实验结果如图 4. 22 所示。结果表明，在设置相同迭代次数条件下，GA-MLP 模型消耗的训练时间要比 MEA-MLP 模型长得多。随着迭代次数的增加，GA-MLP 模型所消耗的训练时间几乎呈线性增长。与之形成鲜明对比的是，MEA-MLP 模型的训练时间并没有随着迭代次数的增加而增加，原因在于 MEA 内部存在的并行计算机制大大节约了模型训练时间，这再次证明了 MEA-MLP 模型的高效率。耗时少的特性对于工业控制尤为重要，在热连轧带钢生产过程中，模型的设定结果都是实时计算并即时传递给执行机构，设定计算时间太长将无法实现在线控制，因此，基于混合 MEA-MLP 的板形预测模型将更适合于热连轧带钢的在线控制。

4. 3. 3. 3　模型预测精度的比较

本节重点讨论简单 MLP 模型、GA-MLP 模型、MEA-MLP 模型以及经过数据降维后建立的 PCA-MEA-MLP 模型四者的综合性能。采用上述四个模型分别对带钢出口凸度和平直度进行预测并对比，各个模型在训练集和测试集凸度和平直度预测的回归效果如图 4. 23 所示。从图 4. 23 中可以看出，简单 MLP 模型的回归效果明显低于其他三种模型，在训练集和测试集其凸度和平直度预测值的最大相对误差为 30%左右；凸度预测的决定系数在两个数据集分别为 0. 9629 和 0. 9581，平直度预测的相应数据分别为 0. 9722 和 0. 9747。相比之下，其他三种模型，包括 GA-MLP 模型、MEA-MLP 模型和 PCA-MEA-MLP 模型都具有较好的回归效果。无论是在用于建模的训练集数据集还是不参与建模的测试集数据集，凸度和平直度的预测值均匀分布在直线 $y=x$ 两侧，其最大百分比误差在 20%以内，二者在

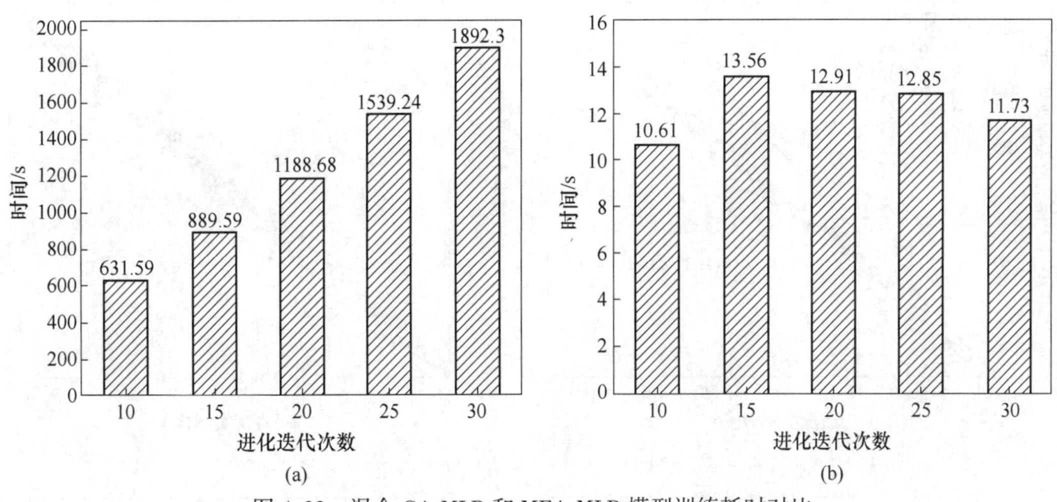

图 4.22 混合 GA-MLP 和 MEA-MLP 模型训练耗时对比

（a）GA-MLP；（b）MEA-MLP

两个数据集的决定系数均大于 0.987，优于简单 MLP 模型。因此，经过智能算法优化的三种模型都取得了较好的泛化能力。

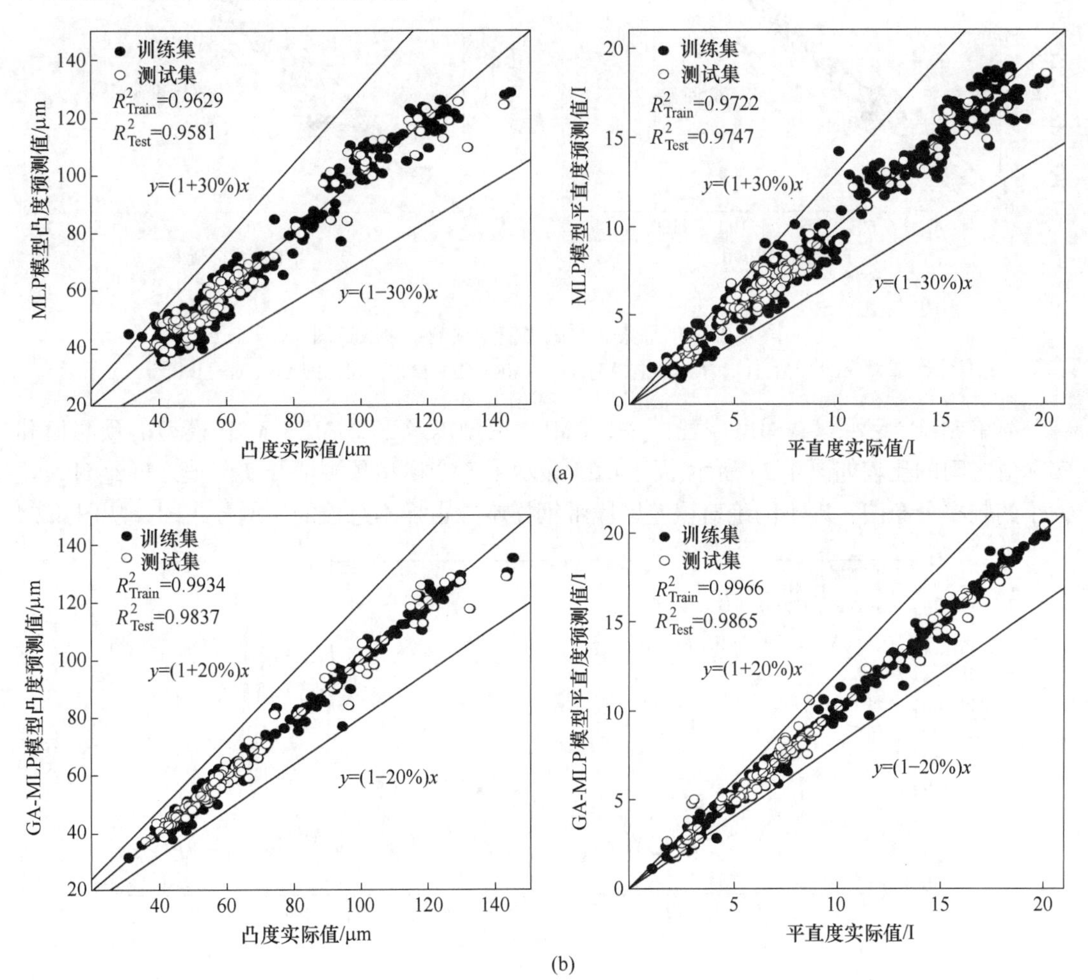

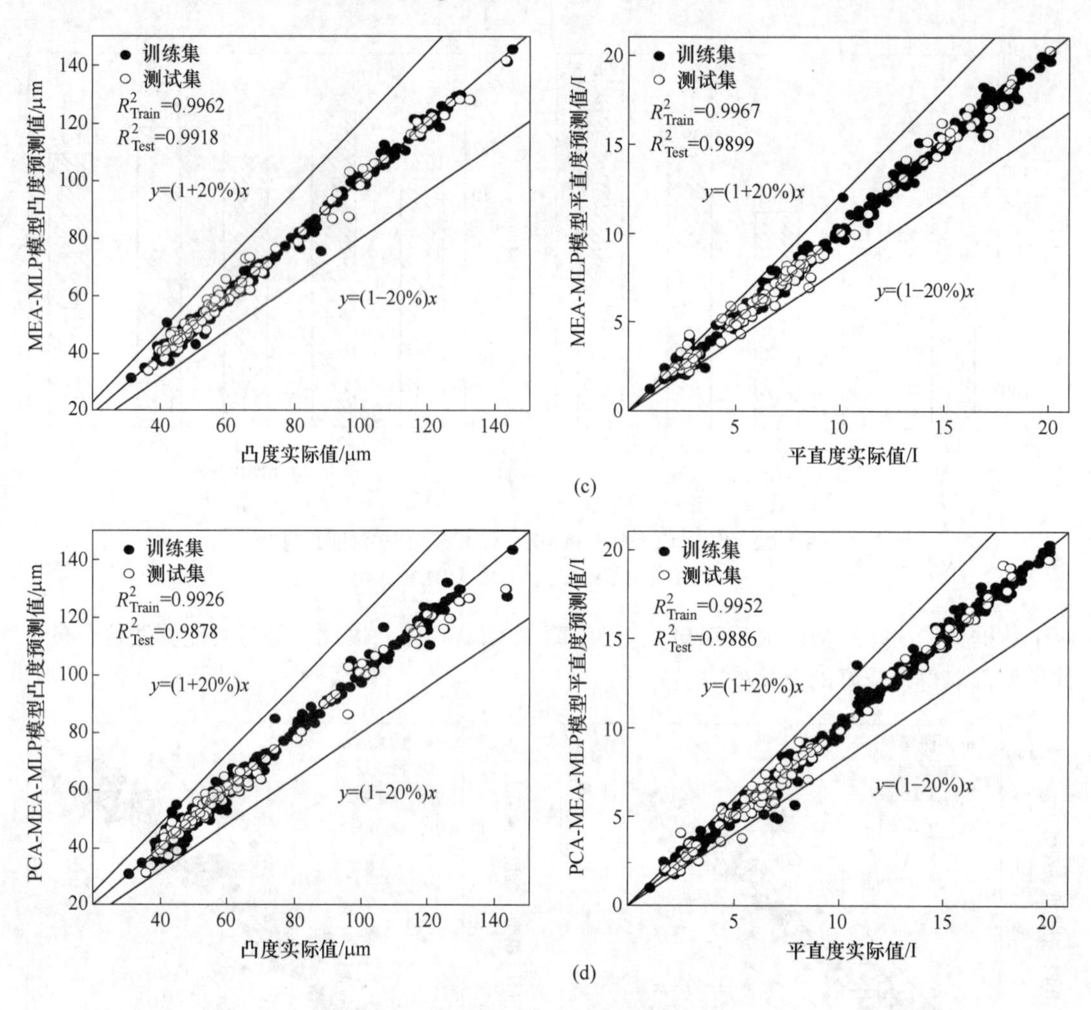

图 4.23　训练集和测试集模型预测结果散点图

（a）简单 MLP 模型；（b）GA-MLP 模型；（c）MEA-MLP 模型；（d）PCA-MEA-MLP 模型

简单 MLP 模型、GA-MLP 模型、MEA-MLP 模型以及 PCA-MEA-MLP 模型的预测值和实际值之间的比较如图 4.24 所示。图 4.25 显示了各个模型预测值与实际值之间绝对误差大小的频率分布图，即不同绝对误差区段带钢样本数占样本总数的比例分布图。从图 4.24

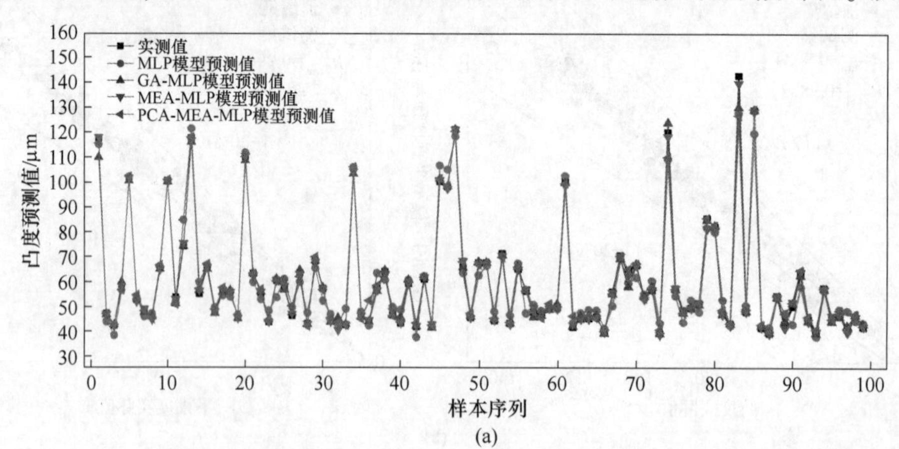

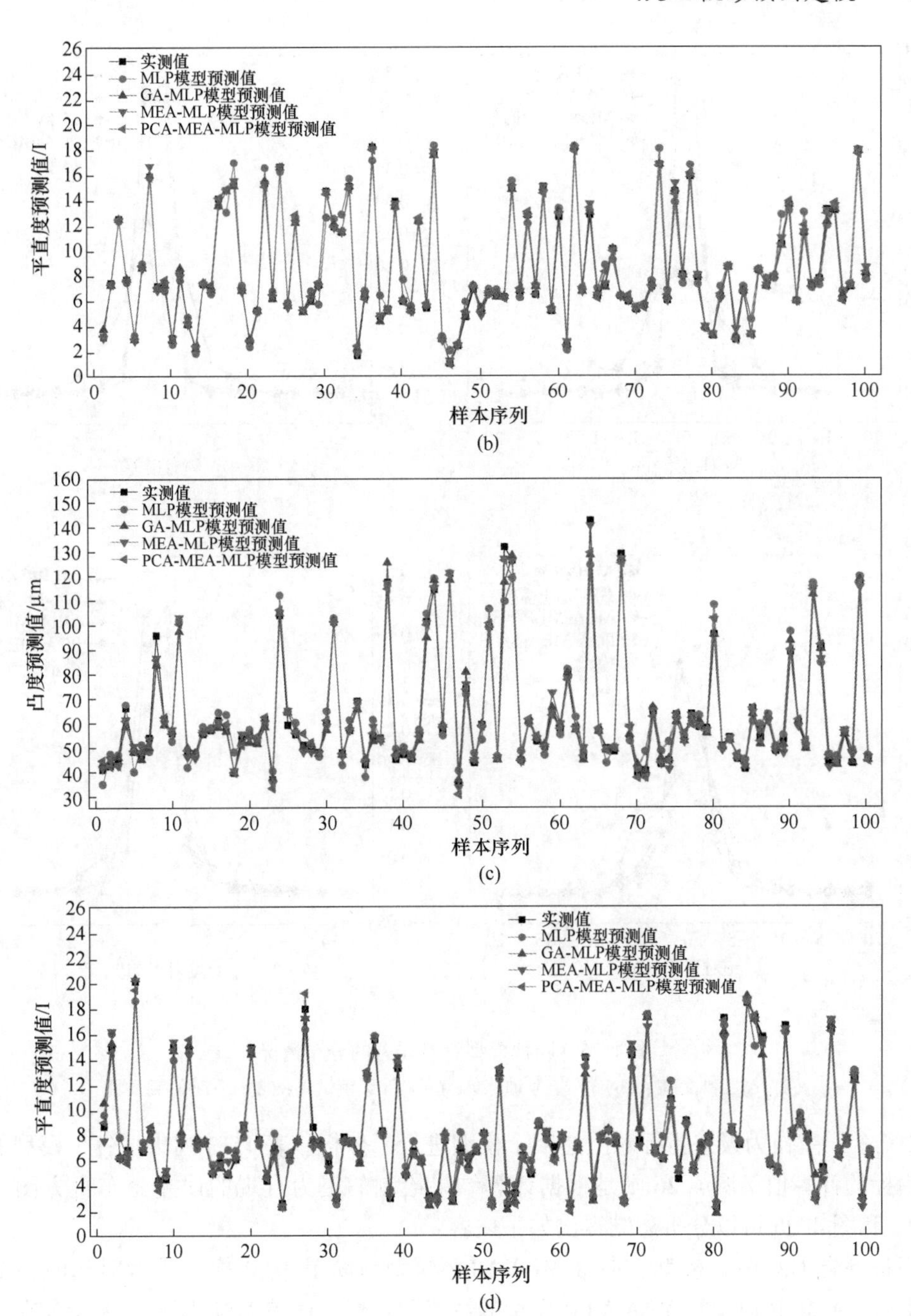

图 4.24 各个模型预测值和实际值对比

(a) 凸度-训练集；(b) 平直度-训练集；(c) 凸度-测试集；(d) 平直度-测试集

(扫描书前二维码查看彩图)

和图 4.25 可以清楚地看出，通过启发式智能优化算法优化的 MLP 模型的预测误差更集中在误差为 0 的周边，这意味着具有较大预测误差的样本数量占总体样本数量的比例较小，模型具有较好的稳定性和容错性。

为了更加全面、更加定量化地评价各模型的泛化性能，本节同样采用 MAE、MAPE 和

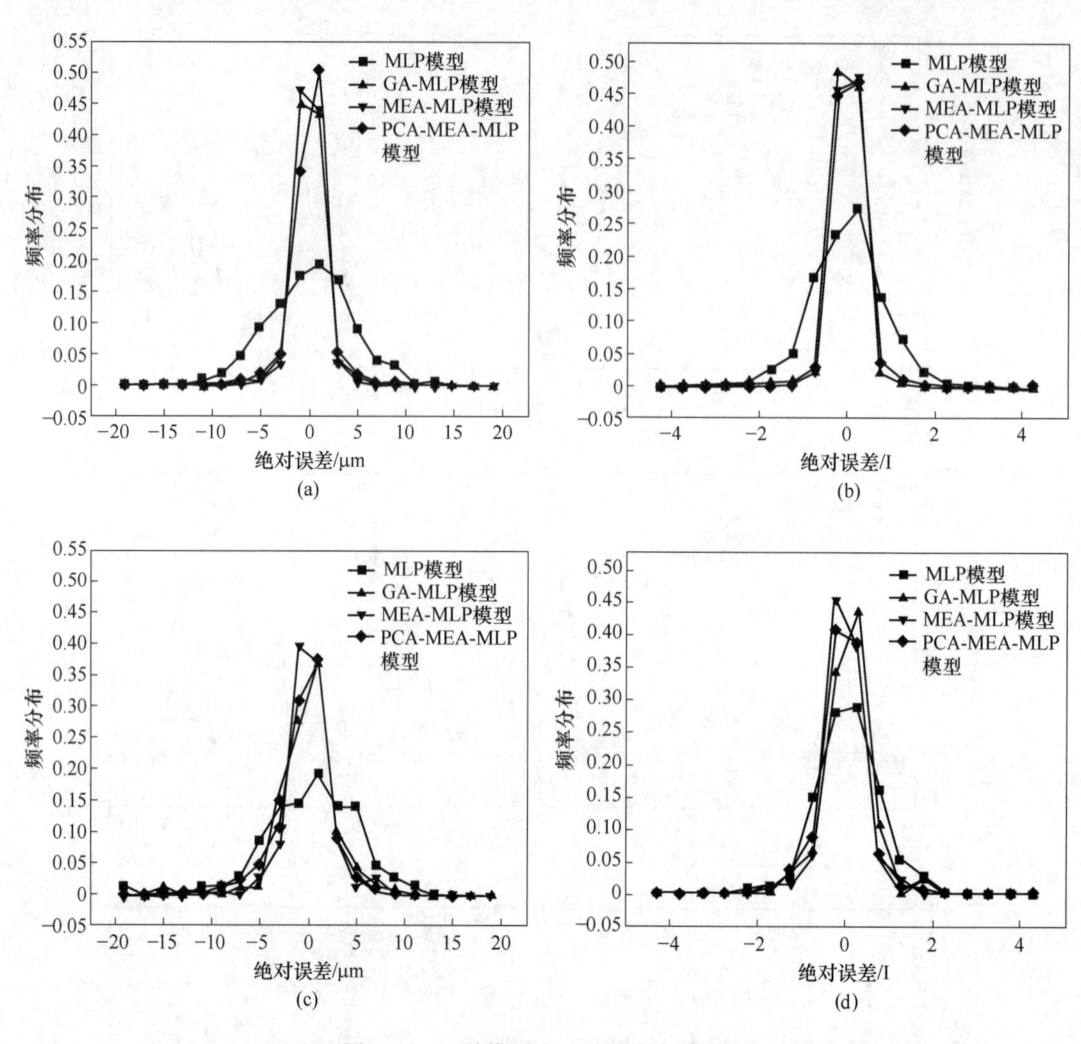

图 4.25 四种模型绝对误差的分布情况

(a) 凸度-训练集；(b) 平直度-训练集；(c) 凸度-测试集；(d) 平直度-测试集

RMSE 三个误差作为误差指标对上述四个模型进行了分析。表 4.13 列出了各个模型的三个误差指标的计算值。图 4.26 则是根据计算结果绘制的更为直观的误差分布直方图。结合表 4.13 和图 4.26 可以分析总结得出如下内容：

当将混合 GA-MLP 模型、混合 MEA-MLP 模型与简单 MLP 模型进行对比时，结果表明，混合 GA-MLP 模型和 MEA-MLP 模型的性能明显优于简单 MLP 模型。无论是在训练集还是测试集，GA-MLP 模型和 MEA-MLP 模型的 MAE 误差均小于简单 MLP 模型，并且 MAPE 和 RMSE 两项误差指标也具有相同的规律。以上结果再次充分证明了经过 GA 和 MEA 优化的 MLP 模型的预测能力有了显著提高。这主要是因为无论是 GA 还是 MEA 都为神经网络的建立选择了最优的初始权值和阈值，这将克服 MLP 网络初始化时随机产生的权值和阈值导致网络性能不佳的潜在影响。

当将混合 MEA-MLP 模型和混合 GA-MLP 模型进行对比时，结果表明，混合 MEA-MLP 模型的性能明显优于混合 GA-MLP 模型。一般而言，不用于建模的测试集的误差指标

表 4.13 各个模型在训练集和测试集预测误差指标计算值

误差类型	训练集		测试集	
	凸度/μm	平直度/I	凸度/μm	平直度/I
模型	简单 MLP			
MAE	2.3924	0.4066	2.8176	0.4287
MAPE/%	4.1237	6.0211	4.5392	6.4413
RMSE	7.6248	1.3064	4.5934	0.6526
模型	GA-MLP			
MAE	1.1867	0.2098	2.1596	0.3378
MAPE/%	2.0069	3.1614	3.3520	7.9375
RMSE	4.7778	0.8254	4.0974	0.5918
模型	MEA-MLP			
MAE	0.9614	0.1846	1.6949	0.2875
MAPE/%	1.6451	2.7233	2.7402	4.4533
RMSE	3.9199	0.7872	3.1166	0.5038
模型	PCA-MEA-MLP			
MAE	1.2281	0.2153	1.8035	0.3550
MAPE/%	2.0896	3.2496	2.8570	5.9697
RMSE	4.5727	0.8437	3.1669	0.6338

可以更好地诠释模型的性能。因此，相比于训练集而言，测试集的各个误差指标都是更值得关注的。在测试集，混合 MEA-MLP 模型的凸度预测 MAE 误差值为 1.6949，混合 GA-MLP 模型为 2.1596，二者平直度预测 MAE 误差值分别为 0.2875 和 0.3378。前者凸度预测 MAPE 误差值为 2.7402%，后者相应为 3.3520%，二者平直度预测的 MAPE 误差分别为 4.4533%和 7.9375%。前者凸度预测 RMSE 误差值为 3.1166，后者相应为 4.0974，二者平直度预测的 RMSE 误差分别为 0.5038 和 0.5918。MEA 明显优于 GA 的原因是 MEA 能够克服 GA 容易陷入局部最优的缺陷。此外，GA 机制中的交叉和变异算子既可能产生好的基因，也可能破坏原有的良好基因，而 MEA 机制中的趋同和异化操作则可以避免这个问题。更值得一提的是，根据上文分析，相比于 GA，MEA 具有更高的优化效率，突出表现为模型的训练时间大大缩短。

当将混合 MEA-MLP 模型和混合 PCA-MEA-MLP 模型比较时，结果表明，混合 PCA-MEA-MLP 的性能略有下降。在混合 PCA-MEA-MLP 模型中，采用 PCA 方法对输入变量进行了降维处理，并运用降维以后的新样本数据进行了模型训练。本节在累计贡献率为 0.98 的前提下成功地将 MLP 网络的输入变量从 31 维降至 15 维。采用自变量降维处理进行建模的优点是可以极大地简化建模的复杂程度，并且可以节省模型的训练时间。与混合 MEA-MLP 模型相比，混合 PCA-MEA-MLP 模型将训练时间从 10.61 s 降到 9.84 s。尽管在本节的研究背景下，这种时间的缩短程度并不显著，但是当模型的输入变成更加海量、高维的数据时，这种时间的节约将变得富有意义。

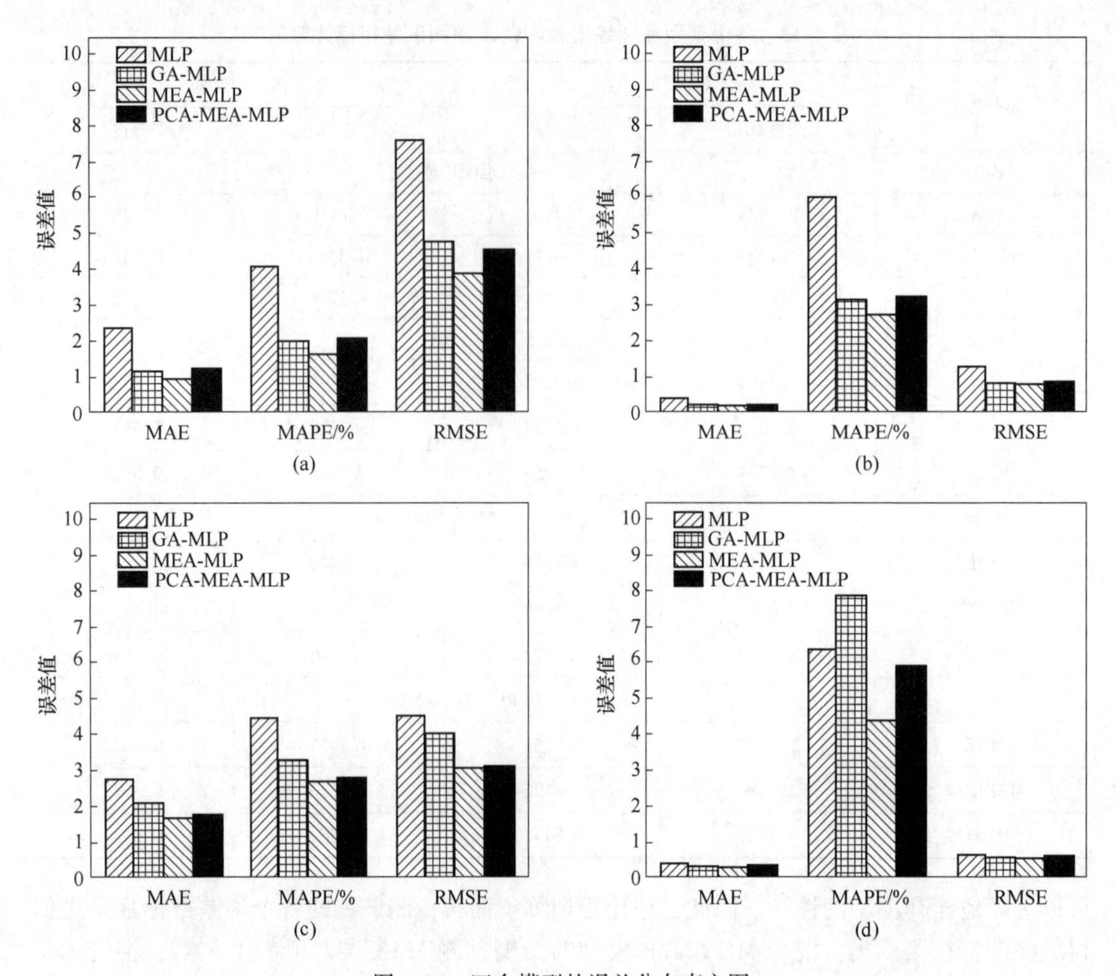

图 4.26　四个模型的误差分布直方图

(a) 凸度-训练集；(b) 平直度-训练集；(c) 凸度-测试集；(d) 平直度-测试集

4.3.4　基于 MIV 的参数敏感性分析

本节选择平均影响值（Mean Impact Value，MIV）作为指标来评价 MLP 网络每个输入变量对于带钢出口凸度和平直度的重要性。MIV 被认为是筛选神经网络对输出变量影响较大的输入变量的最佳指标之一。其符号代表相关的方向，绝对值大小代表影响的相对重要性。具体计算过程是，在网络训练终止后，将训练样本中的每一个输入变量在其原值的基础上分别增减 10%构成两个新的样本数据集，将新生成的两个样本数据集分别利用已经建成的模型进行预测研究得到两组预测结果，求出两组预测结果的差值，即为变动该输入变量对输出产生的影响变化值（Impact Value，IV），最后将 IV 按观测例数平均得出该输入变量对于输出变量的 MIV。按照上述步骤依次计算出在本节条件下带钢板形预测模型各个输入变量的 MIV 值，最后根据 MIV 绝对值的大小为各个输入变量排序，得到各个输入变量对模型输出影响相对重要性的位次表，从而判断出输入变量对于模型结果的影响程度。各个输入变量对热轧带钢出口凸度和平直度影响的重要性按绝对值排序结果见表 4.14。

根据表 4.14 中 MIV 绝对值的排序可以发现，影响带钢出口凸度的主要因素依次是

F4、F1、F6机架轧制力，带钢宽度，F5、F2、F7机架轧制力，F4机架压下率，F2机架工作辊凸度和F3机架轧制力。影响带钢出口平直度的主要因素依次是F6、F4机架轧制力，带钢宽度，F2、F3机架轧制力，F4工作辊凸度，F1、F5机架轧制力和F4、F3机架压下率。在这些输入变量中，各机架的轧制力、带钢宽度、F4机架压下率对凸度和平直度均有显著影响。此外，无论是对凸度还是平直度而言，各种化学成分的MIV绝对值很小，这意味着它们对带钢板形的影响很小。基于以上分析，在生产过程中，应该更加重视对这些具有重要影响作用的变量的监测和调整，以达到优化工艺的效果。

表4.14 每个输入变量对凸度和平直度的平均影响值（MIV）和排序

序号	变 量	凸 度		平 直 度	
		MIV	排序	MIV	排序
1	C含量	-0.085	25	0.02	26
2	Si含量	-0.079	26	0.0182	28
3	Mn含量	0.0458	28	-0.007	30
4	Ni含量	0.0336	29	-0.0162	29
5	Cr含量	-0.0593	27	0.0291	23
6	Nb+Ti+V含量	-0.0118	31	0.0052	31
7	带钢宽度	3.6157	4	-1.7304	3
8	带钢精轧出口厚度	0.0299	30	0.0191	27
9	中间坯凸度	-0.4228	17	0.0641	20
10	精轧目标凸度	-0.2324	18	0.046	22
11	F1压下率	0.1816	21	-0.1938	16
12	F2压下率	0.5988	16	-0.1541	17
13	F3压下率	-0.8856	11	0.366	10
14	F4压下率	-1.012	8	0.3704	9
15	F5压下率	-0.6736	15	0.2432	14
16	F6压下率	-0.7477	13	0.319	13
17	F7压下率	0.2122	19	-0.0724	19
18	F1轧制力	6.7083	2	-0.4212	7
19	F2轧制力	-1.8008	6	-0.5897	4
20	F3轧制力	-0.9235	10	-0.53	5
21	F4轧制力	-14.6855	1	-1.9777	2
22	F5轧制力	-1.9358	5	0.3894	8
23	F6轧制力	4.5858	3	3.9402	1
24	F7轧制力	1.4419	7	-0.3647	11
25	F1工作辊凸度	0.7561	12	-0.1396	18
26	F2工作辊凸度	-0.9272	9	0.3393	12

续表 4.14

序号	变　量	凸　度		平 直 度	
		MIV	排序	MIV	排序
27	F3 工作辊凸度	-0.1127	23	-0.2065	15
28	F4 工作辊凸度	-0.6992	14	0.4335	6
29	F5 工作辊凸度	0.1011	24	-0.0204	25
30	F6 工作辊凸度	0.1876	20	-0.0227	24
31	F7 工作辊凸度	0.152	22	-0.0596	21

参 考 文 献

[1] 武凯，武文腾，谢松雨，等. 基于聚类特征选择的热轧过程带钢头部厚度预测［J］. 中国冶金，2024，34（3）：131-138.

[2] 田宝钱. 数据与机理相结合的热轧带钢轧后冷却模型［D］. 沈阳：东北大学，2022.

[3] 孙承意，谢克明，程明琦. 基于思维进化机器学习的框架及新进展［J］. 太原理工大学学报，1999（5）：3-7.

5 机理融合数据的热连轧板形预测建模

本章主要介绍轧制过程中的带钢变形机理，分析工艺参数对热轧产品厚度和板形的影响规律，研究带钢变形行为，并建立轧制过程数学模型。结合轧制机理、生产数据和经验知识的优势，对于提高模型的适用性和鲁棒性至关重要。复杂的轧制机理和工作原理在一定程度上影响着热轧产品质量的预测精度。例如，带钢的凸度和平直度变化不仅会受到弯辊力和轧制力引起的带钢翘曲变形的影响，还会受到带钢温度场变化引起的热膨胀以及因带钢温度过高导致的机架之间的二次变形的影响，从而引起板形的变化[1-3]。

5.1 轧制过程带钢变形机理研究

5.1.1 影响参数分析

热连轧作为典型的连续、串行的流程工艺过程，生产流程涉及工序复杂、过程参数多、轧制速度快难以在线测量、各工序之间存在强大的耦合关系，各参数的细微变化都会对热轧产品质量的预测精度有一定程度的影响[4]。图 5.1 所示为热连轧精轧机结构示意图。

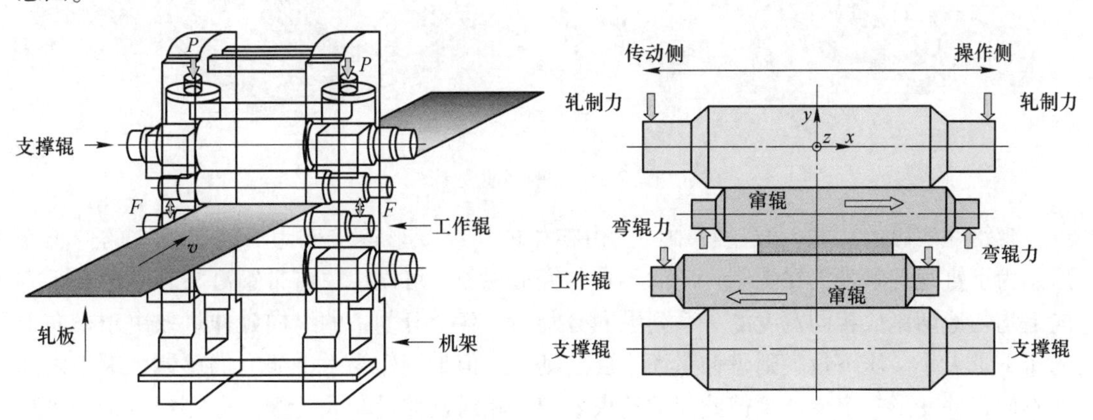

图 5.1　部分精轧机结构示意简图

根据带钢的平直条件，板形控制的首要任务就是保证带钢板凸度。影响板凸度的因素非常复杂，从热连轧精轧机结构可以看出，主要与轧辊状态、轧件参数和轧制条件 3 个方面有关。其中轧辊可以看成是带钢与外部能量转换的媒介。带钢产生压缩变形是由于轧辊施加的载荷，带钢温度场变化很大部分是通过轧辊与带钢接触产生的接触传热以及轧辊与带钢摩擦产生的摩擦热所引起的。通过分析归类，板凸度影响因素可以总结为：

（1）轧制载荷引起的轧辊弯曲变形；

（2）轧制载荷引起的轧辊压扁变形；

(3) 轧制过程的轧辊热变形；

(4) 轧制过程的轧辊磨损。

在实际生产过程中，热连轧带钢的温度变化决定了带钢的变形抗力，带钢的变形抗力又将影响轧制力等[5]，进而影响带钢的板形。此外，用来描述带钢厚度沿宽度方向变化的横向厚度，其分布规律，还会受到弯辊力和轧制力引起的带钢翘曲、带钢温度场变化引起的热膨胀及热轧带钢的高温引起的机架间二次变形等方面的影响[6]。因此建立相关的轧制机理模型，计算对应的轧制机理数据，分析热连轧轧制过程工艺参数对产品厚度和板形的影响规律，是围绕轧制机理融合数据机制展开研究的前提[7]。

5.1.2　带钢临界翘曲模型建立

带钢截面形状改变的同时带钢不会发生翘曲的力学条件通常被认为是板形的控制机理。轧制中的带钢沿辊身长度会受到不同程度的外应力作用，使带钢沿轧制方向产生不均匀延伸，从而造成带钢内应力呈现不均匀的分布，如果存在的内应力达到一定数值，翘曲变形就会在带钢上显示出来。翘曲变形如图 5.2 所示。

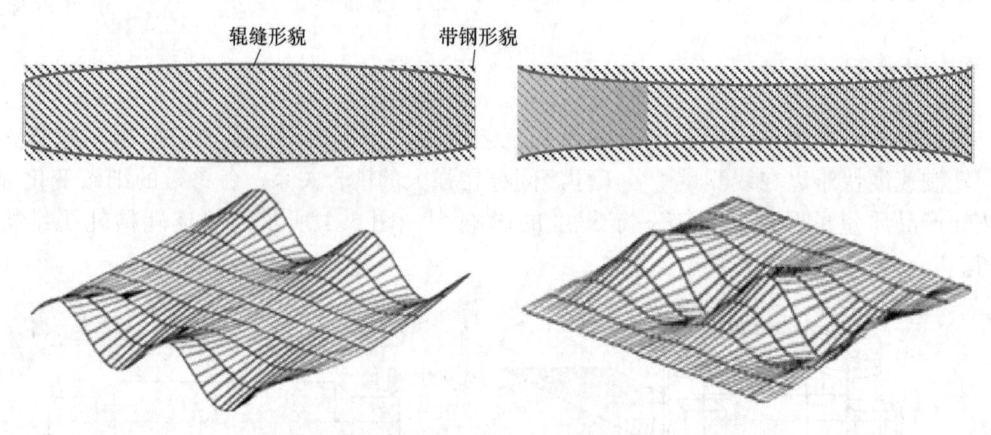

图 5.2　带钢翘曲变形

带钢在实际的热轧生产过程中，会由初始的压缩变形逐步变为沿轧制方向的伸长变形。为了直观理解带钢在轧制方向的不均匀变形现象，可以想象将带钢沿与轧辊的平行方向上均匀地切割成相同宽度的一系列纵向分割条，各个分割条的纵向延伸量取决于横向上的压下量大小。压下量大则延伸量大，反之则小。但带钢作为一个研究的整体，纵条之间的不同延伸变形一定会产生彼此间的约束效应。相对延伸量较大的纵条会在相对延伸量较小的纵条约束下受到压应力作用，反之延伸量较小的纵条会受到拉应力的作用。一般情况下，带钢中间部位变形会大于边缘部位而受到压应力的作用，从而使带钢中间部位的纵向延伸量大于边缘部位。这里定义带钢的临界极限应力为自身的弹性变形能力，当弹性变形能力不足以抵抗压应力造成的变形时，中浪板形缺陷就会出现，产生机理如图 5.3 所示。

分析带钢翘曲的力学条件，得到带钢发生翘曲的临界极限应力 σ_{cr} 计算方法为：

$$\sigma_{cr} = k_{cr} \cdot \frac{\pi^2 E}{12(1+\nu)} \cdot \left(\frac{h'}{B'}\right)^2 \tag{5.1}$$

式中，k_{cr} 为临界应力系数；E 为带钢弹性模量，MPa；ν 为泊松比；h' 为带钢厚度，mm；B'

为带钢宽度，mm。

带钢在轧制的过程中，厚度方向上的变形大部分转化为沿轧制方向的延伸外，还有一小部分转化为金属的横向流动，金属横向流动的存在，会向着减小最大残余应力的方向流动，因此，带钢在一定的凸度变化范围是不会发生翘曲的，该变化范围由式（5.2）表示：

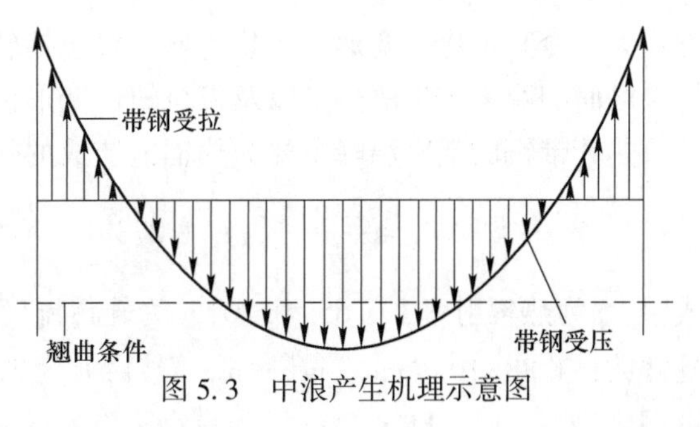

图 5.3 中浪产生机理示意图

$$-40\left(\frac{h'}{B'}\right)^2 < C_h - C_H < 80\left(\frac{h'}{B'}\right)^2 \tag{5.2}$$

式中，C_h 为轧前比例凸度；C_H 为轧后比例凸度。

由式（5.2）可以看出，导致带钢发生不良翘曲的极限变形能力与带钢的厚宽比有关，在实际工程问题中，机架间张力的存在对带钢翘曲行为也会有一定的影响。图 5.4 描述了三者之间的影响关系，其中 x 轴代表带钢厚宽比，y 轴代表机架间张力，z 轴代表带钢发生不良翘曲的极限翘曲变形能力。

由图可知，随着带钢厚宽比的降低，机架间张力对带钢翘曲变形的影响能力是逐渐增强的，因此，需要额外考虑机架间张力对带钢翘曲的影响。公式（5.3）表示了机架间张力影响下的翘曲修正模型：

$$-40\left(\frac{h'}{B'}\right)^2 + k_1\frac{\sigma_t}{E} < C_h - C_H < 80\left(\frac{h'}{B'}\right)^2 + k_2\frac{\sigma_t}{E} \tag{5.3}$$

式中，σ_t 为机架间张力，MPa；k_1 为中浪修正系数；k_2 为边浪修正系数。

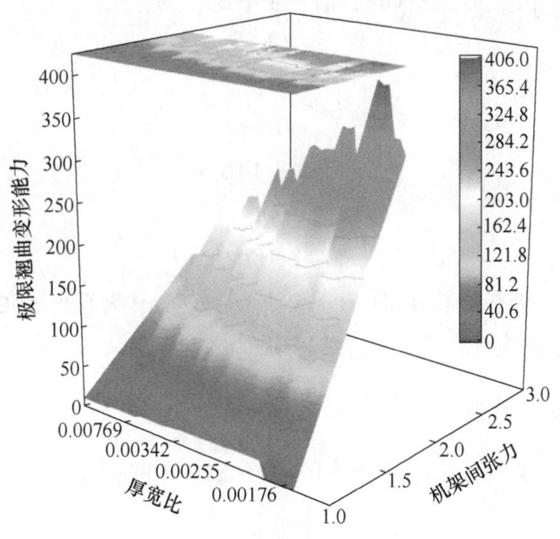

图 5.4 带钢翘曲极限示意图
（扫描书前二维码查看彩图）

5.1.3 温度模型建立

在板带热连轧生产过程中，带钢变形区的内部和外部存在热交换。变形区外的热交换方式为空冷和水冷。变形区的热传导主要包括轧辊与轧制带材之间的接触传热，轧辊与带材接触面的摩擦产生的热量以及带材塑性变形引起的温度升高[8]。

热轧带钢的空冷温降主要为热辐射造成的热量损失，其计算公式如下：

$$\Delta T_A = \frac{2\varepsilon\sigma}{\gamma c} \cdot [(t_s + 273)^4 - (t_a + 273)^4] \cdot \left(\frac{1}{h} + \frac{1}{w}\right) \Delta\tau \tag{5.4}$$

式中，ε 为热辐射率，0.65~0.70；t_s 为轧件温度，℃；t_a 为环境温度，℃；σ 为斯蒂芬-玻耳兹曼常数，4.88×10^{-8}kcal/(m^2 · hr · ℃^{4})；h 为轧件厚度，m；γ 为带钢的密度，kg/m^3；c 为带钢比热容，kJ/(kg · ℃)；w 为带钢宽度，m；$\Delta\tau$ 为热辐射时间，h。

$$\Delta T_w = k_T \frac{(t_s - t_w) f_s p}{h v \gamma c} \tag{5.5}$$

式中，k_T 为喷水冷却效率；t_w 为冷却水温度，℃；t_s 为轧件温度，℃；f_s 为喷嘴流量，L/min；c 为带钢比热，kJ/(kg · ℃)；p 为喷嘴水压，MPa；γ 为带钢的密度，kg/m^3；h 为轧件厚度，m；v 为轧件速度，m/s。

5.1.3.1　变形温升模型

轧件塑性变形时造成的轧件温升 Q_H 可由式（5.6）计算：

$$Q_H = A\eta = p_c V \ln \frac{h_0}{h} \eta \tag{5.6}$$

式中，A 为塑性变形功，N · m；p_c 为平均单位压力，MPa；V 为辊缝处轧件的体积，m^3；η 为吸收效率，一般 η 为 50%~95%。

根据热平衡条件，由变形热引起的轧件温升 ΔT_d 为：

$$\Delta T_d = \frac{p_c \ln \frac{h_0}{h} \times 10^6}{\gamma c} \eta \tag{5.7}$$

$$\eta = \frac{(Q_p - 1)\beta + 1}{Q_p} \tag{5.8}$$

$$p_c = 1.15\sigma Q_p \tag{5.9}$$

式中，Q_p 为变形区应力状态影响系数；β 为热传导效率；γ 为轧件密度，kg/m^3；c 为轧件质量热容，J/(kg · ℃)；σ 为轧件变形抗力，MPa。

5.1.3.2　接触温降模型

高温板带与低温轧辊相互接触而产生的温降 ΔT_c 可按式（5.10）计算：

$$\Delta T_c = 4\beta \frac{l_c}{\bar{h}} \sqrt{\frac{\kappa_s}{\pi l_c v_0}} (t_s - t_r) \tag{5.10}$$

式中，l_c 为考虑压扁之后的接触弧长度，m；t_s、t_r 分别为轧件和工作辊温度，℃；$\bar{h}$ 为变形区平均厚度，m；κ_s 为轧件导温系数，$\kappa_s = \frac{\lambda}{\gamma c}$，m^2/h。

5.1.3.3 摩擦温升模型

轧制过程中，轧件与轧辊接触表面线速度不一致产生摩擦而造成轧件温度上升。摩擦温升可以由式（5.11）进行计算：

$$\Delta T_{\mathrm{f}} = \alpha_{\mathrm{f}} \mu \frac{\sigma \Delta v \Delta \tau \times 10^{6}}{\gamma c \overline{h}} \tag{5.11}$$

$$\Delta v = \frac{v(f_{\mathrm{s}}^{2} + f_{\mathrm{b}}^{2})}{2(f_{\mathrm{s}} + f_{\mathrm{b}})(1 + f_{\mathrm{s}})} \tag{5.12}$$

式中，α_{f} 为摩擦热增益系数；μ 为摩擦系数；ΔV 为相对速度差，m/s；$\Delta \tau$ 为轧制时间，s；v 为轧机出口轧件速度，m/s；f_{s}、f_{b} 分别为前滑率和后滑率。

根据实际测得的精轧区入口温度和出口温度，用公式（5.13）计算出与精轧区每个机架出口相对应的温度：

$$T_{i} = T_{\mathrm{RC}} + \sum_{j=1}^{i} (\Delta T_{\mathrm{A}} + \Delta T_{\mathrm{W}} + \Delta T_{\mathrm{F}} + \Delta T_{\mathrm{C}} + \Delta T_{\mathrm{R}})_{j} \tag{5.13}$$

5.1.4 轧辊磨损模型建立

在板带热连轧过程中，尽管有诸多因素会引起轧辊磨损，但是根据轧辊磨损机理，可将其分为3个方面：

（1）轧辊与其他介质接触导致的化学磨损；

（2）周期性载荷引起的机械磨损和摩擦磨损；

（3）温升引起的热磨损和冷却引起的温降磨损。

本节中，采用离散等距划分法来建立模型并计算轧机组工作辊磨损值，工作辊主体从驱动侧（Drive side）到操作侧（Operator side）垂直于轧辊轴线，将轧辊均匀地分为 $2H+1$ 个圆柱形切片，如图5.5所示，根据实际工艺参数，计算每个轧辊切片的磨损量，并累加以获得工作辊的总体磨损分布。

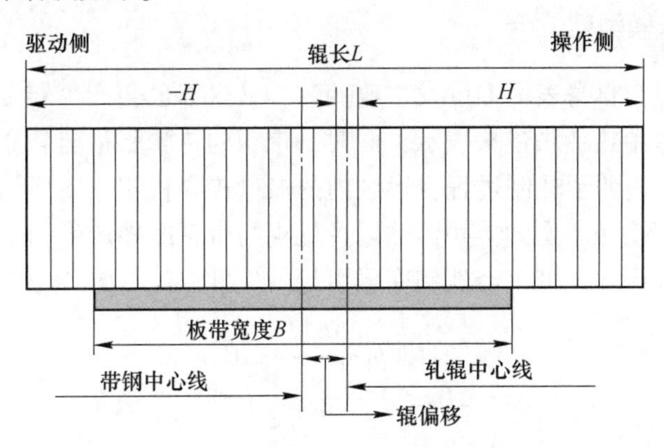

图5.5 轧辊磨损离散切片模型

轧辊中心线上的切片数为：$H_{\mathrm{C}} = H + 1$；带钢中心线上的切片数为：$H_{\mathrm{S}} = H_{\mathrm{C}} + \mathrm{int}(s/\delta)$；带钢左端的切片数为：$H_{\mathrm{SL}} = H_{\mathrm{S}} - \mathrm{int}(B/2\delta)$；带钢右端的切片数为：$H_{\mathrm{SR}} =$

H_S +int($B/2\delta$)。其中，s 为轧辊横移值，mm；δ 为切片宽度，mm；B 为带钢的宽度，mm。

考虑到轧制力，轧辊表面温度，接触弧长以及不规则磨损的主要因素，轧辊磨损计算模型如式（5.14）所示：

$$\begin{aligned}\Delta y_{Wij} &= -PFTD \\ &= (\xi_{W1i} + \xi_{W2i}P_i^{\xi_{W3i}})(1 + f(x))(1 + \xi_{W6i}\theta_{Ri})(1 + \xi_{W7i}l)\end{aligned} \tag{5.14}$$

式中，P 表示单位宽度轧制力影响项；F 是边缘不规则磨损影响项；T 为轧辊表面温度影响项；D 是接触弧长影响项；Δy_{Wij} 表示第 i 机架轧机轧辊每转一圈时切片 j 的磨损量，μm；P_i 是单位宽度的轧制力，kN/mm；$f(x)$ 是描述轧辊轴向不均匀磨损程度的函数，其表达式为：

$$f(x) = \begin{cases} 0 & x = -1 \text{ 或 } x = 1 \\ 1 + \xi_{W4i} \cdot x^2 + \xi_{W5i} \cdot x^4 & -1 < x < 1 \end{cases} \tag{5.15}$$

其中，$x \in [-1, 1]$，为带钢宽度范围内的坐标。

$$y_{Wij} = \sum_{i=0}^{N_i} \Delta y_{Wij} \tag{5.16}$$

$$N_i = L_i / 2\pi D_r \tag{5.17}$$

根据热轧过程中有载的转数累计轧辊磨损量，负载转数 N_i 可以通过式（5.17）计算。其中，L_i 为第 i 卷带钢轧制长度，mm；D_r 为工作辊的直径，mm。

上下工作辊的每个机架的数值计算结果如图 5.6（a）和（b）所示。一个轧制周期完成后，取磨损量最大的机架（F6）上工作辊的磨损结果如图 5.6（c）所示，下工作辊磨损的计算结果如图 5.6（d）所示。计算结果基本与工作辊的实际磨损一致。可以看出，F5～F7 机架的工作辊磨损明显大于 F1～F4 机架在上工作辊或下工作辊的磨损。此外辊磨损轮廓由中间部分的恒定磨损和边缘的不规则磨损组成，这是由辊之间的压力分布不均匀以及每个点的相对滑动差异引起的；边缘磨损的值大于中间部分，这是由于带材边缘的温度较低和边缘变薄所致。

5.1.5　金属热膨胀模型建立

带钢在轧制环境与自身表面温度发生改变时，其内部也会产生转变，从而影响板带的质量。这种转变可以用热膨胀量来表示，同时，带钢的热膨胀量与轧制过程中的带钢温度场密切相关。图 5.7 说明了轧制过程变形区内的热量传导机制，主要包括轧制变形产生的变形热、轧辊与带钢接触产生的接触传热以及轧辊与带钢摩擦产生的摩擦热。

根据热平衡条件可知，带钢经轧制变形引起的轧件温升 ΔQ_b 为：

$$\Delta Q_b = \frac{p_1 \ln \frac{h_0}{h} \times 10^6}{427\rho c}\eta \tag{5.18}$$

$$\eta = \frac{(Q_c - 1)\beta + 1}{Q_c} \tag{5.19}$$

$$p_1 = 1.15\theta Q_c \tag{5.20}$$

式中，p_1 为平均单位压力，MPa；h_0 为初始带钢厚度，mm；h 为变形后的带钢厚度，mm；ρ

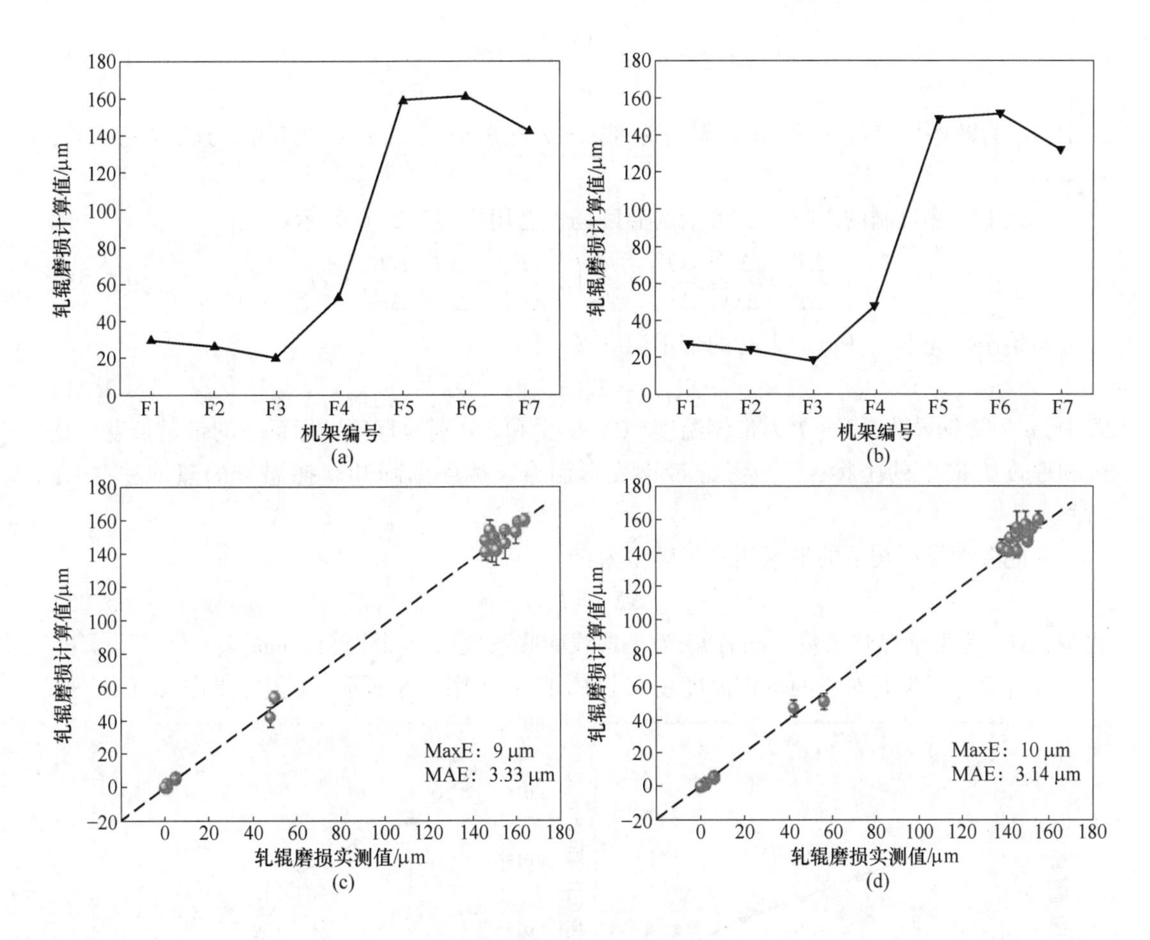

图 5.6　轧辊磨损计算结果

（a）上工作辊机架平均磨损值；（b）下工作辊机架平均磨损值；

（c）上工作辊计算结果；（d）下工作辊计算结果

为轧件密度，kg/m³；c 为热容，J/(kg·℃)；η 为吸收效率，一般为 50%～95%；Q_c 为应力影响系数；β 为热传导效率；θ 为轧件变形抗力，MPa。

低温轧辊与高温带钢接触时，会引起带钢的温度下降，其温降值 ΔQ_j 为：

$$\Delta Q_j = 4\beta \frac{l_c}{\bar{h}} \sqrt{\frac{\lambda}{\pi l_c v_0 \rho c}} \Delta t \quad (5.21)$$

式中，l_c 为压扁接触弧长，mm；$\bar{h}$ 为带钢平均厚度，mm；Δt 为带钢和轧辊温度差，℃。

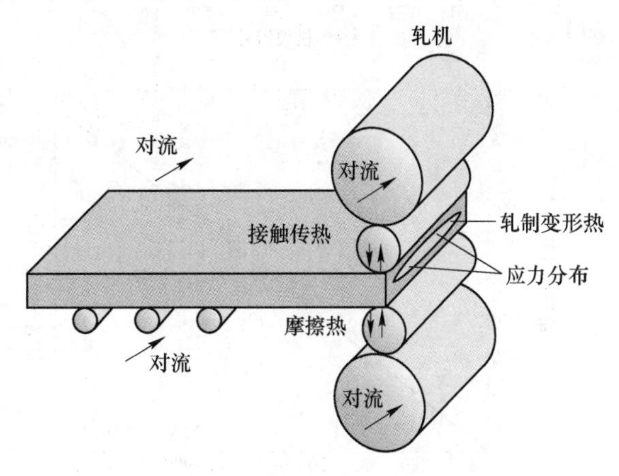

图 5.7　轧制过程传热机理

由于轧辊和带钢之间的摩擦会产生摩擦热，在此作用下的轧件温升 ΔQ_m 为：

$$\Delta Q_{\mathrm{m}} = \alpha_{\mathrm{f}} \mu \frac{\theta \Delta v \Delta \tau}{\rho c \bar{h}} \times 10^6 \tag{5.22}$$

式中，α_{f} 为摩擦热增益系数；μ 为摩擦系数；τ 为接触时间，s；Δv 为带钢与轧辊速度差，m/s。

在以上传热机制的影响下，带钢的温度场模型用式（5.23）表示：

$$\rho c \frac{\Delta T}{\Delta t} = \frac{\Delta}{\Delta x}\left(q \frac{\Delta T}{\Delta x}\right) + \frac{\Delta}{\Delta y}\left(q \frac{\Delta T}{\Delta y}\right) + \frac{\Delta}{\Delta z}\left(q \frac{\Delta T}{\Delta z}\right) + Q \tag{5.23}$$

初始条件为上一环节结束时的带钢温度场：

$$T\big|_{t=0} = T_0(x,\ y,\ z) \tag{5.24}$$

式中，q 为带钢导热系数；T 为带钢温度，℃；x、y 和 z 分别为直角坐标系下的带钢长度、宽度和厚度方向上的坐标；Q 为考虑带钢变形温升、接触温降和摩擦温升的热源项；t 为时间。

在此温度场影响下的带钢热膨胀模型为：

$$\Delta E_{\mathrm{p}} = k_{\mathrm{e}} l T \tag{5.25}$$

式中，ΔE_{p} 为带钢热膨胀量，mm；k_{e} 为平均线膨胀系数；l 为带钢长，mm。

经过每一机架时对应的带钢温度场与热膨胀量如图 5.8 所示。其中，图 5.8（a）和

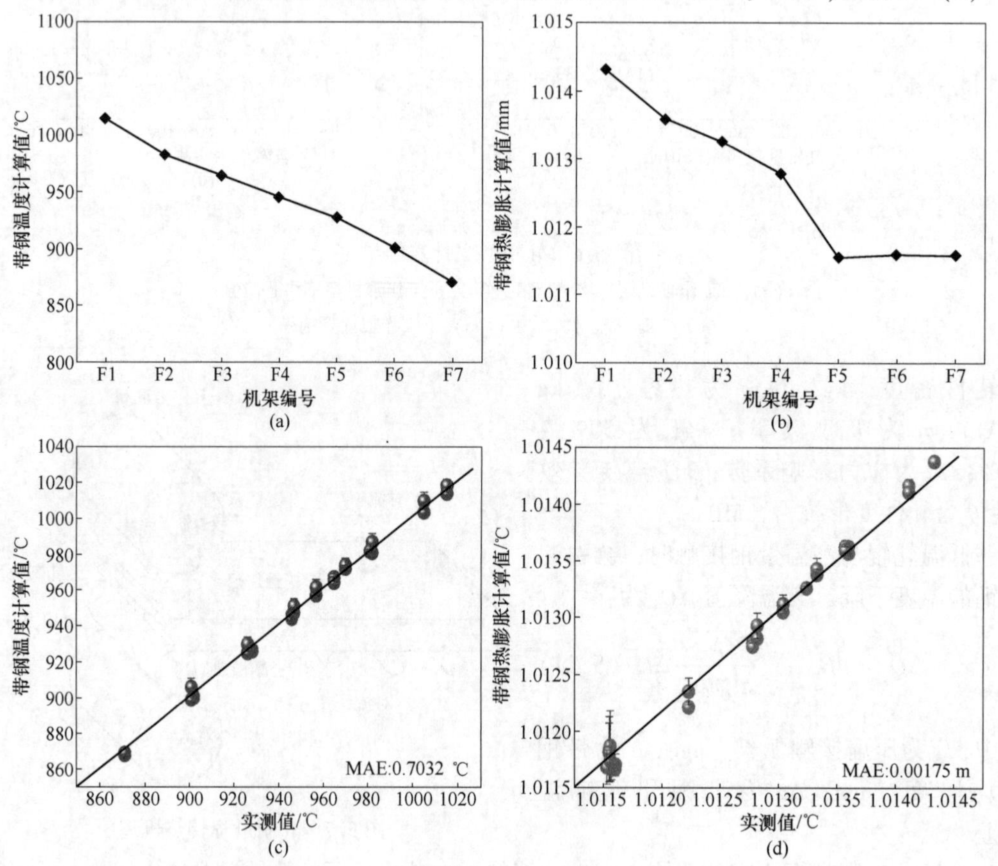

图 5.8　计算的带钢温度场和热膨胀计算结果

(b) 分别为精轧区不同机架位置处的带钢温度和带钢热膨胀值，图 5.8 (c) 和 (d) 分别为带钢温度与带钢热膨胀的计算值与实测值的误差结果。

由图 5.8 可知，在带钢经过精轧区机架的连续轧制得到预期板形的过程中，带钢向环境的热辐射、对流热与轧辊的接触换热、摩擦生热等都将导致带钢温度的下降，热膨胀现象也随之减弱。

5.1.6 机架间二次变形模型建立

带钢在轧制环境与自身表面温度发生改变时，其内部也会产生转变，从而影响板带的质量。这种转变可以用热膨胀量来表示，同时，带钢的热膨胀量与轧制过程中的带钢温度场密切相关。

在带钢热连轧机组板形控制中，大多习惯将前一个机架带钢的出口凸度作为后一个机架带钢的入口凸度，但在实际工程中，第 i 机架的带钢入口凸度值与第 $i-1$ 机架的带钢出口凸度值是不一致的。原因在于，当带钢经前一机架轧制时，会在相邻机架间的挤压和牵拉作用下产生内应力导致板形发生改变。在高温轧制条件下，带钢处于一种特殊的状态，而发生机架间的二次变形，具体表现为先前延伸小的纵条在张应力作用下趋向于拉长，延伸大的纵条则会因为受到挤压而趋向于缩短。这种变形过程会使带钢的内应力得到相应消除，变形过程如图 5.9 所示[9]。

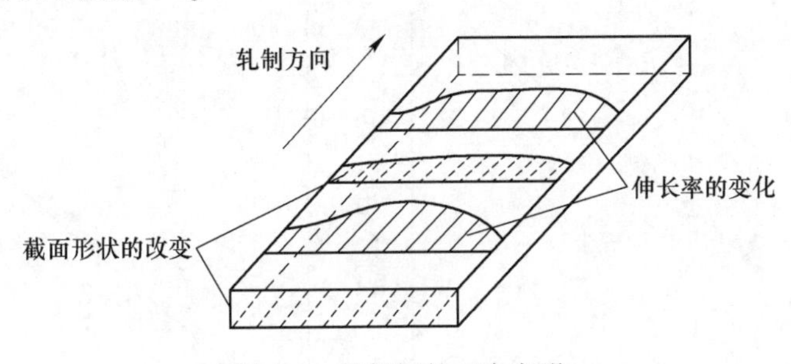

图 5.9 机架间的二次变形

带钢在机架间的二次变形也会影响带钢的板形。带钢在机架间张力和带钢内应力的作用下发生二次变形模型如下：

$$f_c(\theta,\ T)=k_c(\theta/E)K_T e^{-d/(T+273)} t h'(x)\left(k_{h/B}\ (h'/B')^{a}\right) \tag{5.26}$$

式中，k_c 为变形系数；θ 为变形抗力，MPa；t 为时间参数，s；K_T 为温度影响系数；d 为变形指数系数；$h'(x)$ 为带钢横向厚度分布，mm；$k_{h/B}$ 为厚宽比影响系数；a 为厚宽比指数系数。其中，变形抗力的存在会影响轧制压力和带钢内应力的分布，计算模型为：

$$\theta = P_1\Big/\frac{R_\theta}{\alpha}\left(0.79+\frac{0.47R_\theta/\alpha}{H+h}\right) \tag{5.27}$$

式中，P_1 为单位宽度轧制力，MPa；R_θ 为变形半径，mm；α 为应变角。

变形半径计算模型为：

$$R_\theta=\sqrt{\left(0.79+\frac{0.47l_c}{H+h}\right)\Big/3.14} \tag{5.28}$$

式中，l_c 为压扁接触弧长，mm；H 为入口带钢厚度，mm；h 为出口带钢厚度，mm。

机架间张力的存在造成带钢的二次变形主要表现为，当机架之间产生张力时，意味着相邻机架对带钢施加了沿轧制方向的拉力从而使阻力减小，目的是抑制带钢内的金属横向流动，促使金属沿轧制方向的流动增加。这种流动特性对于带钢的纵向轧制具有重要影响。图 5.10（a）和（b）分别为精轧区机架位置的带钢变形抗力和变形半径值，图 5.10（c）和（d）分别为带钢变形抗力和变形半径的计算值与实测值的误差结果。

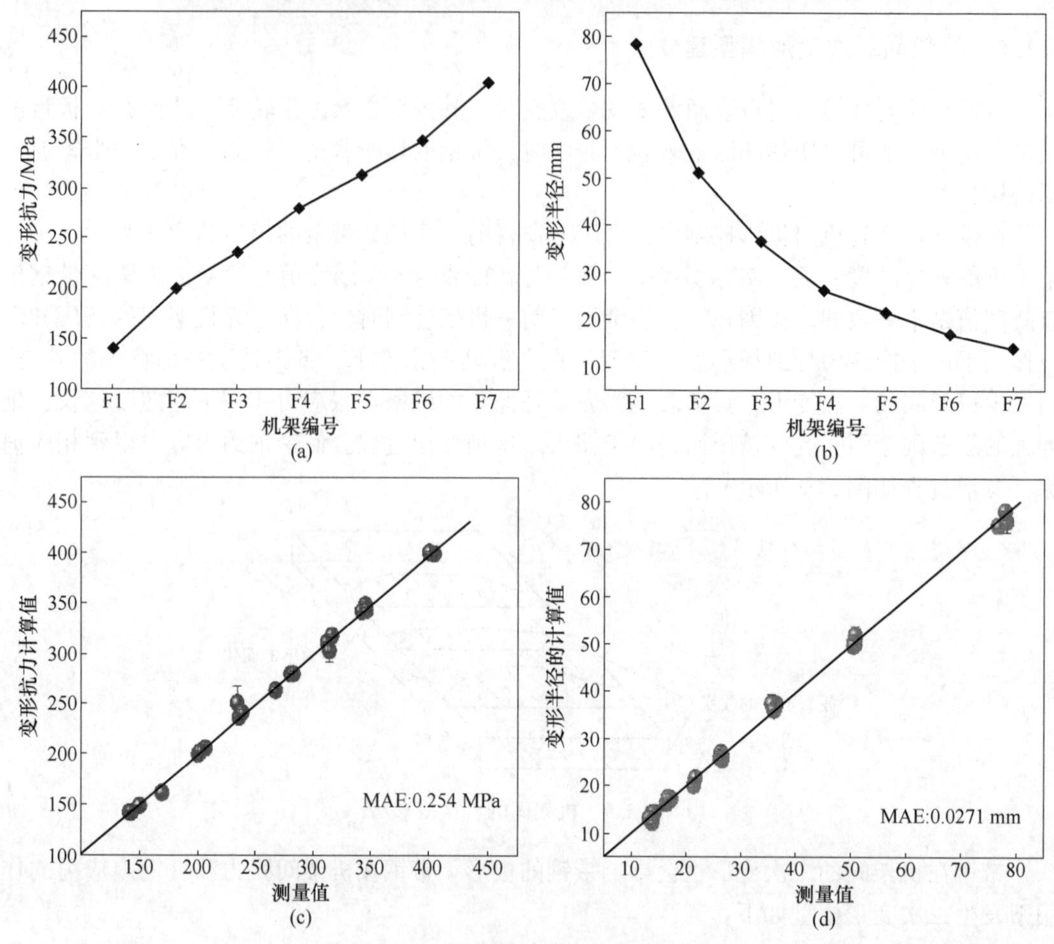

图 5.10 变形抗力和变形半径计算结果

可以看出，机架间的张力抵消了部分内部应力。此外，随着机架间张力的增加，机架之间带钢二次变形的抗变形能力增强，从而减小了变形半径，并改善了带钢板形的质量，为后续机理融合数据的研究奠定了基础。

5.2 基于数据驱动的热连轧板凸度预测及模型优化

随着计算机科学技术的蓬勃发展，热轧生产过程中已积累了大量的轧制生产过程数据，同时伴随数据库技术、传感器技术和通信技术的迅速崛起，企业获取实时生产数据的成本已经不再昂贵，因此采用数值分析技术对全流程进行产品质量监控和诊断的需求日渐迫切[10-11]。从隐匿、碎片、低质的数据中挖掘出其物理意义与特征之间的关联性，提取出反映对象真实状态的全面性信息，是实现质量稳定性提升的前提，保证计算结果真实有效性的关键。基于数据驱动方法取得初步成果之后，为了弥补传统板形控制方法的缺陷[12]，最终建立基于 SVM 的主成分分析结合布谷鸟搜索算法优化的预测模型。基于本节进行论述，并与 PSO-SVM 预报模型及传统 SVM 预报模型进行对比分析，讨论三种模型的预测性能[13-15]。

5.2.1 热轧板凸度特征参数分析

基于机器学习以及智能优化方法可以有效地分析海量数据并建立符合实际情况的非线性模型，从而能够实现板凸度的准确预测与控制，在板凸度控制方面具有广阔的应用前景和改进空间。在本节的工作中，实验数据均来自某热连轧工厂 7 机架精轧机组。表 5.1 列出了其 CVC 轧机的参数配置。

表 5.1 CVC 轧机参数配置

参　数	数　值
轧制力（Max）/kN	50000
弯辊力（Max）/kN	1200
轧制速度（Max）/m · s^{-1}	21
窜辊量（Max）/mm	320
轧板厚度/mm	1.2~12.7
轧板宽度/mm	700~1450
工作辊直径/mm	630~700

影响轧制过程中板凸度的因素很多，主要涉及两个方面，即轧制条件和轧制产品。依靠传统的分析方法和控制理论，事实证明已不能够满足当前带钢凸度控制精度要求，主要集中体现在三个方面：首先，建模过程中的简化条件极大地限制了带钢凸度模型精度的进一步提高；其次，现场环境条件的复杂性以及直接和实时测量某些特殊参数变量的难度也增加了提高精度的难度；第三，反馈控制的困难也是阻碍带钢凸度精度提高的关键因素。

在实际工程问题中，不同的轧制规格对应不同的理论数学模型，构建适合于各种情况的模型相当复杂。此外轧件内部应力分布，轧辊热膨胀和轧辊磨损等参数难以直接测量获得。因此研究中所选参数特性如表 5.2 所示。这些参数特征均易于测量获得，并且测量误差相对较小。使用数据检测设备直接获取数据可以最大化突出和利用原始数据的价值。避免了由于简化各种数学模型而导致的计算模型的精度误差不断累加放大，从而最终影响到计算结果的真实性和有效性。

表 5.2 SVM 模型的输入输出参数

编　号	参　数	单位
1~7	轧制力（F1~F7）	kN
8~14	轧制速度（F1~F7）	m/s
15~21	弯辊力（F1~F7）	kN

续表 5.2

编　号	参　数	单位
22~28	辊缝值（F1~F7）	mm
29~35	窜辊量（F1~F7）	mm
36~37	出口厚度（F7）	mm
37	出口宽度（F7）	mm
38	精轧入口温度	℃
39	精轧出口温度	℃
40	板凸度（F7）	μm

5.2.2 实验数据的采集与预处理

从某板带热连轧生产厂收集大量数据样本，以构建基于 SVM 的带钢板凸度预测模型，其总体框架流程如图 5.11 所示。

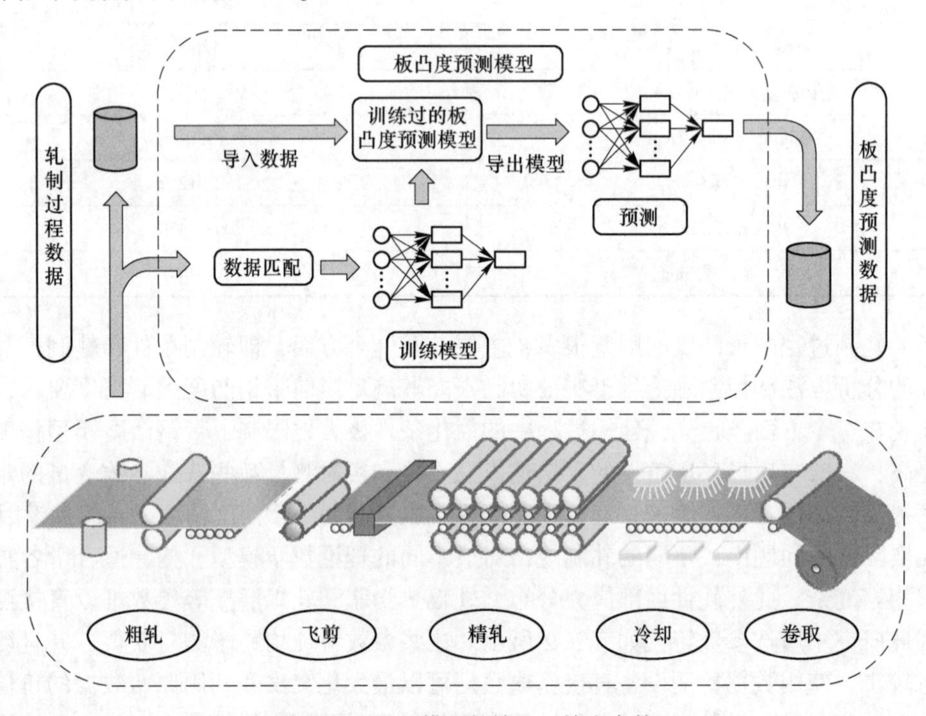

图 5.11 SVM 模型的输入、输出参数

实际上，现场收集的原始数据总是包含大量噪声和异常值，导致预测结果产生偏差。为了最大程度地恢复样本数据的真实性，以获得可靠的实验结果，现场收集的大量样本数据必须经过预处理。部分实验数据见表 5.3。

如图 5.12 所示，实验数据经过处理得到三维视图，清晰显示了影响热轧带钢板凸度的特征参数和变量分布状况。带钢凸度值从 10 μm 增加到 70 μm，并且随着水平和垂直坐标的变化，呈现出混乱的分布。这表明使用该数据集所建立的带钢板凸度预测模型在实际的热轧生产中将具有强大的鲁棒性。

表 5.3 部分实验数据

样本序号	轧制力/kN	弯辊力/kN	…	窜辊量/mm	厚度/mm	宽度/mm	…	出口温度/℃	板凸度/μm
1	16576	870	…	-53.82	5.59	880	…	879.06	52.46
2	24612	826	…	-37.31	3.87	862	…	868.75	49.05
3	19259	1206	…	63.08	3.00	867	…	866.88	53.33
4	17420	866	…	42.68	2.53	871	…	867.81	41.98
⋮	⋮	⋮	…	⋮	⋮	⋮	…	⋮	⋮
2700	17429	838	…	111.91	1.80	870	…	860.63	25.11
2701	17859	880	…	77.83	1.79	869	…	879.34	22.68

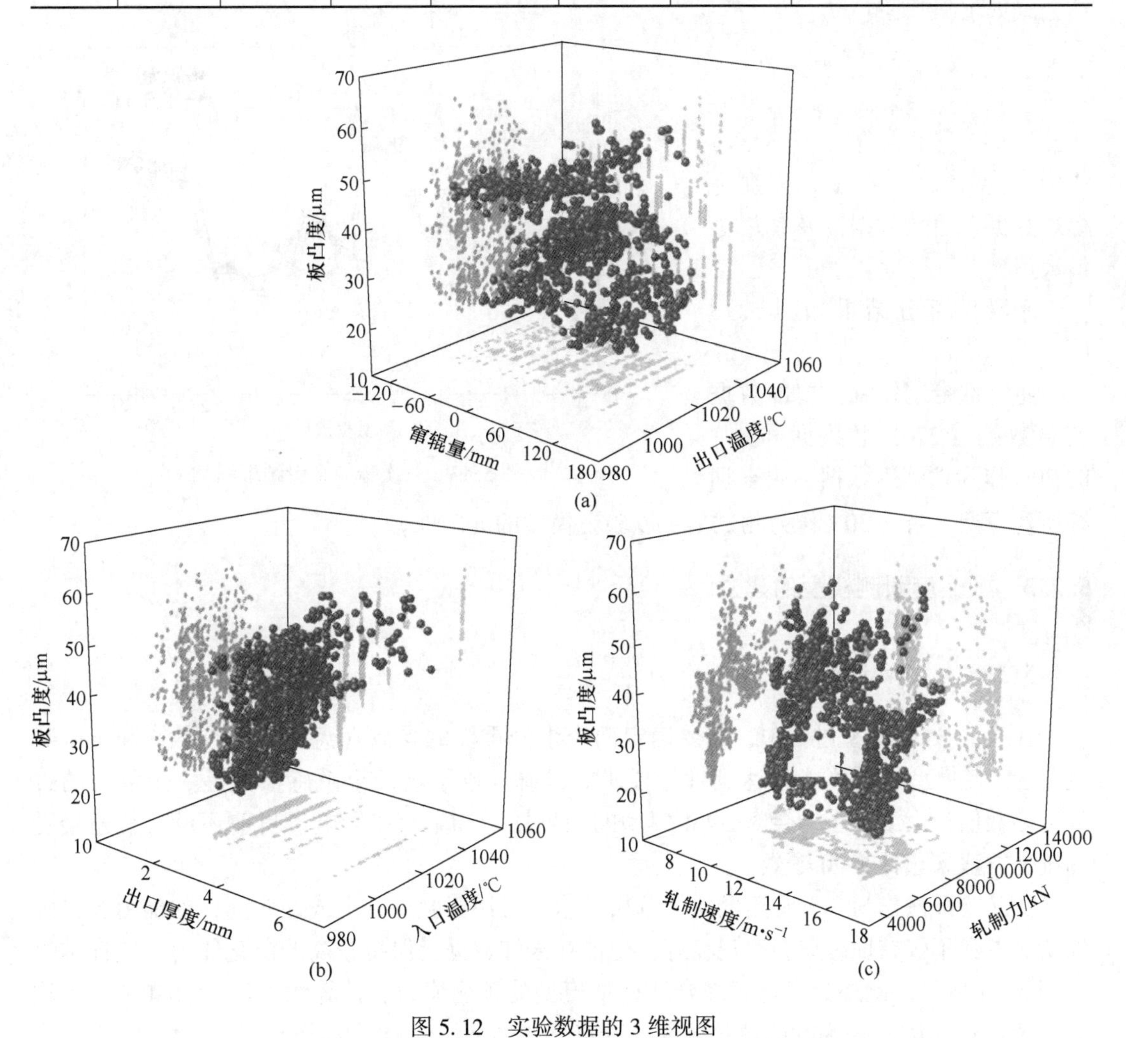

图 5.12 实验数据的 3 维视图

(a) 板凸度、窜辊量和出口温度之间的关系；(b) 板凸度、出口厚度和入口温度之间的关系；(c) 板凸度、轧制速度和轧制力之间的关系

(扫描书前二维码查看彩图)

从热轧现场收集的原始数据包含有大量噪声和异常点，Pauta 准则能够消除样本数据中的异常值和噪声，并恢复样本数据中的原始信息，保证实验结果的真实性。其具体计算公式如下：

$$|x_i - \bar{x}| > 3S_x \tag{5.29}$$

$$S_x = \sqrt{\frac{1}{n}\sum_{i=1}^{n}(x_i - \bar{x})^2} \quad \left(\bar{x} = \frac{1}{n}\sum_{i=1}^{n}x_i\right) \tag{5.30}$$

式中，$\bar{x}$、S_x 分别为 x_i 的均值和标准差。

结果共检测并排除了 106 个样本点，选择 2701 组样本数据用于进一步的实验。另外为了充分提高数据质量，采用三次指数平滑法对实验数据进行平滑处理。采用最小-最大缩放方法对数据统一进行归一化处理避免实验数据中不同量纲对实验预测结果的影响，具体公式如下：

$$x \rightarrow y = \frac{x - x_{\min}}{x_{\max} - x_{\min}} \tag{5.31}$$

式中，y、x、$x_{\min}$ 和 $x_{\max}$ 分别为标准数据、原始数据以及其最小最大值。

平滑后部分结果如图 5.13 所示。

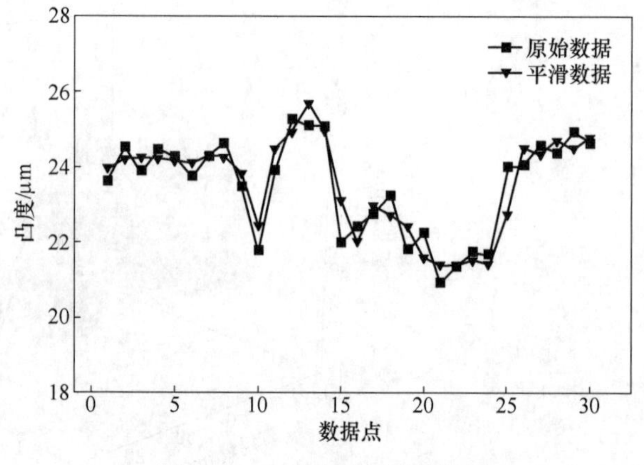

图 5.13 三次指数平滑结果图

将全部带钢轧制头尾部数据实验数据（2701 组数据样本）的 70%作为训练集数据，用来训练所建模型，余下 30%作为测试集，以验证模型的准确性。

5.2.3 板凸度预测模型的建立

5.2.3.1 SVM 模型建立

在建立 SVM 模型过程中，需要确定两个十分重要的参数（惩罚因子参数 c 和核函数变量 g）使模型的预测能力达到理想要求。准确地确定这两个敏感参数是一个复杂的过程，参数值过大或过小均会对 SVM 模型的预测性能产生直接影响。目前还没有普遍接受的统一方法来选择 SVM 参数。

交叉验证法作为一种常用的统计分析技术，可用于验证分类或回归问题的能力，以确保所选参数不仅在训练集上表现良好，也能在未知数据上保持较高的泛化能力，验证结果如图 5.14 所示。此外为了全面综合地评估模型的预测能力，计算均方误差（MSE）和均方相关系数（R^2）作为性能评价标准，计算公式如下：

$$\text{MSE} = \frac{1}{n}\sum_{i=1}^{n}(x_{ti} - x_i)^2 \tag{5.32}$$

$$R^2 = \frac{\sum_{i=1}^{n}(x_i - \bar{x}_i)^2 - \sum_{i=1}^{n}(x_{ti} - x_i)^2}{\sum_{i=1}^{n}(x_i - \bar{x}_i)^2} \tag{5.33}$$

式中，x_i、x_{ti}、$\bar{x}_i$ 分别为实测值、预测值及平均值。

在图 5.14 中，轮廓曲线图（a）和 3D 视图（b）揭示了通过交叉验证（CV）方法在不同参数设置下，支持向量机（SVM）模型性能的变化情况，为最优参数选择提供了直观的依据。

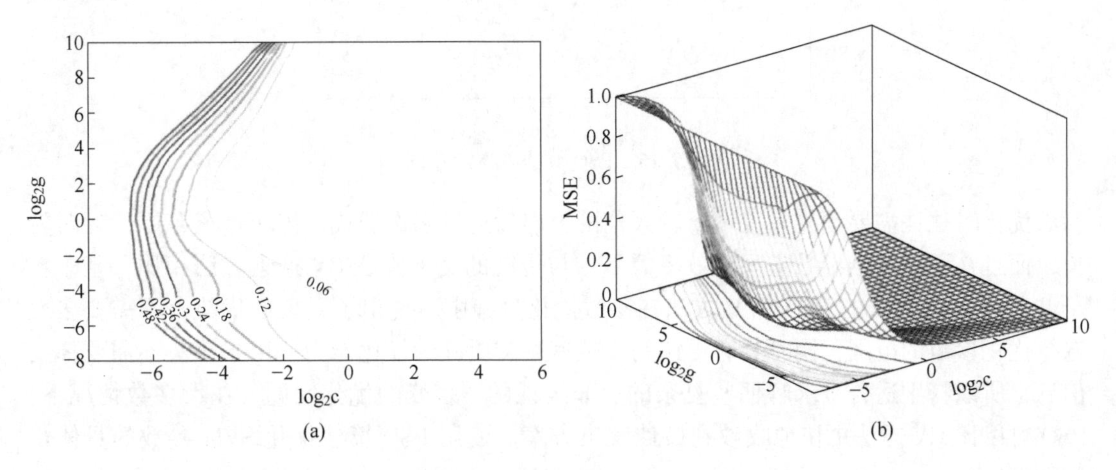

图 5.14 参数选择（c 和 g）

（扫描书前二维码查看彩图）

5.2.3.2 PSO-SVM 模型建立

PSO 基本算法示意图如图 5.15 所示，其中粒子通过公式（5.34）及式（5.35）更新其速度和位置，这一过程模仿了鸟群或鱼群的社会行为，在多维搜索空间中寻找最优解。每个粒子代表搜索空间中的一个潜在解，它根据个体经验和群体经验来调整自己的飞行方向和速度。个体经验反映了粒子自身曾经找到的最佳位置，而群体经验则是所有粒子共同找到的最佳位置。这两种经验的结合，使得 PSO 算法能够有效地平衡探索和利用之间的关系，从而高效地搜索全局最优解。PSO 算法的优势还在于其算法结构的简单性和对优化问题类型广泛的适应性。不需要复杂的数学运算，不依赖于问题的导数信息，使得 PSO 成为解决连续空间优化问题特别是非线性、多峰、高维复杂问题的有力工具[16]。

$$v_{id}(t+1) = K(v_{id}(t) + c_1 r_1(P_{id}(t) - x_{id}(t) + c_2 r_2(P_{jd}(t) - x_{id}(t))) \tag{5.34}$$

$$x_{id}(t+1) = x_{id}(t) + v_{id}(t+1) \tag{5.35}$$

式中，v 和 x 分别为粒子的速度和位置；i 和 d 分别为粒子数和维数；t 为迭代次数；K 为权重；c_1、c_2 为学习因子；P_{id} 为粒子在第 d 维的极坐标；P_{jd} 为粒子群在第 j 维的全局极坐标。这种更新机制使得粒子在搜索空间中进行高效的随机搜索，同时也能够向已知的优秀区域集中。

传统的交叉验证 CV 方法虽然广泛应用于各种机器学习模型的参数选择，但其在进行

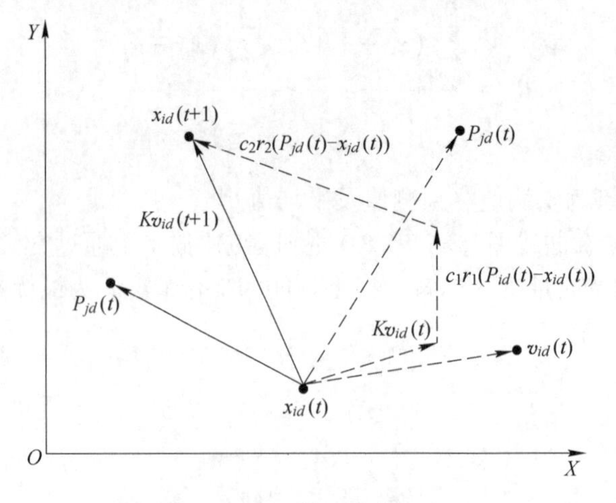

图 5.15　PSO 算法基本示意图

参数优化时往往需要预先设定一个较大范围，然后通过多次迭代来缩小搜索范围，耗时较长，而且在面对高维参数空间时效率低下。与传统的交叉验证 CV 搜索方法相比，基于粒子群 PSO 优化算法的 PSO-SVM 方法在参数优化过程中展现出了显著的优势，不需要多次选择优化参数的范围，同时具有更快的收敛速度和更好的优化能力，由于算法不需要梯度信息，所以特别适合于求解那些复杂的、非线性的、多峰的优化问题。在大多数情况下，PSO 可以比 CV 方法更快地收敛到最佳解决方案。使用 PSO 算法优化 SVM 参数的具体步骤如下：

步骤 1：载入处理后的实验数据，并将其分为两部分：训练集（70%），测试集（30%），其中训练集样本数据（1801 组）被用于训练 SVM 的模型，余下数据（900 组，测试集）被用于测试已建立模型的性能；

步骤 2：通过 PSO 算法搜索最佳（c&g）组合，重复该过程，直到满足停止条件为止；

步骤 3：输出最佳参数组合；

步骤 4：使用最佳（c&g）组合参数建立 SVM 回归模型；

步骤 5：计算结果并评估预测模型性能。

5.2.3.3　KPLS-SVM 模型建立

在 KPLS 模型中对于给定含 n 个样本点的有限子集 $\boldsymbol{X}=[x_{(1)}, x_{(2)}, \cdots, x_{(n)}]^{\mathrm{T}} \in \boldsymbol{R}$，通过非线性函数 $\phi(\cdot)$ 将这 n 个样本点投影到高维特征空间，并通过引入非线性核函数来计算映射点间的内积得到核矩阵 $\boldsymbol{K}$：

$$\boldsymbol{K}=\begin{bmatrix} k_{11} & k_{12} & \cdots & k_{1n} \\ k_{21} & k_{22} & \cdots & k_{2n} \\ \vdots & \vdots & \ddots & \vdots \\ k_{n1} & k_{n2} & \cdots & k_{nn} \end{bmatrix}=(k_{ij})_{n\times n}=\boldsymbol{X}_{\phi}\boldsymbol{X}_{\phi}^{\mathrm{T}} \tag{5.36}$$

其中，$\boldsymbol{X}_{\phi}$ 代表自变量标准化矩阵在高维特征空间中的映射点构成的数据矩阵，从而建立 KPLS 回归预测模型：

$$\begin{aligned} \boldsymbol{Y}_{\mathrm{c}} &= \boldsymbol{K}\boldsymbol{B} \\ \boldsymbol{B} &= \boldsymbol{U}(\boldsymbol{T}^{\mathrm{T}}\boldsymbol{K}\boldsymbol{U})^{-1}\boldsymbol{T}^{\mathrm{T}}\boldsymbol{Y} \end{aligned} \tag{5.37}$$

式中，$\boldsymbol{Y}$ 为训练集数据中数据点的因变量数据矩阵；$\boldsymbol{K}$ 为根据训练集中数据点的自变量计算出的核矩阵；$\boldsymbol{Y}_{\mathrm{c}}$ 为测试集数据点的因变量预测矩阵；$\boldsymbol{B}$ 为 KPLS 回归预报模型的系数矩阵；$\boldsymbol{T}$、$\boldsymbol{U}$ 为根据 KPLS 算法分别从数据矩阵 $\boldsymbol{X}_{\phi}$ 和 $\boldsymbol{Y}$ 中提取的主成分矩阵。

为验证模型有效性，对测试集样本 $\boldsymbol{X}_{\mathrm{t}}$ 和 $\boldsymbol{Y}_{\mathrm{t}}$ 进行预测，首先计算预测样本 $\boldsymbol{X}_{\mathrm{t}}$ 和训练样本 $\boldsymbol{X}$ 之间的核矩阵：

$$\boldsymbol{K}_{\mathrm{t}} = [k(x_{(i)},\ k_{(j)})]_{n_1 \times n} \tag{5.38}$$

然后对测试集数据的核矩阵 $\boldsymbol{K}_{\mathrm{t}}$ 进行中心化处理。

最终可得 KPLS 预测模型为：

$$\begin{aligned} \boldsymbol{Y}_{\mathrm{t}} &= \boldsymbol{K}_{\mathrm{t}}\boldsymbol{B} \\ \boldsymbol{B} &= \boldsymbol{U}(\boldsymbol{T}^{\mathrm{T}}\boldsymbol{K}_{\mathrm{t}}\boldsymbol{U})^{-1}\boldsymbol{T}^{\mathrm{T}}\boldsymbol{Y} \end{aligned} \tag{5.39}$$

基于 KPLS 回归预测模型，可以得到目标变量（输出变量）的预测值 $\boldsymbol{Y}_{\mathrm{t}}$，则可以计算出预测值 $\boldsymbol{Y}_{\mathrm{t}}$ 和真实值 $\boldsymbol{Y}$ 之间的绝对误差 $\boldsymbol{R}$ 。利用 MATLAB 软件将训练集数据（输入数据）和绝对误差 $\boldsymbol{R}$（输出数据）进行归一化处理到［0，1］区间，具体计算公式如下：

$$f:\ x \rightarrow y = \frac{x - x_{\min}}{x_{\max} - x_{\min}} \tag{5.40}$$

式中，$x_{\min}$、$x_{\max}$分别为样本数据点中的最小值和最大值。

建立 KPLS-SVM 预测模型，选择并设定 KPLS-SVM 回归预测模型的相关参数。其中 SVM 回归模型最佳参数 c 以及核函数参数 g 均由 PSO 算法寻优获得。然后导入训练集数据训练模型，从而最终建立基于数据驱动方法结合机器学习算法的 KPLS-SVM 回归预测模型，确保模型具有良好的泛化能力。

利用 PSO 算法寻优获得的最佳参数组合 c 和 g 建立 KPLS-SVM 训练模型。然后，再利用处理后的测试集数据导入所建立的 KPLS-SVM 预测模型计算预测值，输出预测结果。

最终建立 KPLS-SVM 回归预测模型如式（5.41）所示：

$$\boldsymbol{Y}_{\mathrm{s}} = \boldsymbol{K}_{\mathrm{t}}\boldsymbol{B} + \boldsymbol{R}_{\mathrm{s}} \tag{5.41}$$

式中，$\boldsymbol{R}_{\mathrm{s}}$ 为测试集数据绝对误差预测值；$\boldsymbol{Y}_{\mathrm{s}}$ 为模型输出值，即预测值。

5.2.3.4 PCA-CS-SVM 模型建立

主成分分析（Principal Component Analysis，PCA）作为一种在数据处理和机器学习领域广泛应用的多元统计技术，它通过对数据进行线性变换，将数据转换到新的坐标系统中，使得在这个新坐标系统的第一坐标轴上的方差最大，第二坐标轴上的方差次之，以此类推，从而达到降维的目的。在从原始数据中提取主要成分特征方面具有很大优势[17]。板带热连轧过程中，板凸度受到诸多因素影响，如：轧机参数、带钢参数及机架的动态参数等。训练模型输入特征参数达 39 个维度，为了防止由于维度过高而导致每个元素维度上的数据分布变得稀疏，因此采用 PCA 方法进行降维处理。PCA 技术可用于提取和确定多维数据中的主要信息，有利于简化计算模型，大大提高训练速度。因此取累积贡献率为 99%，以确保可以将绝大多数数据信息包含在主成分中[18]。数据提取结果如图 5.16 所示。

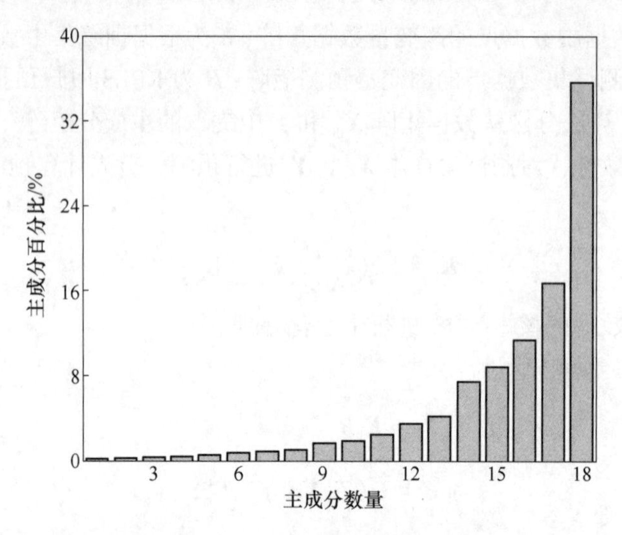

图 5.16　PCA 方法数据降维结果

使用 PCA-CS 方法优化 SVM 参数算法过程的步骤与 PSO-SVM 模型的寻优步骤相似。PCA-CS 算法优化 SVM 参数的工作流程如图 5.17 所示。

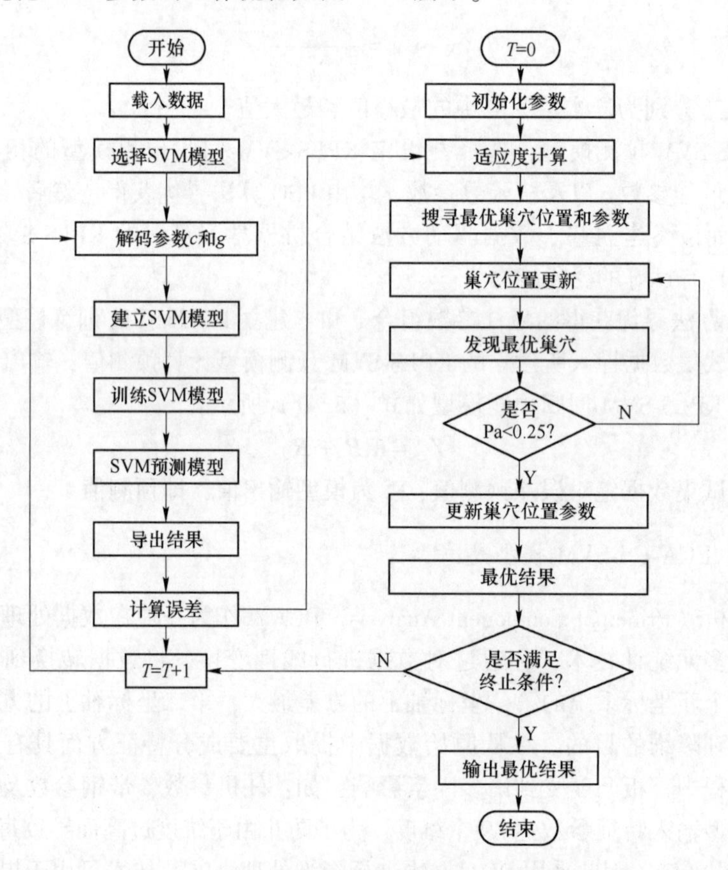

图 5.17　PCA-CS 方法优化 SVM 参数流程图

PSO 算法能够在全局解空间中寻找到最优解，同时该算法也存在过早收敛，搜索精度低以及后期迭代效率低等不足。CS 作为一种有效的优化算法，被认为是处理复杂及非线性问题的有效工具。此外基于数据驱动的方法和数据挖掘技术可以有效地挖掘和利用数据中的潜在信息，并通过非线性投影以降低数据维数，充分提取数据中的有效信息，找出变量之间的内在规律以建立有效的非线性回归模型。并应用 PCA 降维技术来减小训练数据维度，不仅能够充分挖掘和利用数据中的潜在信息，而且极大地提高了模型的收敛速度，在减少模型过拟合的风险的同时，具有更好的泛化能力[19]。

5.2.4 预测效果分析

5.2.4.1 KPLS-SVM 模型预测结果分析

通过将测试集数据导入所提出的两种热连轧板凸度预测模型，并且通过计算预测性能相关评价指标，对比分析所提两种板凸度预报模型预测效果。实验预测结果如图 5.18 所示。

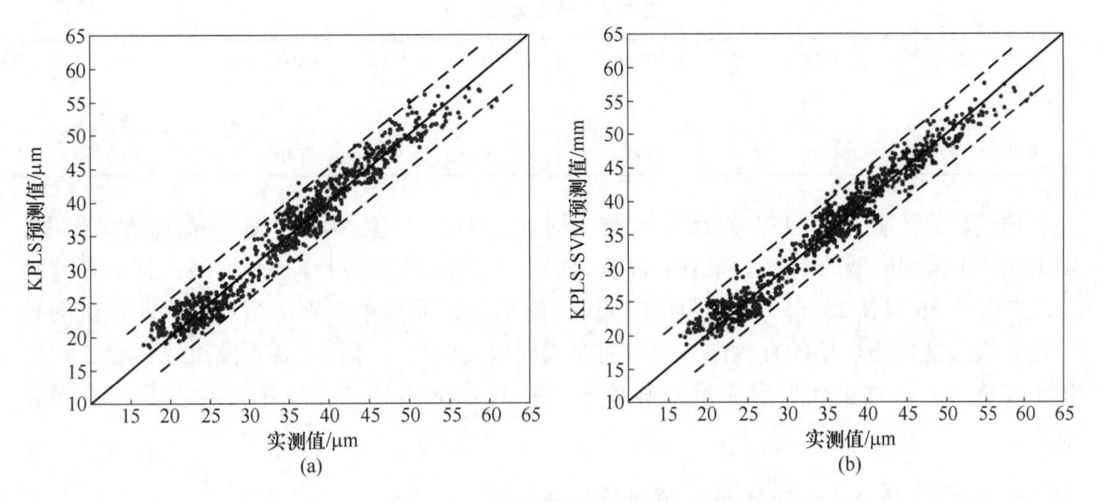

图 5.18 模型预测结果
(a) KPLS 预测结果图；(b) KPLS-SVM 预测结果图

为了使所提出的热连轧板凸度预测模型具有普性以及较强的鲁棒性，通过现场采集实验数据，并对数据进行预处理，包括降噪、剔除异常值以及平滑处理。相比于 KPLS 板凸度预测模型，KPLS-SVM 模型在核偏最小二乘方法的基础上结合机器学习方法（即 SVM）进行板带热连轧板凸度预测，同时采用 PSO 算法优化模型相关参数，进一步提高板凸度预测精度。如图 5.18 中预测结果表明，KPLS-SVM 板凸度预报模型预测结果中 96.86%的板凸度预测值绝对误差在 5.5 μm 以内，整体具有较高的板凸度预测精度，能够满足实际生产要求，并且对提高板带热连轧板凸度预测精度和板带产品质量具有重要理论指导意义[20-21]。

此外，为了充分证明所提热连轧板凸度预测模型的准确性和有效性，通过计算均方误差（MSE）以及均方相关系数（R^2）评判标准来综合评估所建预报模型的预测性能。如表 5.4 预测对比结果所示，KPLS-SVM 预测模型的 MSE 值较 KPLS 模型更小，而且 R^2 值也更接近于1。同时计算平均绝对误差（MAE）、平均绝对百分比误差（MAPE）以及均方根误差（RMSE）用于全面衡量已建板凸度预报模型的预测性能，其相关计算公式如下：

$$\mathrm{MSE} = \sum_{i=1}^{n} (x_i - x_{ti})^2 / n x_i \tag{5.42}$$

$$R^2 = 1 - \sum_{i=1}^{n} (x_i - x_{ti})^2 \Big/ \sum_{i=1}^{n} (x_i - \overline{x}_i)^2 \tag{5.43}$$

$$\mathrm{MAE} = \sum_{i=1}^{n} |x_i - x_{ti}| / n \tag{5.44}$$

$$\mathrm{MAPE} = \frac{100}{n} \sum_{i=1}^{n} |x_{ti} - x_i| / x_i \tag{5.45}$$

$$\mathrm{RMSE} = \sqrt{\sum_{i=1}^{n} (x_i - x_{ti})^2 / n} \tag{5.46}$$

式中，x_i、x_{ti} 分别为测试集数据的实测值和预测值。

表 5.4　预测效果对比

预测方法	MAE	MAPE/%	MSE	RMSE	R_2
KPLS	1.97	5.96	5.19	2.28	0.9520
KPLS-SVM	1.75	5.66	4.67	2.16	0.9527

通过计算上述表 5.4 中的评价标准，对比两种板凸度预测模型的预测结果表明，KPLS-SVM 预测模型的 MAE、MAPE 以及 RMSE 评价指标均优于 KPLS 模型，其结果分别为 1.75、5.66 以及 2.16。充分证明了所提出的基于核偏最小二乘法结合支持向量机的板带连轧板凸度预测模型的有效性，为目前在线模型受限于计算速度要求及反复耦合迭代提供了理论参考，对实现板形质量精确控制及提高带钢热轧产品质量具有重要理论指导意义。

5.2.4.2　PCA-CS-SVM 模型预测结果分析

针对传统方法难以获得准确的数学模型从而导致板形质量预测精度较低的问题，采用 SVM 机器学习方法建立了板带热连轧板凸度预报模型，同时通过 PSO 算法对 SVM 关键参数进行寻优[22]。另外运用基于数据驱动的 PCA 方法以有效处理工艺参数和质量指标之间的复杂非线性关系，通过提取数据中的主要特征和变量，减少数据的维度同时保留最重要的信息，从而简化了预测模型的复杂度。以此为基础，建立了基于 PCA 方法结合 SVM 的热连轧板凸度预测模型，并采用布谷鸟搜索算法优化支持向量机关键参数，进一步提高热连轧板凸度预报精度。图 5.19 显示了这三种板凸度预测模型的迭代时间的比较。比较实验结果表明，PCA-CS-SVM 模型的迭代时间最短且迭代速度最快。表 5.5 列出了三种模型的迭代时间和迭代速度。

表 5.5 列出了三种板凸度预报模型的迭代时间和迭代速度的实验结果。从表 5.5 可以清楚地看到，PCA-CS-SVM 模型的迭代时间最短，约为 1 min，并且其迭代速度是最慢的，而 SVM 模型的迭代时间最长，约为 3 min。因此所提出的 PCA-CS-SVM 方法更加合理。

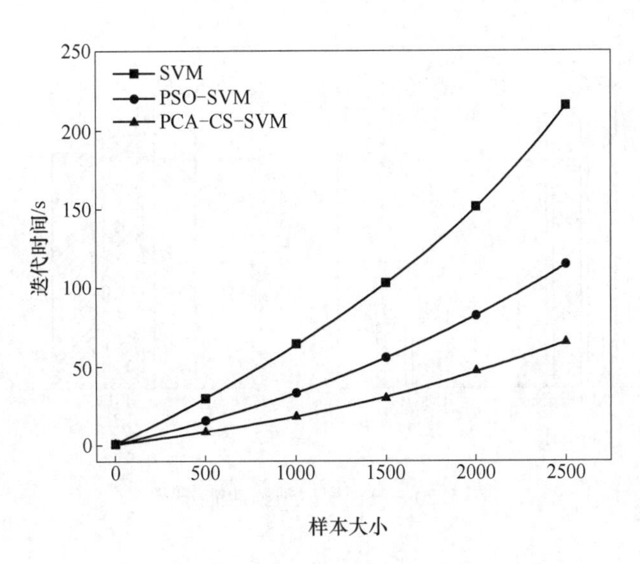

图 5.19 轧制结构简图

表 5.5 轧制结构简图

模 型	迭代时间/s	迭代速度/s^{-1}
SVM	187.59	0.27
PSO-SVM	101.73	0.50
PCA-CS-SVM	58.89	0.88

为了尽可能获得理想的实验结果，确保仿真结果真实可靠，采用平均绝对误差（MAE），平均绝对百分比误差（MAPE）和均方根误差（RMSE）来衡量已建带钢板凸度预测模型的性能。同时采用 MSE 和 R^2 来综合评估模型预测准确性，这些指标共同构成了一个综合的评价体系，可以准确反映模型预测值与实际值之间的差异，提供模型性能的整体视图。通过对这些指标的计算和分析，能够深入了解模型的稳定性、准确性以及对异常数据的敏感度等，计算公式如式（5.44）~式（5.46）所示。

对比分析 SVM、PSO-SVM 和 PCA-CS-SVM 三种板凸度预报模型预测能力，其评估计算结果如图 5.20 所示。从图 5.20 中可以看出，PCA-CS-SVM 模型带钢板凸度预测能力最好，并且具有最佳的预测性能，其均方误差 MSE 和决定系数 R^2 分别为 4.16 和 0.955；此外，从 SVM 模型到 PCA-CS-SVM 模型，其评估指标平均绝对误差 MAE，平均绝对百分比误差 MAPE 以及均方根误差 RMSE 数值结果明显下降，充分证明所提出的 PCA-CS-SVM 板凸度预测模型的优越性，对热轧板带产品的实际生产具有一定的指导意义。

图 5.21 显示了所提出的 SVM、PSO-SVM 以及 PCA-CS-SVM 三种模型的板凸度预测结果误差直方图。通过对比可以看出，PCA-CS-SVM 模型具有最高的板凸度预测精度，其中 98.15%的预测数据绝对误差小于 4.5 μm。与 PSO 算法相比，CS 具有参数更少、易于实现、操作简单、强大的搜索和优化能力以及能够收敛到全局最优的优点。与常规 SVM 以及 PSO-SVM 模型相比，PCA-CS-SVM 模型的收敛速度更快且预测精度更高，对板带热连轧实际生产具有一定的指导意义和应用价值。

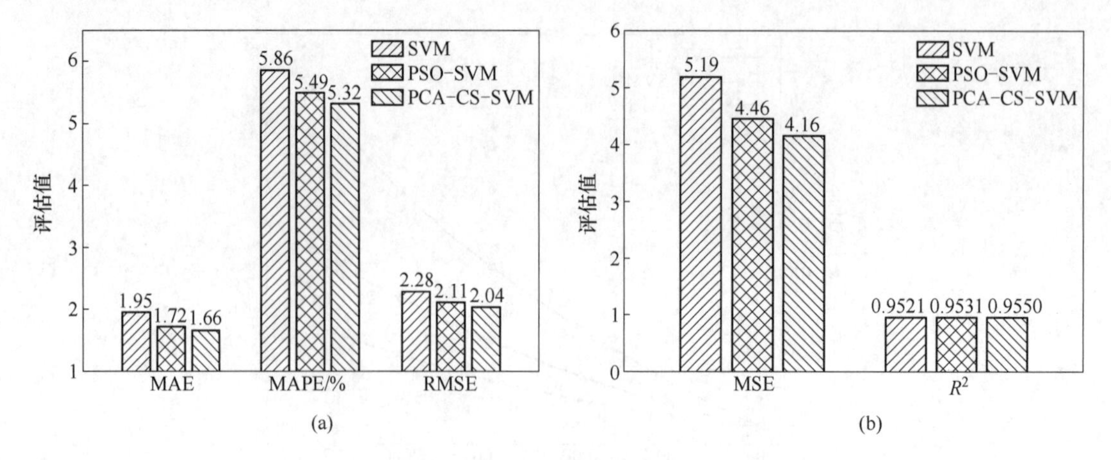

图 5.20　三种模型预测性能分析

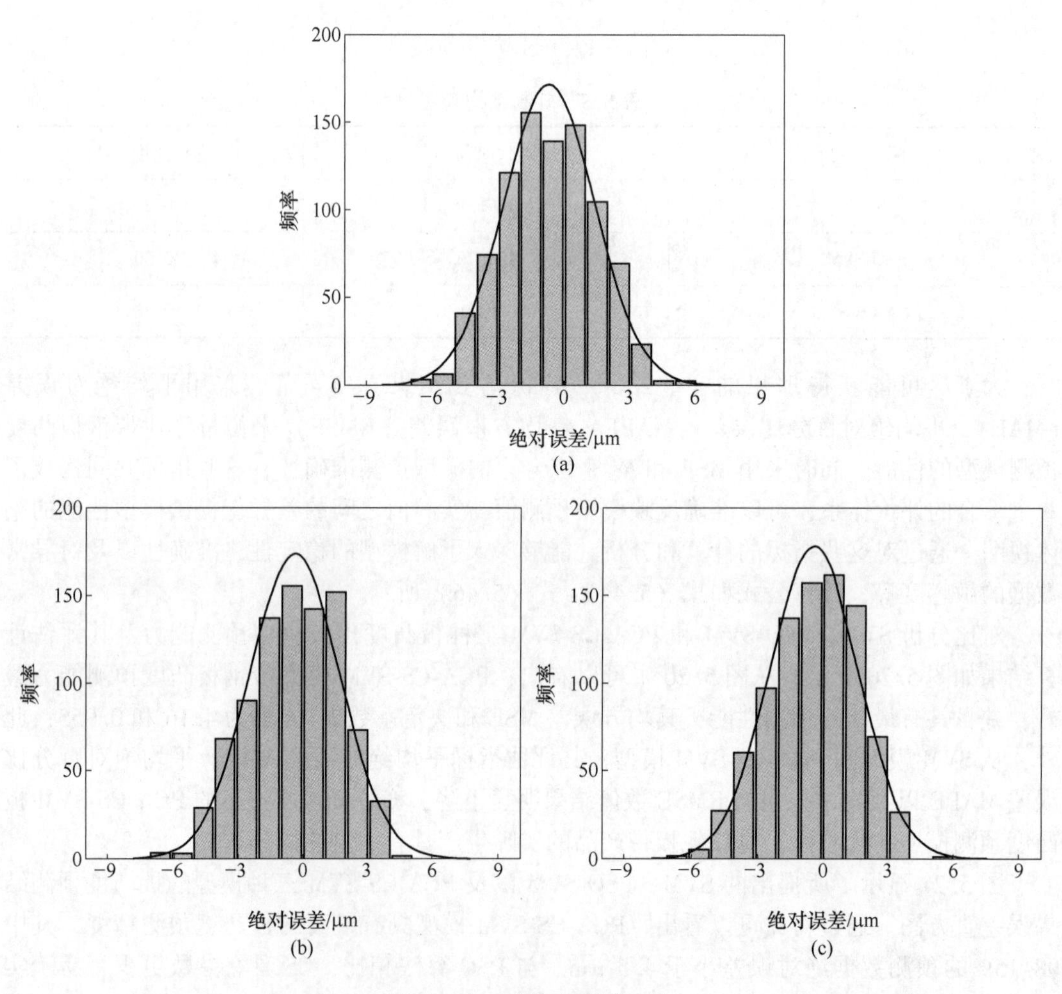

图 5.21　三种模型预测结果

(a) SVM；(b) PSO-SVM；(c) PCA-CS-SVM

5.3 机理融合数据的板带热连轧板凸度-厚度-平直度预测及模型优化

为了克服热轧过程中诸多因素以及传统 SVM 单输出的问题，提高多输出回归变量的预测精度，构建了一种轧制机理引导 ML 板凸度-厚度二维输出预报模型[23-24]。在轧制过程数据的基础上，计算轧制机理数据作为额外输入特征，通过维数处理参与模型的训练过程。同时采用遗传算法优化多输出支持向量回归模型，进一步提高热轧带钢板凸度-厚度预测精度。实验结果充分证明所提模型能够很好地满足实际要求，并且具有更强的通用性[25]。此外对实现板形质量的精确控制和提高热轧带钢产品质量具有重要的理论指导意义和实际应用价值。

5.3.1 数据预处理模型

5.3.1.1 增维处理

增维处理（Dimensionality Processing，DP），是通过增加数据（或向量等）维度，从而达到更好处理效果的一种处理方法。在高维空间中，数据的特征可以被更加充分地表达，从而为复杂模型的建立提供了更丰富的信息基础。

如图 5.22 所示，以板带热连轧轧制过程为基础，通过计算相关轧制机理数据，包括轧辊热膨胀量、轧辊磨损量以及各机架间温度，以增维处理的方式（即以额外的向量维度）作为输入特征参数，即通过增加额外的向量维度作为输入特征参数。并融合来料数据、轧制过程数据，共同参与多输出支持向量回归模型的训练过程，增强模型对轧制过程中复杂变化的适应能力和预测准确性，以提高模型的鲁棒性和通用性，为研究深层次轧制过程机理和优化轧制参数提供了新的视角和方法论，有望在轧制技术领域引发更广泛的应用和深入研究。

5.3.1.2 加权融合处理

加权融合处理（Weighted fusion Processing，WP）方法，就是将影响热轧板带质量的主要轧制机理数据与轧制过程数据以权重分配的形式，对相关特征信息进行加权平均，增大强相关性特征参数与输出变量之间的联系，最终得到的融合值参与模型训练。这样可以有效整合来自不同源的信息，优化信息的利用效率，从而使得预测模型能够更准确地反映出轧制过程中复杂的物理现象及其对产品质量的影响，由此增强模型对复杂数据结构的处理能力，提高板带质量预测模型的鲁棒性和适用性。

5.3.1.3 数据获取与清洗

数据是信息的载体，高质量数据是通过数据分析处理获得有意义结果的基本条件。数据预处理是数据分析和挖掘的基础，其实质是从海量数据中获取有用的，有价值的数据信息。如果集成数据不正确，则数据分析和挖掘的输出结果一定不正确，并且以这种方式形成的结果和决策也必定是不可靠的。因此为了提高数据分析和挖掘结果的准确性，数据预处理是不可忽视的关键步骤。数据清洗能够有效地剔除现场采集数据中的噪声和异常点，

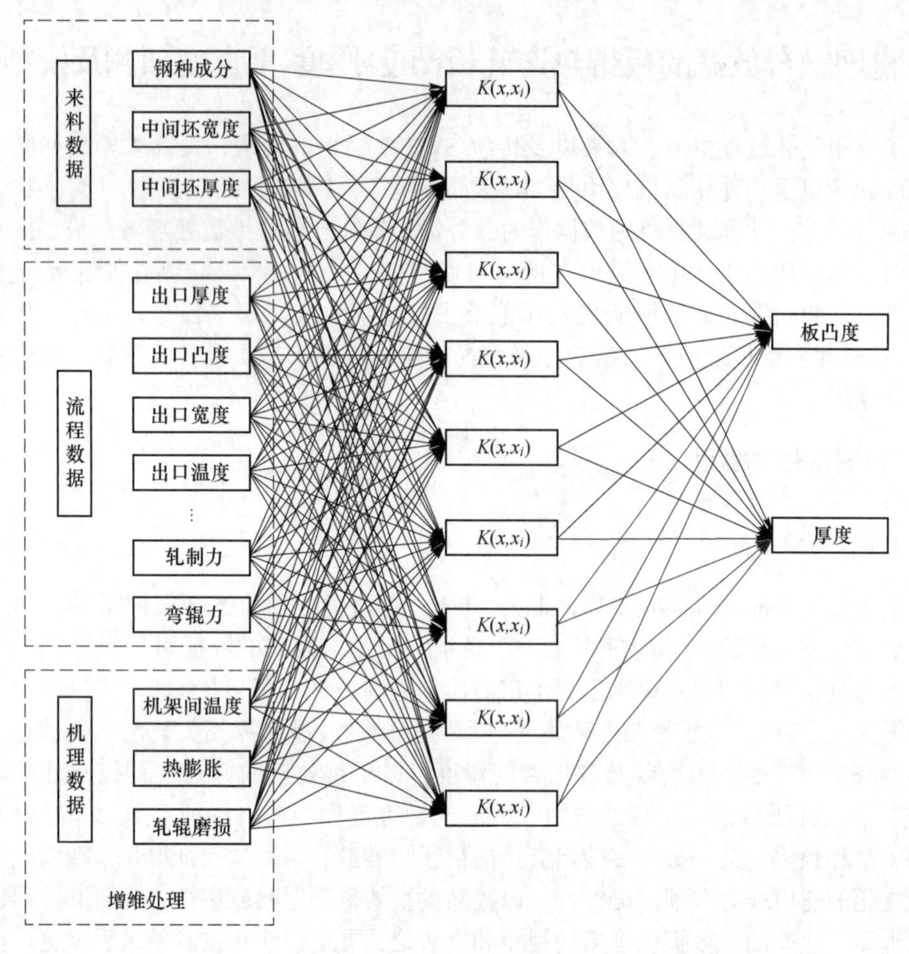

图 5.22　增维处理模型

消除数据中的异常信息，保证数据质量。

并采用 Pauta 准则对实验数据进行预处理，该准则是统计方法中基于模型的一种数据处理方法。首先假定一组测试数据中仅包含有随机误差，对其进行计算处理以获得标准偏差，然后根据一定概率确定一个区间范围，认为凡超出限制的绝对偏差数据点将被判断为异常值并移除。Pauta 准则计算公式如式（5.40）、式（5.41）所示。

热连轧板带的化学成分如图 5.23 所示。表 5.6 列出了 DP-M-SVR 模型的输入和输出参数特征。这些参数均是从热轧生产线收集得到，但轧制机理数据则是依据所提出的机理模型计算得出，并以增维处理的方式参与模型训练过程[26]。

5.3.1.4　数据加工与转换

不同的影响因素在数据分析中具有不同的维度和单位。为了避免度量单位对数据选择的依赖性和相关性，应将所有数据标准化或归一化，以使所有数据属性具有相等的权重。数据归一化是通过按比例缩放属性数据将原始测量值转换为无量纲值。具体归一化公式如下：

$$f: x \to y = (x - x_{\min})/(x_{\max} - x_{\min}) \tag{5.47}$$

式中，x、$x_{\min}$、$x_{\max}$分别为原始数据以及原始数据最小和最大值。

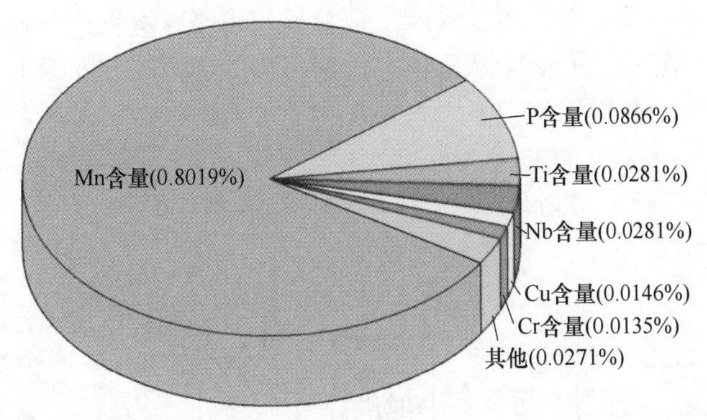

图 5.23 轧件化学成分

表 5.6 DP-M-SVR 模型的输入输出参数

输入输出参数		范围	均值
输入	化学成分	—	—
	轧制力（F1~F7)/kN	6005~25059	13160
	弯辊力（F1~F7)/kN	208~1398	912
	轧制速度（F1~F7)/m·s^{-1}	0.9~15.6	6.8
	辊缝值（F1~F7)/mm	1.2~30.0	6.8
	窜辊量（F1~F7)/mm	-131~150	14.6
输出	出口宽度（F7)/mm	857.4~891.9	875.0
	入口温度/℃	1002~1047	1025
	出口温度/℃	833~897	874
	机架间温度/℃	806~1025	938
	轧辊热膨胀/μm	38~96	76.7
	轧辊磨损/μm	0~161	97.8
	出口厚度（F7)/mm	1.8~5.6	2.2
	板凸度（F7)/μm	16.8~60.1	36.2

5.3.2 机理融合数据模型建立

在板带热连轧实际生产过程中，工艺参数（如温度、压力、速度、位置以及传输参数等）与板带质量指标（即板凸度、厚度以及机械性能）之间存在多种相关性。同时由于轧制过程具有前后相关性，并且该前后过程紧密相连，因此仅单个过程的质量控制研究不能够在整个生产过程中通用。热轧带材的凸度控制与厚度控制存在密切相关性，二者紧密相连，不可分割，要实现板带热连轧板凸度的精确控制，需要在板厚度精确控制的基础上进行[27]。从热轧产品整体质量的角度来看，必须同步提高板凸度-厚度预报精度，才能够在热轧板带生产中实现对板凸度和厚度的整体最优化控制。这一要求不仅凸显了高精度预测模型在生产过程中的重要性，而且强调了综合控制策略在实现产品质量优化方面的关键作用[28]。在这一背景下，图 5.24 从整体上说明了 DP 模型的分配策略，展现了先进数学模型在现代热轧技术中的应用潜力。

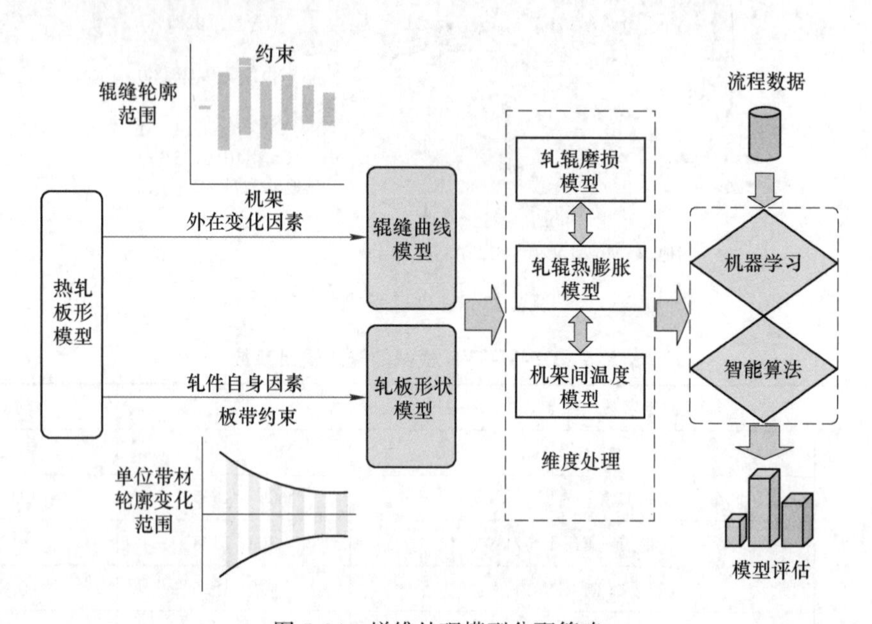

图 5.24　增维处理模型分配策略

为了充分提高所建模型的鲁棒性和通用性，在轧制过程数据的基础上，通过计算轧辊的热变形、工作轧辊的磨损量及机架间的温度，并通过维数处理建立机理融合数据的板带热连轧板凸度-厚度多输出预报模型。

本节通过分析带钢的变形机理，建立了轧制机理模型：带钢临界翘曲模型、带钢热膨胀模型和机架间二次变形模型，并在工业大数据的基础上，计算了影响热轧带钢质量的主要轧制机理数据，包括临界翘曲值、带钢温度场、带钢的热膨胀量和机架间二次变形量，通过加权融合处理的方法建立了轧制机理数据融合轧制过程数据的机器学习协调模型[29]，如图 5.25 所示。为提高基于工业大数据建立的机器学习模型的稳定性，提高模型的预测精度提供了解决思路。

5.3.3　DP-M-SVR 模型建立

在 DP-M-SVR 模型建立过程中，所选核函数恰当与否至关重要。高斯核函数（RBF）是一种多维空间插值技术，最终可将非线性问题转化为高维空间上的线性可分问题，并且该核函数对数据有很强的局部响应性。选择 RBF 可很大程度上增加特征空间的维数，提高模型分析能力，为解决工艺参数和质量指标之间复杂的非线性关系提供了便利。为了更好地理解内核函数的原理，图 5.26 简要阐述了核函数的本质。RBF 可以通过非线性映射函数将原始数据转换为高维特征空间，具体表达式如下：

$$K(x,\ x_i) = \exp\left(\frac{-\ \|x_c - x_i\|^2}{2\sigma^2}\right) \tag{5.48}$$

式中，x_i 为样本数据点，x_c 为核函数的中心点，σ 为核函数参数。

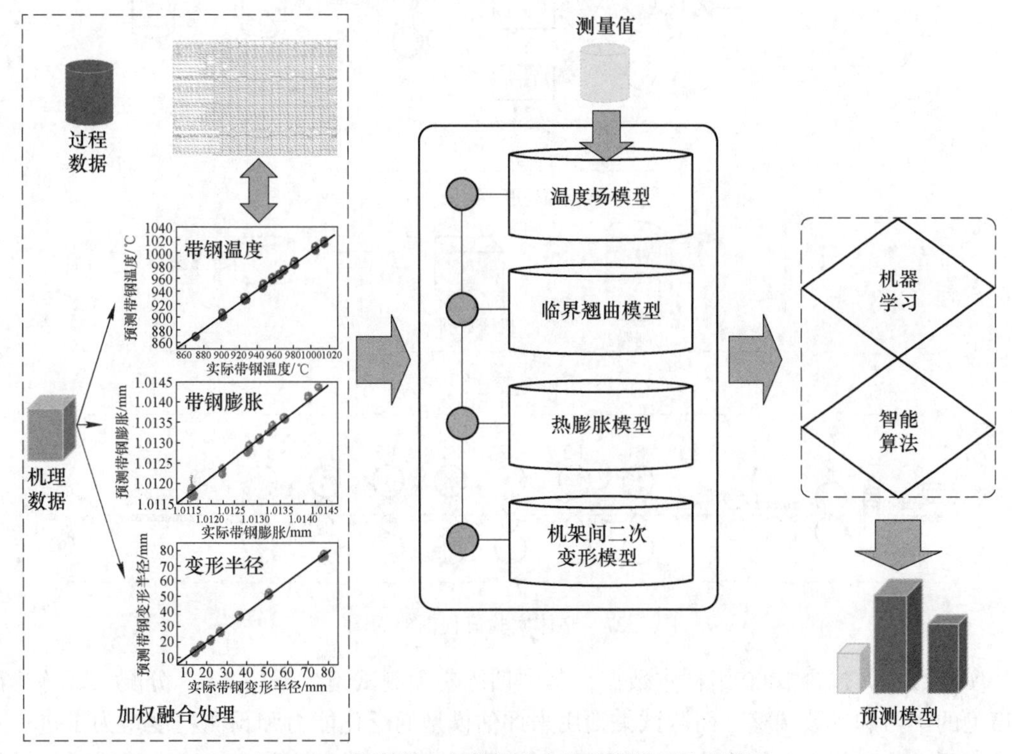

图 5.25 轧制机理与数据融合的机器学习协调模型
(扫描书前二维码查看彩图)

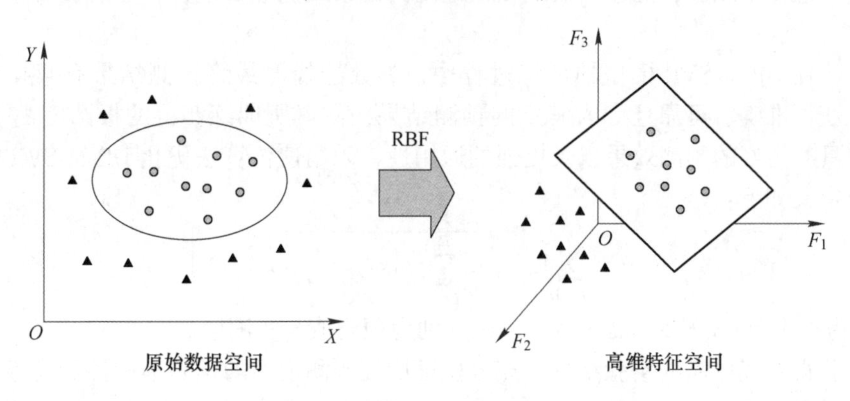

图 5.26 RBF 映射模型

整个预测模型的构建和验证流程如图 5.27 所示。

预处理后的原始轧制过程数据，经过仔细筛选和处理，除去了噪声和异常值，保留了对模型预测至关重要的信息。与此同时，轧制机理数据，通过增维处理，得以更加全面和深入地表达轧制过程中的物理规律和内在联系。这两部分数据的融合，为建立 DP-M-SVR 模型提供了丰富而精确的输入基础，使得训练过程能够充分学习到轧制过程中的复杂关

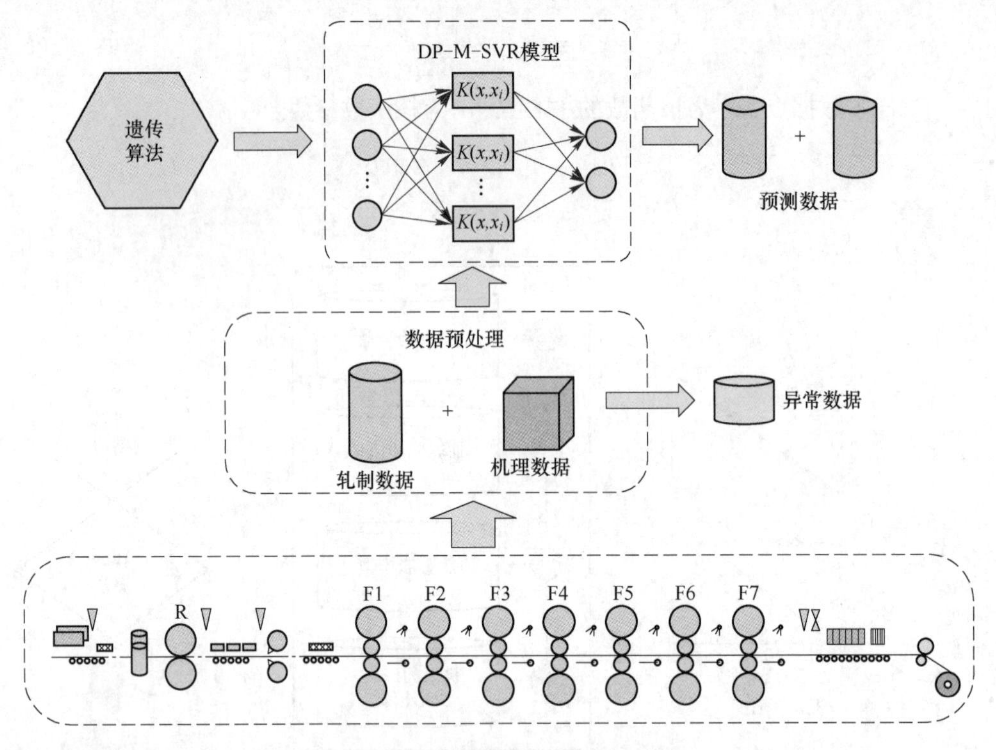

图 5.27 整体实验流程框架简图

系。实验数据共包含 2000 组样本数据，其中训练集和测试集数据按 7∶3 分配。训练集用于模型的学习和参数调整，而测试集则用来评估模型的泛化能力和预测精度。为了进一步提升模型性能，使用遗传算法 GA 搜索和优化模型最佳参数，这种智能搜索算法通过模拟自然选择和遗传学原理，能够高效地在大范围内搜索最优参数组合，显著提升了模型的预测准确性。

此外，在 DP-M-SVR 模型的训练过程中，参数选择对最终预测结果有直接影响。因此，为了获得准确、可靠且令人满意的预测结果，使得所训练获得的板凸度-厚度多输出预报模型具有更好的预测效果以及更强的通用性，采用遗传算法优化 DP-M-SVR 模型，其目标函数定义如下：

$$f(x) = \sum_{j=1}^{n} \lg\left[\sqrt{\frac{1}{m}\sum_{i=1}^{m}(\mathrm{msvr}_i(x_i) - y_i)^2}\right] \tag{5.49}$$

式中，m 为样本数；$n = 2$；$\mathrm{msvr}_i(x_i)$、y_i 分别为预测值与实测值。

为了获得真实可靠的实验结果并充分验证所提预测模型的预测准确性和有效性，通过计算相关系数（R）和均方根误差（RMSE）来评估所建 DP-M-SVR 模型的预测以及泛化能力。

5.3.4 WP-M-SVR 模型建立

5.3.4.1 模型的数据遗传分析

多输出回归模型并不是简单意义上多个单输出处理，应该考虑到所有可能的相关因素，建立输入变量与目标变量之间的内在联系模型。M-SVR 旨在学习从多维输入空间到多维输出空间的非线性映射模型，建立输入和输出特征之间的关系，并解决输出变量之间的耦合问题[30]。对于具有 M 维输入和 N 维输出的多变量输出回归问题，有：

$$\Omega = [(x_1, y_1), (x_2, y_2), \cdots, (x_m, y_m)] \subset \mathbf{R}^M \times \mathbf{R}^N \tag{5.50}$$

式中，x_m 是输入特征参数；y_m 是输出特征参数。用于解决单输出回归问题的传统 SVR 算法通过搜索最小的 w 和 b，以满足以下条件：

$$\|\boldsymbol{w}\|^2/2 + C\sum_{i=1}^{n} L(y_i - (\boldsymbol{\varphi}^{\mathrm{T}}(x_i)\boldsymbol{w} + \boldsymbol{b})) \tag{5.51}$$

式中，$\boldsymbol{\varphi}(\cdot)$ 是非线性映射函数；C 是惩罚因子；$L(\cdot)$ 是损失函数。

M-SVR 将单输出 SVM 模型中最初定义在超立方体上的损失函数替换为在超球体上定义的损失函数。为了将损失函数扩展到多个空间维度并提高模型的抗噪性能，将损失函数定义为：

$$L(u) = \begin{cases} 0 & u < \varepsilon \\ u^2 - 2u\varepsilon + \varepsilon^2 & u \geqslant \varepsilon \end{cases} \tag{5.52}$$

式中，$L(u)$ 是损失函数；u 是函数的自变量；ε 是不敏感损失系数。将 M-SVR 问题转化为如式（5.53）所示的目标函数优化问题。

$$\min L(\boldsymbol{w}, \boldsymbol{b}) = \frac{1}{2}\|\boldsymbol{w}\|^2 + C\sum_{i=1}^{n} s_i L(u_i) \tag{5.53}$$

式中，$u = \|\boldsymbol{e}\| = \sqrt{\boldsymbol{e}\boldsymbol{e}^{\mathrm{T}}}$；$\boldsymbol{e} = \boldsymbol{y} - \boldsymbol{w}\boldsymbol{\varphi}(x) - \boldsymbol{b}$；$s_i$ 是第 i 个训练样本对 C 的加权系数。基于目标函数和约束条件，引入拉格朗日乘数 a_i，产生了以下线性规划问题，表达式为：

$$\max_{\alpha, \beta}\min_{\boldsymbol{w}, \boldsymbol{b}}\left\{\frac{1}{2}\|\boldsymbol{w}\|^2 + C\sum_{i=1}^{n} s_i L(u_i) - \sum_{i=1}^{n}\beta L(u_i) - \sum_{i=1}^{n} a_i[y_i(\boldsymbol{w}\cdot\boldsymbol{\varphi} + b) - 1 + L(u_i)]\right\} \tag{5.54}$$

式中，$u_i < \varepsilon$；$a_i = 0$；$u_i \geqslant \varepsilon$；$a_i = 2C(u_i - \varepsilon)/u_i$；$\lambda$ 是常数；$\boldsymbol{\varphi} = [\varphi_1, \cdots, \varphi_n]^{\mathrm{T}}$。对偶形式为：

$$\max_{\alpha}\left\{\sum_{i=1}^{n}\alpha_i - \frac{1}{2}\sum_{i=1}^{n}\sum_{i=1}^{n}\alpha_i\alpha_j y_i y_j K(x_i, x_j)\right\} \tag{5.55}$$

式中，$j = 1, 2, \cdots, N$ 是多输出回归模型的第 j 维分量；$\boldsymbol{K}(x_i, x_j) = \boldsymbol{\varphi}^{\mathrm{T}}(x_i)\boldsymbol{\varphi}(x_j)$ 是核函数矩阵。

NSGA-Ⅲ相较于 NSGA-Ⅱ的优点在于，更适用于三个及三个以上目标的优化，因此我们推广 NSGA-Ⅲ来解决以下类型的约束多目标优化问题：

$$\begin{aligned} & \min f(d) = [f_1(d), f_2(d), \cdots, f_n(d)]^{\mathrm{T}} \\ & \qquad d_i^{(l)} \leqslant d_i \leqslant d_i^{(u)}, \ i = 1, 2, \cdots, n \\ \text{subordinate:} & \quad g_j(d) \geqslant 0, \ j = 1, 2, \cdots, J \\ & \qquad h_k(d) = 0, \ k = 1, 2, \cdots, K \end{aligned} \tag{5.56}$$

式中，d 是来自决策空间 Ω 的 n 维决策变量向量；f 由 m 个目标函数组成，是从 n 维决策空间到 m 维目标空间的映射。

NSGA-Ⅲ的作用是表现为通过优化 M-SVR 的多个参数，包括核函数宽度系数、不敏感损失系数和惩罚参数，搜索出最优参数，达到提高 M-SVR 模型精度的目的[31]。搜索最佳参数的具体过程步骤如图 5.28 所示。

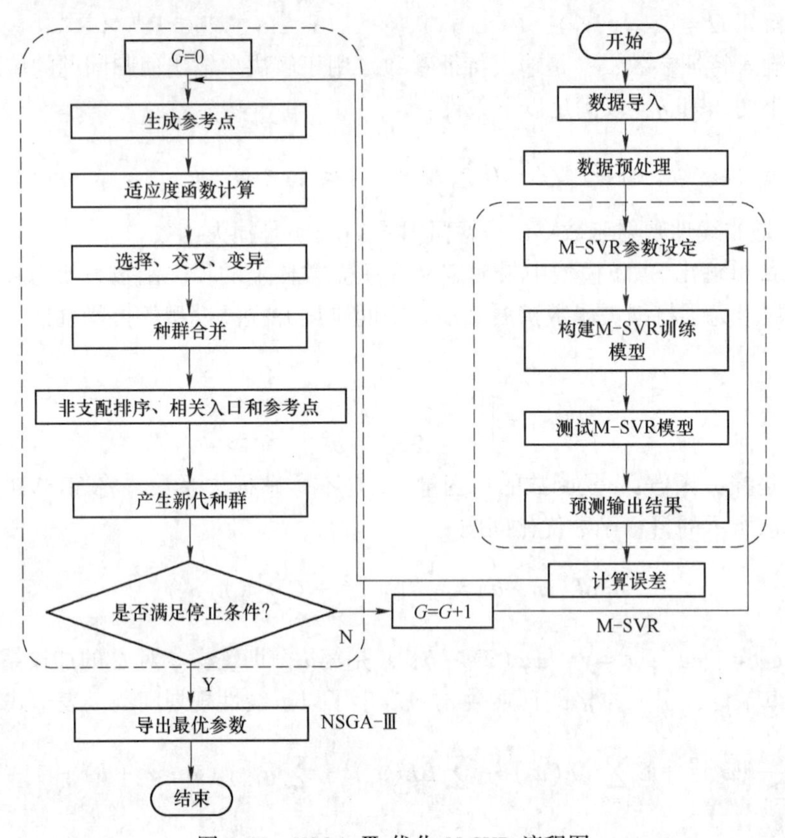

图 5.28　NSGA-Ⅲ 优化 M-SVR 流程图

5.3.4.2　构建 WP-M-SVR 模型

在 WP-M-SVR 模型的建立中，加权核函数的选择非常重要。相比于其他核函数，径向基加权核函数的优点在于，可以在高维空间中将非线性问题转化为线性可分问题，并且对数据具有很强的局部响应性，这显著增加了特征空间维数的同时又不会造成维度灾难，提高了模型分析的能力，并加快了计算速度。在解决工艺参数与质量指标之间的复杂非线性关系是非常方便的。其数学形式如下：

$$\boldsymbol{K}_{\mathrm{p}}(\boldsymbol{x}_i,\ \boldsymbol{x}_j) = \boldsymbol{k}(\boldsymbol{x}_i^{\mathrm{T}}\boldsymbol{P},\ \boldsymbol{x}_j^{\mathrm{T}}\boldsymbol{P}) \tag{5.57}$$

式中，$\boldsymbol{x}_i$ 和 $\boldsymbol{x}_j$ 分别是位于第 i 个和第 j 个的两个样本数据点；$\boldsymbol{P}$ 是特征加权矩阵；$\boldsymbol{k}$ 是引入内核函数的特征权重矩阵，可以通过改变输入空间的大小以及特征空间轮廓和平坦度的几何形状，进而改变分配给特征空间的函数权重。

图 5.29 为 WP-M-SVR 模型的工作流程图，以热连轧生产线为数据支撑，建立相关轧制机理模型，并将轧制机理模型的计算结果与轧制过程数据通过加权处理的方法进行融合，得到加权融合数据，用作 WP-M-SVR 的输入，结合 NSGA-Ⅲ优化工艺参数并用于输出预测结果。

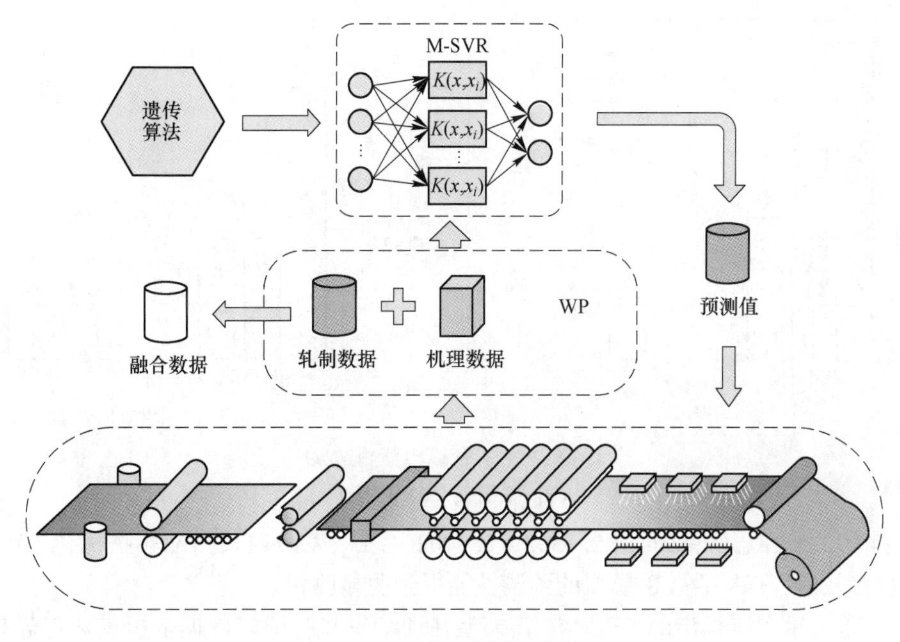

图 5.29 模型工作流程图

5.3.5 DP-M-SVR 模型预测结果分析

数据转换方法一方面可以消除测量单位对数据分析结果的影响，另一方面，原始数据可以转换成适合数据分析的形式，更有助于有效地理解和分析实验数据所包含的潜在信息。因此在接下来的研究工作中，对比了三种不同归一化方法条件对所提出板带热连轧板凸度-厚度模型预测精度的影响[32]，实验结果如表 5.7 所示。

表 5.7 不同归一化方法预测结果

归一化方法	板凸度		板厚度	
	RMSE	R	RMSE	R
[-1，0]	3.9798	0.9870	3.8380	0.9876
[0，1]	3.7186	0.9879	3.6172	0.9882
[-1，1]	2.5218	0.9891	2.1302	0.9902

从表 5.7 中可以看出，当所建 DP-M-SVR 质量预报模型采用 [-1，1] 的归一化方法时，板带热连轧板凸度-厚度质量评价指标 RMSE 和 R 的性能最佳，分别为 2.5218、0.9891 和 2.1302、0.9902，因此采用 [-1，1] 的归一化方法进行进一步研究。

通过对比 M-SVR、DP-SVR 以及 DP-M-SVR 三种板带热连轧板凸度-厚度质量预测模型，并分别计算 RMSE 和 R 作为质量预报模型评估标准，以评估三种模型的性能。计算结果如图 5.30 所示。

从图 5.30 中三种不同的板形质量预报模型实验仿真结果可以清晰地看出，与 M-SVR 和 DP-SVR 相比，DP-M-SVR 模型的预测能力更强效果也更好，其板凸度和厚度的 RMSE

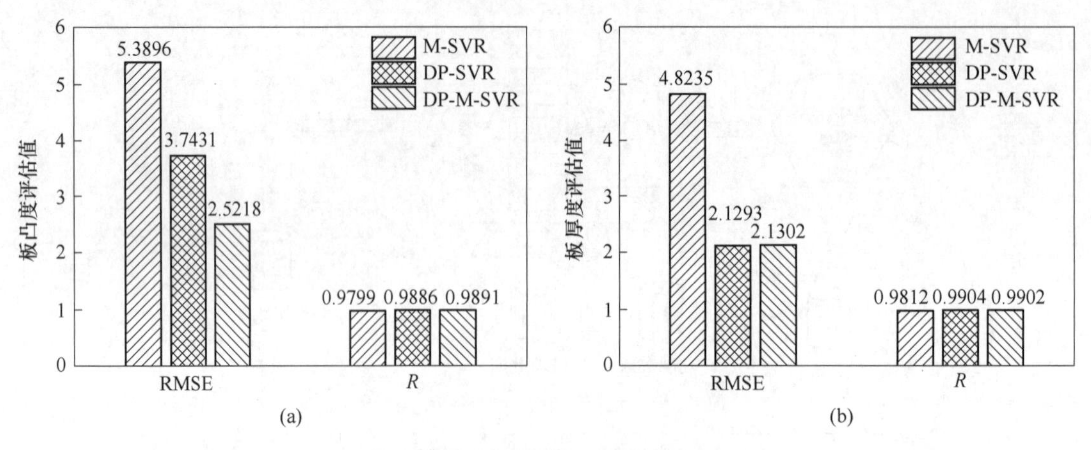

图 5.30 三种模型预测结果

(a) 板凸度；(b) 板厚度

和 R 分别为 2.5218、0.9891 和 2.1302、0.9902。结果表明通过 GA 算法优化 DP-M-SVR 多个关键参数后，DP-M-SVR 模型的预测性能得到明显改善。

图 5.31 显示了所提出的 DP-M-SVR 模型在训练集和测试集数据上板带热连轧板凸度-厚度质量预测结果。其中图 5.31（a）和（b）是板凸度预测结果，图 5.31（c）和（d）是板厚度的预测结果。实验结果证明所建 DP-M-SVR 模型板凸度-厚度尺寸质量预测精度能够很好地满足实际要求。

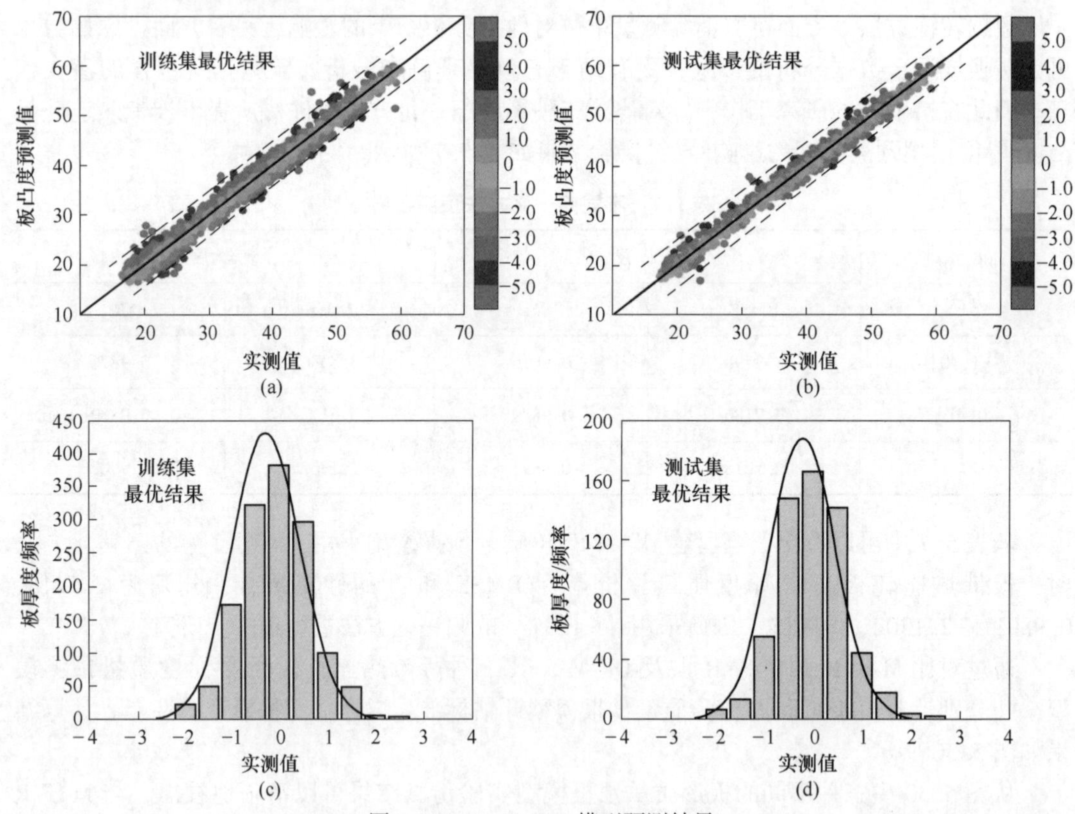

图 5.31 DP-M-SVR 模型预测结果

（扫描书前二维码查看彩图）

5.3.6 WP-M-SVR 模型预测结果分析

5.3.6.1 模型特征权重分布

加权处理的目的是通过特征参数加权来增加强相关性特征与模型之间的关系，削减弱相关性特征对模型的影响，进而提高模型的鲁棒性。

加权后的轧制机理数据与轧制过程数据在机器学习模型中所占权重分布如图 5.32 所示，其中横坐标依次代表轧制力、弯辊力、辊缝值、窜辊量、轧制速度、精轧入口温度、精轧出口温度、机架间张力、带钢温度、带钢热膨胀量和二次变形抗力值；纵坐标代表相关特征的权重值。

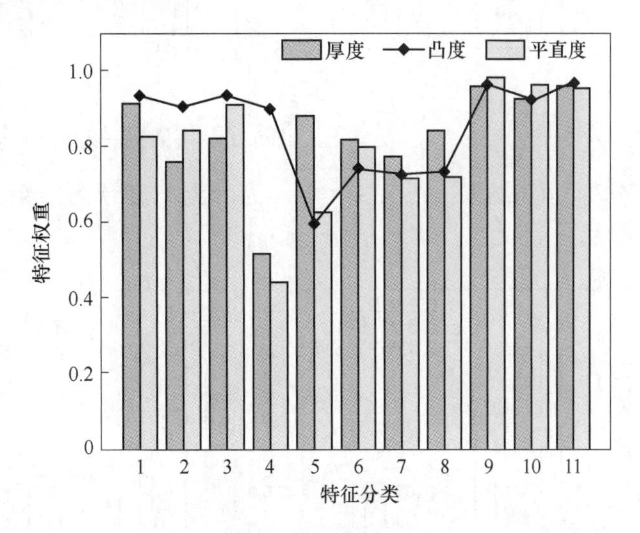

图 5.32 数据权重分布

可以看出，带钢厚度、凸度和平直度的不同特征权重的所占比例存在差异。相同的地方在于，轧制机理数据（特征 9~11）对带钢凸度和平直度的影响权重相对较高。这有效地消除了纯数据构建的机器学习模型会随轧制环境变化引起的模型不稳定问题，进一步提高了模型的适用性。

5.3.6.2 不同归一化区间预测结果比较

在模型指标的比较和评估中使用标准化不仅消除了数据单位的限制，而且有助于指标的比较与加权。分析考察了三种不同标准化条件，即 [-1, 1]、[-1, 0] 和 [0, 1] 处理下的数据对所开发模型预测精度的影响。图 5.33 显示了三个不同归一化区间的实验模拟结果，图 5.33（a）为带钢厚度预测结果，图 5.33（b）为带钢凸度预测结果，图 5.33（c）为带钢平直度预测结果。

可以看出，当 WP-M-SVR 预测模型采用 [-1, 1] 的归一化方法时，模型性能标准最佳，其中带钢厚度、凸度和平直度的 R^2 和 RMSE 分别为 0.9854 和 0.9895，0.9873 和 2.0159，以及 1.3191 和 0.9355。因此，在后续研究中使用标准化区间 [-1, 1]。

5.3.6.3 不同模型预测结果比较

为了证明所开发的基于轧制机制机理融合数据的预测模型在轧制过程中带钢厚度、凸度和平直度的优越性，比较了三种不同的模型——M-SVR、WP-SVR 和 WP-M-SVR 模型。计算了 RMSE、R^2 和 MAE 的评估标准，并对三个模型的性能进行了分析和验证。三个预测模型的参数均通过 NSGA-Ⅲ进行优化，算法参数设置如下：迭代次数 = 50，种群大小 = 20，交叉概率 = 0.4，变异概率 = 0.05。预测性能指标如图 5.34 所示，图 5.34（a）为带

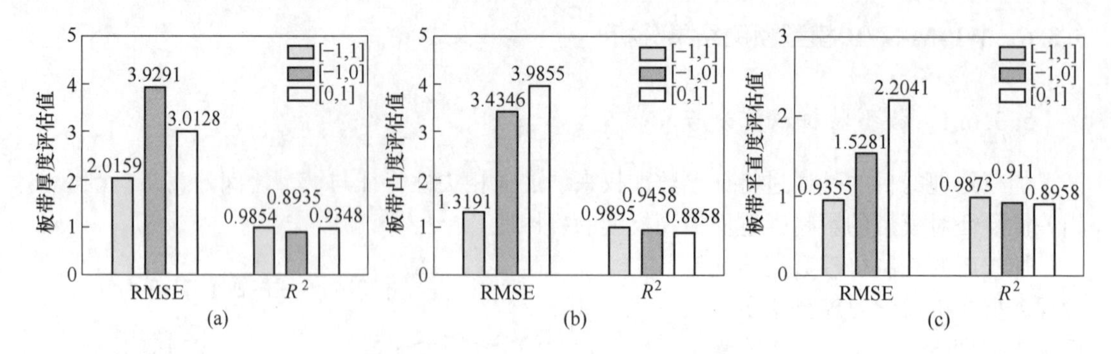

图 5.33　不同归一化区间预测结果

钢厚度预测结果，图 5.34（b）为带钢凸度预测结果，图 5.34（c）为带钢平直度预测结果。

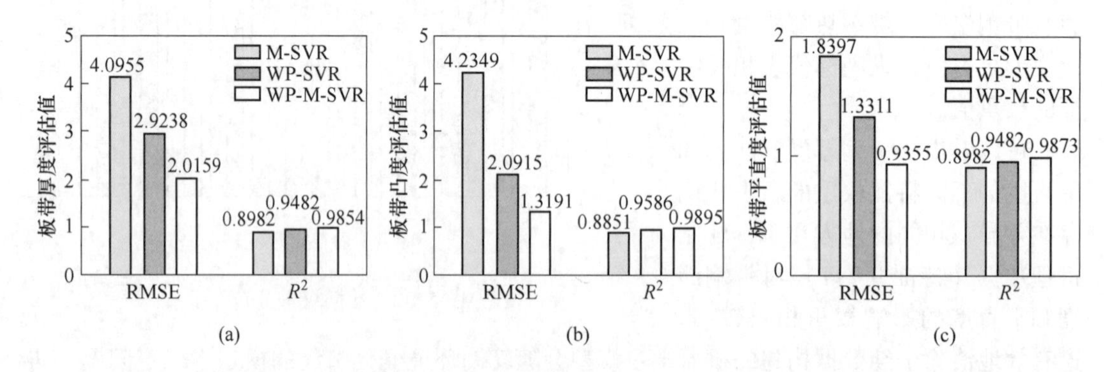

图 5.34　三种模型性能指标对比

由图 5.34 可知，与 M-SVR 和 WP-SVR 相比，NSGA-Ⅲ优化的 WP-M-SVR 的预测性能显著提高，证明了基于轧制机理融合数据的 WP-M-SVR 模型的预测能力评估指标优于纯数据驱动的 M-SVR 模型。带钢厚度、凸度和平直度的 R^2 值由融合前的 0.8982、0.8851 和 0.8982 分别提高到了 0.9854、0.9895 和 0.9873；带钢厚度、凸度和平直度的 RMSE 值分别从 4.0955、4.2349 和 1.8397 降至 2.0159、1.3191 和 0.9355。这些结果证明了由机理融合数据构建的 WP-M-SVR 模型在预测热轧带钢厚度、凸度和平直度方面具有较高的预测精度和较强的泛化能力，通过引入 NSGA-Ⅲ算法对 WP-M-SVR 模型进行优化，不仅显著提升了模型的预测精度，还优化了模型的参数配置过程，降低了模型训练的复杂性，加快了训练速度。进一步表明，结合 WP 技术可以挖掘和利用轧制机理与数据之间的内在联系，有效处理复杂的非线性关系和高维数据特征，确保了在各种变化的生产条件下都能保持稳定可靠的预测性能。

图 5.35 比较了 M-SVR、WP-SVR 和 WP-M-SVR 三种预测模型的带钢厚度（a）、（d）和（g），凸度（b）、（e）和（h），平直度（c）、（f）和（i）预测结果的误差。进一步证明了所建立的轧制机理融合数据的预测模型相对于其他两个模型的优越性，提高了模型的整体性能，并且将模型的总体精度提高了 60.8%。此外，通过对比分析发现，WP-M-SVR 模型在处理复杂数据结构方面表现出更强的适应性和鲁棒性，能够更有效地捕捉带钢

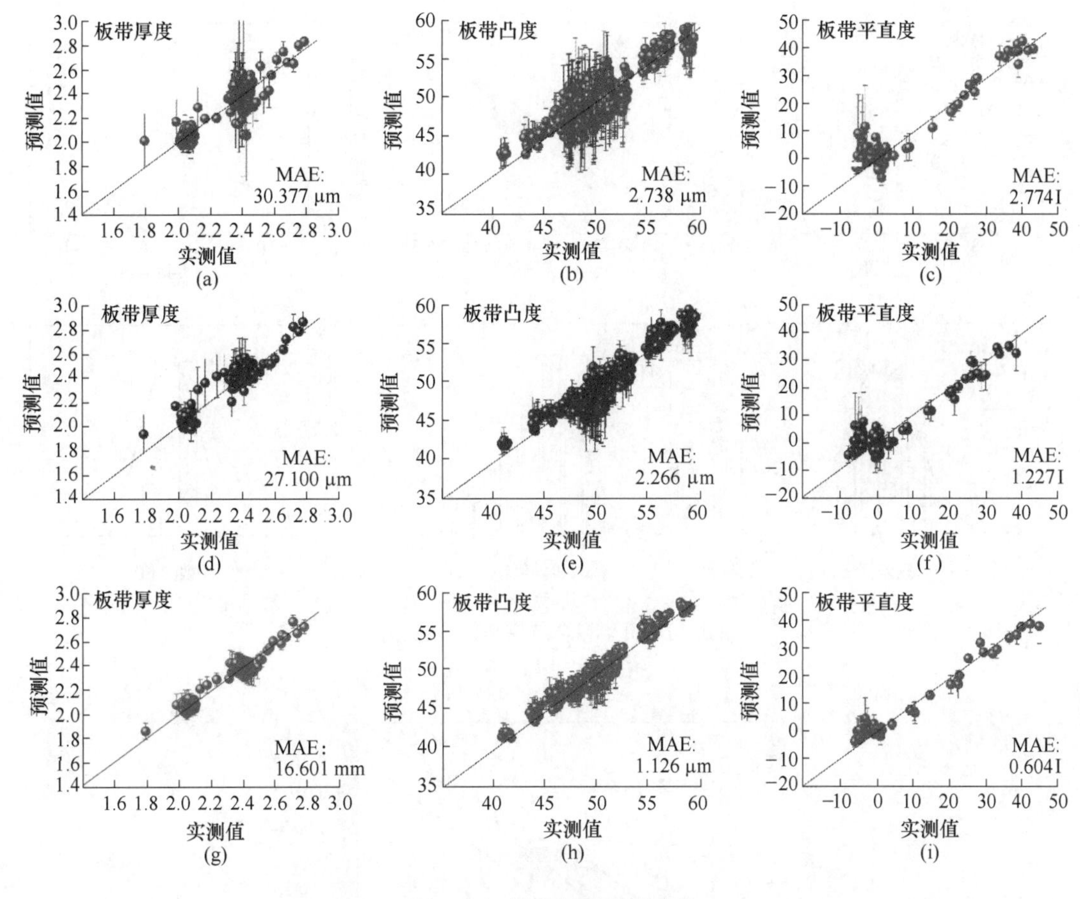

图 5.35　模型预测结果对比
（扫描书前二维码查看彩图）

生产过程中的微小变化，从而实现更精准的预测。特别是在凸度和平直度的预测上，WP-M-SVR 模型能够更好地理解和反映带钢轧制过程中的动态变化，通过深入分析误差来源并针对性地优化模型参数，有望进一步提升预测模型的精度和应用价值，为控制过程提供了更为准确的数据支持。

图 5.36 为实验测试拟合结果与残差分布图，其中图 5.36（a）和（b）分别为带钢厚度的拟合结果与残差分布，图 5.36（c）和（d）分别为带钢凸度的拟合结果与残差分布，图 5.36（e）和（f）分别为带钢平直度的拟合结果与残差分布。从图中可以看出，无论是拟合效果还是残差分布都证明了提出的预测热轧带钢厚度、凸度和平直度的 WP-M-SVR 模型具有良好的回归拟合性与较高的预测精度。通过引入权重机制，确保了在预测多个质量指标时，对各指标重要性的合理分配与优先级调整，弥补了传统单输出支持向量机在处理多维输出问题方面的不足，提高模型泛化能力和预测性能，在热轧过程中关键质量指标进行精确控制和优化方面，可为实际工业生产过程中的多输入多输出复杂系统提供参考。

5.3.6.4　有效性分析

采用新收集的实验数据验证了所建立模型的预测性能。结果如图 5.37 所示，其中，

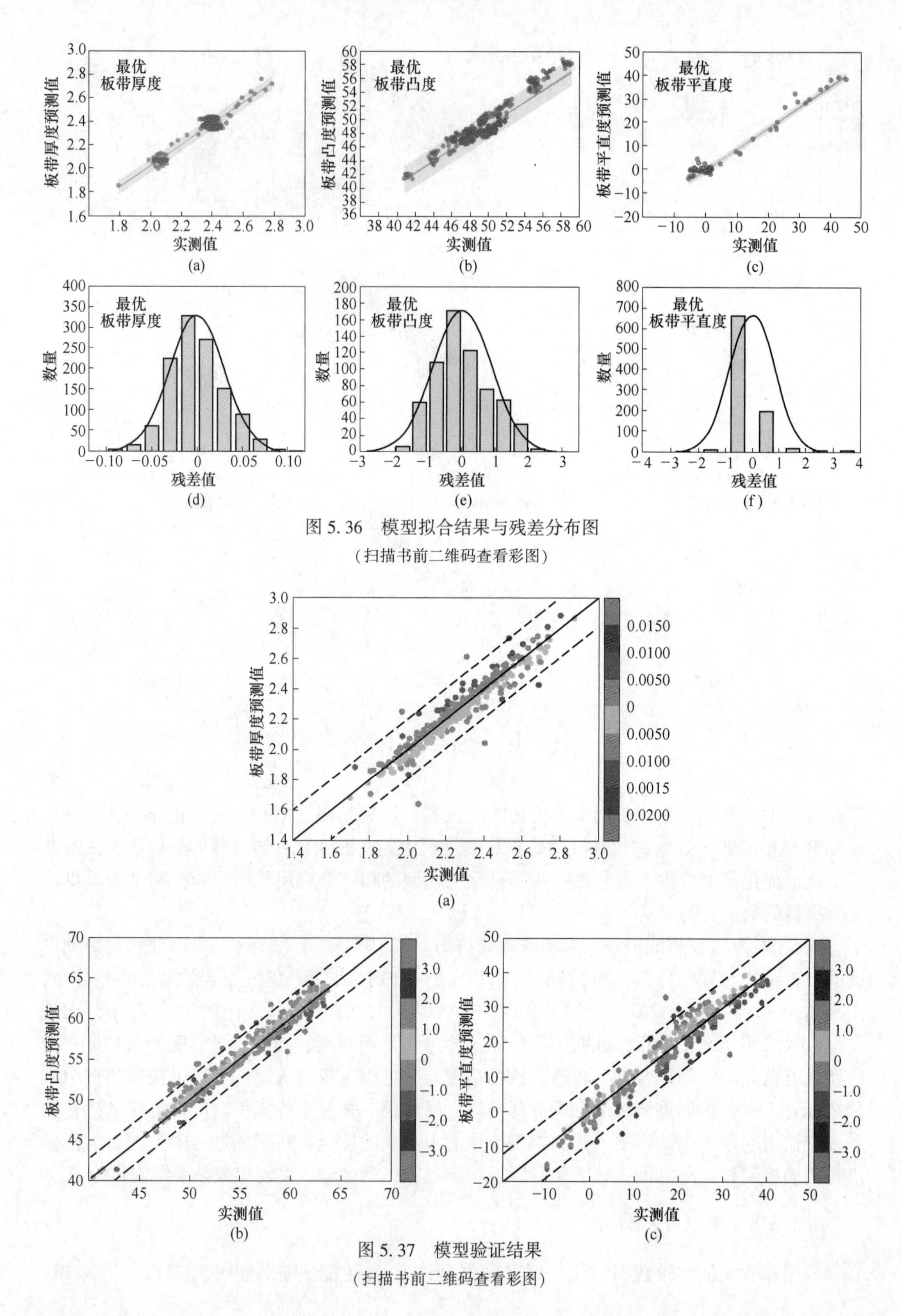

图 5.36 模型拟合结果与残差分布图

(扫描书前二维码查看彩图)

图 5.37 模型验证结果

(扫描书前二维码查看彩图)

图5.37（a）~（c）分别为带钢厚度、凸度和平直度的模型验证结果，可以观察出，98.9%的带钢厚度预测误差小于15 mm、98.3%的带钢凸度预测误差小于3 μm、97.8%的带钢平直度预测误差小于1I。结果表明，WP-M-SVR模型不仅满足精度要求，还验证了模型在理论上的可行性和准确性，而且进一步表明，该模型具备实际应用的价值，能够为热轧生产过程中的参数调整和质量控制提供科学的依据和支撑，对实际热轧生产具有一定的指导意义。

通过验证带钢厚度、凸度和平直度的预测结果，分析轧制参数的输入特征向量，可以及时调整相应的工艺参数，以进一步满足带钢产品的质量要求。此外，通过更高的轧制力、更低的弯辊力、窜辊量和更小的宽度轧制工艺设置，可以更容易地实现更高的带钢厚度和板形控制精度，为热连轧板形控制提供了一种新的思路和方法。

参 考 文 献

[1] 王国栋. 钢铁行业技术创新和发展方向［J］. 钢铁，2015，50（9）：1-10.

[2] Ji Y F，Song L B，Yuan H，et al. Prediction of hot-rolled strip section shape based on mechanism fusion data［J］. Applied Soft Computing，2023，146：110670.

[3] Zhang R，Song S J，Wu C. Robust scheduling of hot rolling production by local search enhanced ant colony optimization algorithm［J］. IEEE Transactions on Industrial Informatics，2019，16（4）：2809-2819.

[4] 彭艳，牛山. 板带轧机板形控制性能评价方法综述［J］. 机械工程学报，2017，53（6）：26-44.

[5] Xia J S，Khaje K M，Patra I，et al. Using feed-forward perceptron Artificial Neural Network（ANN）model to determine the rolling force，power and slip of the tandem cold rolling［J］. ISA Transactions，2023，132：353-363.

[6] Wang Q L，Sun J，Li X，et al. Analysis of lateral metal flow-induced flatness deviations of rolled steel strip：Mathematical modeling and simulation experiments［J］. Applied Mathematical Modelling，2020，77：289-308.

[7] 董敏，刘才，李国友，等. 轧机液压AGC系统基于神经网络的传感器故障诊断技术［J］. 钢铁，2005，5（17）：45-48.

[8] 高放，包燕平，王敏，等. 基于FA-ELM的转炉终点磷含量预测模型［J］. 钢铁，2020，55（12）：24-30.

[9] Zhao J W，Wang X C，Yang Q，et al. Mechanism of lateral metal flow on residual stress distribution during hot strip rolling［J］. Journal of Materials Processing Technology，2021，288：116838.

[10] 柴天佑. 工业人工智能发展方向［J］. 自动化学报，2020，46（10）：2005-2012.

[11] Wang P F，Wang H F，Li X，et al. A double-layer optimization model for flatness control of cold rolled strip［J］. Applied Mathematical Modelling，2021，91：863-874.

[12] 李学通，黄兆锰，王敏婷. 基于有限元和优化的粗轧短行程控制曲线研究［J］. 计算力学学报，2012，29（4）：616-619.

[13] Ji Y F，Wen Y，Peng W，et al. Predicting hot-rolled strip crown using a hybrid machine learning model［J］. ISIJ International，2024，64（3）：566-575.

[14] Deng J F，Sun J，Peng W，et al. Application of neural networks for predicting hot-rolled strip crown［J］. Applied Soft Computing Journal，2019，78：119-131.

[15] Liu X，Athanasiou C E，Padture N P，et al. A machine learning approach to fracture mechanics problems［J］. Acta Materialia，2020，190：105-112.

[16] 谢建新，宿彦京，薛德祯，等. 机器学习在材料研发中的应用［J］. 金属学报，2021，57（11）：1343-1361.

[17] Ji Y F, Song L B, Sun J, et al. Application of SVM and PCA-CS algorithm for the prediction of strip crown in hot strip rolling [J]. Journal of Central South University, 2021, 28 (8): 2333-2344.

[18] Malvoni M, De Giorgi M G, Congedo P M. Photovoltaic forecast based on hybrid PCA-LSSVM using dimensionality reducted data [J]. Neurocomputing, 2016, 211: 72-83.

[19] Cui C Y, Cao G M, Li X, et al. A strategy combining machine learning and physical metallurgical principles to predict mechanical properties for hot rolled Ti micro-alloyed steels [J]. Journal of Materials Processing Technology, 2023, 311: 117810.

[20] Du J L, Feng Y L, Zhang M H. Construction of a machine-learning-based prediction model for mechanical properties of ultra-fine-grained Fe-C alloy [J]. Journal of Materials Research and Technology, 2021, 15: 4914-4930.

[21] Xie Q, Suvarna M, Li J L, et al. Wang. Online prediction of mechanical properties of hot rolled steel plate using machine learning [J]. Materials & Design, 2021, 197: 109201.

[22] 林诗洁，董晨，陈明志，等. 新型群智能优化算法综述 [J]. 计算机工程与应用，2018，54 (12)：1-9.

[23] 杨利坡，张海龙，张永顺. 高端冷轧箔带形状/性能协同测控现状及趋势预测 [J]. 金属学报，2021，57 (3)：295-308.

[24] Shen C G, Wang C C, Wei X L, et al. Physical metallurgy-guided machine learning and artificial intelligent design of ultrahigh-strength stainless steel [J]. Acta Materialia, 2019, 179: 201-214.

[25] Kwak S, Kim J, Ding H S, et al. Machine learning prediction of the mechanical properties of γ-TiAl alloys produced using random forest regression model [J]. Journal of Materials Research and Technology, 2022, 18: 520-530.

[26] 杜晓钟，杨荃，何安瑞. 热轧带钢立辊调宽短行程控制模拟研究与应用 [J]. 塑性工程学报，2008，15 (5)：182-185.

[27] Song L B, Xu D, Wang X C, et al. Application of machine learning to predict and diagnose for hot-rolled strip crown [J]. International Journal of Advanced Manufacturing Technology, 2022, 120: 881-890.

[28] Ali U, Muhammad W, Brahme A, et al. Application of artificial neural networks in micromechanics for polycrystalline metals [J]. International Journal of Plasticity, 2019, 120: 205-219.

[29] Liu Y, Wang X J, Sun J, et al. Strip thickness and profile-flatness prediction in tandem hot rolling process using mechanism model guided machine learning [J]. Steel Research International, 2023, 94: 2200447.

[30] 胡蓉. 多输出支持向量回归算法 [J]. 华东交通大学学报，2007，24 (1)：129-132.

[31] Wang Y, Li C S, Jin X, et al. Multi-objective optimization of rolling schedule for tandem cold strip rolling based on NSGA-Ⅱ [J]. Journal of Manufacturing Processes, 2020, 60: 257-267.

[32] Lai X, Yue D, Hao J K, et al. Solution-based tabu search for the maximum min-sum dispersion problem [J]. Information Sciences, 2018, 441: 79-94.

6　热连轧过程质量监测与诊断

板带热轧生产过程中，带钢宽度和凸度是非常重要的工艺参数指标，工艺参数与产品质量指标间存在着相关性。同时，产品的最终质量测量仪表多布置在最末机架的出口侧，此时产品的中间制备过程已完成，工艺参数与质量指标间的数据不同步也对产品质量缺陷的追溯造成困难，不利于后续生产过程的稳定性和产品质量的提升。如何快速有效地定位宽度、凸度等异常原因并确保后续产品质量成为热连轧生产过程需要面对的首要问题。

6.1　过程质量监测与诊断方法概述

为了确保工业过程的安全运行和运行状态符合给定的性能指标，需要对工业过程的运行状态进行监测以及时发现故障并进行诊断和消除。因此，过程监测技术在现代工业中发挥着举足轻重的作用，它能有效避免重大事故，降低经济成本，保证工业过程的安全性和高效性。过程监测技术已经成为近年来工业自动化领域内的研究热点，该技术是保障制造业转型升级，实现智能制造的基本技术之一。

一般来说，过程监测方法可以分为三大类：基于机理的方法、基于知识的方法和基于数据的方法。其中，基于机理的方法是指根据过程知识建立定量的机理模型。然而，由于过程中往往存在着不确定性、非线性、时变性等特点，很难建立准确的数学机理模型。因此，基于机理模型的方法通常局限于一些简单的工业过程而难以在现代工业中取得广泛的应用。基于知识的方法是指根据过程知识建立定性的描述模型，通常依赖于生产经验和工艺知识，因而也无法广泛应用于过程特性复杂和先验知识难以获取的现代工业过程。相比于基于机理和知识的方法，基于数据的方法不依赖于过程知识，只需对过程数据所蕴含的过程信息进行分析和提取来表征过程的运行状态。如果数据中的关键过程信息被很好地提取出来，则可以准确地描述过程的运行状态以实现可靠的过程监测。近年来，随着数据测量与存储技术的飞速发展，工业过程积累了丰富的过程数据，极大地促进了基于数据驱动的过程监测方法的发展。在众多基于数据的方法中，多元统计分析的方法由于能够有效处理多变量高度耦合的数据而得到了广泛的应用。基于多元统计分析的过程监测方法通常称为多元统计过程监测，它们使用多元统计分析对过程数据降维，提取关键的特征和信息，并构建统计性能指标对过程的运行状态进行评估。其中，最常用的多元统计分析方法包括主成分分析、偏最小二乘分析、独立主成分分析和 Fisher 判别分析等。统计过程监测方法只需过程数据而不依赖于特定的过程知识，因而具有很好的通用性，被广泛应用于现代工业过程，如石油化工、半导体制造、炼油炼铁工业等。在过去的 20 年中，发达国家投入大量的人力和物力，加强对该研究领域的资助，以希望通过分析和挖掘大量的过程数据所包含的信息来了解过程内在的运行模式，从而发现和解决过程中影响生产安全和产品质量的问题，把数据资源优势转化为生产效益和产品质量优势。

尽管传统的统计监测方法在实际工业过程中取得了较为成功的应用，但它们往往对过程的运行情况或数据特性做了一些理想化的假设，这些假设主要包括：建模数据是充足的且规则的、过程变量服从单一的线性关系或者非线性关系、过程变量不具有时序上的自相关性等。然而，随着工业过程的过程特性日益复杂和过程规模日益庞大，它们往往处于一种复杂的非理想的运行工况，从而导致传统的统计过程监测方法性能下降甚至无法适用。随着当今市场的多变性和产品定制化需求的提高，间歇过程因其小批量生产、高产品附加值的特点成为当今工业过程的主要生产方式之一。鉴于间歇过程的本身反应的复杂性、生产周期的有限性以及多操作阶段的特点，间歇过程的运行状况往往较为复杂而无法满足传统的假设条件。另外，随着现代工业对提高生产效率和资源利用率的迫切需求，大规模连续过程也成为当今工业过程的一大发展趋势。大规模连续过程往往由多个生产设备、生产线、车间甚至是工厂构成，它们运行在不同的环境，具有不同的机理且相互影响，因此大规模过程通常具有复杂的过程特性而无法满足理想化的假设条件。综上，现代工业过程因其日益复杂化和大规模化而往往处于复杂的运行工况，具有复杂的过程特性，从而无法满足传统统计监测方法的理想化的假设，导致了传统方法的监测性能下降甚至不适用。因此，本章以当今工业过程的两大典型的复杂生产过程——间歇过程和大规模连续过程为背景，研究实际工业运行中的复杂特性，并针对其中典型问题提出一系列的新的解决思路和方案。

6.2　基于故障树的宽度故障诊断

6.2.1　故障树的基本原理与分析过程

6.2.1.1　故障树分析法基本概念与原理

故障树分析法（Fault Tree Analysis，FTA）是通过逻辑推理的方法，分析在一定条件下可能导致系统故障的各种因素（包括硬件、软件、环境、人为因素等），绘制逻辑框图，以确定系统故障原因的各种可能组合模式及其发生概率，并计算出系统的故障概率。同时，故障树分析法是可靠性工程的一个重要分支，也是国内外公认的进行复杂系统安全可靠性分析的实用方法。这种方法可以使分析人员对系统有更深入的了解，对系统结构、功能失效和维护支持有更系统的了解，从而提升设计、制造、使用和维护过程中可靠性。

故障树分析法以所研究系统的最低期望故障状态作为故障分析的目标，然后找出直接导致该故障的所有因素，再找出导致下一级事件的所有直接因素，直到知道其故障机制的基本因素。

在故障树分析中，所研究系统的各种故障状态或异常工况统称为故障事件，故障事件与成功事件相对应。通常，顶事件所指的是最不希望发生的事件，基本事件所指的是不再深入研究的事件，顶事件和基本事件之间的所有事件称为中间事件，由相应的符号表示，然后通过适当的逻辑门将顶部事件、中间事件和基本事件连接成树形图，进而获得故障树。它表示系统设备的特定事件与各子系统的故障事件之间的逻辑结构关系。本节以故障树为工具，分析了系统故障的各种原因，提出了系统可靠性研究的有效预防措施，即故障树分析法[1]。

6.2.1.2 故障树的建造

故障树的正确构建是故障树分析法的关键，因为故障树是否完善将直接影响故障树定性和定量分析结果的准确性。故障树构建过程的实质是找出所研究的系统故障或变量与导致故障的诸多因素之间的逻辑关系，并用故障树的图形符号表示，使其成为一个以顶事件、若干次事件和基本事件为分支的倒树图。

故障树的构建过程一般包括以下步骤：

（1）对研究对象进行系统分析，明确系统的正常状态和故障状态，找出导致故障的各种因素；

（2）确定最不希望发生的故障事件为顶事件；

（3）合理地确定边界条件；

（4）按照故障树基本结构的要求，画出故障树图。

故障树的建造过程如图 6.1 所示。

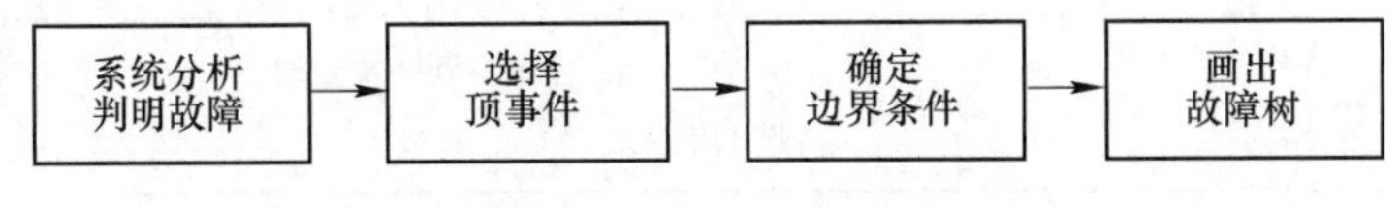

图 6.1 故障树的建造

6.2.1.3 故障树的数学表述与运算规则

A 故障树的符号表示

故障树分析中应用的符号可分为两类，即代表故障事件（事件是对系统及元、部件状态的描述）的符号和联系事件的逻辑门符号，见表 6.1。

表 6.1 故障树相关符号表示

分类	符号	名称	说 明
事件		基本事件	底事件：位于故障树最底层无需再深究的事件称为底事件，它是某个逻辑门的输入事件。底事件又可以分成基本事件与未探明事件。 基本事件：已经探明或尚未探明发生原因但有失效数据的底事件。 未探明事件：原则上应进一步探明其原因但暂时不必或暂时不能探明其原因的底事件
		未探明事件	
		结果事件	结果事件：由其他事件或事件组合所导致的事件，分为顶事件和中间事件。 顶事件：故障树分析中所关心的结果事件，位于故障树的顶端，即系统不希望发生的事件。 中间事件：位于底事件和顶事件之间的中间结果事件。它既是某个逻辑门的输出事件，同时又是别的逻辑门的输入事件
		中间事件	
		转移符号（转入、转出符号）	转移符号：为了避免画图重复，简化故障树的结构，而使用了转移符号，分为转入符号和转出符号。转入符号用于故障树的底部，表示树的部分分支在另外的地方；转出符号用于故障树的顶部，表示该树是另外一棵故障树的子树

续表 6.1

分类	符号	名称	说明
逻辑门		与门	与门：仅当所有输入事件同时发生时，输出事件才发生
		或门	或门：至少一个输入事件发生时，输出事件才发生
		非门	非门：输出事件是输入事件的对立事件
	m:0:0	表决门	表决门：仅当 n 个输入事件中有 r 或 r 个以上的事件发生时，输出事件才发生
		异或门	异或门：仅当单个输入事件发生时，输出事件才发生
		禁门	禁门：仅当条件事件发生时，输入事件的发生才导致输出事件的发生

B 布尔代数规则

布尔代数用于集合运算，这与普通代数算法不同。它可以用于故障树分析，并可以将事件表示为其他基本事件的组合，将系统故障表示为基本事件故障的组合。通过计算这些方程，可以得到导致系统故障的事件的故障组合（即最小割集），然后根据事件的故障概率计算系统故障概率。布尔代数规则如下（X、Y、Z 代表集合）：

（1）交换律 $X * Y = Y * X$

$X + Y = Y + X$

（2）结合律 $X * (Y * Z) = (X * Y) * Z$

$X + (Y + Z) = (X + Y) + Z$

（3）分配律 $X * (Y + Z) = X * Y + X * Z$

$X + (Y * Z) = (X + Y) * (X + Z)$

（4）吸收律 $X * (X + Y) = X$

$X + (X * Y) = X$

（5）互补律 $X + X' = \Omega$

$X * X' = \varnothing$

（6）幂等律 $X * X = X$

$X + X = X$

（7）狄摩根定律 $(X * Y)' = X' + Y'$

$(X + Y)' = X' * Y'$

（8）对合律 $(X')' = X$

（9）重叠律 $X + X'Y = X + Y = Y + Y'X$

6.2.1.4 故障树的定性分析

定性分析是故障树分析的核心内容之一。目的是分析此类事故的发生规律和特点，通过计算最小割集，找出控制事故的可行方案，并从故障树结构和发生概率分析每个基本事件的重要性，以便按优先级采取对策。

A 割集

割集是故障树的若干底事件的集合，如果这些底事件都发生，则顶事件必然发生。最小割集是底事件数目不能再减少的割集，即在最小割集中任意去掉一个底事件之后，剩下的底事件集合就不是割集。一个最小割集代表引起故障树顶事件发生的一种故障模式，通过研究最小割集可以找出故障树的薄弱环节。

求最小割集的方法通常有三种：上行法（Semanderes 算法）、下行法（Fussell-Vesely 算法）和布尔割集法（Boolean Indieated Cut Set，BICS）。本节将采取下行法求最小割集。

下行法的基本原则是：对每一个输出事件，若下面是或门，则将该或门下的每一个输入事件各自排成一行；若下面是与门，则将该与门下的所有输入事件排在同一行。

下行法的步骤是：从顶事件开始，由上向下依次进行，对每个结果事件重复上述原则，直到所有结果事件均被处理，所在每行的底事件的集合均为故障树的一个割集。最后按最小割集的定义，对各行的割集通过两两比较，去掉那些非最小割集的行，剩下的即为故障树的所有最小割集。

B 应用最小割集对故障树进行定性评定

最小割集的阶数即为最小割集所含基本事件的数目。如果各个基本事件发生概率比较小并且它们之间的差别相对不大，那么阶数越低的最小割集其重要性越大，显而易见只由一个基本事件构成的一阶最小割集重要性最大。

用以下原则进行定性分析比较：

（1）比较小概率失效事件组的各种系统失效概率时，其故障树所含最小割集的最小阶数越小，系统的失效概率越高，基本事件的重要性越大；

（2）在所含最小割集的最小阶数相同的情况下，最小割集出现的次数越多，该基本事件的重要性越大。

6.2.1.5 故障树的定量分析

故障树定量分析的目的是分析底事件对顶事件的影响，找出系统的薄弱环节，从而有效预防和降低故障概率。重要度用来表示底事件对顶事件的影响程度。底事件重要度概率为：

$$I_{\mathrm{T}}(i)=\frac{1}{2^{m-1}}\left[\sum T(1_i,\ X)-\sum T(0_i,\ X)\right] \tag{6.1}$$

式中，m 为底事件个数；$\sum T(1_i,\ X)$ 为底事件 X 和顶事件 T 同时发生的状态组合数；$\sum T(0_i,\ X)$ 为底事件 X 不发生时，顶事件 T 发生的状态组合数。

6.2.2 基于故障树分析的宽度故障诊断

在热轧过程中，带钢的精轧阶段起着关键性作用，它对后续的工艺阶段有着十分关键的影响。因此，有必要对精轧阶段带钢宽度缺陷进行监控诊断，这能够有效地预防宽度缺陷对后续产生的影响。本节运用故障树分析法对精轧过程带钢宽度缺陷进行诊断。

基于故障树分析法的故障诊断步骤：

(1) 选择顶事件：顶事件是系统中最不希望发生的事件，它会引起最坏的结果发生，在工程中依据实际情况来确定；

(2) 建造故障树：找出引起顶事件的全部因素，按相应的逻辑关系将顶事件、中间事件和底事件连接在一起，形成故障树；

(3) 定性分析：找出全部可能导致顶事件发生的组合，找出最小割集；

(4) 定量分析：计算出顶事件发生的概率和底事件的重要度；

(5) 采取预防措施：综合分析顶事件与底事件的关系、底事件发生的概率以及对顶事件的影响程度，找出系统的薄弱环节，及时维护，防止事故发生。

根据热轧实际生产情况，查阅资料，结合生产经验，确定精轧过程带钢宽度缺陷故障事件。故障事件见表 6.2。

表 6.2 故障事件表

符号	故障事件
T	带钢宽度缺陷
A	活套角度偏差
B	活套角度实测值
C	轧制力实测值
X_1	弯辊力实测值
X_2	轧制温度
X_3	厚度实测值
X_4	压下量
X_5	速度实测值
X_6	辊缝实测值

把顶事件、中间事件、底事件按照逻辑门连接起来，形成了故障树，如图 6.2 所示。

根据图 6.2，$A=X_1C$，$B=X_5+X_6$，$T=A+B$。得故障树结构函数为 $T= X_1C+ X_5+X_6 = X_1(X_2+X_3+X_4) + X_5+X_6 = X_1X_2+X_1X_3+X_1X_4+ X_5+X_6$。故最小割集为 $\{X_1, X_2\}$，$\{X_1, X_3\}$，$\{X_1, X_4\}$，$\{X_5\}$，$\{X_6\}$。

根据上述规则，重要度程度大小大致为 X_5，X_6，X_1，X_2，X_3，X_4。

根据现场实际情况统计记录得到影响精轧过程带钢拉窄的底事件的失效概率，见表 6.3。

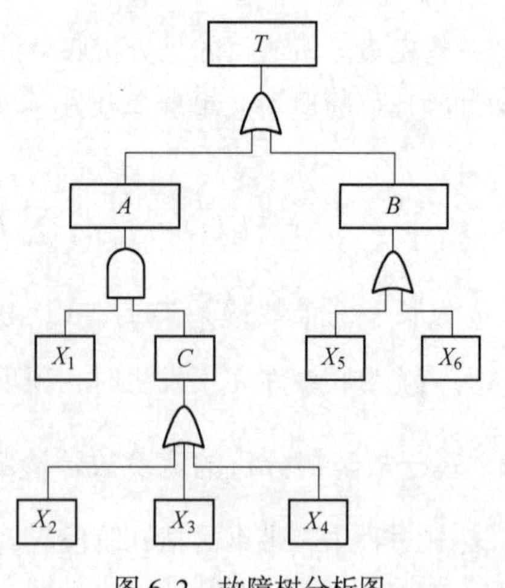

图 6.2 故障树分析图

表 6.3 底事件失效概率

底事件	X_1	X_2	X_3	X_4	X_5	X_6
失效概率	0.01	0.05	0.1	0.2	0.06	0.02

顶事件和底事件的逻辑关系见表 6.4。

表 6.4 顶事件和底事件分布情况

X_1	X_2	X_3	X_4	X_5	X_6	T
0	0	0	0	0	0	0
1	0	0	0	0	0	0
1	0	0	0	0	1	1
1	0	0	0	1	0	1
1	0	0	1	0	0	1
1	0	1	0	0	0	1
1	1	0	0	0	0	1
1	0	0	0	1	1	1
1	0	0	1	0	1	1
1	0	0	1	1	0	1
1	0	0	1	0	0	1
1	1	0	0	0	1	1
1	1	0	0	1	0	1
1	1	0	1	0	0	1
1	1	1	0	0	0	1
1	1	1	1	0	0	1
1	1	1	0	0	1	1
1	1	1	0	1	0	1
1	1	0	1	1	0	1
1	1	0	1	0	1	1
1	1	0	0	1	1	1
1	0	1	1	1	0	1
1	0	1	1	0	1	1
1	0	1	0	1	1	1
1	0	0	1	1	1	1
1	1	1	1	1	0	1
1	1	1	1	0	1	1
1	1	1	0	1	1	1
1	1	0	1	1	1	1
1	0	1	1	1	1	1
1	1	1	1	1	1	1

续表 6.4

X_1	X_2	X_3	X_4	X_5	X_6	T
0	1	0	0	0	0	0
0	1	0	0	0	1	1
0	1	0	0	1	0	1
0	1	0	1	0	0	0
0	1	1	0	0	0	0
0	1	1	1	0	0	0
0	1	1	0	0	1	1
0	1	1	0	1	0	1
0	1	0	1	1	0	1
0	1	0	1	0	1	1
0	1	0	0	1	1	1
0	1	1	1	1	0	1
0	1	1	1	0	1	1
0	1	1	0	1	1	1
0	1	0	1	1	1	1
0	1	1	1	1	1	1
0	0	1	0	0	0	0
0	0	1	1	0	0	0
0	0	1	0	1	0	1
0	0	1	0	0	1	1
0	0	1	1	1	0	1
0	0	1	1	0	1	1
0	0	1	0	1	1	1
0	0	1	1	1	1	1
0	0	0	1	0	0	0
0	0	0	1	1	0	1
0	0	0	1	0	1	1
0	0	0	1	1	1	1
0	0	0	0	1	0	1
0	0	0	0	1	1	1
0	0	0	0	0	1	1

通过计算，得到 6 个故障事件的重要度：

$$I_{\mathrm{T}}(1)=\frac{1}{2^{6-1}}(30-24)=\frac{3}{16}$$

$$I_{\mathrm{T}}(2)=\frac{1}{2^{6-1}}(28-25)=\frac{3}{32}$$

$$I_{\mathrm{T}}(3)=\frac{1}{2^{6-1}}(28-27)=\frac{1}{32}$$

$$I_{\mathrm{T}}(4)=\frac{1}{2^{6-1}}(28-27)=\frac{1}{32}$$

$$I_{\mathrm{T}}(5)=\frac{1}{2^{6-1}}(32-23)=\frac{9}{32}$$

$$I_{\mathrm{T}}(6)=\frac{1}{2^{6-1}}(32-23)=\frac{9}{32}$$

结合表6.4，得到顶事件发生概率$P=0.09$。可以看出，X_5（速度实测值）、X_6（辊缝实测值）对精轧带钢拉窄影响最大，其次为X_1（弯辊力实测值）。

6.3 基于因子分析的宽度故障诊断

6.3.1 因子分析算法及建模步骤

6.3.1.1 因子分析算法原理

用$x=(x_1, \cdots, x_p)^{\mathrm{T}}$表示由$p$个生产过程中的变量构成的任意向量，则$x$的一次观测值就是每次的采样数据。由因子分析公式：

$$\boldsymbol{x}=\boldsymbol{u}+\boldsymbol{R}\boldsymbol{f}+\boldsymbol{e} \tag{6.2}$$

式中，$\boldsymbol{u}$为$\boldsymbol{x}$的期望向量；$\boldsymbol{f}=(f_1, \cdots, f_m)^{\mathrm{T}}$为变量之间毫无关联的公共因子，即$U(f)=I_m$；$e=(e_1, \cdots, e_p)^{\mathrm{T}}$为$x$的特殊因子。各个特殊因子之间、特殊因子与公共因子之间都是毫不相关的，特殊因子的协方差矩阵$\boldsymbol{D}(e)=\mathrm{diag}(\sigma_1^2, \cdots, \sigma_p^2)$记为$D$，其中，$\sigma_1^2$，…，$\sigma_p^2$分别为$e_1$，…，$e_p$的方差。协方差用于评价变量之间的相关性，数值越大，两个变量之间的相关性越强。其计算式：

$$\sigma_{jk}=\frac{1}{n-1}\sum_{i=1}^{n}(x_{ij}-\bar{x}_j)(x_{ik}-\bar{x}_k) \tag{6.3}$$

计算出所有变量之间的协方差，按顺序排列，就得到如下协方差矩阵形式：

$$\begin{bmatrix} \sigma_1^2 & \sigma_{12} & \cdots & \sigma_{1p} \\ \sigma_{21} & \sigma_2^2 & \cdots & \sigma_{2p} \\ \vdots & \vdots & \ddots & \vdots \\ \sigma_{p1} & \sigma_{p2} & \cdots & \sigma_p^2 \end{bmatrix}$$

反映各个过程变量之间共性的是公共因子，反映各个变量本身专有特性的是特殊因子，毫无关联的各个公共因子与自身特性鲜明的特殊因子共同决定了每个变量的特性。数据经过无量纲化处理后，知$\mathrm{cov}(x, f)=\boldsymbol{R}$，即矩阵$\boldsymbol{R}=(r_{ij})_{p\times m}$为各个过程变量与各个公共因子之间的相关系数矩阵，其中，n为矩阵列数，m为矩阵行数。

相关系数表示变量间的相关程度。相关系数矩阵对角线上的值都为1，表示的是变量与自身的相关性。相关系数矩阵与经过无量纲化处理后的协方差矩阵是一致的，更能反映出变量之间的相关性。其计算式：

$$r(x_j,\ x_k) = \frac{s_{jk}}{s_j s_k} \tag{6.4}$$

计算出所有变量之间的相关系数并按顺序排列，就得到如下矩阵：

$$\boldsymbol{R} = \begin{bmatrix} 1 & r_{12} & \cdots & r_{1p} \\ r_{21} & 1 & \cdots & r_{2p} \\ \vdots & \vdots & \ddots & \vdots \\ r_{p1} & r_{p2} & \cdots & 1 \end{bmatrix}_{p \times p}$$

矩阵中的元素 r_{ij} 表示第 i 个变量在第 j 个公共因子上的载荷。矩阵 $\boldsymbol{R}$ 的第 i 行元素的平方和 h_i 可看作各个公共因子对第 i 个变量的方差的所占比例，h_i 阐释了第 i 个变量对公共因子的依靠水平。

当所有数据都经过无量纲化处理后，协方差矩阵与相关系数矩阵可视为等价，即 $\boldsymbol{R} = \boldsymbol{D}(x)$，$\boldsymbol{A}^* = \boldsymbol{R} - \boldsymbol{D}$ 为约相关系数矩阵，可得：

$$\boldsymbol{A}^* = \boldsymbol{R} - \boldsymbol{D} = \boldsymbol{A}\boldsymbol{A}^{\mathrm{T}} \tag{6.5}$$

当给定条件 $\boldsymbol{D}$ 时，可以计算得到相应的约相关系数矩阵，然后再对约相关系数矩阵进行特征分解，可以计算出载荷矩阵。具体的计算步骤如下：

给定相关系数矩阵 $\boldsymbol{R}$ 的特征值为 λ_1，λ_2，…，$\lambda_p \geqslant 0$，与之相对应的单位正交特征向量为 l_1，l_2，…，l_p，则有谱分解式：

$$\boldsymbol{R} = \sum_{i=1}^{p} \lambda_i l_i l_i^{\mathrm{T}} \tag{6.6}$$

当最后 $p - m$ 个特征值较小时可以近似分解为：

$$\boldsymbol{R} \approx (\sqrt{\lambda_1} l_1,\ \cdots,\ \sqrt{\lambda_m} l_m) \begin{pmatrix} \sqrt{\lambda_1} l_1^{\mathrm{T}} \\ \vdots \\ \sqrt{\lambda_m} l_m^{\mathrm{T}} \end{pmatrix} + d \tag{6.7}$$

根据式（6.5）以计算出初始迭代值 d，进而计算出约相关系数矩阵，然后再对约相关系数矩阵进行特征分解并且选取前 m 对特征值和特征向量，最后通过计算得到新的载荷矩阵和 d。反复迭代，直到特殊因子变化很小时为止。

类似于主成分分析中监控指标的定义，因子分析也可以定义 GT^2 统计量和因子得分情况，分别用于监控主因子空间和特殊因子空间。主因子符合单位方差标准正态分布：

$$\mathrm{GT}^2 = f^{\mathrm{T}} f \sim \mu^2(a) \tag{6.8}$$

控制限 $\mathrm{CGT}^2 = \mu^2_{1-\alpha}(a)$ 中，a 表示因子选取的个数，α 为显著度。同样可以定义特殊因子空间中的因子得分 $S = \| e_i \|^2$，e_i 为样本向量与主因子组合重构后的差值。当 GT^2 统计量超过控制限时，说明公共因子空间存在异常，此时可以通过特殊因子得分情况判断引起故障的原因。

6.3.1.2　因子分析算法建模步骤

因子分析算法建模的具体步骤如下：

（1）数据采集与同步；

（2）数据预处理：对历史数据集进行标准化处理，消除量纲的影响；

（3）建立 FA 模型：根据公共因子累计方差贡献率大于 80%的准则，通过计算得到因子个数；

（4）当采集到新的生产过程样本点时，计算出新样本点的 GT^2统计量，当新样本点的 GT^2统计量超过控制限时，则认为生产过程产生异常，否则认为生产过程处于可控状态；

（5）若该过程异常，则计算各个变量的因子得分，并绘制出柱状图，再比较各变量的作用大小，最大得分对应的变量则认为是引起过程异常的主要原因。

6.3.2 基于因子分析的宽度故障诊断

因子分析法故障诊断步骤如图 6.3 所示。

为验证模型的实际效果，选取某 2160 mm热连轧生产线作为研究对象，依据热轧工艺机理模型、理论知识及现场经验知识，选取了生产数据样本总量 600 组，按照 8∶2 的比例分为训练集和测试集，每个样本点包括 49 个参数（温度、速度、轧制力能参数等），进而从中寻找影响宽度缺陷的主要因素，具体的工艺参数见表 6.5[2]。

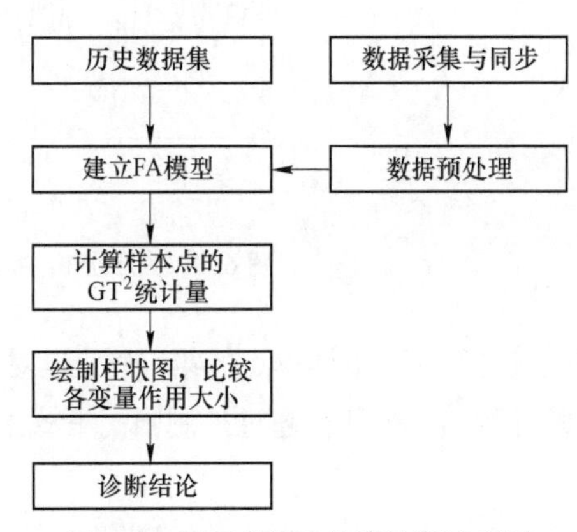

图 6.3 因子分析法故障诊断流程图

表 6.5 宽度缺陷相关的工艺参数

变量序号	具体变量名称
01	精轧入口温度
02	精轧出口温度
03	出口温度偏差
04~09	精轧 F1~F6 速度实测值
10~15	精轧 F1~F6 速度调节量
16~20	L1~L5 活套角度实测值
21~25	L1~L5 活套角度偏差
26~31	精轧 F1~F6 轧制力实测值
32~37	精轧 F1~F6 弯辊力实测值
38~43	精轧 F1~F6 辊缝实测值
44~49	精轧 F1~F6 辊缝调节量

每一个样本点可以看成由相同位置的工艺参数与质量参数构成，对生产过程进行监控。监控结果如图 6.4 所示，图 6.4 给出了 80%置信度下的控制限。

从图中可以看出 1 号样本与 20 号样本 GT^2统计量值超过了控制限，为异常点。下面对引起 1 号样本和 20 号样本异常的原因进行分析。

6.3.3 基于因子分析的宽度故障根因分析

对 GT^2统计量进行诊断的过程如下：当第 i 个样本点的 GT^2统计量超过其控制限时，

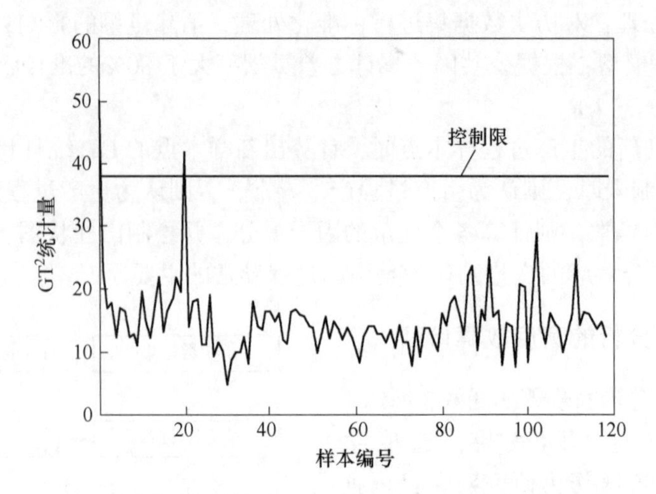

图 6.4　因子分析中轧件宽度缺陷的误差统计量

可以通过计算第 i 个样本点的第 j 个变量对 h 个成分的累积贡献值 $\mathrm{Contr}_{ij}^{\mathrm{GT}}$ 来判断是哪些过程变量导致 GT^2统计量超过控制限。下式给出了变量 X_j在不同主方向的贡献值。

$$x_{(i)}[l_1, l_2, \cdots, l_h] = (x_{i1}, x_{i2}, \cdots, x_{ip})\begin{bmatrix} l_{11} & l_{12} & \cdots & l_{1h} \\ l_{21} & l_{22} & \cdots & l_{2h} \\ \vdots & \vdots & \ddots & \vdots \\ l_{p1} & l_{p1} & \cdots & l_{ph} \end{bmatrix}$$

$$= \begin{bmatrix} x_{i1}l_{11} & x_{i1}l_{12} & \cdots & x_{i1}l_{1h} \\ x_{i2}l_{21} & x_{i2}l_{22} & \cdots & x_{i2}l_{2h} \\ \vdots & \vdots & \ddots & \vdots \\ x_{ip}l_{p1} & x_{ip}l_{p2} & \cdots & x_{ip}l_{ph} \end{bmatrix} \tag{6.9}$$

式中，$(x_{i1}, x_{i2}, \cdots, x_{ip})$ 为待分析的第 i 个样本点；主方向矩阵 $\boldsymbol{L} = [l_1, l_2, \cdots, l_n]$ 的每一列代表一个主方向；$x_{i1}l_{11}$，$x_{i1}l_{12}$，…，$x_{i1}l_{1h}$ 分别为第 i 个样本点的第 1 个变量分别对第 1，2，…，h 个主成分的贡献值，$x_{i2}l_{21}$，$x_{i2}l_{22}$，…，$x_{i2}l_{2h}$ 分别为第 i 个样本点的第 2 个变量分别对第 1，2，…，h 个主成分的贡献值。依次类推，得到第 i 个样本点的第 j 个变量对 h 个成分的总贡献值 $\mathrm{Contr}_{ij}^{\mathrm{GT}}$ 的计算式为：

$$\mathrm{Contr}_{ij}^{\mathrm{GT}} = \sum_{k=1}^{h}\left(\frac{x_{ij}l_{jk}}{s_{t_k}}\right)^2 \tag{6.10}$$

式中，x_{ij} 为第 i 个样本点的第 j 个变量的观测值；l_{jk} 为第 k 个主方向向量 l_k 的第 j 个分量；s_{t_k} 为第 k 个主成分 t_k 的标准差。每个样本点均由 p 个变量构成，需要分别求解每个变量在 h 个方向上投影值的总和，即每个变量对 h 个成分的累计贡献值。

对基于因子分析的故障检测进行特征提取，在此基础上进行重构贡献值的计算。图 6.5 展示了 1 号样本点和 20 号样本点贡献值的情况。

从图 6.5（a）中可以看出，影响 1 号样本带钢宽度缺陷的主要工艺变量为编号 1（精轧入口温度）和 2（终轧温度），可以看出精轧入口温度和终轧温度对带钢宽度异常影响

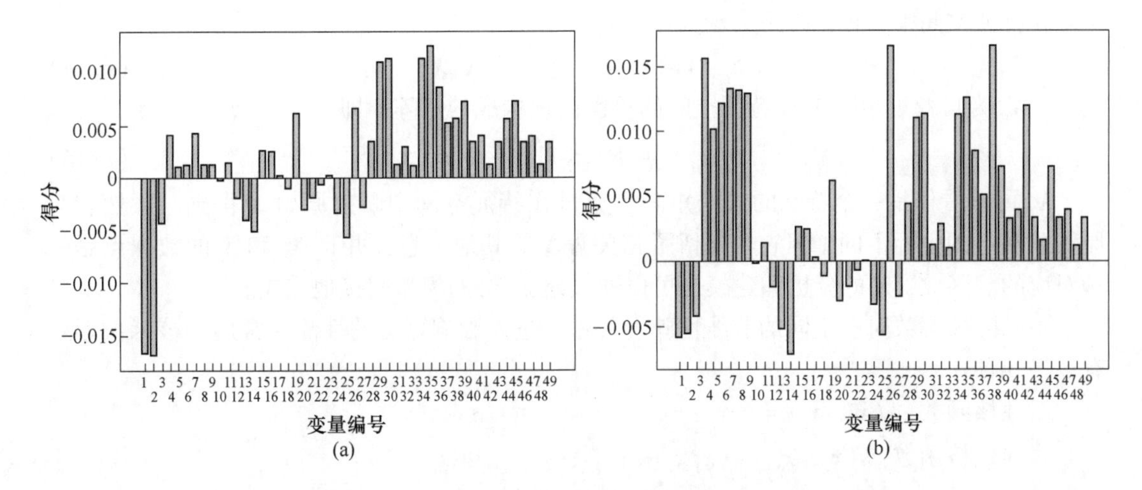

图 6.5 因子得分柱状图

(a) 1 号样本；(b) 20 号样本

较大，由此可以推断出引起宽度异常缺陷的原因可能为温度工艺数据异常。从图 6.5（b）中可以看出，影响 20 号样本带钢宽度缺陷的主要工艺变量为编号 4（精轧机 F1 速度实测值）和 26（精轧机 F1 轧制力实测值）。从以上分析可以看出温度工艺数据异常、F1 和 F2 间的速度不匹配、精轧机 F1 机架轧制工艺参数设定不合理可能是引起本轧件产生宽度缺陷的原因。

6.4 基于核主成分分析的宽度故障诊断

6.4.1 核主成分分析算法及建模步骤

6.4.1.1 核主成分分析算法原理

核主成分分析算法（Kernel Principal Component Analysis，KPCA）将核方法引入主成分分析算法中。通过将自变量 X 映射到特征空间，数据的维数增加到高维，然后使用主成分分析算法提取主成分，并将维数降低到有限空间。在这个过程中，可以从具有非线性相关性的变量中提取非线性主方向，从而减少方差信息的损失。

核主成分分析算法是基于核矩阵的。因此，有必要根据数据矩阵以及使用核函数获得核矩阵。核函数是一种满足 Mercer 定理的实值对称函数。由于其满足 Mercer 定理，核函数可以用以下形式表示：

$$k(\boldsymbol{x}_i,\ \boldsymbol{x}_j) = \sum_{m=1}^{\infty} \lambda_m \varphi_m(\boldsymbol{x}_i) \varphi_m(\boldsymbol{x}_j) \tag{6.11}$$

式中，$\boldsymbol{x}_i$、$\boldsymbol{x}_j$ 为某一点在数据矩阵对应的行向量，即

$$\boldsymbol{x}_i = [x_{i1} \quad x_{i2} \quad \cdots \quad x_{ip}] \tag{6.12}$$

$$\boldsymbol{x}_j = [x_{j1} \quad x_{j2} \quad \cdots \quad x_{jp}] \tag{6.13}$$

在特征空间中，核矩阵可表示为：

$$\boldsymbol{K} = [k(\boldsymbol{x}_i,\ \boldsymbol{x}_j)]_{n\times n} = \boldsymbol{X}_\phi \boldsymbol{X}_\phi^{\mathrm{T}} \tag{6.14}$$

式中，$\boldsymbol{X}_\phi$为自变量矩阵 $\boldsymbol{X}$ 在特征空间的投影向量构成的矩阵，即

$$\boldsymbol{X}_\phi = [\phi(\boldsymbol{x}_1)^{\mathrm{T}} \quad \phi(\boldsymbol{x}_2)^{\mathrm{T}} \quad \cdots \quad \phi(\boldsymbol{x}_n)^{\mathrm{T}}]^{\mathrm{T}} \tag{6.15}$$

$\boldsymbol{X}_\phi$可以看作是一个特殊的数据矩阵，通过在特征空间中映射原始 $\boldsymbol{X}$ 得到。虽然它与原始数据点的坐标不同，但它也保留了相关程度等其他信息，并且 $\boldsymbol{X}_\phi$和 $\boldsymbol{X}$ 的数据点是一一对应的。因此，$\boldsymbol{X}$ 的分析和建模也可以通过建立 $\boldsymbol{X}_\phi$的模型间接地完成。

不同的核函数对应不同的非线性映射关系，进而影响算法的性能。常用的核函数形式有以下几种：

线性核函数：$k(\boldsymbol{x}_i,\ \boldsymbol{x}_j) = \boldsymbol{x}_i^{\mathrm{T}}\boldsymbol{x}_j$；

多项式核函数：$k(\boldsymbol{x}_i,\ \boldsymbol{x}_j) = (\boldsymbol{x}_i^{\mathrm{T}}\boldsymbol{x}_j + 1)^d$；

高斯核函数：$k(\boldsymbol{x}_i,\ \boldsymbol{x}_j) = \exp\left(-\dfrac{\|\boldsymbol{x}_i - \boldsymbol{x}_j\|^2}{\sigma^2}\right)$；

Sigmoid 核函数：$k(\boldsymbol{x}_i,\ \boldsymbol{x}_j) = \tanh(\beta_0\boldsymbol{x}_i \cdot \boldsymbol{x}_j + \beta_1)$，其中$\beta_0 > 0$，$\beta_1 < 0$，均为常数。

高斯核函数是使用最广泛的核函数之一，参数的选择适用于任意分布的样本。同时，高斯核函数具有使用范围广、参数少的优点。因此，本节选择高斯核函数进行后续计算。

由于核矩阵与高维映射点的协方差矩阵密切相关，且协方差矩阵的特征向量是特征空间中映射点的主方向，因此可以通过核矩阵的特征向量计算主方向，并据此计算主成分。

在特征空间中，协方差矩阵可表示为：

$$\boldsymbol{C} = \frac{1}{n}\boldsymbol{X}_\phi^{\mathrm{T}}\boldsymbol{X}_\phi \tag{6.16}$$

虽然协方差矩阵不能直接计算，但它的特征向量 $\boldsymbol{l}$ 可以根据核矩阵和协方差矩阵之间的关系间接计算出来。由于 $\boldsymbol{C}$ 和 $\boldsymbol{K}$ 均为实对称矩阵，若 $n\boldsymbol{C}$ 的特征向量为 $\boldsymbol{l}$，特征值为 λ_c，$\boldsymbol{K}$ 的特征向量为 $\boldsymbol{h}$，特征值为 λ_k，则有：

$$n\boldsymbol{C}(\boldsymbol{X}_\phi^{\mathrm{T}}\boldsymbol{h}) = \boldsymbol{X}_\phi^{\mathrm{T}}\boldsymbol{X}_\phi\boldsymbol{X}_\phi^{\mathrm{T}}\boldsymbol{h} = \boldsymbol{X}_\phi^{\mathrm{T}}\boldsymbol{K}\boldsymbol{h} = \lambda_k\boldsymbol{X}_\phi^{\mathrm{T}}h \tag{6.17}$$

$$\boldsymbol{K}(\boldsymbol{X}_\phi\boldsymbol{l}) = \boldsymbol{X}_\phi\boldsymbol{X}_\phi^{\mathrm{T}}\boldsymbol{X}_\phi\boldsymbol{l} = \boldsymbol{X}_\phi n\boldsymbol{C}\boldsymbol{l} = \lambda_c\boldsymbol{X}_\phi\boldsymbol{l} \tag{6.18}$$

可知 $n\boldsymbol{C}$ 和 $\boldsymbol{K}$ 具有相同的特征值，而且特征向量一一对应，由于高斯核函数所求出的 $\boldsymbol{X}_\phi$的列数大于 n，也就是自变量升维后的维数大于 n，而 $n\boldsymbol{C}$ 的秩等于 $\boldsymbol{K}$ 的秩也等于 $\boldsymbol{X}_\phi$的行秩，此时 $\boldsymbol{X}_\phi$中的向量与 $\boldsymbol{l}$ 正交，对应的特征值为 0，$n\boldsymbol{C}$ 和 $\boldsymbol{K}$ 的非零特征值相同并且特征向量一一对应，考虑到当特征值 0 对应的特征向量为主方向时，主成分为零向量，因此不用考虑，只需考虑 $n\boldsymbol{C}$ 与 $\boldsymbol{K}$ 对应的特征向量。需要求出 $n\boldsymbol{C}$ 和 $\boldsymbol{K}$ 的单位特征向量：

$$\|\boldsymbol{X}_\phi^{\mathrm{T}}\boldsymbol{h}\| = \sqrt{\boldsymbol{h}^{\mathrm{T}}\boldsymbol{X}_\phi\boldsymbol{X}_\phi^{\mathrm{T}}\boldsymbol{h}} = \sqrt{\boldsymbol{h}^{\mathrm{T}}\boldsymbol{K}\boldsymbol{h}} = \sqrt{\lambda_k\boldsymbol{h}^{\mathrm{T}}\boldsymbol{h}} = \lambda_k^{\frac{1}{2}} \tag{6.19}$$

$$\|\boldsymbol{X}_\phi\boldsymbol{l}\| = \sqrt{\boldsymbol{l}\boldsymbol{X}_\phi^{\mathrm{T}}\boldsymbol{X}_\phi\boldsymbol{l}} = \sqrt{\boldsymbol{l}^{\mathrm{T}}nC\boldsymbol{l}} = \sqrt{\lambda_c\boldsymbol{l}^{\mathrm{T}}\boldsymbol{l}} = \lambda_c^{\frac{1}{2}} \tag{6.20}$$

$$\boldsymbol{l} = \boldsymbol{X}_\phi^{\mathrm{T}}\boldsymbol{h}/\|\boldsymbol{X}_\phi^{\mathrm{T}}\boldsymbol{h}\| = \lambda_k^{-\frac{1}{2}}\boldsymbol{X}_\phi^{\mathrm{T}}\boldsymbol{h} \tag{6.21}$$

$$\boldsymbol{h} = \boldsymbol{X}_\phi\boldsymbol{l}/\|\boldsymbol{X}_\phi\boldsymbol{l}\| = \lambda_c^{-\frac{1}{2}}\boldsymbol{X}_\phi\boldsymbol{l} \tag{6.22}$$

$n\boldsymbol{C}$ 的单位特征向量 $\boldsymbol{l}$ 即为 $\boldsymbol{X}_\phi$的主方向，$\boldsymbol{l}$ 也可写为：

$$\boldsymbol{l} = \boldsymbol{X}_\phi^{\mathrm{T}}\boldsymbol{\alpha} \tag{6.23}$$

$$\boldsymbol{\alpha} = \lambda_k^{-\frac{1}{2}}\boldsymbol{h} \tag{6.24}$$

可根据 $\boldsymbol{X}_\phi$ 和主方向 $\boldsymbol{l}$ 计算主成分得：

$$\boldsymbol{t} = \boldsymbol{X}_\phi \boldsymbol{l} = \boldsymbol{X}_\phi \boldsymbol{X}_\phi^{\mathrm{T}} \boldsymbol{\alpha} = \boldsymbol{K}\boldsymbol{\alpha} \tag{6.25}$$

为确定主成分的个数，可以计算前 m 个主成分的累计贡献率，如式（6-26）所示，当贡献率达到 85%时，表示所选的主成分已经蕴含了原始数据的大部分核心信息，由此可确定主成分的个数 m。

$$\mathrm{CPV}_m = \frac{\sum_{j=1}^{m} \lambda_j}{\sum_{j=1}^{k} \lambda_j} \tag{6.26}$$

式中，λ 为核矩阵 $\boldsymbol{K}$ 的特征值。

事实上，尽管 $\boldsymbol{X}_\phi$ 是 $\boldsymbol{X}$ 在特征空间中的投影，但仍可表示为：

$$\boldsymbol{X}_\phi = t_1 l_1^{\mathrm{T}} + t_2 l_2^{\mathrm{T}} + t_3 l_3^{\mathrm{T}} + \cdots + t_k l_k^{\mathrm{T}} + E \tag{6.27}$$

此时，l_i 为无穷维向量，无法直接进行运算。但可以结合之前推导出的变量关系进行后续的计算。

6.4.1.2 核主成分分析算法建模步骤

核主成分分析算法建模的具体步骤如下：

（1）将自变量矩阵 $\boldsymbol{X}$ 进行标准化处理，得到：

$$x_{ij}^* = \frac{x_{ij} - \bar{x}_j}{s_{xj}},\ i = 1,\ 2,\ \cdots,\ n\ ;\ j = 1,\ 2,\ \cdots,\ p \tag{6.28}$$

式中，$\bar{x}_j$、s_{xj} 分别为矩阵 $\boldsymbol{X}$ 第 j 列的均值和标准差。

标准化后的自变量矩阵为：

$$\boldsymbol{X}_0 = \begin{bmatrix} x_{11}^* & x_{21}^* & \cdots & x_{p1}^* \\ x_{12}^* & x_{22}^* & \cdots & x_{p2}^* \\ \vdots & \vdots & \ddots & \vdots \\ x_{1n}^* & x_{2n}^* & \cdots & x_{pn}^* \end{bmatrix} \tag{6.29}$$

（2）选择核参数，采用高斯核函数，根据矩阵 $\boldsymbol{X}_0$ 计算对应的核矩阵 $\boldsymbol{K}_0$。

（3）对核矩阵进行中心化处理 $\boldsymbol{K} = \boldsymbol{K}_0 - \frac{1}{n}\boldsymbol{j}\boldsymbol{j}^{\mathrm{T}}\boldsymbol{K}_0 - \frac{1}{n}\boldsymbol{K}_0\boldsymbol{j}\boldsymbol{j}^{\mathrm{T}} + \frac{1}{n^2}\boldsymbol{j}\boldsymbol{j}^{\mathrm{T}}\boldsymbol{K}_0\boldsymbol{j}\boldsymbol{j}^{\mathrm{T}}$，其中 n 为训练集数据点个数，$\boldsymbol{j}$ 为所有元素为 1 的 n 维向量，求得核矩阵特征向量 $\boldsymbol{h}$ 以及特征值 λ，进而求得 $\boldsymbol{\alpha}$，在核空间中主方向 $\boldsymbol{l}$ 可由以 $\boldsymbol{\alpha}$ 为系数的自变量 $\boldsymbol{X}_\phi$ 的线性关系式表达出来，并且可求得 $\boldsymbol{t}=\boldsymbol{K}\boldsymbol{\alpha}$。

（4）根据特征值 λ 计算累积贡献率，选出贡献率最高的 m 个主成分使总累计贡献率大于 85%，从而确定主成分数为 m。

6.4.2 基于核主成分分析的宽度故障诊断流程

核主成分分析法故障诊断步骤如图 6.6 所示。

仍采用表 6.5 中的工艺参数数据选取 120 个样本点，对生产过程进行监控。监控结果如图 6.7 所示，图中给出了 85%置信度下的控制限。

可以看出，绝大多数样本点在控制限以内，第 1 号样本点和第 20 号样本点超出控制限，说明该两个样本点对应的宽度存在异常。为了分析引起异常的原因，下面对第 1 号样本点和第 20 号样本点分别进行分析[3]。

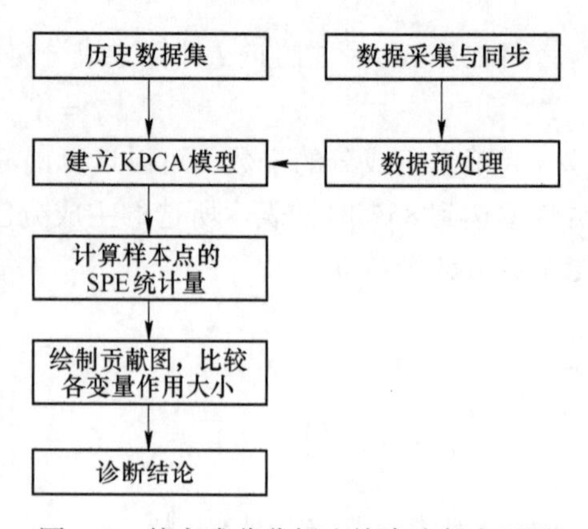

图 6.6　核主成分分析法故障诊断流程图

6.4.3　基于核主成分分析的宽度故障根因分析

对 SPE 统计量进行诊断的过程如下：当第 i 个样本点的平方预测误差 SPE 超过其控制限时，

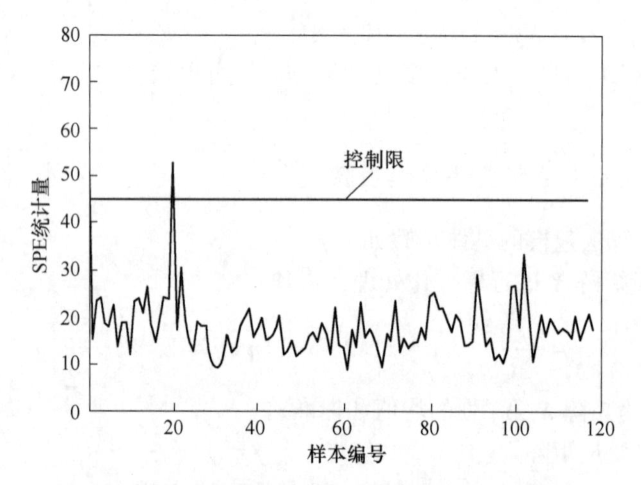

图 6.7　核主成分分析中轧件宽度缺陷的误差统计量

可以通过计算第 i 个样本点的第 j 个变量对平方预测误差 SPE 的贡献值来判断是哪些过程变量导致 SPE 值超过了控制限。在第 i 个样本点中，第 j 个变量对 SPE 统计量的总贡献值为：

$$\mathrm{Contr}_{ij}^{\mathrm{SPE}} = (x_{ij} - \hat{x}_{ij})^2 \tag{6.30}$$

当某样本点的 SPE 统计量超出其控制限时，可以绘制出异常点的贡献图。通过贡献图可以分析出哪个环节出现了问题，哪些变量的异常波动引起了 SPE 统计量超出了控制限。贡献值越大，所对应的变量越有可能引起质量的异常。

对基于核主成分分析的故障检测进行特征提取，在此基础上进行重构贡献值的计算。图 6.8 展示了 1 号样本点和 20 号样本点贡献值的情况。

从图 6.8（a）中可以看出，影响 1 号样本带钢宽度缺陷的主要工艺变量为编号 1（精轧入口温度）、2（终轧温度）和 26（F1 轧制力实测值），可以看出精轧入口温度、终轧温度和 F1 轧制力对带钢宽度异常影响较大，由此可以推断出引起宽度异常缺陷的原因可能为温度工艺数据和 F1 轧制力实测数据异常。从图 6.8（b）中可以看出，影响 20 号样

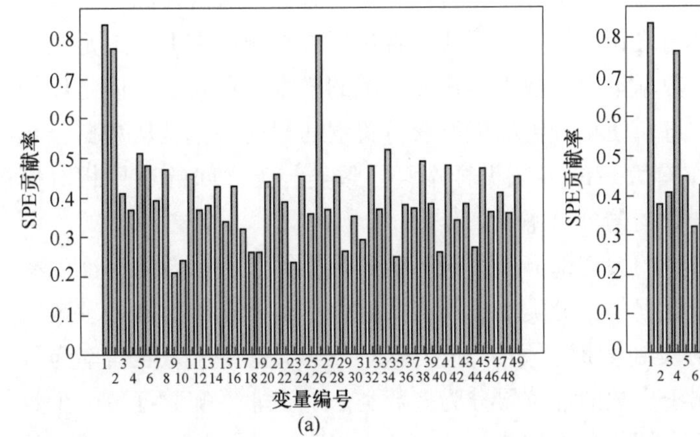

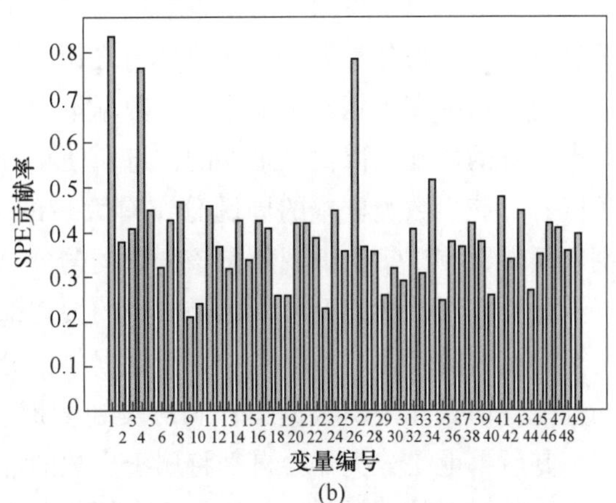

图 6.8 SPE 贡献率图

(a) 1 号样本；(b) 20 号样本

本带钢宽度缺陷的主要工艺变量为编号 1（精轧入口温度）、4（精轧机 F1 速度实测值）和 26（F1 轧制力实测值），由此可以推断出引起宽度异常缺陷的原因可能为温度工艺数据、F1 轧制力实测数据和 F1 速度实测数据异常。从以上分析可以看出精轧机 F1 机架轧制工艺参数设定不合理可能是引起本轧件产生宽度缺陷的原因。

6.5 带钢凸度异常诊断与缺陷分析

6.5.1 非平衡诊断建模理论介绍

非平衡数据指数据集中存在两个及以上的类别，如图 6.9 所示，并且所属各个类别的数据样本的数量差异大。一般情况下具体表现为：某一类或者某几类的样本数量远少于属于其他类的样本的数量。对此类数据集进行分类学习，称为非平衡分类。针对分类问题，目前已提出的各类分类方法已较为完善，但是这些传统的分类器对非平衡数据的分类效果往往比较差，根本原因是传统方法通常是将数据集的总体分类精度作为分类器学习的目标。显然，由于非平衡数据存在类别不平衡的特征，因此存在分类器的总体精度很高，但是个别少数类的分类正确率却十分低的现象。这类情况下获得的分类模型，虽然其总体的分类精度很高，但由于忽略了少数类，模型本身的意义及存在价值大大降低。实际少数类往往是科研工作者所研究关注的重点，因此相比于传统分类问题，非平衡数据分类的要点往往是能否高正确率地判断出少数类的样本。

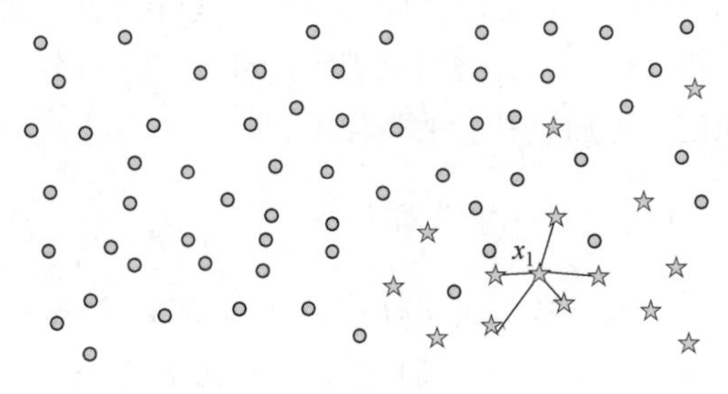

图 6.9 非平衡数据分布

非平衡数据集中的少数类，根据其具体的样本数量，可以分为绝对稀少和相对稀少。

绝对稀少是指属于少数类的样本数量客观上十分少，直接导致该数据集所携带的少数类的信息较少，使得分类器难以学习到与之相关的关键规律，直接反映在测试集上结果是该少数类的分错率高。相对稀少是指该数据集中少数类相比多数类的样本数量较少，但是该少数类含有的样本可以提供足够的信息，使得分类器能够获得关键的规律。但是从数据分布角度看，该少数类样本的周围分布有大量的多数类样本，导致类与类之间的边界相对模糊，反映在测试集上的现象是该少数类的分对率低。

分类算法的性能评价指标是分类的关键部分，对于传统的分类算法，一般采用准确率衡量分类器的性能。实际对于平衡数据集，分类准确率确实能够准确体现分类器处理数据的性能。但是非平衡数据集作为分类对象时，如果分类算法单纯以提高分类准确率为目标，其后果就是分类器会自动将属于少数的样本错分为多数类。对于非平衡数据集，少数类由于其样本的数量稀少，往往所含的信息更加珍贵，能够产生更大的价值，因此关注的焦点是模型将少数类正确分类的性能。处理非平衡数据分类问题的方法主要分为两种类别：第一种是处理数据本身，通过人工合成方式（或剔除）平衡数据集；第二种是改进算法，使得算法本身具备处理非平衡数据的能力。

平衡数据的方法主要基于重采样技术：对少数类样本的过采样、对多数类样本的欠采样以及将二者相结合同时对少数类样本过采样、对多数类样本欠采样，以消除各个类别之间在数量上的差异。重采样作为数据层面的处理方法，不需复杂的算法支持，并且容易理解，因此得到广泛使用。但是重采样方法依然存在一些问题，例如：随机剔除多类样本可能会导致关键信息丢失；对于少数类样本的人工合成或导致实际数据分布的改变。

算法层面的方法主要包括集成学习方法和代价敏感学习方法。传统分类算法会平等地对待训练集中的每一个样本，因此针对不同类别的样本的误分类代价也相同。但是对于非平衡数据，少数类通常是最值得关注的。对比传统分类算法，代价敏感学习方法通过对不同程度的错误分配不同的权重，以降低总体错分代价为目标。常规方法是提高少数类样本的错分代价。分类器在训练过程中，当错分少数类样本时，由于模型得到更大的惩罚，从而使之更加重视少数类样本。

6.5.1.1　重采样算法

生成少数类过采样技术（Synthetic Minority Oversampling Technique, SMOTE）是一种典型的过采样方法，其目的是应用近邻算法，对少数类进行人工合成新的样本，以消除类别间样本的数量差异。实际操作是在距离较近的少数类之间，按照外部设定的规则进行插值，从而生成新的样本，具体生成公式如下：

$$x_{new} = x + \mathrm{rand}(0,\ 1)(y_j - x) \tag{6.31}$$

式中，x 为随机选中的少数类样本；y_j 为距离 x 最近的少数类样本之一；x_{new} 为新生成的样本；rand（0，1）指区间（0，1）内的随机数。

编辑近邻样本方法（Repeated Edited Nearest Neighbor, ENN）是一种欠采样方法，通过清洗多数类样本，使类间样本数量达到平衡。其清洗规则为：如果某一个样本的 5 个最近邻样本中不小于 3 个样本与该样本不属于同一类别，则该样本被清洗。

6.5.1.2 代价敏感算法

与采样算法不同，代价敏感算法旨在构建一个更关注少数类样本的机器学习模型，传统的机器学习方法认为训练数据中每类样本的误分类代价是相等的，而在非平衡数据中往往少数类样本更重要，基于此，代价敏感算法的思想是赋予不同类别的样本不同的误分类代价，采用误分类代价而不是分类准确度作为目标优化函数。

6.5.1.3 集成学习算法

集成学习（Ensemble Learning，EL）是一种可将弱学习器提升为强学习器的算法。集成学习通过对原始数据进行数据采样得到多个子数据集，并针对这些子数据集建立机器学习模型得到多个基学习器，最后将多个基学习器结合在一起，在模型进行预测时将构造的基学习器预测结果聚合得到最终预测结果。随着对模型精度要求的提高，越来越多学者将集成学习应用于轧制领域，对一些轧制过程的关键变量和关键指标进行预测。

集成学习中基学习器主要采用决策树、神经网络等经典机器学习模型，按照基学习器类型的不同，可将集成学习分为同质模型和异质模型。同质模型各基学习器都采用同一类基础机器学习模型，而异质模型各基学习器之间存在类型不一致。按照子数据的采样方法不同又可将集成学习分为串行采样模型和并行采样模型两类，分别对应 Boosting 和 Bagging。

Bagging 算法通过对训练数据集进行随机有放回采样以获得多个子集，并用于训练子分类器，然后综合所有子分类器的投票给出最终的分类结果。在数据集的处理方法上，Bagging 每个子分类器的训练集都是通过对原始数据集进行有放回选取的，并且各个训练子集之间是相关独立的。对于基学习器的结果一般采用多数投票法或者平均法得到最终结果。

Boosting 算法每一轮的训练集保持不变，但是在训练过程中，改变每个样本在分类器中的权重，直至基学习器数量或者模型性能满足目标要求。Boosting 方法根据基学习器表现对训练样本分布进行调整，使得后续构造的基学习器更有效学习到前面基学习器没有学习到的数据信息，构建的基学习器对数据信息学习地更全面，提高了模型的泛化性能。

6.5.1.4 主动学习算法

主动学习（Active Learning，AL）主要由核心学习算法和选择策略两部分组成，学习算法主要是学习分类器，选择策略主要是实例选择算法。在分类学习任务中，模型的训练依靠大量的有标签的数据集，实际上数据的采集不再是难点，但是对于数据的标签依然还需要专家进行人为的逐个标记，导致巨大的人力物力成本，并且效率低下。如图 6.10 所示，主动学习方法可以用于解决带标签的数据不足的问题。相比于被动学习，主动学习能够选择对分类器的性能提升最有利的样本进行标记。主动学习方法的主要任务是设计实例选择算法，然后根据该算法从未标记的数据集中搜索出对分类任务最有价值的实例，然后将这些实例交由专家进行标记。

主动学习是一个不断循环、迭代的过程，该过程的终止条件是最终分类器的准确率达到一定程度或者达到预设的某种停止标准。主动学习的最终目的是建立一个分类准确率高

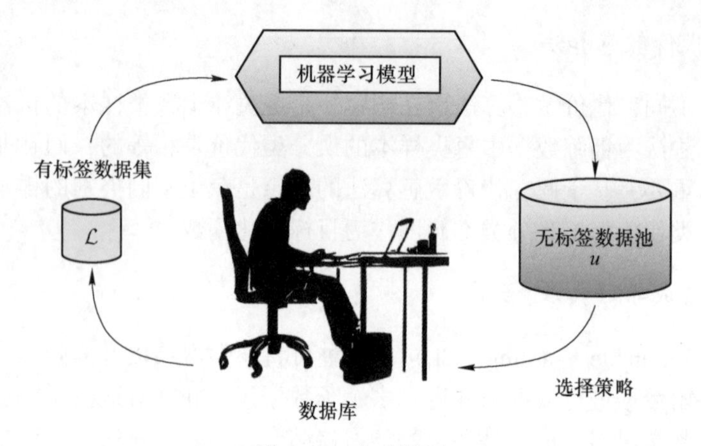

图 6.10　主动学习

的分类模型，通过不断与未标记样本集合交互，迭代地选择样本，一方面降低了标注成本，另一方面提高了模型的分类性能。而被动学习则是通过已经标注好的样本集合去训练分类器，没有与未标记样本的集合的交互过程，训练集中的所有样本都是有标签的。按照数据的形式，主动学习可以分为两类：基于数据流选择采样（Stream-based）和基于池采样（Pool-based）。基于池采样的主动学习的要求是，在数据池中存在少量有标签的数据和大量无标签的数据，这类现象符合实际的任务需求，因此也是当前研究应用的热点。主动学习目前已经在多个领域内得到了实际应用，如文本分类、图像分类、语音识别等。

主动学习的核心是查询函数，其根本目的是挑选出最具有信息量的样本，信息量可以用信息熵的概念进行理解，如果信息熵越大，则判定样本的不确定度越高，即可认为此样本含有更多的信息。主动学习中涉及的查询函数主要分为两类：不确定性函数和多样性函数。

为了选择高实用或信息丰富的实例进行标记，以下的主动学习方法在过去二十年中得到了较好的发展与应用，包括不确定性采样、偏差减少和预期误差减少等。本节将主要针对不确定性采样，描述一些最流行的主动学习策略。

随机采样作比较主动学习策略性能的基线方法，最常用的策略是从未标记的池中随机选择实例，并将其交给人工专家进行标记，而不注意这些实例是否向分类器提供了任何额外的信息传递。随机选择的实例具有固有的代表性，它们是独立的同分布的，因此随机抽样通常作为其他主动学习策略的强大基线。

不确定性抽样选择的实例是选择模型最不确定的样本进行标记。这些实例相对更加靠近模型的决策边界。最小置信度采样（Least Confidence）：

$$x^{*} = \underset{x^{(i)} \in U}{\operatorname{argmax}}\left(1 - \max_{y \in Y} P_{\theta}\left(y \mid x^{(i)}\right)\right) \tag{6.32}$$

不确定性抽样可以说是最常见的主动学习方法之一，经常用作比较其他主动学习方法，已被证明在许多领域都能成功工作。

置信距离（Margin）的公式如下：

$$x^{*} = \underset{x^{(i)} \in U}{\operatorname{argmin}}\left(P_{\theta}\left(y_{\mathrm{m}} \mid x^{(i)}\right) - P_{\theta}\left(y_{\mathrm{n}} \mid x^{(i)}\right)\right) \tag{6.33}$$

$$\begin{cases} y_{\mathrm{m}} = \underset{y \in Y}{\operatorname{argmax}} P_{\theta}(y \mid x^{(i)}) \\ y_{\mathrm{n}} = \underset{y \in Y \setminus \{y_{\mathrm{m}}\}}{\operatorname{argmax}} P_{\theta}(y \mid x^{(i)}) \end{cases} \tag{6.34}$$

式中，y_{m}和y_{n}分别是样本$x^{(i)}$得到最大和次大标签的概率。

Margin 策略主要是基于样本在每个类别的后验概率。通过计算每个样本最大与次大可能类的概率的差值，如果该值越大，则表示该样本越容易被识别，具有的不确定度较低；反之，如果该值很小，则表示该分类模型难以确切地判别该样本的真实属性，即该模型难以准确识别该样本，因此样本的不确定度也较大。

对于类别较多的样本，Margin 方式容易忽略剩余类别的信息，信息熵是信息论中衡量信号不确定度的一种常见方法，其根据输出的所有类别的概率分布来衡量不确定度，公式如下：

$$x^{*} = \underset{x^{(i)} \in U}{\operatorname{argmax}} - \sum_{y \in Y} P_{\theta}(y \mid x^{(i)}) \log_2(P_{\theta}(y \mid x^{(i)})) \tag{6.35}$$

式中，$P_{\theta}(y \mid x^{(i)})$ 是样本 $x^{(i)}$ 属于标签 y 的概率。

6.5.2　基于 AL 强化的 DBN 诊断模型

6.5.2.1　数据集划分

传统数据集划分是将其随机分为训练集和测试集，但是针对多类别非平衡数据，采用传统方法会出现以下问题：

(1) 随机划分会使得训练集与测试集中的类别比例无法控制，特别是少类样本，甚至会出现类别缺失；

(2) 随机无规则的划分，会导致数据的分布极其不稳定，在多次重复性测试的过程中，模型的性能可能会出现巨大的差异；

(3) 考虑到偶然性，利用单次随机划分数据集所训练得到的模型，不能够证明其有足够的稳定性及泛化能力。

为避免上述问题，得到更为泛化及精确的模型，本节将采用分层 5 折交叉验证法，使各类别在训练集与测试集中的占比相同。此外，再重复 5 次上述操作，即针对单个数据集，单个模型将进行 25 次训练与测试，对其最终结果取均值，并计算标准差。

6.5.2.2　数据预处理

对于现实中分类型数据集，其特征具有明显的多样性，即数值型特征和类别型特征是并存的，此外对于标签，往往都是类别型的。通常来说，类别可以有多种情况，如：A、B、C 或者 1、2、3 或者正、负、零等。标签往往只代表所属类，无其他意义。但是，对于神经网络系列的模型，都只能处理数值型数据。因此，本节采用独热编码（One-Hot），将所有的类别型特征及标签转化为数值型。表 6.6 中类别 1 和类别 2 为两种不同的类别标签体系，都包含四类，但编码后的结果是可以相同的。

表 6.6　独热编码

类别体系 1	类别体系 2	编码后
0	A	1000
1	B	0100
2	C	0010
3	D	0001

不同的评价指标往往具有不同的维度，为了消除量纲的差异对模型的负面影响，通常对数据集进行归一化，将数据集的平面分布扩展为类循环分布。将数据转换为 0 到 1 或者 -1 到 1 之间，这样就可以消除数量级上的差异。本节采用的方法是最小-最大归一化，针对数据集中的第 i 个样本 x_i，其归一化计算公式如下：

$$x_i' = \frac{x_i - x_{\min}}{x_{\max} - x_{\min}} \tag{6.36}$$

式中，$x_{\min}$和 $x_{\max}$分别为所有样本的最小与最大值。

采用 SMOTE 过采样技术，增加属于少数类的样本的数量，使所有类的样本数量相等(等于初始训练集中最大类的数量)。训练阶段，只针对训练集实施数据平衡策略，保持验证集和测试集不变。

6.5.2.3　AL 强化的 DBN 建模

对于 DBN 模型的训练方式，首先采用 CD 算法从下至上依次训练每个 RBM，模型顶层采用 softmax 分类器，以预测值与实测值的交叉熵为代价函数，通过梯度下降法，对模型进行全局微调。本节除了采用训练集进行常规的预训练及微调并使用 L2 正则化防止过拟合之外，使用验证集通过主动学习策略增加一步再微调过程。此时，验证集是原始未平衡的，且和测试集应有相似的数据分布状态。本节将采用 DBN 处理分类问题，因此将使用 softmax 分类器作为顶端微调模型，公式如下：

$$P(y = i|x) = \frac{\exp(z_i)}{\sum_{j=1}^{n} \exp(z_j)} \tag{6.37}$$

式中，z_i 是最后一个 RBM 的第 i 个输出结果。对于多分类问题，将采用信息熵作为微调的代价函数，公式如下：

$$H(p,\ q) = -\sum_i p_i \log_2 q_i \tag{6.38}$$

式中，p_i和 q_i分别是第 i 个样本的真实数据分布和预测的分布。

传统的主动学习的目的主要是降低标注代价，尤其是在图像处理领域，科研人员可以获得大量的数据，但是对于数据的所属类别通常需要人为的分析与判断。对于轧钢工业，由于生产线配有大量自动测量传感器，实际不需要顾及标注成本，通过控制系统可以简单地对大量样本进行标注。对于这类大规模的工业生产，以低成本生产高质量的产品一直是企业的目标。如果在生产过程中，能有效预测产品的性能状况，例如：预测某卷带钢的凸度是否会在实际范围内，是否超过上限，或者低于下限，将为提高良品率奠定基础。

通常模型在训练的过程中，会平等地考虑每一个样本进行梯度下降，但是实际上最能影响模型分类性能的是靠近分类面的样本。因此采用主动学习框架，选出最能影响模型性能的样本用于更新 DBN，不仅可以提高分类性能，还可以降低训练成本。图 6.11 所示为结合主动学习框架的 DBN 的流程图[4]。

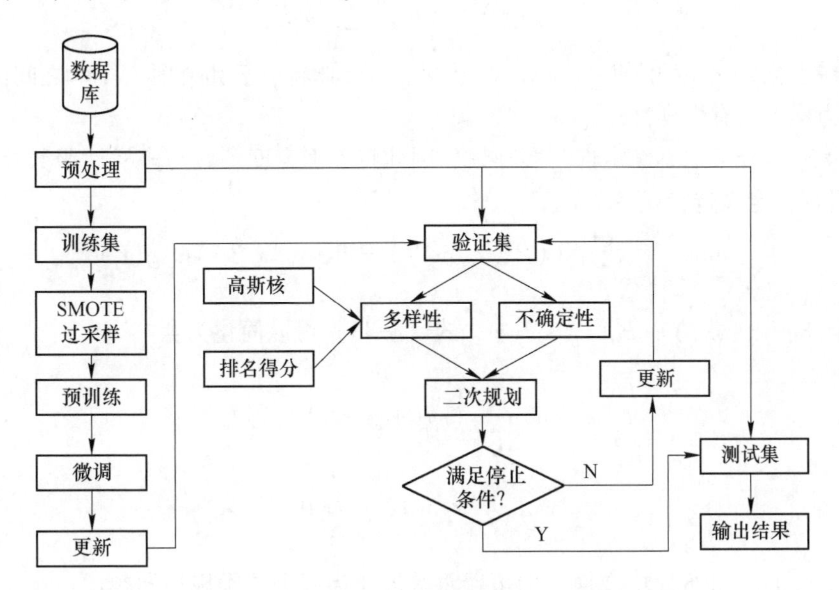

图 6.11 基于主动学习框架的 DBN 分类模型

对于应用于主动学习的样本集，首先定义 r_i 为样本 x_i 的排名得分，对于 n 个样本有 $\sum_{i=1}^{n} r_i = 1$。在主动学习框架中，样本的选择将由其得分的高低决定，得分越高，越容易被选中。

DBN 的顶层采用 softmax 分类器，所以可以获得每个样本对应每个类别的后验概率，采用距离度量（Margine），计算每个样本的最大可能类的概率与次大可能类的概率的差值，公式如下：

$$x^* = \underset{x^{(i)} \in U}{\operatorname{argmin}} \left(P_\theta(y_m \mid x^{(i)}) - P_\theta(y_n \mid x^{(i)}) \right) \tag{6.39}$$

$$\begin{cases} y_m = \underset{y \in Y}{\operatorname{argmax}} P_\theta(y \mid x^{(i)}) \\ y_n = \underset{y \in Y \setminus \{y_m\}}{\operatorname{argmax}} P_\theta(y \mid x^{(i)}) \end{cases} \tag{6.40}$$

对于分类问题来说，当样本 $x^{(i)}$ 离分类面越近，意味着其所含的信息越丰富。对于 Margin 方法，当样本最大与次大概率的差越小，表示该样本越“模糊”，即很难确认其真实所属的类别，换句话说，该样本的不确定度很高。

对于样本 x_i 和 x_j 之间的相似度，可以通过高斯核函数计算：

$$k(x_i, x_j) = \exp\left(-\frac{\| x_i - x_j \|^2}{2\sigma^2} \right) \tag{6.41}$$

式中，σ 为待确定超参数。对于集合 Y 中的 n 个样本，可以计算核矩阵 $\boldsymbol{K} \in \boldsymbol{R}^{n \times n}$ 。由于对

于 K_{ij} 来说，当 x_i 和 x_j 越相似，K_{ij} 越大，但是在数据集中，只有部分会被选择用来更新模型，因此必会存在某个样本的排名得分低于其他，定义：

$$\min_{r_i} g(r_i) = \min_{r_i} \sum_{i=1}^{n} \sum_{j=1}^{n} r_i r_j K_{ij} \tag{6.42}$$

通过最小化 $g(r_i)$，即使 r_i、r_j 和 K_{ij} 至少有一项必然小于其余项，样本之间的差异性，也可以认为样本具有多样性。

选择策略综合考虑不确定性与多样性，因此将不确定度函数与多样性函数相结合，以 r_i 为求解目标，定义选择函数为：

$$\min_{\sum_i r_i = 1,\ r_i \geqslant 0} \sum_{x^{(i)} \in U} [r_i(P_\theta(y_\mathrm{m} | x^{(i)}) - P_\theta(y_\mathrm{n} | x^{(i)})) + g(r_i)] \tag{6.43}$$

令 $l_i = P_\theta(y_\mathrm{m} | x^{(i)}) - P_\theta(y_\mathrm{n} | x^{(i)})$，式（6.43）可以简化为：

$$\begin{aligned} &\min_{r_i} \sum_{i=1}^{n} (r_i l_i + g(r_i)) \\ &\text{s.t.} \sum_{i=1}^{n} r_i = 1,\ r_i \geqslant 0 \end{aligned} \tag{6.44}$$

对式（6.44）进行简单变换，即可以将其转化为一个二次规划问题：

$$\begin{aligned} &\min \frac{1}{2} \boldsymbol{r}^\mathrm{T} \boldsymbol{K} \boldsymbol{r} + \boldsymbol{r}^\mathrm{T} \boldsymbol{l} \\ &\text{s.t.} \sum_{i=1}^{n} r_i = 1,\ r_i \geqslant 0 \end{aligned} \tag{6.45}$$

本节所提出的主动学习框架的样本选择策略实际上是一个二次规划问题，求得的解是所有样本的排名得分，在选择样本的过程中，依据实际需要，依次从高往低选择。

6.5.3 模型诊断结果分析

6.5.3.1 模型评价指标

针对多类别非平衡分类问题，当所有类的分类性能都需要考虑的时候，评价指标要能够平等地评估每一类的性能。针对二分类问题，G-mean 作为 2 个类的召回值（Recall）的几何平均值。针对多分类的情况，定义 G-mean 为：

$$\text{G-mean} = \left(\prod_{i=1}^{c} \frac{\mathrm{tr}_i}{n_i} \right)^{1/c} \tag{6.46}$$

式中，c 代表类别数；n_i 和 tr_i 分别是真实属于第 i 类的样本数量及该类样本被正确分类的数量。另外，ROC 曲线下的面积（AUC）同样被广泛应用在二分类问题，对于多分类问题，常用指标为 MAUC，通过计算两两比较值（两个类之间的 AUC）得出，具体公式如下所示：

$$\mathrm{MAUC} = \frac{1}{c(c-1)} \sum_{i<j} \frac{\hat{A}(i|j) + \hat{A}(j|i)}{2} \tag{6.47}$$

式中，$\hat{A}(i|j)$ 代表属于 j 类的一个随机样本，相比于属于 i 类的随机样本，具有更低的估计概率属于 i 类；$\hat{A}(j|i)$ 代表属于 i 类的一个随机样本，相比于属于 j 类的随机样本，具有更低的估计概率属于 j 类。在二分类问题中，$\hat{A}(i|j) = \hat{A}(j|i)$ ，但是在多分类问题中，通常 $\hat{A}(i|j) \neq \hat{A}(j|i)$ 。

F1 得分是准确率（Precision）和召回率（Recall）的加权平均值，并且 F1 得分在 1 处达到最佳值，在 0 处达到最差值。针对二分类问题，F1 值计算公式如下：

$$\mathrm{F1} = \frac{2\mathrm{precision} \times \mathrm{recall}}{\mathrm{precision} + \mathrm{recall}} \tag{6.48}$$

$$\mathrm{precision} = \frac{\mathrm{tp}}{\mathrm{tp} + \mathrm{fp}} \tag{6.49}$$

$$\mathrm{recall} = \frac{\mathrm{tp}}{\mathrm{tp} + \mathrm{fn}} \tag{6.50}$$

式中，tp 和 fp 分别为真阳率和假阳率；fn 为假阴率。针对多类别分类问题，F1 值的计算有以下两种：F1-Macro，先计算每类的准确率和召回率以及 F1 值，然后通过求平均值得到在整个样本上的 F1 值；F1-Micro，不需要区分类别，直接使用总体样本的准确率和召回率计算 F1 值。

6.5.3.2　标准数据集验证

本节提出一种改进的结合主动学习框架的 DBN 模型，首先从加州大学欧文分校（UCI）的机器学习数据库中选取 5 个标准数据集对算法进行测试。表 6.7 中均为多类别非平衡数据集。由于深度置信网络及主动学习框架具有多个超参数，例如：学习率、迭代次数、隐含层的数量、隐含层内节点数、梯度下降法每批次所包含的样本数量、L2 正则化系数、主动学习每次迭代选择的样本数量等。在进行标准数据集测试的过程中，将不采用贪婪搜索或智能算法寻优进行超参数选取，而是以通用的默认参数为基础，进行少量调节，以节省运算及调试成本。

表 6.7　标准数据集描述

数据集	特征数量	类别分布	样本数量
Avila	10	8572：10：206：705：2190：3923：893：1039：1663：89：1044：533	20867
Crowdsourced Mapping	28	1494：7509：482：1009	10494
Firm-Teacher Clave-Direction	16	407：4300：4306：1783	10796
Page Blocks	10	115：4913：329：28：88	5474
Thyroid Disease	22	6666：166：368	7200

测试过程选取 G-mean 和 MAUC 对各标准数据集进行分类性能评估。以 G-mean 为指

标的测试结果见表 6.8，针对 DBN，增加了主动学习框架后模型的分类性能都得到了提升，横向对比其余 3 种经典算法（KNN，SVC，MLP），仅有 Crowdsourced Mapping 未能在 AL-DBN-SMOTE 上取得最好的效果，AL-DBN-SMOTE 在其余 4 个标准数据集上均取得最高的 G-mean。

表 6.8　标准数据集的 G-mean

数据集	AL-DBN-SMOTE	DBN-SMOTE	KNN	SVC	MLP
Avila	**0.649±0.029**	0.626±0.053	0.223±0.019	0.103±0.016	0.000±0.000
Crowdsourced Mapping	0.851±0.022	0.840±0.027	**0.896±0.015**	0.851±0.013	0.809±0.021
Firm Teacher Clave Direction	**0.698±0.037**	0.687±0.030	0.131±0.072	0.000±0.000	0.645±0.300
Page Blocks	**0.874±0.075**	0.845±0.088	0.650±0.060	0.309±0.163	0.595±0.150
Thyroid Disease	**0.903±0.042**	0.868±0.060	0.343±0.080	0.000±0.000	0.629±0.087

表 6.9 所示为模型在各标准数据集上计算出的 MAUC。由于修改了传统 DBN 的训练步骤，增加了主动学习框架，使得只有 Avail 在 AL-DBN-SMOTE 上取得了最高的 MAUC。说明 DBN 在增加主动学习框架后，在模型本身的稳定性方面略有下降。但是，经过 5 次分层 5 折交叉验证测试，修改后的模型与最优模型的 MAUC 的差都在 0.01 内，客观上分析，所有模型依然非常稳定。因此可以判断，采用主动学习框架的 DBN 是可行的。

表 6.9　标准数据集的 MAUC

数据集	AL-DBN-SMOTE	DBN-SMOTE	KNN	SVC	MLP
Avila	**0.986±0.003**	0.985±0.003	0.961±0.002	0.981±0.001	0.975±0.001
Crowdsourced Mapping	0.990±0.004	0.988±0.009	0.993±0.001	**0.996±0.001**	0.994±0.001
Firm Teacher Clave Direction	0.965±0.004	0.955±0.007	0.907±0.003	0.975±0.001	**0.977±0.002**
Page Blocks	0.990±0.005	0.990±0.005	0.992±0.001	0.997±0.001	**0.998±0.001**
Thyroid Disease	0.987±0.024	0.988±0.020	0.972±0.002	0.995±0.002	**0.995±0.001**

6.5.3.3　模型超参数优化

针对样本选择策略，采用放回抽样循环迭代的方法，每轮迭代选取适量的样本用以模型的修正，因此样本的数量将严重影响模型的性能。采用 5 折交叉验证，验证集和测试集占总集（3006 条样本）的 20%，再抽取 10%作为验证集，用来实施主动学习策略。实际划分的验证集包含 300 条样本，因此分别测试 1、3、5、10、15、20、50、100、150 共计 9 种情况下的模型性能。图 6.12（a）所示为选择策略每次迭代所选的样本数量对于模型 G-mean 的影响。当每代只选择样本 1、3、5 时，G-mean 较高，且 1 与 5 状态下的模型的值都接近 0.8241；随着样本数量的增加，总体趋势下降，从样本数量大于 15 开始，G-mean 开始连续陡降。

图 6.12（b）所示为选择策略每次迭代所选的样本数量对于模型 MAUC 的影响。显然 MAUC 趋势较为平缓，对于样本选择数量并不敏感。总体呈现一个先升后降、再升再降的波形趋势。结合图 6.12（a）所示，当选择 1、3、5 时，模型的综合性能较好。实际本节

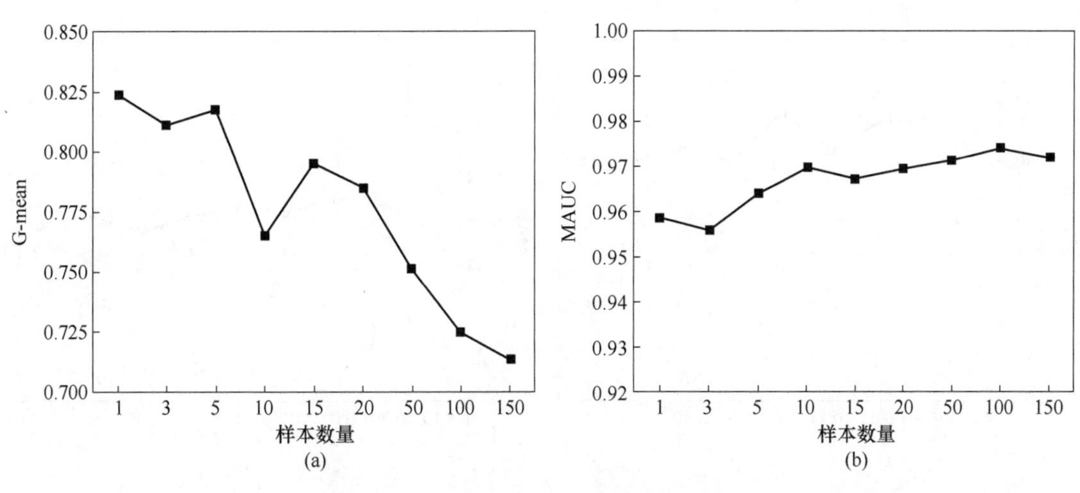

图 6.12 选择样本数量对不同评价指标的影响

（a）G-mean；（b）MAUC

将选择 5 个样本用作每代更新，此时 G-mean = 0.8179，MAUC = 0.9641。

在主动学习的选择策略过程中，另一个影响框架性能的参数为 σ 。由于 σ 本身为高斯核函数的唯一待确定变量，而高斯核在主动学习框架中决定着样本的多样性。因此 σ 的值会严重影响模型的性能，分别以 G-mean 和 MAUC 为评价指标，测试 σ 为 0.0001、0.001、0.01、0.1、1、5、10、50、100 的 8 种情况。图 6.13（a）为 σ 对模型 G-mean 的影响折线图，在 0.0001 到 100 增加的过程中，总体趋势平缓但有先升后降；但是当 σ 为 1 时，G-mean 明显突然增加达到最高值，为 0.8204。图 6.13（b）为 σ 对模型 MAUC 的影响折线图，随着 σ 的增加，曲线先是缓慢增加且在 0.01 处取得最大值为 0.9652；从 σ 大于 0.01 开始，曲线开始下降伴随波动，但幅度极小且最小值不低于 0.9577。综合考虑 G-mean 和 MAUC，本节选取 1 为 σ 的最终值，此时 G-mean 和 MAUC 分别为 0.8204 和 0.9627。

6.5.3.4 模型诊断结果分析

结合上述对于模型结构的搜索，确定 AL-DBN-SMOTE 的参数见表 6.10。采用实际数据对热轧过程进行分类测试。

表 6.10 模型参数描述

参数名称	数值	参数名称	数值
学习率（预训练）	0.001	学习率（微调）	0.1
迭代次数（预训练）	50	迭代次数（微调）	200
批次（预训练）	20	批次（微调）	20
网络结构	50-30-10	L2 正则化	0.01
Sigma	1	主动学习迭代次数	200
学习率（主动学习）	0.001	主动学习样本选择数量	5

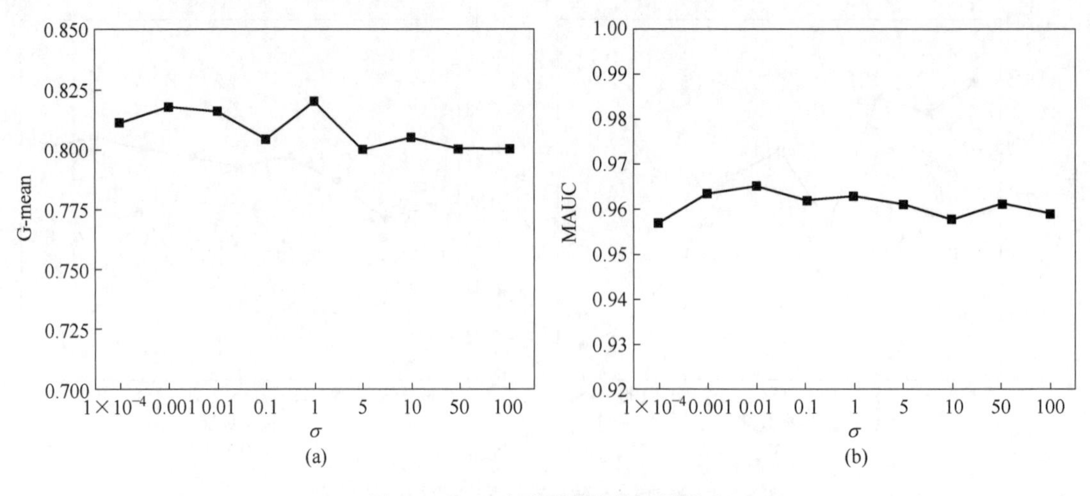

图 6.13　σ 对不同评价指标的影响
（a）G-mean；（b）MAUC

如图 6.14（a）所示，AL-DBN-SMOTE 的 F1-Macro 为 0.7140 明显高于其余模型，尤其对比 KNN、SVC 与 MLP，其差值接近 0.1，证明以 F1-Macro 为指标，AL-DBN-SMOTE 模型性能为最优。

如图 6.14（b）所示，AL-DBN-SMOTE 对比 DBN-SMOTE 提高了 0.0061。此外，以 DBN 为核心的两个模型的 F1-Macro 都显著低于 KNN、SVC 与 MLP。根据实际数据对比，AL-DBN-SMOTE 略低于后三个模型不到 0.05。

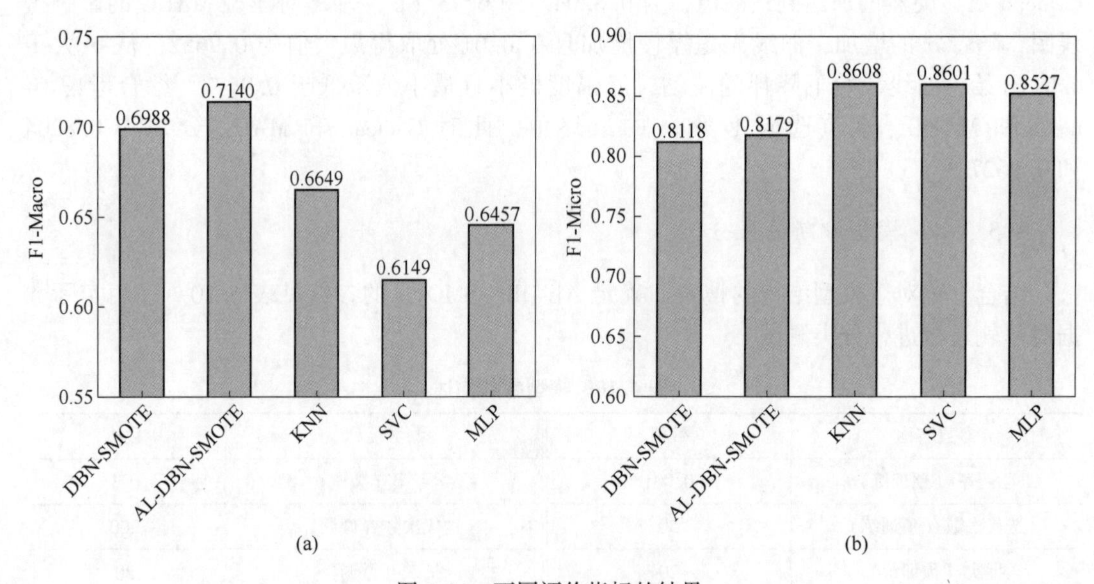

图 6.14　不同评价指标的结果
（a）F1-Macro；（b）F1-Micro

如图 6.15 所示，AL-DBN-SMOTE 具有最高的 G-mean 为 0.8109，可见模型的精度高于其他，并且经过 5 次 5 折交叉验证后，标准差为 0.0507，显然模型的精度有非常可靠的稳

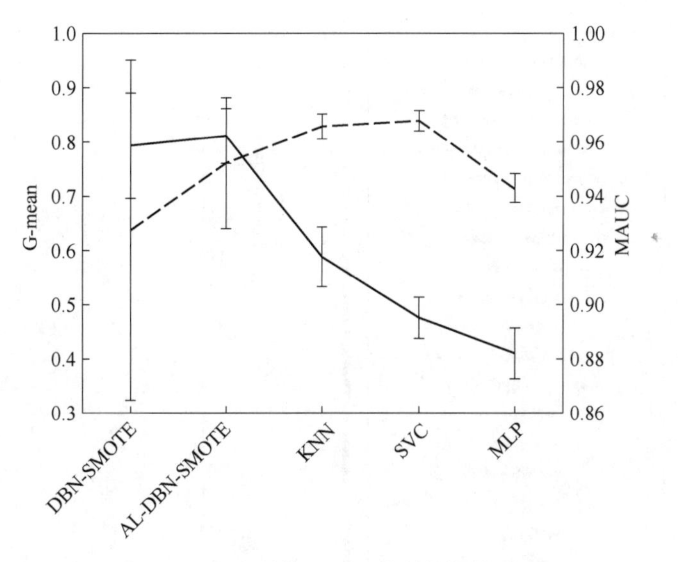

图 6.15 提出的算法基于轧制数据的对比

定性，不会出现大的偏差。对于 MAUC，DBN-SMOTE 的标准差之大非常明显为 0.0627，是 AL-DBN-SMOTE 的 3 倍以上。虽然 AL-DBN-SMOTE 的 MAUC 值并未达到最大，但是与 MAUC 最优的 SVC（0.9678）仅差 0.0156，可见本节提出的模型具有充分的可靠性。

6.5.4 缺陷溯源分析

从原始数据集中将有缺陷的凸度样本提取出来，采用 SHAP 方法分析引起凸度缺陷的原因。

图 6.16（a）显示了缺陷凸度的特征贡献排序。F3 机架凸度计算值、带钢宽度、F1 机架凸度计算值、F6 机架弯辊力、F5 机架凸度计算值和 F4 机架凸度计算值是影响缺陷凸度诊断的排名前六位的特征。这表明，中间机架的凸度的理论计算值对提高缺陷凸度诊断的性能起到至关重要的作用[5]。

F3 机架凸度理论计算值和带钢宽度对缺陷凸度诊断的影响规律如图 6.16（b）和（c）所示。正 SHAP 值表示有凸度过大的趋势，而负 SHAP 值则表示有凸度过小的趋势。图 6.16（b）显示，F3 机架凸度理论计算值与缺陷凸度诊断的 SHAP 值呈正相关，这与施加的热轧生产是一致。在图 6.16（c）中，带钢宽度与 SHAP 值呈负相关，这也与轧制机理一致，因为带钢宽度增加会使工作辊的有害挠曲降低，进而使得带钢凸度降低。

图 6.16（d）和（e）分别展示了测试集中 1 号样本和 10 号样本的诊断决策过程。在图 6.16（d）中，SHAP 值 $f(x)$ 为 -4.915，这表明缺陷类型被诊断为凸度过小，主要是由 F3 机架凸度计算值、F1 机架凸度计算值、F1 机架窜辊、入口温度和 F5 机架凸度计算值等几个重要特征造成的。图 6.16（e）诊断结果为凸度过大，因为 SHAP 值 $f(x)$ 为 6.271，F3 机架凸度计算值、F1 机架凸度计算值、F5 机架凸度计算值和 F4 机架凸度计算值起到决定性作用。这说明实际生产过程中 F1～F3 机架的凸度控制不佳，导致凸度过大的缺陷从 F3 机架一直遗留到精轧出口。

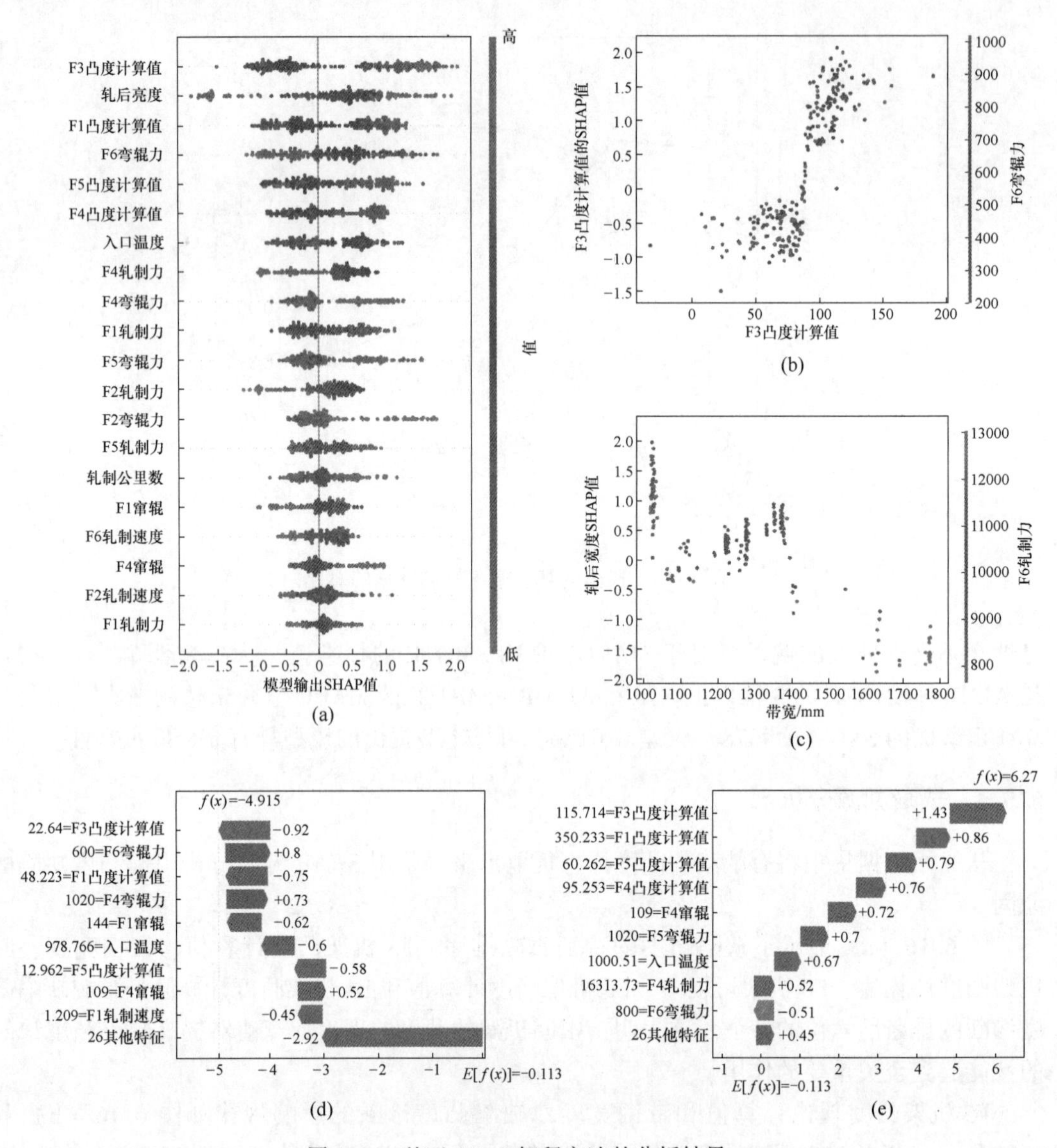

图 6.16 基于 SHAP 解释方法的分析结果

(a) 特征贡献排序；(b) 3 机架凸度计算值的影响趋势；(c) 带钢凸度的影响趋势；
(d) 1 号样本的诊断过程；(e) 10 号样本的诊断过程
(扫描书前二维码查看彩图)

参 考 文 献

[1] 史定华，王松瑞. 故障树分析技术方法和理论 [M]. 北京：北京师范大学出版社，2000.

[2] 彭文，辛洪伞，李旭东，等. 基于因子分析的板带热轧产品质量缺陷诊断 [J]. 东北大学学报（自然科学版），2022，43 (6)：809-814.

[3] 辛洪伞. 基于数据驱动的热轧带钢宽度预测与故障诊断 [D]. 沈阳：东北大学，2022.

[4] 邓继飞. 基于数据驱动的热连轧板凸度预测与故障分类 [D]. 沈阳：东北大学，2020.

[5] Ding C Y, Sun J, Li X J, et al. A high-precision and transparent step-wise diagnostic framework for hot-rolled strip crown [J]. Journal of Manufacturing Systems, 2023 (71): 144-157.

7 热连轧厚度-活套综合协调优化控制研究

热连轧由于带钢的联系而成为一个整体，机架内部和机架之间由于张力而存在着相互影响，在系统性能要求不高的情况下，可以粗略地认为机架间的张力是小而恒定的。因而AGC 系统控制的带钢板厚与活套控制的秒流量、张力之间，以及各个机架之间的控制可以近似认为是独立的。但是常规热连轧控制中的张力不能保证恒定，张力是极其活跃的因素，AGC 系统和活套系统之间的相互影响已不可忽略，并成为进一步提高产品质量的关键[1]。目前实际生产中，厚度、角度及张力控制系统均各自独立进行控制，不能协调处理各系统间的耦合，因此研究厚度-活套系统的综合控制势在必行。

本章基于建立的热连轧多变量系统状态空间模型，以提高厚度控制精度与带钢张力稳定性为性能指标，考虑现场干扰、建模误差和参数摄动等不确定因素，提出了适用于热连轧厚度-活套综合系统的先进控制技术。理论分析和仿真结果表明，先进控制技术较传统的 PI 控制技术具有更好的控制性能。

7.1 ILQ 算法及其控制器设计

ILQ（Inverse Linear Quadratic）是 LQ（Linear Quadratic，线型二次型）设计的逆问题，一般称为“逆线性二次型”。它是根据控制系统的期望的动态和稳态性能指标，选择合适的期望闭环极点，引入状态反馈实现期望的极点配置，从而实现最佳的控制效果[2]。在国内外多条热连轧生产线中，ILQ 理论已成功运用到活套控制系统中，并取得了良好的控制效果。在基于 ILQ 理论设计的活套控制系统中，通过确定活套角度与带钢张力的期望响应，选择合适的 ILQ 控制器加权矩阵系数，该控制策略可实现对活套角度与带钢张力的协调优化控制。在本书中为实现对厚度、角度及张力系统的协调优化控制，设计了基于 ILQ 理论的厚度-活套综合控制系统。该系统通过综合调节辊缝位置、上游机架速度和活套电机输出力矩来实现对厚度、角度与张力的协调优化控制。

7.1.1 ILQ 理论概述

为了讨论清楚 ILQ 控制的原理，我们需要对 LQ 控制有初步的了解。如果被控制系统是线性的，并且性能指标是状态变量和控制变量的二次型函数，这种系统的最优控制问题被称为 LQ 问题。假设线性系统的动态方程是：

$$\begin{cases} \dot{\boldsymbol{x}} = \boldsymbol{A}\boldsymbol{x} + \boldsymbol{B}\boldsymbol{u} \\ \boldsymbol{y} = \boldsymbol{C}\boldsymbol{x} + \boldsymbol{D}\boldsymbol{u} \end{cases} \tag{7.1}$$

式中，$\boldsymbol{x}$ 为 n 维状态向量（或输入变量）；$\dot{\boldsymbol{x}}$ 为状态向量的一阶导数；$\boldsymbol{u}$ 为 m 维控制向量；$\boldsymbol{y}$ 为 l 维输出向量；$\boldsymbol{A}$ 为 $n \times n$ 维系统矩阵；$\boldsymbol{B}$ 为 $n \times m$ 维控制矩阵；$\boldsymbol{C}$ 为 $l \times n$ 维输出矩阵；$\boldsymbol{D}$ 为 $n \times m$ 维控制矩阵。

假设 $0<l\leqslant m\leqslant n$，且 $\boldsymbol{u}$ 不受任何约束。

误差向量 $\boldsymbol{e}$ 为：

$$\boldsymbol{e}=\boldsymbol{z}-\boldsymbol{y} \tag{7.2}$$

式中，$\boldsymbol{z}$ 为 l 维理想输出向量。

最优二次型控制问题就是寻找最优控制，使得如下性能指标最小。

$$\boldsymbol{J}(\boldsymbol{u})=\frac{1}{2}\int_{t_0}^{t_f}[\boldsymbol{e}^{\mathrm{T}}\boldsymbol{Q}\boldsymbol{e}+\boldsymbol{u}^{\mathrm{T}}\boldsymbol{R}\boldsymbol{u}]\mathrm{d}t \tag{7.3}$$

式中，$\boldsymbol{Q}$ 为 $l\times l$ 维对称半正定矩阵；$\boldsymbol{R}$ 为 $m\times m$ 维对称正定矩阵；t_f 为终端时间。

其中，$\boldsymbol{Q}$ 和 $\boldsymbol{R}$ 均为权重矩阵，矩阵元素的取值应根据实际控制器的功能选取恰当的数值。

对于这一类优化问题最终可归结为求解 Riccati 代数方程的问题，控制率 $\boldsymbol{u}=-\boldsymbol{K}\boldsymbol{x}$ 为最优控制的充分必要条件是：反馈矩阵 $\boldsymbol{K}$ 具有如下形式：

$$\boldsymbol{K}=\boldsymbol{R}^{-1}\boldsymbol{B}\boldsymbol{P}_0 \tag{7.4}$$

式中，$\boldsymbol{P}_0$ 是 Riccati 代数方程的解。Riccati 代数方程形式如下：

$$\boldsymbol{P}\boldsymbol{A}+\boldsymbol{A}^{\mathrm{T}}\boldsymbol{P}-\boldsymbol{P}\boldsymbol{B}\boldsymbol{R}^{-1}\boldsymbol{B}^{\mathrm{T}}\boldsymbol{P}+\boldsymbol{Q}=\boldsymbol{0} \tag{7.5}$$

LQ 设计的主要优点是它的最优性，其核心在于加权矩阵 $\boldsymbol{Q}$、$\boldsymbol{R}$ 的选取，一旦加权矩阵 $\boldsymbol{Q}$、$\boldsymbol{R}$ 选定了，那么相应的最优控制率也就确定了。但是如何选取加权矩阵，需要经验以及大量的试凑。不同的加权矩阵对应不同的控制率 $\boldsymbol{K}$，加入反馈控制后，系统的状态矩阵变为 $(\boldsymbol{A}-\boldsymbol{B}\boldsymbol{K})$；系统的性能很大程度上是由状态矩阵的特征值决定的，然而加权矩阵 $\boldsymbol{Q}$、$\boldsymbol{R}$ 与加入反馈后的系统 $(\boldsymbol{A}-\boldsymbol{B}\boldsymbol{K})$ 的特征值之间并不存在清晰的数学关系，也就是说当选定 $\boldsymbol{Q}$、$\boldsymbol{R}$ 加权矩阵后，通过求解黎卡提方程得到最优控制率 $\boldsymbol{K}$。但是加入这样的反馈控制率 $\boldsymbol{K}$，有可能系统动态响应和稳态响应性能却没有得到较好的改善。

LQ 调节器的逆问题（ILQ）是由卡尔曼所提出的。之所以称之为“逆线性二次型”这是因为：

（1）LQ 设计过程是首先确定加权矩阵 $\boldsymbol{Q}$、$\boldsymbol{R}$，然后确定最优反馈 $\boldsymbol{K}$；

（2）ILQ 设计过程则是：首先求解最优且稳定的反馈控制率 $\boldsymbol{K}$，然后确定对应的加权矩阵 $\boldsymbol{Q}$、$\boldsymbol{R}$ 和黎卡提方程的解。

7.1.2　ILQ 控制器的设计

7.1.2.1　最优稳定反馈控制率 $\boldsymbol{K}$ 的一般形式

首先考虑如下的系统矩阵 $\boldsymbol{A}$ 和输入矩阵 $\boldsymbol{B}$：

$$\boldsymbol{A}=\begin{bmatrix}\boldsymbol{A}_{11} & \boldsymbol{A}_{12}\\ \boldsymbol{A}_{21} & \boldsymbol{A}_{22}\end{bmatrix},\ \boldsymbol{B}=\begin{bmatrix}\boldsymbol{O}\\ \boldsymbol{I}\end{bmatrix} \tag{7.6}$$

式中，$\boldsymbol{A}\in\boldsymbol{R}^{n\times n}$，$\boldsymbol{A}_{11}\in\boldsymbol{R}^{(n-m)\times(n-m)}$，$\boldsymbol{A}_{22}\in\boldsymbol{R}^{m\times m}$，$\boldsymbol{I}$ 是 $\boldsymbol{R}^{m\times m}$ 的单位矩阵。

设最优稳定反馈控制率 $\boldsymbol{K}$ 具有如下形式：

$$\boldsymbol{K}=[\boldsymbol{K}_1\quad \boldsymbol{K}_2] \tag{7.7}$$

式中，$\boldsymbol{K}_1\in\boldsymbol{R}^{(n-m)\times m}$，$\boldsymbol{K}_2\in\boldsymbol{R}^{m\times m}$。

定义 $V = [v_1, v_2, \cdots, v_m]^{\mathrm{T}}$，$\boldsymbol{\Sigma} = \mathrm{diag}(\sigma_1, \sigma_2, \cdots, \sigma_m)$，且令 $\mathrm{rank}(\boldsymbol{KB}) = \mathrm{rank}(\boldsymbol{B})$，可以得到如下关系式：

$$\boldsymbol{KB} = \boldsymbol{K}_2 = \boldsymbol{V}^{-1}\boldsymbol{\Sigma}\boldsymbol{V} \tag{7.8}$$

那么 $\boldsymbol{K}_2$ 的列向量则构成了 $\boldsymbol{KB}$ 的一个极大线性无关组，则 $\boldsymbol{K}_1$ 可表示为：

$$\boldsymbol{K}_1 = \boldsymbol{K}_2\boldsymbol{F}_1 \tag{7.9}$$

综上所述，对于行满秩矩阵 $\boldsymbol{B}$，最优控制率 $\boldsymbol{K}$ 可以表示为：

$$\boldsymbol{K} = \boldsymbol{V}^{-1}\boldsymbol{\Sigma}\boldsymbol{V}[\boldsymbol{F}_1, \boldsymbol{I}] \tag{7.10}$$

$$\boldsymbol{H} = \boldsymbol{BK}/2 - \boldsymbol{A} = \begin{bmatrix} -\boldsymbol{A}_{11} & -\boldsymbol{A}_{12} \\ \boldsymbol{V}^{-1}\sum \boldsymbol{VF}_1 - \boldsymbol{A}_{21} & \boldsymbol{V}^{-1}\sum \boldsymbol{VF}_1 - \boldsymbol{A}_{22} \end{bmatrix} \tag{7.11}$$

因此只要合适地选择非奇异矩阵 $\boldsymbol{V}$，$\boldsymbol{\Sigma} > \boldsymbol{O}$ 以及实矩阵 $\boldsymbol{F}_1$，使得式（7.11）所示 $\boldsymbol{H} \geqslant \boldsymbol{O}$，那么这样的 $\boldsymbol{K}$ 则一定是最优且稳定的。

然而要从式（7.11）中分析矩阵 $\boldsymbol{H}$ 的正定性是相当困难的，由于线性变化不影响矩阵的本质特性，因此可通过选择合适的变换矩阵 $\boldsymbol{T}$，使得矩阵 $\boldsymbol{T}^{-1}\boldsymbol{HT}$ 呈现出一些较为明显的特征（例如约当块，对角型等），从中得到 $\boldsymbol{V}$，$\boldsymbol{\Sigma}$ 以及 $\boldsymbol{F}_1$ 的数学解。

7.1.2.2 最优稳定反馈控制率 K 的计算方法

对于式（7.6）所示的系统矩阵 $\boldsymbol{A}$ 和输入矩阵 $\boldsymbol{B}$，设有如下关系式成立：

$$(\boldsymbol{A}_{11} - \boldsymbol{A}_{12}\boldsymbol{F}_1)\boldsymbol{T}_1 = \boldsymbol{T}_1\boldsymbol{S} \tag{7.12}$$

$$\boldsymbol{S} = \mathrm{block}(\mathrm{diag}(\boldsymbol{s}_1, \cdots, \boldsymbol{s}_{n-m})) \tag{7.13}$$

如果存在共轭复根，则 $\boldsymbol{s}_i$ 表示为：

$$\boldsymbol{s}_i = \begin{bmatrix} \mathrm{Re}(\boldsymbol{s}_i) & \mathrm{Im}(\boldsymbol{s}_i) \\ -\mathrm{Im}(\boldsymbol{s}_i) & \mathrm{Re}(\boldsymbol{s}_i) \end{bmatrix} \tag{7.14}$$

定义：

$$\boldsymbol{G} = -\boldsymbol{F}_1\boldsymbol{T}_1 \tag{7.15}$$

根据上面的 $\boldsymbol{V}$、$\boldsymbol{T}_1$ 和 $\boldsymbol{G}$ 以及相关控制律，则可以定义如下的变换矩阵：

$$\boldsymbol{T} = \begin{bmatrix} \boldsymbol{T}_1 & \boldsymbol{O} \\ \boldsymbol{G} & \boldsymbol{V}^{-1} \end{bmatrix} \tag{7.16}$$

矩阵 $\boldsymbol{A}$、$\boldsymbol{F} = \boldsymbol{A} - \boldsymbol{BK}$、$\boldsymbol{H} = \boldsymbol{BK}/2 - \boldsymbol{A}$ 则被变换为：

$$\overline{\boldsymbol{A}} = \boldsymbol{T}^{-1}\boldsymbol{AT} = \begin{bmatrix} \boldsymbol{S} & \overline{\boldsymbol{A}}_{12} \\ \overline{\boldsymbol{A}}_{21} & \overline{\boldsymbol{A}}_{22} \end{bmatrix} \tag{7.17}$$

$$\overline{\boldsymbol{F}} = \boldsymbol{T}^{-1}\boldsymbol{FT} = \begin{bmatrix} \boldsymbol{S} & \overline{\boldsymbol{A}}_{12} \\ \overline{\boldsymbol{A}}_{21} & \overline{\boldsymbol{A}}_{22} - \boldsymbol{\Sigma} \end{bmatrix} \tag{7.18}$$

$$\overline{\boldsymbol{H}} = \boldsymbol{T}^{-1}\boldsymbol{HT} = \begin{bmatrix} -\boldsymbol{S} & -\overline{\boldsymbol{A}}_{12} \\ -\overline{\boldsymbol{A}}_{21} & -\overline{\boldsymbol{A}}_{22} + \boldsymbol{\Sigma}/2 \end{bmatrix} \tag{7.19}$$

式中，$\overline{\boldsymbol{A}}_{12} = \boldsymbol{T}^{-1}\boldsymbol{A}_{12}\boldsymbol{V}^{-1}$，$\overline{\boldsymbol{A}}_{21} = \boldsymbol{V}(\boldsymbol{A}_{21}\boldsymbol{T}_1 + \boldsymbol{A}_{22}\boldsymbol{G} - \boldsymbol{GS})$，$\overline{\boldsymbol{A}}_{22} = \boldsymbol{V}(\boldsymbol{A}_{22} + \boldsymbol{F}_1\boldsymbol{A}_{21})\boldsymbol{V}^{-1}$。

A $\boldsymbol{F}_1$的计算方法

设矩阵 $\boldsymbol{T}_1=[\boldsymbol{t}_1, \boldsymbol{t}_2, \cdots, \boldsymbol{t}_{n-m}]$，$\boldsymbol{G}=[\boldsymbol{g}_1, \boldsymbol{g}_2, \cdots, \boldsymbol{g}_{n-m}]$，任意选择极点 $\{s_i\}$ 和向量 $\{\boldsymbol{g}_i\}$，由式（7.12）与式（7.15）可得如下关系式：

$$\boldsymbol{A}_{11}\boldsymbol{t}_i+\boldsymbol{A}_{12}\boldsymbol{g}_i=s_i\boldsymbol{t}_i \Rightarrow (s_i\boldsymbol{I}-\boldsymbol{A}_{11})\boldsymbol{t}_i=\boldsymbol{A}_{12}\boldsymbol{g}_i,\ s_i\neq\lambda(\boldsymbol{A}_{11}) \tag{7.20}$$

$$\boldsymbol{t}_i=(s_i\boldsymbol{I}-\boldsymbol{A}_{11})^{-1}\boldsymbol{A}_{12}\boldsymbol{g}_i \tag{7.21}$$

如果 $\boldsymbol{T}_1$ 可逆，则由式（7.15）可得：

$$\boldsymbol{F}_1=-\boldsymbol{G}\boldsymbol{T}_1^{-1} \tag{7.22}$$

如果选择不同的 $\{\boldsymbol{g}_i\}$，那么相应地 $\{\boldsymbol{t}_i\}$ 也不同。因此，又把 $\boldsymbol{G}$ 称为：特征向量自由度配置矩阵。计算过程中需要注意：如果 $\boldsymbol{T}_1$ 不可逆，需要重新选择极点 $\{s_i\}$ 和向量 $\{\boldsymbol{g}_i\}$；如果 $\{s_i\}$ 和 $\{s_{i+1}\}$ 是一对共轭的复数极点，那么相应地 $\{\boldsymbol{g}_i\}$ 和 $\{\boldsymbol{g}_{i+1}\}$ 也要选择为一对共轭的复数向量。

B $\boldsymbol{\Sigma}$ 的计算方法

由式（7.19）可得 $\overline{\boldsymbol{H}}$ 是半正定矩阵，则 $\overline{\boldsymbol{H}}+\overline{\boldsymbol{H}}^{\mathrm{T}}>\boldsymbol{O}$

$$\overline{\boldsymbol{H}}+\overline{\boldsymbol{H}}^{\mathrm{T}}=\begin{bmatrix}-(\boldsymbol{S}+\boldsymbol{S}^{\mathrm{T}}) & -(\overline{\boldsymbol{A}}_{12}+\overline{\boldsymbol{A}}_{21}^{\mathrm{T}})\\ -(\overline{\boldsymbol{A}}_{21}+\overline{\boldsymbol{A}}_{12}^{\mathrm{T}}) & \boldsymbol{\Sigma}-(\overline{\boldsymbol{A}}_{22}+\overline{\boldsymbol{A}}_{22}^{\mathrm{T}})\end{bmatrix} \tag{7.23}$$

记 $\boldsymbol{H}_{\mathrm{A}}=\overline{\boldsymbol{H}}+\overline{\boldsymbol{H}}^{\mathrm{T}}$，$\boldsymbol{H}_{\mathrm{A}_{12}}=-(\overline{\boldsymbol{A}}_{12}+\overline{\boldsymbol{A}}_{21}^{\mathrm{T}})$，则

$$\boldsymbol{H}_{\mathrm{A}}=\begin{bmatrix}-(\boldsymbol{S}+\boldsymbol{S}^{\mathrm{T}}) & \boldsymbol{H}_{\mathrm{A}_{12}}\\ \boldsymbol{H}_{\mathrm{A}_{12}}^{\mathrm{T}} & \boldsymbol{\Sigma}-(\overline{\boldsymbol{A}}_{22}+\overline{\boldsymbol{A}}_{22}^{\mathrm{T}})\end{bmatrix} \tag{7.24}$$

$$\boldsymbol{U}=\begin{bmatrix}\boldsymbol{I}_{n-m} & \boldsymbol{O}\\ \boldsymbol{H}_{\mathrm{A}_{12}}^{\mathrm{T}}(\boldsymbol{S}+\boldsymbol{S}^{\mathrm{T}})^{-1} & \boldsymbol{I}_m\end{bmatrix}\Rightarrow \overline{\boldsymbol{H}}_{\mathrm{A}}=\boldsymbol{U}\boldsymbol{H}_{\mathrm{A}}\boldsymbol{U}^{\mathrm{T}}=\begin{bmatrix}-(\boldsymbol{S}+\boldsymbol{S}^{\mathrm{T}}) & \boldsymbol{O}\\ \boldsymbol{O} & \boldsymbol{\Sigma}-\boldsymbol{E}\end{bmatrix} \tag{7.25}$$

则当

$$\lambda(-\boldsymbol{S}-\boldsymbol{S}^{\mathrm{T}})>\boldsymbol{O},\ \lambda(\boldsymbol{\Sigma}-\boldsymbol{E})>\boldsymbol{O}\Rightarrow\overline{\boldsymbol{H}}_{\mathrm{A}}>\boldsymbol{O}\Rightarrow\boldsymbol{H}_{\mathrm{A}}>\boldsymbol{O} \tag{7.26}$$

式中，$\lambda(\cdot)$ 表示矩阵的特征值。

可得：

$$\overline{\boldsymbol{H}}+\overline{\boldsymbol{H}}^{\mathrm{T}}>\boldsymbol{O} \tag{7.27}$$

$$\boldsymbol{E}=(\overline{\boldsymbol{A}}_{22}+\overline{\boldsymbol{A}}_{22}^{\mathrm{T}})-(\overline{\boldsymbol{A}}_{21}+\overline{\boldsymbol{A}}_{12}^{\mathrm{T}})(\boldsymbol{S}+\boldsymbol{S}^{\mathrm{T}})^{-1}(\overline{\boldsymbol{A}}_{12}+\overline{\boldsymbol{A}}_{21}^{\mathrm{T}}) \tag{7.28}$$

$\boldsymbol{\Sigma}$ 矩阵对角元素所必须满足的条件：$\sigma_i>\lambda_{\max}(\boldsymbol{E})$，如果 $\lambda_{\max}(\boldsymbol{E})$ 过大，那么得到的反馈增益就过大。为了降低增益，引入加权矩阵 $\boldsymbol{\Pi}$。

$\boldsymbol{\Pi}$ 矩阵是对角实数矩阵，主要对矩阵 $\boldsymbol{G}$、$\boldsymbol{T}_1$ 进行如下加权：

$$\overline{\boldsymbol{G}}=\boldsymbol{G}\boldsymbol{\Pi},\ \overline{\boldsymbol{T}}_1=\boldsymbol{T}_1\boldsymbol{\Pi} \tag{7.29}$$

$$\boldsymbol{\Pi}=\mathrm{diag}(\pi_1, \pi_2, \cdots, \pi_{n-m}),\ \forall\pi_i\neq 0 \tag{7.30}$$

引入加权矩阵 $\boldsymbol{\Pi}$ 后，并不会改变 $\boldsymbol{F}_1$，这是因为：

$$\boldsymbol{F}_1=-\overline{\boldsymbol{G}}\,\overline{\boldsymbol{T}}_1^{-1}=-(\boldsymbol{G}\boldsymbol{\Pi})(\boldsymbol{T}_1\boldsymbol{\Pi})^{-1}=-\boldsymbol{G}\boldsymbol{T}_1^{-1} \tag{7.31}$$

加权后新的状态变换矩阵 $\overline{\boldsymbol{T}}$ 如下所示：

$$\bar{T} = \begin{bmatrix} T_1\Pi & O \\ G\Pi & V^{-1} \end{bmatrix} \tag{7.32}$$

将式（7.32）代入式（7.17）~式（7.19），可得：

$$\bar{A} = T^{-1}AT = \begin{bmatrix} S & \Pi^{-1}\bar{A}_{12} \\ \bar{A}_{21}\Pi & \bar{A}_{22} \end{bmatrix} \tag{7.33}$$

$$\bar{F} = T^{-1}FT = \begin{bmatrix} S & \Pi^{-1}\bar{A}_{12} \\ \bar{A}_{21}\Pi & \bar{A}_{22} - \Sigma \end{bmatrix} \tag{7.34}$$

$$\bar{H} = T^{-1}HT = \begin{bmatrix} -S & -\Pi^{-1}\bar{A}_{12} \\ -\bar{A}_{21}\Pi & -\bar{A}_{22} + \Sigma/2 \end{bmatrix} \tag{7.35}$$

$$E = (\bar{A}_{22} + \bar{A}_{22}^{\mathrm{T}}) - [(\Pi^{-1}\bar{A}_{12})^{\mathrm{T}} + \bar{A}_{21}\Pi](S + S^{\mathrm{T}})^{-1}[(\Pi^{-1}\bar{A}_{12})^{\mathrm{T}} + \bar{A}_{21}\Pi]^{\mathrm{T}} \tag{7.36}$$

则引入加权矩阵 Π 后，则 Σ 各对角元素的下限值 $\{\sigma_i\}$ 满足如下条件即可：

$$\sigma_i > \lambda_{\max}(\bar{E}) \tag{7.37}$$

如果加权矩阵 $-\Sigma$ 严格限定为 $\Sigma = \sigma\Gamma$，$\Gamma = \mathrm{diag}(\gamma_1, \gamma_2, \cdots, \gamma_m)$，$\gamma_i > 0$，则：

$$\sigma_i > \lambda_{\max}(\bar{E}_{\mathrm{r}}),\ \bar{E}_{\mathrm{r}} = \Gamma^{-1/2}E\Gamma^{-1/2} \tag{7.38}$$

至此，控制率 $K = V^{-1}\Sigma V[F_1, I]$ 中的 Σ、F_1 已经确定，为了简单起见，取矩阵 V 为单位矩阵，则控制率 K 就被确定下来了。

7.1.3 基于 ILQ 理论的厚度-活套控制器的设计

通过上节 ILQ 理论的介绍可知，ILQ 设计一个很重要的前提条件就是输入矩阵 B 的形式。如式（7.6）所示的输入矩阵 B 正好完全符合 ILQ 设计所要求的输入矩阵应具有的形式，因此可以对系统（A，B）采用 ILQ 理论进行期望极点配置，得到状态反馈矩阵 K_{A}，然后通过线性变换得到 K_{F} 和 K_{I}。K_{A} 和 K 的关系如下：

$$K = [K_{\mathrm{F}}, K_{\mathrm{I}}] = K_{\mathrm{A}}\Gamma^{-1} \tag{7.39}$$

进一步地，考虑到 ILQ 设计中状态反馈矩阵 K_{A} 所具有的特殊形式如下：

$$K_{\mathrm{A}} = V^{-1}\Sigma V[F_1, I] = \Sigma[F_1, I] \tag{7.40}$$

其中为简单起见，令 $V = I$。

$$[K_{\mathrm{F0}}, K_{\mathrm{I0}}] = [F_1, I]\Gamma^{-1} \tag{7.41}$$

综上所述，得到 ILQ 控制算法结构图如图 7.1 所示。

7.1.3.1 一种改进的 ILQ 设计方法

ILQ 设计常规方法中期望极点 $\{s_i\}$ 的选择和特征向量自由度 $\{g_i\}$ 是分别进行的。就厚度-活套系统控制器设计而言，需要确定的期望极点数是 5 个，需要选择 5 个特征向量自由度 $\{g_i\}$，每个自由度向量含有两个元素，两者相加一共需要确定的参数为 15 个。这些

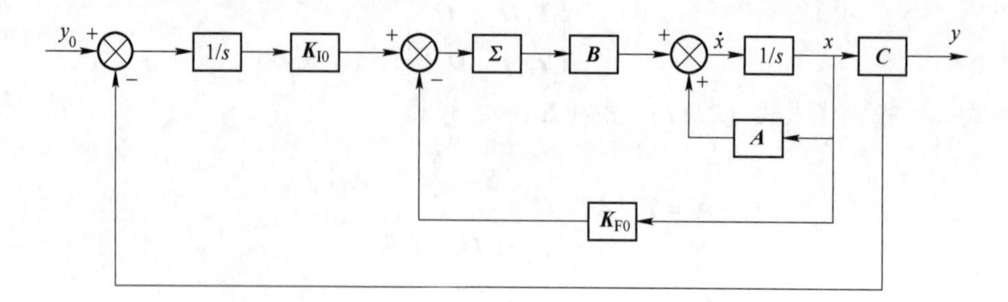

图 7.1 ILQ 控制算法结构图

参数的选择并没有一个统一的方法和标准，主要依赖于大量的“试凑”，如果采用基于 ILQ 理论的常规设计方法则需要大量的计算，费时、费力。因此本小节中将对此常规的设计方法进行改进，主要是优化特征向量 $\{\boldsymbol{g}_i\}$ 的选择。

如果 $(\boldsymbol{A}, \boldsymbol{B})$ 完全能控、$(\boldsymbol{A}, \boldsymbol{C})$ 完全能观，则 $(\boldsymbol{A}_{\mathrm{cl}}, \boldsymbol{B}_{\mathrm{cl}})$ 所示系统能够通过状态反馈实现极点的任意配置：

$$\boldsymbol{A}_{\mathrm{A}} = \boldsymbol{\Gamma}^{-1}\boldsymbol{A}_{\mathrm{cl}}\boldsymbol{\Gamma} \tag{7.42}$$

$$\boldsymbol{B}_{\mathrm{A}} = \boldsymbol{\Gamma}^{-1}\boldsymbol{B}_{\mathrm{cl}} \tag{7.43}$$

式中，$\boldsymbol{A}_{\mathrm{A}} = \begin{bmatrix} \boldsymbol{A} & \boldsymbol{B} \\ \boldsymbol{O} & \boldsymbol{O} \end{bmatrix}$；$\boldsymbol{B}_{\mathrm{A}} = \begin{bmatrix} \boldsymbol{O} \\ \boldsymbol{I} \end{bmatrix}$；$\boldsymbol{A}_{\mathrm{cl}} = \begin{bmatrix} \boldsymbol{A} & \boldsymbol{O} \\ \boldsymbol{C} & \boldsymbol{O} \end{bmatrix}$；$\boldsymbol{B}_{\mathrm{cl}} = \begin{bmatrix} \boldsymbol{B} \\ \boldsymbol{O} \end{bmatrix}$；$\boldsymbol{\Gamma} = \begin{bmatrix} \boldsymbol{A} & \boldsymbol{B} \\ \boldsymbol{C} & \boldsymbol{O} \end{bmatrix}$。

期望极点由两部分组成：主导极点 $\{\boldsymbol{s}_i\}(1 \leqslant i \leqslant n)$ 和非主导极点 $\{\boldsymbol{\gamma}_i\}(1 \leqslant i \leqslant m)$。对 $(\boldsymbol{A}_{\mathrm{cl}}, \boldsymbol{B}_{\mathrm{cl}})$ 进行极点配置，得到反馈矩阵 $\boldsymbol{K} = [\boldsymbol{K}_{\mathrm{F}}, \boldsymbol{K}_{\mathrm{I}}]$；对 $(\boldsymbol{A}_{\mathrm{A}}, \boldsymbol{B}_{\mathrm{A}})$ 采用 ILQ 理论进行极点配置，得到反馈矩阵 $\boldsymbol{K}_{\mathrm{A}} = [\boldsymbol{K}_{\mathrm{FA}}, \boldsymbol{K}_{\mathrm{IA}}]$。$\boldsymbol{K}$ 与 $\boldsymbol{K}_{\mathrm{A}}$ 关系如式（7.39）所示。

加入状态反馈后：

$$\overline{\boldsymbol{A}}_{\mathrm{A}} = \boldsymbol{A}_{\mathrm{A}} - \boldsymbol{B}_{\mathrm{A}}\boldsymbol{K}_{\mathrm{A}} \tag{7.44}$$

$$\overline{\boldsymbol{A}}_{\mathrm{cl}} = \boldsymbol{A}_{\mathrm{cl}} - \boldsymbol{B}_{\mathrm{cl}}\boldsymbol{K} \tag{7.45}$$

$$\overline{\boldsymbol{A}}_{\mathrm{A}} = \boldsymbol{\Gamma}^{-1}\boldsymbol{A}_{\mathrm{cl}}\boldsymbol{\Gamma} - \boldsymbol{\Gamma}^{-1}\boldsymbol{B}_{\mathrm{cl}}\boldsymbol{K}\boldsymbol{\Gamma} = \boldsymbol{\Gamma}^{-1}(\boldsymbol{A}_{\mathrm{cl}} - \boldsymbol{B}_{\mathrm{cl}}\boldsymbol{K})\boldsymbol{\Gamma} = \boldsymbol{\Gamma}^{-1}\overline{\boldsymbol{A}}_{\mathrm{cl}}\boldsymbol{\Gamma} \tag{7.46}$$

设 $\{\boldsymbol{f}_i\}$ 是 $\overline{\boldsymbol{A}}_{\mathrm{cl}}$ 特征值 $\{\boldsymbol{s}_i\}$ 对应的特征向量，$\{\boldsymbol{f}_{i\mathrm{A}}\}$ 是 $\overline{\boldsymbol{A}}_{\mathrm{A}}$ 特征值 $\{\boldsymbol{s}_{i\mathrm{A}}\}$ 对应的特征向量，那么则有如下关系式成立：

$$\boldsymbol{f}_{i\mathrm{A}} = \boldsymbol{\Gamma}^{-1}\boldsymbol{f}_i = \begin{bmatrix} \boldsymbol{t}_i \\ \boldsymbol{g}_i \end{bmatrix} \tag{7.47}$$

如果对 $(\boldsymbol{A}_{\mathrm{A}}, \boldsymbol{B}_{\mathrm{A}})$ 采用基于 ILQ 理论进行极点配置，且选择主导极点 $\{\boldsymbol{s}_i\}$ 作为期望极点，采用式（7.47）所示方法确定特征向量配置自由度矩阵 $\boldsymbol{G}$ 的 $\{\boldsymbol{g}_i\}$，这样就大大简化了向量中参数的选择。从式（7.47）可知，由于 $\boldsymbol{\Gamma}$ 是一个常量，因此 $\{\boldsymbol{g}_i\}$ 的数值取决于 $\{\boldsymbol{f}_i\}$ 的数值。此外，对 $(\boldsymbol{A}_{\mathrm{cl}}, \boldsymbol{B}_{\mathrm{cl}})$ 进行极点配置后，$\{\boldsymbol{g}_i\}$ 又是特征值 $\{\boldsymbol{s}_i\}$ 对应的特征向量。对于多输入状态反馈极点配置而言，状态反馈矩阵的解不唯一，极点配置方法也很多。因此，可以做这样一种假设，如果采用较好的极点配置方法，那么相应地期望极点 $\{\boldsymbol{s}_i\}$ 对应的特征向量也具有某种最优性。基于这种假设，可采用 MATLAB 算法工具箱中自带的鲁棒性极点配置方法来进行极点配置，进而得到 $\{f_i\}$ 的值，从而得到 $\{g_i\}$ 。实际的设计也表明，通过这种方法来确定，远比通过随机选择来确定 $\{g_i\}$ 效果要好得多。

因此，得到基于 ILQ 理论改进设计方法的流程图如图 7.2 所示。

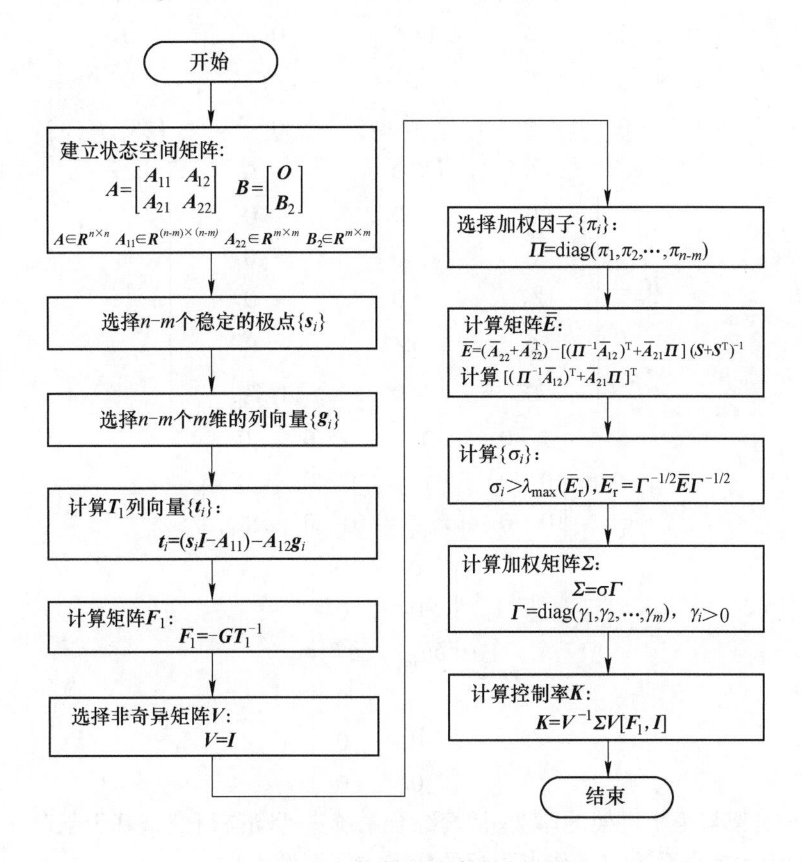

图 7.2 ILQ 控制器设计改进流程图

7.1.3.2 厚度-活套系统 ILQ 控制器的设计实例

根据上节所述的热连轧厚度和活套系统的轧制理论方程，可建立第 i 机架与第 $i+1$ 机架的厚度-活套综合系统在工作点附近的状态空间模型为：

$$\begin{cases}\dot{x}_i = A_i x_i + B_i u_i + D_i d_i \\ y_i = C_i x_i\end{cases} \tag{7.48}$$

其中，

$$x_i = [\Delta\theta_i \quad \Delta\omega_{L,i} \quad \Delta\sigma_{\mathrm{out},i} \quad \Delta\omega_i \quad \Delta M_i \quad \Delta S_{i+1}]^{\mathrm{T}}$$

$$u_i = [\Delta\omega_{r,i} \quad \Delta M_{r,i} \quad \Delta S_{r,i+1}]^{\mathrm{T}}$$

$$d_i = [\Delta h_{\mathrm{in},i} \quad \Delta T_{\mathrm{in},i}]^{\mathrm{T}}$$

$$y_i = [\Delta\theta_i \quad \Delta\sigma_{\mathrm{out},i} \quad \Delta h_{\mathrm{out},i+1}]^{\mathrm{T}}$$

$$
\boldsymbol{A}_i = \begin{bmatrix} 0 & 1 & 0 & 0 & 0 & 0 \\ e_{1i} & e_{4i} & e_{3i} & 0 & e_{2i} & 0 \\ 0 & b\omega_{L,i} & b\sigma_{\mathrm{out},i} & b\omega_i & 0 & bS_{i+1} \\ 0 & 0 & 0 & -1/T_{\mathrm{md},i} & 0 & 0 \\ 0 & 0 & 0 & 0 & -1/T_{\mathrm{cr},i} & 0 \\ 0 & 0 & 0 & 0 & 0 & -1/T_{\mathrm{hgc},i+1} \end{bmatrix}
$$

$$
\boldsymbol{B}_i = \begin{bmatrix} 0 & 0 & 0 \\ 0 & 0 & 0 \\ 0 & 0 & 0 \\ -1/T_{\mathrm{md},i} & 0 & 0 \\ 0 & -1/T_{\mathrm{cr},i} & 0 \\ 0 & 0 & -1/T_{\mathrm{hgc},i+1} \end{bmatrix}
$$

$$
\boldsymbol{C}_i = \begin{bmatrix} 1 & 0 & 0 & 0 & 0 & 0 \\ 0 & 0 & 1 & 0 & 0 & 0 \\ 0 & 0 & a\sigma_{\mathrm{in},i+1} & 0 & 0 & aS_{i+1} \end{bmatrix}
$$

$$
\boldsymbol{D}_i = \begin{bmatrix} 0 & 0 \\ 0 & 0 \\ bh_{\mathrm{in},i} & bT_i \\ 0 & 0 \\ 0 & 0 \\ 0 & 0 \end{bmatrix}
$$

选择第 6 机架与第 7 机架的厚度-活套综合系统进行动态研究，基于某产线实际参数，得到的厚度-活套综合系统在工作点附近的状态空间模型为：

$$
\boldsymbol{A} = \begin{bmatrix} 0 & 1 & 0 & 0 & 0 & 0 \\ -40.87 & 0 & -203.4 & 0 & 0.189 & 0 \\ 0 & 32.61 & -92.48 & -492.6 & 0 & 0.894 \\ 0 & 0 & 0 & -8.333 & 0 & 0 \\ 0 & 0 & 0 & 0 & -50 & 0 \\ 0 & 0 & 0 & 0 & 0 & -33.33 \end{bmatrix}
$$

$$
\boldsymbol{B} = \begin{bmatrix} 0 & 0 & 0 \\ 0 & 0 & 0 \\ 0 & 0 & 0 \\ 8.333 & 0 & 0 \\ 0 & 50 & 0 \\ 0 & 0 & 33.33 \end{bmatrix}
$$

$$
\boldsymbol{C} = \begin{bmatrix} 1 & 0 & 0 & 0 & 0 & 0 \\ 0 & 0 & 1 & 0 & 0 & 0 \\ 0 & 0 & -16.29 & 0 & 0 & 0.334 \end{bmatrix}
$$

$$
\boldsymbol{D}=\begin{bmatrix}0 & 0\\0 & 0\\-0.1872 & -15.81\\0 & 0\\0 & 0\\0 & 0\end{bmatrix}
$$

建立厚度-活套综合系统的增广状态空间矩阵为：

$$
\begin{cases}\dot{\boldsymbol{x}}=\boldsymbol{A}_{\mathrm{A}}\boldsymbol{x}+\boldsymbol{B}_{\mathrm{A}}\boldsymbol{u}+\boldsymbol{D}\boldsymbol{d}\\ \boldsymbol{y}=\boldsymbol{C}\boldsymbol{x}\end{cases}\tag{7.49}
$$

式中，$\boldsymbol{A}_{\mathrm{A}}=\boldsymbol{\Gamma}^{-1}\boldsymbol{A}_{\mathrm{cl}}\boldsymbol{\Gamma}$，$\boldsymbol{B}_{\mathrm{A}}=\boldsymbol{\Gamma}^{-1}\boldsymbol{B}_{\mathrm{cl}}\boldsymbol{\Gamma}$。其中，

$$
\boldsymbol{\Gamma}=\begin{bmatrix}\boldsymbol{A} & \boldsymbol{B}\\ \boldsymbol{C} & \boldsymbol{O}_{3\times3}\end{bmatrix},\ \boldsymbol{A}_{\mathrm{cl}}=\begin{bmatrix}\boldsymbol{A} & \boldsymbol{O}_{6\times3}\\ \boldsymbol{C} & \boldsymbol{O}_{3\times3}\end{bmatrix},\ \boldsymbol{B}_{\mathrm{cl}}=\begin{bmatrix}\boldsymbol{B}\\ \boldsymbol{O}_{3\times3}\end{bmatrix}
$$

第一步：确定矩阵 $\boldsymbol{F}_1$。

（1）根据厚度-活套综合系统各输出值的期望响应，选择系统期望的主导极点为：

$$
\boldsymbol{s}=[-2.69+2.41i\quad -2.69-2.41i\quad -20\quad -25\quad -30\quad -35]
$$

非主导极点为：

$$
r=[-40\quad -45\quad -50]
$$

构造矩阵 $\boldsymbol{S}$ 如下：

$$
\boldsymbol{S}=[-2.69+2.41i\quad -2.69-2.41i\quad -20\quad -25\quad -30\quad -35\quad -40\quad -45\quad -50]
$$

（2）对（$\boldsymbol{A}_{\mathrm{cl}}\quad \boldsymbol{B}_{\mathrm{cl}}$）进行极点配置，计算主导极点 $\boldsymbol{s}$ 对应的特征向量 $\boldsymbol{f}_i$，如下：

$$
\boldsymbol{f}_i=\begin{bmatrix}
-0.214-0.209i & -0.214+0.209i & -0.019 & -0.030 & -0.028 & -0.0052 & -0.011 & -0.027 & 0.0012\\
0.875 & 0.875 & 0.954 & 0.604 & 0.700 & 0.233 & 0.328 & 0.950 & -0.047\\
0.053+0.033i & 0.053-0.033i & 0.238 & 0.065 & 0.092 & 0.053 & 0.051 & 0.169 & -0.0089\\
0.048-0.006i & 0.048+0.006i & 0.042 & 0.031 & 0.033 & 0.011 & 0.017 & 0.043 & -0.0036\\
0.033+0.022i & 0.033-0.022i & -0.114 & -0.761 & 0.447 & 0.737 & 0.521 & -0.126 & 0.618\\
0.033+0.021i & 0.033-0.021i & -0.109 & 0.218 & -0.543 & 0.632 & 0.786 & -0.208 & -0.784\\
0.0046+0.105i & 0.0046-0.105i & 0.00038 & 0.0015 & 0.0011 & 0.00012 & 0.00036 & 0.00078 & -2.924\\
-0.0052-0.021i & -0.0052+0.021i & -0.0048 & -0.0032 & -0.0037 & -0.0012 & -0.0017 & -0.0048 & 0.00022\\
0.084+0.338i & 0.084-0.338i & 0.0784 & 0.0491 & 0.0673 & 0.0146 & 0.0190 & 0.081 & 0.0030
\end{bmatrix}
$$

（3）对特征向量 $\boldsymbol{f}_i$ 进行线性坐标变换 $\boldsymbol{f}_{i\mathrm{A}}=\boldsymbol{\Gamma}^{-1}\boldsymbol{f}_i$，可得：

$$
\boldsymbol{f}_{i\mathrm{A}}=\begin{bmatrix}
0.0046+0.105i & 0.0046-0.105i & 0.00038 & 0.0015 & 0.0011 & 0.00011 & 0.00036 & 0.00078 & -2.924\\
-0.2186-0.209i & -0.2186+0.209i & -0.0191 & -0.0302 & -0.028 & -0.0052 & -0.0109 & -0.0271 & 0.0012\\
-0.0052-0.021i & -0.0052+0.021i & -0.0048 & -0.0032 & -0.0037 & -0.0012 & -0.0017 & -0.0048 & 0.00022\\
-0.0136-0.001i & -0.0136+0.001i & -0.00085 & -0.0015 & -0.0013 & -0.00025 & -0.00056 & -0.0012 & 8.941\\
-0.0136-0.002i & -0.0136+0.002i & 0.0023 & 0.038 & -0.018 & -0.016 & -0.017 & 0.0036 & -0.015\\
-0.0034-0.013i & -0.0034+0.013i & 0.0022 & -0.011 & 0.022 & -0.014 & -0.026 & 0.0059 & 0.0196\\
-0.0078-0.011i & -0.0078+0.011i & 0.0042 & 0.0021 & 0.0026 & 0.0011 & 0.0014 & 0.0039 & -0.0003\\
-0.013-0.003i & -0.013+0.003i & 8.882\times10^{-16} & 0.023 & -0.0089 & -0.0016 & -0.0069 & 0.0011 & -0.003\\
-0.0024-0.013i & -0.0024+0.013i & -0.0011 & -0.0044 & 0.0054 & 0.0049 & -0.0026 & -0.0003 & -0.004
\end{bmatrix}
$$

（4）根据式$f_{iA}=[t_i \quad g_i]^T$，提取得到$[t_i]$和$[g_i]$：

$$T_1=[t_1,\ t_2,\ \cdots,\ t_n],\ G=[g_1,\ g_2,\ \cdots,\ g_n]$$

$$T_1=\begin{bmatrix} 0.0000292 & 0.00078 & 0.00012 & 0.00112 & 0.0046 & -0.1045 \\ 0.00117 & -0.0272 & -0.0052 & -0.028 & -0.2187 & 0.2092 \\ 0.00022 & -0.0048 & -0.0012 & -0.0037 & -0.00524 & 0.021 \\ 0.0000894 & -0.0012 & -0.00025 & -0.00131 & -0.0136 & 0.01 \\ -0.0155 & 0.0036 & -0.0164 & -0.0179 & -0.0136 & 0.0023 \\ 0.0196 & 0.0059 & -0.014 & 0.0217 & -0.00338 & 0.0132 \end{bmatrix}$$

$$G=\begin{bmatrix} -0.0003 & 0.0039 & 0.0011 & 0.0026 & 0.0108 & 0.0108 \\ -0.0031 & 0.0011 & -0.0016 & -0.009 & 0.0027 & 0.0027 \\ -0.0039 & -0.0003 & 0.0049 & 0.0054 & 0.0126 & 0.0126 \end{bmatrix}$$

（5）根据式$F_1=-GT_1^{-1}$，可得：

$$F_1=\begin{bmatrix} 0.235 & -0.3499 & 1.2896 & 6.001 & -0.00172 & -0.00474 \\ -1.2452 & -6.4488 & 10.65 & 99.59 & -0.2125 & -0.2015 \\ 2.0592 & 8.7756 & -14.24 & -134.24 & 0.1579 & 0.5772 \end{bmatrix}$$

第二步：确定矩阵V和Σ。

（1）取$V=I$，当不引入加权矩阵时，得到Σ对角元素的下限值为：

$$\sigma_i > 19862$$

（2）选择加权矩阵Π，如下所示：

$$\Pi=\begin{bmatrix} 117 & 0 & 0 & 0 & 0 & 0 \\ 0 & 54 & 0 & 0 & 0 & 0 \\ 0 & 0 & 169 & 0 & 0 & 0 \\ 0 & 0 & 0 & 95 & 0 & 0 \\ 0 & 0 & 0 & 0 & 5 & 0 \\ 0 & 0 & 0 & 0 & 0 & 4 \end{bmatrix}$$

（3）计算矩阵$\overline{E}$，得到Σ对角元素的下限值为：

$$\sigma_i > 40.9608$$

第三步：按照式$[K_{F0} \quad K_{I0}]=[F_1 \quad I]\Gamma^{-1}$，计算$K_{F0}$和$K_{I0}$，如下：

$$K_{F0}=\begin{bmatrix} 0.113 & -0.00911 & -0.0142 & 0.12 & 0 & -9.585\times10^{-20} \\ 0.1438 & 4.176 & -0.2022 & 0 & 0.02 & 8.88\times10^{-17} \\ -0.1108 & 0.8374 & 0.2725 & 0 & 0 & 0.03 \end{bmatrix}$$

$$K_{I0}=\begin{bmatrix} -0.1373 & -1.49 & 0.024 \\ 169.4 & 840.331 & -0.062 \\ 36.28 & 246.2 & 3.984 \end{bmatrix}$$

7.1.4 ILQ 算法渐近性分析

在本节，将重点分析当$\sigma\to\infty$时，$\overline{A}_A$特征值、特征向量的变化趋势。由式（7.44）可得：

$$\overline{A}_A = A_A - B_A K = \begin{bmatrix} A & B \\ O & O \end{bmatrix} - \sigma \begin{bmatrix} O \\ I \end{bmatrix} [F_1 \quad I]$$

这里取 $\Sigma = \sigma\Gamma$，$\Gamma = I$，$\sigma > 40.9608$。

7.1.4.1 特征值渐近性分析

根据 ILQ 设计的渐近性可知，当 $\sigma \to \infty$时，$\overline{A}_A$ 特征值将趋于 $[-2.69+2.41i, -2.69-2.41i, -20, -25, -30, -35, -40, -45, -50]$。

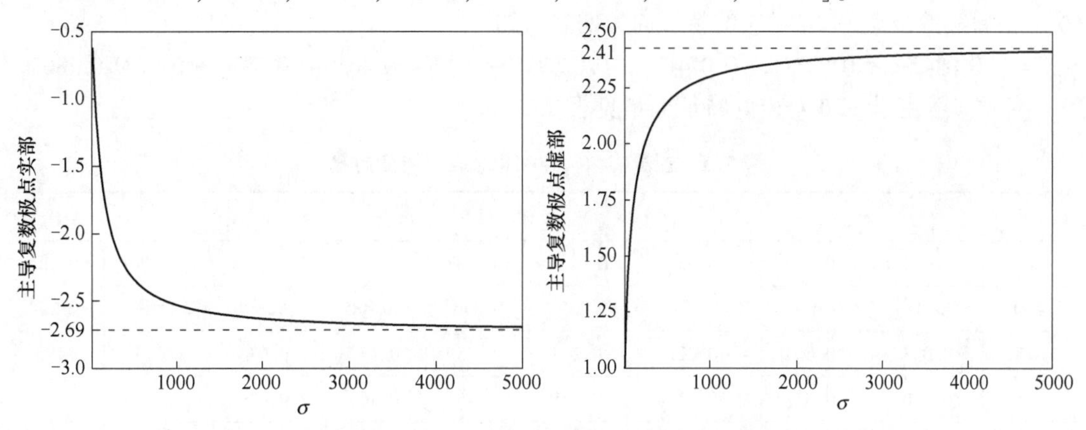

图 7.3 主导复数极点实部和虚部变化趋势图

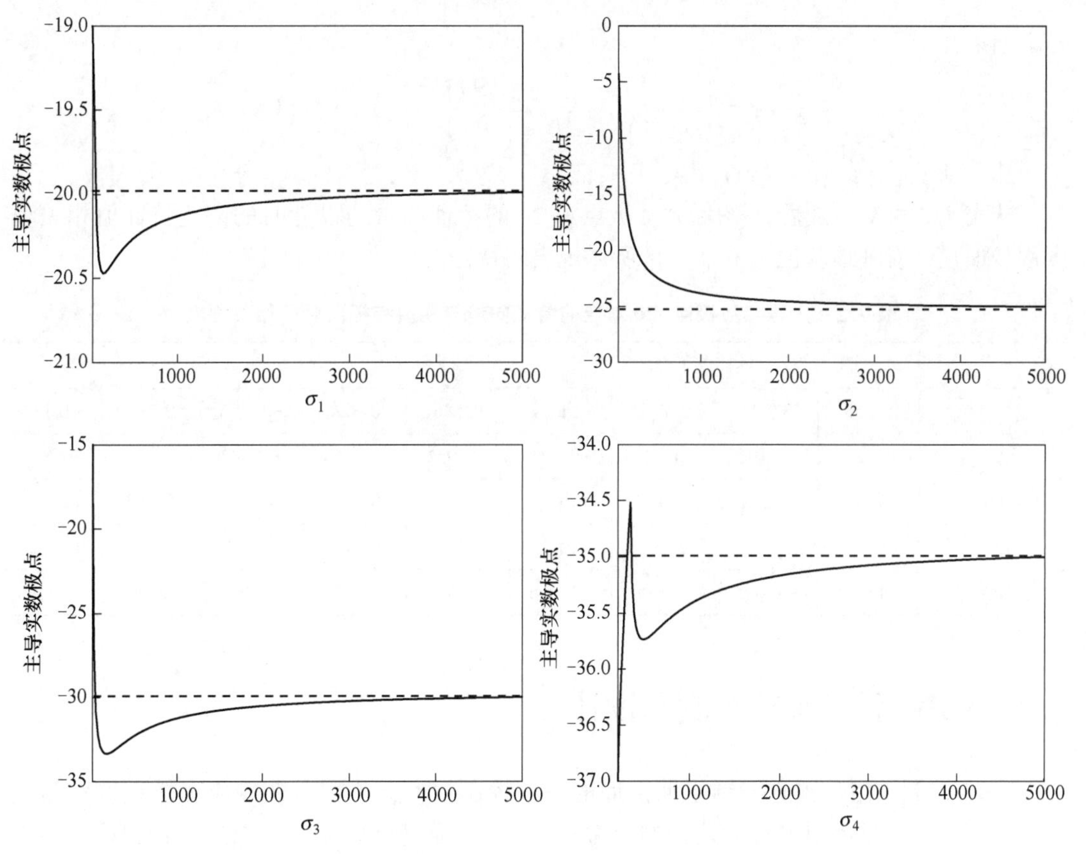

图 7.4 主导实数极点（-20、-25、-30 和-35）变化趋势图

从图 7.3 与图 7.4 可知，随着 σ 的增大，系统实际的主导极点将向设计之初所选择的期望闭环极点靠近。因此本节所设计的 ILQ 系统中的闭环极点具有“渐近性”。

7.1.4.2　特征向量渐近性分析

$\sigma \to \infty$ 时，$\overline{A}_{\mathrm{A}}$ 特征向量将趋于 $\begin{bmatrix} \boldsymbol{T}_1 & \boldsymbol{O} \\ \boldsymbol{G} & \boldsymbol{I} \end{bmatrix}$ 或 $\begin{bmatrix} \boldsymbol{T}_1\boldsymbol{\Pi} & \boldsymbol{O} \\ \boldsymbol{G}\boldsymbol{\Pi} & \boldsymbol{I} \end{bmatrix}$，以主导实数极点 - 20 对应的特征向量为例说明。

主导实数极点 - 20 对应的特征向量期望值如下：

$$\boldsymbol{\gamma}_{\mathrm{ref}} = \lambda[0.03427, -0.6827, -0.07417, -0.02587, -0.4504, 0.4630, 0.03597, -0.2709, 0.1863]$$

主导实数极点-20 对应的特征向量见表 7.1。

表 7.1　主导实数极点-20 对应的特征向量

σ 值	特征向量 $\gamma_\sigma^{\mathrm{T}}$								
200	0.004	−0.179	−0.039	0.002	−0.767	0.561	−0.009	−0.119	−0.164
500	−0.333	0.634	0.066	0.233	0.473	−0.485	−0.029	0.293	−0.208
1000	0.033	−0.663	−0.071	−0.248	−0.459	0.472	0.033	−0.279	0.195
1500	0.340	−0.671	−0.724	−0.025	−0.455	0.468	0.034	−0.276	0.191
2000	−0.034	0.678	0.073	0.025	0.452	−0.465	−0.035	0.272	−0.188

如果：

$$\gamma_{\mathrm{ref}}/\gamma_\sigma = \left\{\frac{\gamma_{\mathrm{ref}}(1)}{\gamma_\sigma(1)},\ \cdots,\ \frac{\gamma_{\mathrm{ref}}(9)}{\gamma_\sigma(9)}\right\} = \lambda\{1,\ \cdots,\ 1\}$$

那么则说明 γ_{ref}，γ_σ 线性相关。

从表 7.2 可知，随着 σ 的增大，极点 - 20 的特征向量与设计时的期望特征值相关程度逐步加强，有利地验证了 ILQ 设计所体现出的特征向量的“渐近性”。

表 7.2　主导实数极点-20 对应的特征向量与期望特征向量的相关程度

σ 值	$\gamma_{\mathrm{ref}}/\gamma_\sigma$								
200	8.358	3.801	1.882	−11.24	0.586	0.825	−3.670	2.263	−1.132
500	−0.102	−1.075	−1.115	−0.111	−0.951	−0.953	−1.207	−0.923	−0.892
1000	1.010	1.028	1.043	0.104	0.980	0.979	1.073	0.968	0.953
1500	0.100	1.016	0.102	−10.22	0.988	0.987	1.042	0.981	0.972
2000	−1.002	−1.005	−1.009	−1.006	−0.995	−0.995	−1.013	−0.993	−0.990

7.2　MPC 算法及其控制器设计

DMC 控制策略是预测控制早期发展的一种控制策略，采用阶跃响应离散系数作为模型。阶跃响应模型因对过程时延，响应时间及增益，描述清晰明了，而广受过程控制工程师的欢迎。另一方面，其也存在着只能应用于稳定系统，且通常模型阶数高，参数多的缺点。相比而言，基于增广状态空间的离散模型预测控制算法，形式则更为紧凑，且能同时应用于稳定和不稳定系统[3-4]。因此，为实现对厚度、角度与张力的协调优化控制，进一步增强系统的鲁棒性，本节设计了基于 MPC 控制的厚度-活套综合控制系统。

7.2.1 MPC 算法概述

本节从基于增广状态空间的离散模型预测控制角度出发，对厚度-活套综合控制系统进行了探讨。考虑式（7.48）的厚度-活套连续线性系统，可按采样周期 T 进行离散化，得到如下离散线性系统：

$$\begin{cases}\bar{\boldsymbol{x}}_i(k+1)=\bar{\boldsymbol{A}}_i\bar{\boldsymbol{x}}_i(k)+\boldsymbol{B}_i\bar{\boldsymbol{u}}_i(k)+\bar{\boldsymbol{D}}_i\,\bar{\boldsymbol{d}}_i(k)\\ \bar{\boldsymbol{y}}_i(k)=\bar{\boldsymbol{C}}_i\bar{\boldsymbol{x}}_i(k)\end{cases} \tag{7.50}$$

其中，

$$\bar{\boldsymbol{A}}_i=e^{\boldsymbol{A}_iT},\ \bar{\boldsymbol{C}}_i=e^{\boldsymbol{C}_iT},\ \bar{\boldsymbol{B}}_i=(\int_0^T e^{\boldsymbol{A}_iT}\mathrm{d}t)\boldsymbol{B}_i\ ,\bar{\boldsymbol{D}}_i=(\int_0^T e^{\boldsymbol{A}_iT}\mathrm{d}t)\boldsymbol{D}_i$$

$$\bar{\boldsymbol{x}}_i(k)=[\Delta\theta_i\quad \Delta\omega_{L,i}\quad \Delta\sigma_{\mathrm{out},i}\quad \Delta\omega_i\quad \Delta M_i\quad \Delta S_{i+1}]_{kT}^{\mathrm{T}}$$

$$\bar{\boldsymbol{u}}_i(k)=[\Delta\omega_{r,i}\quad \Delta M_{r,i}\quad \Delta S_{r,i+1}]_{kT}^{\mathrm{T}}$$

$$\bar{\boldsymbol{d}}_i(k)=[\Delta h_{\mathrm{in},i}\quad \Delta T_i]_{kT}^{\mathrm{T}}$$

$$\bar{\boldsymbol{y}}_i(k)=[\Delta\theta_i(t)\quad \Delta\sigma_{\mathrm{out},i}(t)\quad \Delta h_{\mathrm{out},i+1}(t)]_{kT}^{\mathrm{T}}$$

进一步，写成增量方程形式：

$$\Delta\bar{\boldsymbol{x}}_i(k+1)=\bar{\boldsymbol{A}}_i\Delta\bar{\boldsymbol{x}}_i(k)+\bar{\boldsymbol{B}}_i\Delta\bar{\boldsymbol{u}}_i(k)+\bar{\boldsymbol{D}}_i\Delta\bar{\boldsymbol{d}}_i(k) \tag{7.51}$$

其中，

$$\Delta\bar{\boldsymbol{x}}_i(k+1)=\Delta\bar{\boldsymbol{x}}_i(k+1)-\Delta\bar{\boldsymbol{x}}_i(k)$$

$$\Delta\bar{\boldsymbol{x}}_i(k)=\bar{\boldsymbol{x}}_i(k)-\bar{\boldsymbol{x}}_i(k-1)$$

$$\Delta\bar{\boldsymbol{u}}_i(k)=\bar{\boldsymbol{u}}_i(k)-\bar{\boldsymbol{u}}_i(k-1)$$

$$\Delta\bar{\boldsymbol{d}}_i(k)=\bar{\boldsymbol{d}}_i(k)-\bar{\boldsymbol{d}}_i(k-1)$$

系统输出则可改写为：

$$\begin{aligned}\Delta\bar{\boldsymbol{y}}_i(k+1)&=\Delta\bar{\boldsymbol{y}}_i(k+1)-\Delta\bar{\boldsymbol{y}}_i(k)\\&=\bar{\boldsymbol{C}}_i\bar{\boldsymbol{x}}_i(k+1)-\bar{\boldsymbol{C}}_i\bar{\boldsymbol{x}}_i(k)\\&=\bar{\boldsymbol{C}}_i\Delta\bar{\boldsymbol{x}}_i(k+1)\\&=\bar{\boldsymbol{C}}_i\bar{\boldsymbol{A}}_i\Delta\bar{\boldsymbol{x}}_i(k)+\bar{\boldsymbol{C}}_i\bar{\boldsymbol{B}}_i\Delta\bar{\boldsymbol{u}}_i(k)+\bar{\boldsymbol{C}}_i\bar{\boldsymbol{D}}_i\Delta\bar{\boldsymbol{d}}_i(k)\end{aligned}$$

即

$$\bar{\boldsymbol{y}}_i(k+1)=\bar{\boldsymbol{C}}_i\bar{\boldsymbol{A}}_i\Delta\bar{\boldsymbol{x}}_i(k)+\bar{\boldsymbol{C}}_i\bar{\boldsymbol{B}}_i\Delta\bar{\boldsymbol{u}}_i(k)+\bar{\boldsymbol{C}}_i\bar{\boldsymbol{D}}_i\Delta\bar{\boldsymbol{d}}_i(k)+\bar{\boldsymbol{y}}_i(k)$$

建立新的状态变量 $\bar{\boldsymbol{x}}_i(k)=[\Delta\bar{\boldsymbol{x}}_i(k)\quad \boldsymbol{y}(k)]^{\mathrm{T}}$，则厚度–活套综合系统的增广状态空间

模型可写为：

$$\begin{cases}\begin{bmatrix}\Delta \bar{\boldsymbol{x}}_i(k+1)\\ \boldsymbol{y}_i(k+1)\end{bmatrix}=\begin{bmatrix}\bar{\boldsymbol{A}}^i_{6\times6} & \boldsymbol{O}_{6\times3}\\ \bar{\boldsymbol{C}}^i_{3\times6}\bar{\boldsymbol{A}}^i_{6\times6} & \boldsymbol{I}_{3\times3}\end{bmatrix}\begin{bmatrix}\Delta \bar{\boldsymbol{x}}_i(k)\\ \boldsymbol{y}_i(k)\end{bmatrix}+\begin{bmatrix}\bar{\boldsymbol{B}}^i_{6\times3}\\ \bar{\boldsymbol{C}}^i_{3\times6}\bar{\boldsymbol{B}}^i_{6\times3}\end{bmatrix}\Delta \bar{\boldsymbol{u}}_i(k)+\begin{bmatrix}\bar{\boldsymbol{D}}^i_{6\times2}\\ \bar{\boldsymbol{C}}^i_{2\times6}\bar{\boldsymbol{D}}^i_{6\times2}\end{bmatrix}\Delta\bar{\boldsymbol{d}}_i(k)\\ \boldsymbol{y}_i(k)=\begin{bmatrix}\boldsymbol{O}_{3\times6} & \boldsymbol{I}_{3\times3}\end{bmatrix}\begin{bmatrix}\Delta \bar{\boldsymbol{x}}_i(k)\\ \boldsymbol{y}_i(k)\end{bmatrix}\end{cases} \tag{7.52}$$

将式（7.52）表述为紧凑形式有：

$$\begin{cases}\boldsymbol{x}_i(k+1)=\boldsymbol{A}_i\boldsymbol{x}_i(k)+\boldsymbol{B}_i\boldsymbol{u}_i(k)+\boldsymbol{D}_i\boldsymbol{d}_i(k)\\ \boldsymbol{y}_i(t)=\boldsymbol{C}_i\boldsymbol{x}_i(t)\end{cases} \tag{7.53}$$

考察厚度-活套系统从 $k=k_n$ 时刻开始以初始状态 $\boldsymbol{x}_i(k_n)$ 开始运动，考察预测时域 N_c 内的控制信号序列为：

$$\Delta\boldsymbol{U}_i=\begin{bmatrix}\Delta\boldsymbol{u}_i(k_n)\\ \Delta\boldsymbol{u}_i(k_n+1)\\ \vdots\\ \Delta\boldsymbol{u}_i(k_n+N_c-1)\end{bmatrix}$$

在实际厚度-活套控制系统中，需考虑系统的控制输入存在饱和现象及执行器增幅限制，控制变量增量约束如下式所示：

$$\Delta\boldsymbol{u}_i^{\min}\leqslant\Delta\boldsymbol{u}_i(k)\leqslant\Delta\boldsymbol{u}_i^{\max}$$

对于 N_c 控制时域内

$$\begin{bmatrix}\Delta\boldsymbol{u}_i^{\min}\\ \Delta\boldsymbol{u}_i^{\min}\\ \vdots\\ \Delta\boldsymbol{u}_i^{\min}\end{bmatrix}\leqslant\begin{bmatrix}\Delta\boldsymbol{u}_i(k_n)\\ \Delta\boldsymbol{u}_i(k_n+1)\\ \vdots\\ \Delta\boldsymbol{u}_i(k_n+N_c-1)\end{bmatrix}\leqslant\begin{bmatrix}\Delta\boldsymbol{u}_i^{\max}\\ \Delta\boldsymbol{u}_i^{\max}\\ \vdots\\ \Delta\boldsymbol{u}_i^{\max}\end{bmatrix}$$

简写为：$\Delta\boldsymbol{U}_i^{\min}\leqslant\Delta\boldsymbol{U}_i\leqslant\Delta\boldsymbol{U}_i^{\max}$。

则对于预测时域 N_p 内的系统状态和输出为：

$$\boldsymbol{X}_i=\begin{bmatrix}\boldsymbol{x}_i(k_n+1|k_n)\\ \boldsymbol{x}_i(k_n+2|k_n)\\ \vdots\\ \boldsymbol{x}_i(k_n+m|k_n)\\ \vdots\\ \boldsymbol{x}_i(k_n+N_p|k_n)\end{bmatrix},\quad \boldsymbol{Y}_i=\begin{bmatrix}\boldsymbol{y}_i(k_n+1|k_n)\\ \boldsymbol{y}_i(k_n+2|k_n)\\ \vdots\\ \boldsymbol{y}_i(k_n+m|k_n)\\ \vdots\\ \boldsymbol{y}_i(k_n+N_p|k_n)\end{bmatrix}$$

其中，$\boldsymbol{x}_i(k_n+m|k_n)$ 为在 k_n+m 时刻的预测状态变量，$\boldsymbol{y}_i(k_n+m|k_n)$ 为在 k_n+m 时刻的预测输出变量。

有下面迭代关系：

$$\begin{aligned}
\boldsymbol{x}_i(k_n+1|k_n) &= \boldsymbol{A}_i\boldsymbol{x}_i(k_n)+\boldsymbol{D}_i\boldsymbol{d}_i(k_n)+\boldsymbol{B}_i\Delta\boldsymbol{u}_i(k_n)\\
\boldsymbol{x}_i(k_n+2|k_n) &= \boldsymbol{A}_i^2\boldsymbol{x}_i(k_n)+\boldsymbol{D}_i^2\boldsymbol{d}_i(k_n)+\boldsymbol{A}_i\boldsymbol{B}_i\Delta\boldsymbol{u}_i(k_n)+\boldsymbol{B}_i\Delta\boldsymbol{u}_i(k_n+1)\\
&\vdots\\
\boldsymbol{x}_i(k_n+N_c|k_n) &= \boldsymbol{A}_i^{N_c}\boldsymbol{x}_i(k_n)+\boldsymbol{D}_i^{N_c}\boldsymbol{d}_i(k_n)+\boldsymbol{A}_i^{N_c-1}\boldsymbol{B}_i\Delta\boldsymbol{u}_i(k_n)+\cdots+\boldsymbol{A}_i\boldsymbol{B}_i\Delta\boldsymbol{u}_i(k_n+N_c-2)+\\
&\quad \boldsymbol{B}_i\Delta\boldsymbol{u}_i(k_n+N_c-1)\\
&\vdots\\
\boldsymbol{x}_i(k_n+N_p|k_n) &= \boldsymbol{A}_i^{N_p}\boldsymbol{x}_i(k_n)+\boldsymbol{D}_i^{N_p}\boldsymbol{d}_i(k_n)+\boldsymbol{A}_i^{N_p-1}\boldsymbol{B}_i\Delta\boldsymbol{u}_i(k_n)+\cdots+\boldsymbol{A}_i^{N_p-N_c+1}\boldsymbol{B}_i\Delta\boldsymbol{u}_i(k_n+\\
&\quad N_c-2)+\boldsymbol{A}_i^{N_p-N_c}\boldsymbol{B}_i\Delta\boldsymbol{u}_i(k_n+N_c-1)
\end{aligned}$$

其中，综合系统输出序列可由下式表示：

$$\boldsymbol{Y}_i=\boldsymbol{F}_i\boldsymbol{x}_i(k_n)+\boldsymbol{G}_i\boldsymbol{d}_i(k_n)+\boldsymbol{\psi}_i\Delta\boldsymbol{U} \tag{7.54}$$

式中，

$$\boldsymbol{F}_i=\begin{bmatrix}\boldsymbol{C}_i\boldsymbol{A}_i\\ \boldsymbol{C}_i\boldsymbol{A}_i^2\\ \vdots\\ \boldsymbol{C}_i\boldsymbol{A}_i^{N_c}\\ \vdots\\ \boldsymbol{C}_i\boldsymbol{A}_i^{N_p}\end{bmatrix},\ \boldsymbol{G}_i=\begin{bmatrix}\boldsymbol{D}_i\boldsymbol{A}_i\\ \boldsymbol{D}_i\boldsymbol{A}_i^2\\ \vdots\\ \boldsymbol{D}_i\boldsymbol{A}_i^{N_c}\\ \vdots\\ \boldsymbol{D}_i\boldsymbol{A}_i^{N_p}\end{bmatrix},\ \boldsymbol{\psi}_i=\begin{bmatrix}\boldsymbol{C}_i\boldsymbol{B}_i & 0 & 0 & 0\\ \boldsymbol{C}_i\boldsymbol{A}_i\boldsymbol{B}_i & \boldsymbol{C}_i\boldsymbol{B}_i & 0 & 0\\ \vdots & \vdots & \vdots & \boldsymbol{O}\\ \boldsymbol{C}_i\boldsymbol{A}_i^{N_c-1}\boldsymbol{B}_i & \cdots & \boldsymbol{C}_i\boldsymbol{A}_i\boldsymbol{B}_i & \boldsymbol{C}_i\boldsymbol{B}_i\\ \vdots & \vdots & \vdots & \vdots\\ \boldsymbol{C}_i\boldsymbol{A}_i^{N_p-1}\boldsymbol{B}_i & \cdots & \boldsymbol{C}_i\boldsymbol{A}_i^{N_p-N_c+1}\boldsymbol{B}_i & \boldsymbol{C}_i\boldsymbol{A}_i^{N_p-N_c}\boldsymbol{B}_i\end{bmatrix}$$

厚度-活套系统的控制输出同样也存在一定的约束，如式（7.55）所示：

$$\boldsymbol{y}_i^{\min}\leqslant\boldsymbol{y}(k)\leqslant\boldsymbol{y}_i^{\max} \tag{7.55}$$

对于 N_p 预测时域内：

$$\boldsymbol{Y}_i^{\min}\leqslant\boldsymbol{Y}_i\leqslant\boldsymbol{Y}_i^{\max} \tag{7.56}$$

将式（7.54）代入，可得：

$$\boldsymbol{Y}_i^{\min}\leqslant\boldsymbol{F}_i\boldsymbol{x}_i(k_n)+\boldsymbol{G}_i\boldsymbol{d}_i(k_n)+\boldsymbol{\psi}_i\Delta\boldsymbol{U}_i\leqslant\boldsymbol{Y}_i^{\max} \tag{7.57}$$

变形为：

$$\boldsymbol{Y}^{\min}-\boldsymbol{F}_i\boldsymbol{x}_i(k_n)-\boldsymbol{G}_i\boldsymbol{d}_i(k_n)\leqslant\boldsymbol{\psi}_i\Delta\boldsymbol{U}_i\leqslant\boldsymbol{Y}^{\max}-\boldsymbol{F}_i\boldsymbol{x}_i(k_n)-\boldsymbol{G}_i\boldsymbol{d}_i(k_n) \tag{7.58}$$

定义预测控制性能指标函数 $\boldsymbol{J}_i$ 如下式所示：

$$\boldsymbol{J}_i=(\boldsymbol{R}_i^{s}-\boldsymbol{Y}_i)^{\mathrm{T}}\overline{\boldsymbol{Q}}_i(\boldsymbol{R}_i^{s}-\boldsymbol{Y}_i)+\Delta\boldsymbol{U}^{\mathrm{T}}\overline{\boldsymbol{R}}_i\Delta\boldsymbol{U} \tag{7.59}$$

式中，$\boldsymbol{R}_i^{s}$ 为输出轨迹设定值；$\overline{\boldsymbol{Q}}_i$ 和 $\overline{\boldsymbol{R}}_i$ 为权重矩阵。

将式（7.54）代入式（7.59），可得性能指标函数如式（7.60）所示：

$$\begin{aligned}
\boldsymbol{J}_i &= [\boldsymbol{R}_i^{s}-\boldsymbol{F}_i\boldsymbol{x}_i(k_n)-\boldsymbol{G}_i\boldsymbol{d}_i(k_n)]^{\mathrm{T}}\overline{\boldsymbol{Q}}_i[\boldsymbol{R}_i^{s}-\boldsymbol{F}_i\boldsymbol{x}_i(k_n)-\boldsymbol{G}_i\boldsymbol{d}_i(k_n)]-\\
&\quad 2\Delta\boldsymbol{U}_i^{\mathrm{T}}\boldsymbol{\psi}_i^{\mathrm{T}}\overline{\boldsymbol{Q}}_i[\boldsymbol{R}_i^{s}-\boldsymbol{F}_i\boldsymbol{x}_i(k_n)-\boldsymbol{G}_i\boldsymbol{d}_i(k_n)]+\Delta\boldsymbol{U}_i^{\mathrm{T}}(\boldsymbol{\psi}_i^{\mathrm{T}}\overline{\boldsymbol{Q}}_i\boldsymbol{\psi}_i+\overline{\boldsymbol{R}}_i)\Delta\boldsymbol{U}_i
\end{aligned} \tag{7.60}$$

对于上述性能指标函数 $\boldsymbol{J}_i$ 实际为变量 $\Delta\boldsymbol{U}_i$ 的函数，求解 $\boldsymbol{J}_i$ 的最小值，可由求解下面方程获得：

$$\boldsymbol{J}_i=-2\boldsymbol{\psi}_i^{\mathrm{T}}\overline{\boldsymbol{Q}}_i[\boldsymbol{R}_i^{s}-\boldsymbol{F}_i\boldsymbol{x}_i(k_n)-\boldsymbol{G}_i\boldsymbol{d}_i(k_n)]+2(\boldsymbol{\psi}_i^{\mathrm{T}}\overline{\boldsymbol{Q}}_i\boldsymbol{\psi}_i+\overline{\boldsymbol{R}}_i)\Delta\boldsymbol{U}_i=\boldsymbol{O} \tag{7.61}$$

相应最优控制序列如下：

$$\Delta\boldsymbol{U}_i^{*}=(\boldsymbol{\psi}_i^{\mathrm{T}}\overline{\boldsymbol{Q}}_i\boldsymbol{\psi}_i+\overline{\boldsymbol{R}}_i)^{-1}\boldsymbol{\psi}_i^{\mathrm{T}}\overline{\boldsymbol{Q}}_i[\boldsymbol{R}_i^{s}-\boldsymbol{F}_i\boldsymbol{x}_i(k_n)-\boldsymbol{G}_i\boldsymbol{d}_i(k_n)] \tag{7.62}$$

令 $\bar{\boldsymbol{R}}_i^{\mathrm{s}}=[\overbrace{1\quad 1\quad 1\quad \cdots\quad 1}^{N_{\mathrm{p}}}]^{\mathrm{T}}$，则式（7.62）可化为：

$$\Delta \boldsymbol{U}_i^{*}=(\boldsymbol{\psi}_i^{\mathrm{T}}\bar{\boldsymbol{Q}}_i\boldsymbol{\psi}_i+\bar{\boldsymbol{R}}_i)^{-1}\boldsymbol{\psi}_i^{\mathrm{T}}\bar{\boldsymbol{Q}}_i[\bar{\boldsymbol{R}}_i^{\mathrm{s}}\boldsymbol{r}_i(k_n)-\boldsymbol{F}_i\boldsymbol{x}_i(k_n)-\boldsymbol{G}_i\boldsymbol{d}_i(k_n)] \tag{7.63}$$

由于滚动时域控制原则，在时间 k_n 只把 $\Delta\boldsymbol{U}_i$ 的第一个元素作为控制增量，即为：

$$\begin{aligned}\Delta\boldsymbol{u}(k_n)&=[\overbrace{1\quad 0\quad 0\quad \cdots\quad 1}^{N_{\mathrm{c}}}](\boldsymbol{\psi}_i^{\mathrm{T}}\bar{\boldsymbol{Q}}_i\boldsymbol{\psi}_i+\bar{\boldsymbol{R}}_i)^{-1}\boldsymbol{\psi}_i^{\mathrm{T}}\bar{\boldsymbol{Q}}_i[\bar{\boldsymbol{R}}_i^{\mathrm{s}}\boldsymbol{r}_i(k_n)-\boldsymbol{F}_i\boldsymbol{x}_i(k_n)-\boldsymbol{G}_i\boldsymbol{d}_i(k_n)]\\&=\boldsymbol{K}_{\mathrm{y}}\boldsymbol{r}_i(k_n)-\boldsymbol{K}_{\mathrm{d}}\boldsymbol{d}_i(k_n)-\boldsymbol{K}_{\mathrm{mpc}}\boldsymbol{x}_i(k_n)\end{aligned} \tag{7.64}$$

式中，$\boldsymbol{K}_{\mathrm{y}}$ 为 $(\boldsymbol{\psi}_i^{\mathrm{T}}\bar{\boldsymbol{Q}}_i\boldsymbol{\psi}_i+\bar{\boldsymbol{R}}_i)^{-1}\boldsymbol{\psi}_i^{\mathrm{T}}\bar{\boldsymbol{Q}}_i\bar{\boldsymbol{R}}_i^{\mathrm{s}}$ 中的第一个元素；$\boldsymbol{K}_{\mathrm{d}}$ 为 $(\boldsymbol{\psi}_i^{\mathrm{T}}\bar{\boldsymbol{Q}}_i\boldsymbol{\psi}_i+\bar{\boldsymbol{R}}_i)^{-1}\boldsymbol{\psi}_i^{\mathrm{T}}\bar{\boldsymbol{Q}}_i\boldsymbol{G}_i$ 中的第一个元素；$\boldsymbol{K}_{\mathrm{mpc}}$ 为 $(\boldsymbol{\psi}_i^{\mathrm{T}}\bar{\boldsymbol{Q}}_i\boldsymbol{\psi}_i+\bar{\boldsymbol{R}}_i)^{-1}\boldsymbol{\psi}_i^{\mathrm{T}}\bar{\boldsymbol{Q}}_i\boldsymbol{F}_i$ 中的第一个行。

式（7.64）与式（7.53）的增广状态方程相结合，可得综合系统预测控制器状态方程为：

$$\boldsymbol{x}_i(k+1)=(\boldsymbol{A}_i-\boldsymbol{B}_i\boldsymbol{K}_{\mathrm{mpc}})\boldsymbol{x}_i(k)+\boldsymbol{B}_i\boldsymbol{K}_{\mathrm{y}}\boldsymbol{r}_i(k)+\boldsymbol{D}_i\boldsymbol{K}_{\mathrm{d}}\boldsymbol{d}_i(k) \tag{7.65}$$

由于矩阵 $\boldsymbol{C}_i$ 和 $\boldsymbol{A}_i$ 的特殊结构，矩阵 $\boldsymbol{F}_i$ 的最后一列为 $[1\quad 1\quad \cdots\quad 1]^{\mathrm{T}}$ 与 $\bar{\boldsymbol{R}}_i^{\mathrm{s}}$ 相等，因此 $\boldsymbol{K}_{\mathrm{y}}$ 与 $\boldsymbol{K}_{\mathrm{mpc}}$ 的最后一个元素也相同。而由状态变量 $\boldsymbol{x}(k)=[\Delta\boldsymbol{x}_{\mathrm{m}}(k)\quad \boldsymbol{y}(k)]^{\mathrm{T}}$，则状态反馈增益向量为 $\boldsymbol{K}_{\mathrm{mpc}}=[\boldsymbol{K}_{\mathrm{x}}\quad \boldsymbol{K}_{\mathrm{y}}]$，这里 $\boldsymbol{K}_{\mathrm{x}}$ 对应于 $\Delta\boldsymbol{x}_{\mathrm{m}}(k)^{\mathrm{T}}$ 相关的反馈增益向量，$\boldsymbol{K}_{\mathrm{y}}$ 对应于 $\boldsymbol{y}(k)$ 相关的反馈增益向量。由此，可得基于增广状态空间的离散模型预测控制，如图 7.5 所示。

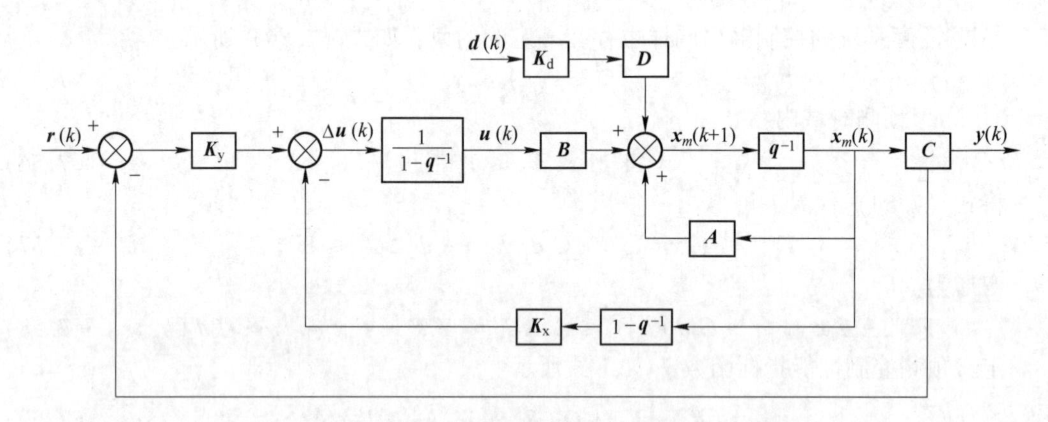

图 7.5　基于增广状态空间的离散模型预测控制结构框图

7.2.2　厚度-活套系统 MPC 控制器的设计

依据上节所述预测控制器的设计方法，对式（7.50）按照采样周期 $T=0.005\ \mathrm{s}$ 进行离散化，即可得离散状态空间模型如下：

$$\begin{cases}\bar{\boldsymbol{x}}_i(k+1)=\bar{\boldsymbol{A}}_i\bar{\boldsymbol{x}}_i(k)+\bar{\boldsymbol{B}}_i\bar{\boldsymbol{u}}_i(k)+\bar{\boldsymbol{D}}_i\bar{\boldsymbol{d}}_i(k)\\ \bar{\boldsymbol{y}}_i(k)=\bar{\boldsymbol{C}}_i\bar{\boldsymbol{x}}_i(k)\end{cases} \tag{7.66}$$

$$
\overline{A}_i = \begin{bmatrix} 0.9735 & 0.0149 & -0.0336 & 0.4547 & 5.16\times10^{-5} & -5.703\times10^{-4} \\ -0.6071 & -0.1216 & 0.0844 & 12.753 & 2.2736\times10^{-4} & -0.011 \\ -0.22 & -0.0135 & -0.0764 & 0.6355 & 2.3474\times10^{-4} & -0.0021 \\ 0 & 0 & 0 & 0.6593 & 0 & 0 \\ 0 & 0 & 0 & 0 & 0.0821 & 0 \\ 0 & 0 & 0 & 0 & 0 & 0.1889 \end{bmatrix}
$$

$$
\overline{B}_i = \begin{bmatrix} 0.0678 & 7.0767\times10^{-5} & -3.7806\times10^{-4} \\ 3.7893 & 0.0026 & -0.019 \\ -0.5361 & 7.8282\times10^{-4} & 0.0019 \\ 0.3407 & 0 & 0 \\ 0 & 0.9179 & 0 \\ 0 & 0 & 0.8111 \end{bmatrix}
$$

$$
\overline{C}_i = \begin{bmatrix} 1 & 0 & 0 & 0 & 0 & 0 \\ 0 & 0 & 1 & 0 & 0 & 0 \\ 0 & 0 & -16.29 & 0 & 0 & 0.334 \end{bmatrix}
$$

$$
\overline{D}_i = \begin{bmatrix} 0 & 0 \\ 0 & 0 \\ -0.1872 & -15.81 \\ 0 & 0 \\ 0 & 0 \\ 0 & 0 \end{bmatrix}
$$

厚度-活套系统对应式（7.53）的增广方程为：

$$
\begin{cases} \boldsymbol{x}_i(k+1) = \boldsymbol{A}_i\boldsymbol{x}_i(k) + \boldsymbol{B}_i\boldsymbol{u}_i(k) + \boldsymbol{D}_i\boldsymbol{d}_i(k) \\ \boldsymbol{y}_i(k) = \boldsymbol{C}_i\boldsymbol{x}_i(k) \end{cases} \tag{7.67}
$$

其中，

$$
\boldsymbol{A}_i = \begin{bmatrix} \overline{\boldsymbol{A}}_i & \boldsymbol{O}_{6\times3} \\ \overline{\boldsymbol{C}}_i\overline{\boldsymbol{A}}_i & \boldsymbol{I}_{3\times3} \end{bmatrix},\ \boldsymbol{B}_i = \begin{bmatrix} \overline{\boldsymbol{B}}_i \\ \overline{\boldsymbol{C}}_i\overline{\boldsymbol{B}}_i \end{bmatrix},\ \boldsymbol{D}_i = \begin{bmatrix} \overline{\boldsymbol{D}}_i \\ \overline{\boldsymbol{C}}_i\overline{\boldsymbol{D}}_i \end{bmatrix},\ \boldsymbol{C}_i = [\boldsymbol{O}_{3\times6} \quad \boldsymbol{I}_{3\times3}]
$$

结合厚度-活套系统特点，设定预测步数 $N_{\mathrm{p}} = 15$，控制步数 $N_{\mathrm{c}} = 5$，并选择加权矩阵如下：

$$
\overline{\boldsymbol{Q}}_i = \begin{bmatrix} \overline{\boldsymbol{Q}}_{1i} & \boldsymbol{O} & 0 \\ 0 & \ddots & 0 \\ 0 & \boldsymbol{O} & \overline{\boldsymbol{Q}}_{1i} \end{bmatrix}_{3N_{\mathrm{p}}\times3N_{\mathrm{p}}},\ \overline{\boldsymbol{R}}_i = \begin{bmatrix} \overline{\boldsymbol{R}}_{1i} & \boldsymbol{O} & 0 \\ 0 & \ddots & 0 \\ 0 & \boldsymbol{O} & \overline{\boldsymbol{R}}_{1i} \end{bmatrix}_{3N_{\mathrm{c}}\times3N_{\mathrm{c}}}
$$

其中，
$$
\overline{\boldsymbol{Q}}_{1i} = \begin{bmatrix} 300 & 0 & 0 \\ 0 & 300 & 0 \\ 0 & 0 & 3 \end{bmatrix},\ \overline{\boldsymbol{R}}_{1i} = \begin{bmatrix} 0.1 & 0 & 0 \\ 0 & 0.1 & 0 \\ 0 & 0 & 0.1 \end{bmatrix}
$$

并且在控制输入增量和系统输出上增加约束如下：

$$|\Delta u_{\Delta\omega}| \leqslant 0.1\ \mathrm{rad/s}\ ,\ |\Delta u_{\Delta M}| \leqslant 5000\ \mathrm{kN\cdot m}\ ,\ |\Delta u_{\Delta S}| \leqslant 0.05\ \mathrm{mm}$$

$$|\Delta\theta| \leqslant 0.02\ \mathrm{rad}\ ,\ |\Delta\sigma| \leqslant 1\ \mathrm{MPa}\ ,\ |\Delta h_{i+1}| \leqslant 0.03\ \mathrm{mm}$$

因而对应于式（7.54），系统在预测时域内的输出为：

$$\boldsymbol{Y}_i = \boldsymbol{F}_i \boldsymbol{x}_i(k_n) + \boldsymbol{G}_i \boldsymbol{d}_i(k_n) + \boldsymbol{\psi}_i \Delta \boldsymbol{U} \tag{7.68}$$

式中，$\boldsymbol{F}_i$、$\boldsymbol{G}_i$、$\boldsymbol{\psi}_i$ 由式（7.54）给出，对应 $N_p = 15$，$N_c = 5$。

根据上文所述，可计算出各状态反馈控制的增益向量为：

$$\boldsymbol{K}_x = [38.8572\quad 23.2354\quad 1.2358\quad -0.0505\quad 0.0772\quad 2.8325\quad 14.5236\quad 7.8421]$$

$$\boldsymbol{K}_y = [10.5236]\ ,\ \boldsymbol{K}_d = [-28.5266]$$

$$\boldsymbol{K}_{mpc} = [38.8572\quad 23.2354\quad 1.2358\quad -0.0505\quad 0.0772\quad 2.8325\quad 14.5236\quad 7.8421\quad 10.5236]$$

7.3　控制效果分析

为验证上文所设计的控制器性能，利用 Matlab/Simulink 软件对某热连轧机组的第 6 机架与第 7 机架分别建立基于 PI 控制器、ILQ 控制器与 MPC 控制器的厚度-活套综合控制系统模型，通过仿真分析闭环系统的响应性能、抗干扰性能与鲁棒性能。

7.3.1　响应性能分析

带钢热连轧过程中，活套控制系统与厚度控制系统的控制精度直接影响到带钢张力值的稳定程度与成品带钢的尺寸精度。下面分别给带钢厚度、活套高度与带钢张力的设定值添加阶跃信号，根据仿真的动态响应参数结果，分析 MPC 控制、ILQ 控制与传统 PI 控制的控制精度。

首先在 $t=3$ s 时，给带钢厚度设定值添加一个幅值为 0.03 mm 的阶跃信号，分别用 PI 控制器、ILQ 控制器与 MPC 控制器对厚度-活套综合系统进行控制，仿真结果如图 7.6 所示。

在 $t=2$ s 时，给活套高度设定值添加一个幅值为 0.02 rad 的阶跃信号，分别得到 PI 控制器、ILQ 控制器与 MPC 控制器的控制效果，仿真结果如图 7.7 所示。

在 $t=1$ s 时，给带钢张力设定值添加一个幅值为 1.0 MPa 的阶跃信号，分别得到 PI 控制器、ILQ 控制器与 MPC 控制器的控制效果，仿真结果如图 7.8 所示。

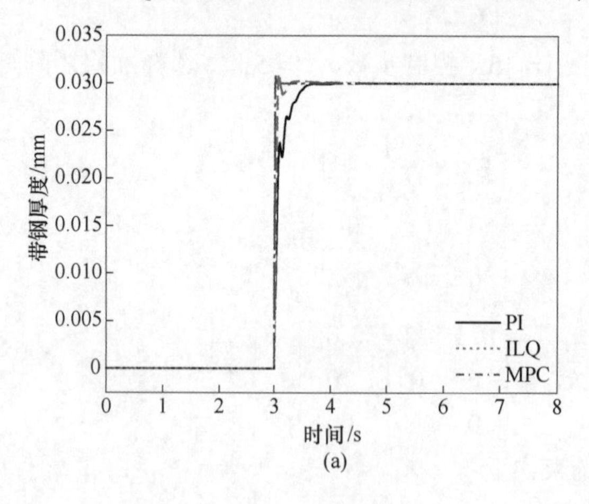

(a)

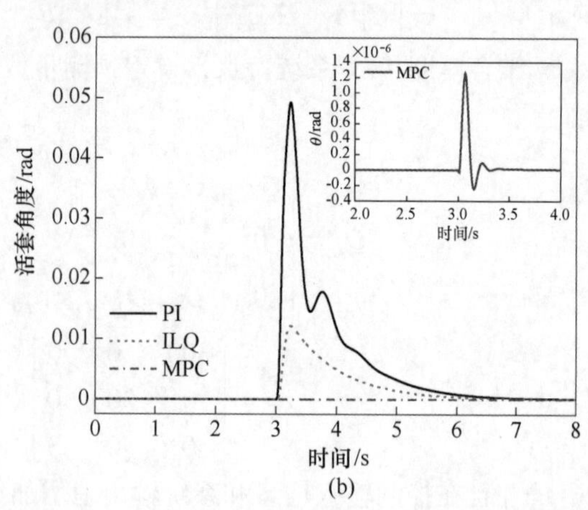

(b)

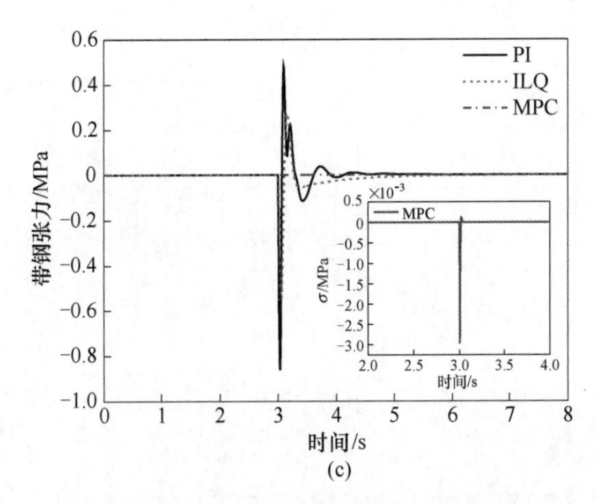

图 7.6 带钢厚度阶跃扰动下系统输出轨迹

（a）厚度响应曲线；（b）角度输出轨迹；（c）张力输出轨迹

（扫描书前二维码查看彩图）

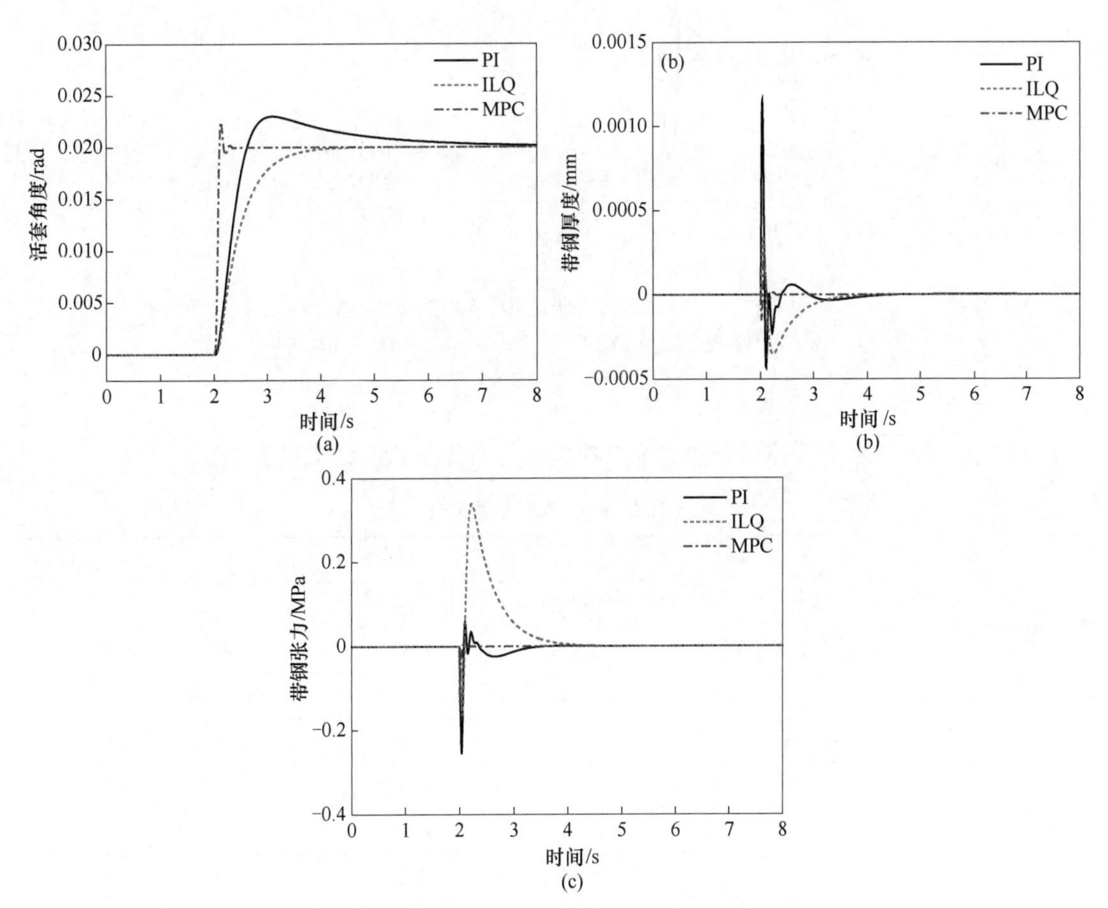

图 7.7 活套角度阶跃扰动下系统输出轨迹

（a）角度响应曲线；（b）厚度输出轨迹；（c）张力输出轨迹

（扫描书前二维码查看彩图）

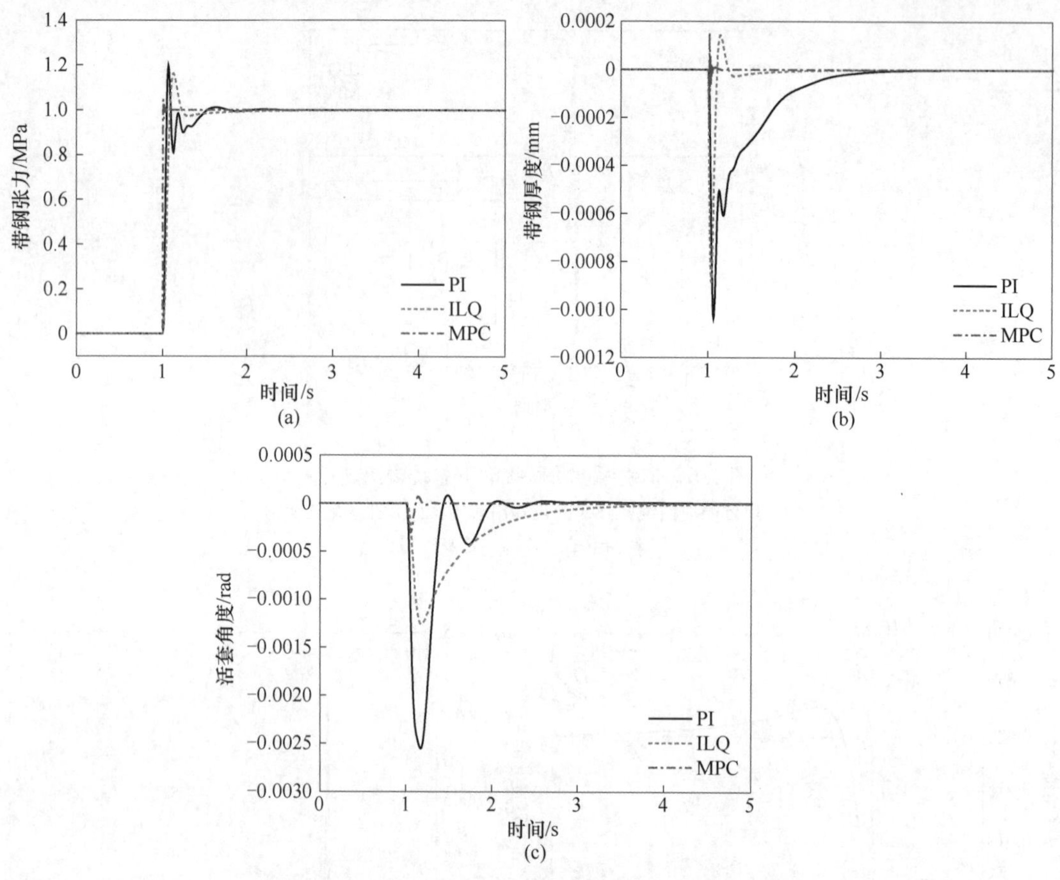

图 7.8 带钢张力阶跃扰动下系统输出轨迹
（a）张力响应曲线；（b）厚度输出轨迹；（c）角度输出轨迹
（扫描书前二维码查看彩图）

对以上仿真结果中各控制方法的响应参数进行对比分析，结果见表 7.3。

表 7.3 系统响应参数对比

控制方法		响应参数		
		响应时间/ms	超调量/%	波动值
厚度设定阶跃	PI	472.5	1.32	0.048 rad/1.36 MPa
	ILQ	84.5	4.35	0.013 rad/0.84 MPa
	MPC	16.5	2.76	1.32×10^{-6} rad/3.08×10^{-3} MPa
角度设定阶跃	PI	732.5	13.52	1.76 μm/0.277 MPa
	ILQ	1324.5	0.244	0.73 μm/0.494 MPa
	MPC	64.5	12.23	0.34 μm/0.135 MPa
张力设定阶跃	PI	123.5	18.23	1.03 μm/2.72×10^{-3} rad
	ILQ	172.5	16.69	0.84 μm/1.26×10^{-3} rad
	MPC	24.5	2.242	0.33 μm/2.62×10^{-4} rad

如表7.3所示，PI控制器的厚度响应时间为472.5 ms，角度响应时间为732.5 ms，张力超调量为18.23%。ILQ控制器的角度响应时间为1324.5 ms，张力超图量为16.69%。两种控制器的响应参数均不能满足厚度-活套系统响应参数的基本要求。对于MPC控制器，厚度响应时间仅为16.5 ms，角度响应时间为64.5 ms，张力响应时间为24.5 ms，各项响应参数均能满足厚度-活套系统响应参数的基本要求。同时由于MPC控制能提前预测未来时刻实际输出与期望输出的差值，在线优化校正，在添加设定阶跃时，其他参数的波动值也要明显小于PI控制与ILQ控制器。综上所述，MPC控制器在维持系统稳定性方面比PI控制和ILQ控制更有优势，且具有更优的设定值跟踪性能。

7.3.2 抗干扰性能分析

在热连轧过程中，来料厚度波动、来料温度波动、速度突变与轧辊偏心是几类最常见的扰动。下面分别给来料厚度、来料温度、工作辊速度与辊缝添加扰动信号，根据仿真的动态响应参数结果，分析MPC控制、ILQ控制与传统PI控制的抗干扰能力。

在$t=3$ s时，给来料厚度添加一个0.05 mm的阶跃信号，仿真结果如图7.9所示；给来料温度添加一个幅值为10 ℃，频率为0.2 rad/s的正弦扰动信号，仿真结果如图7.10

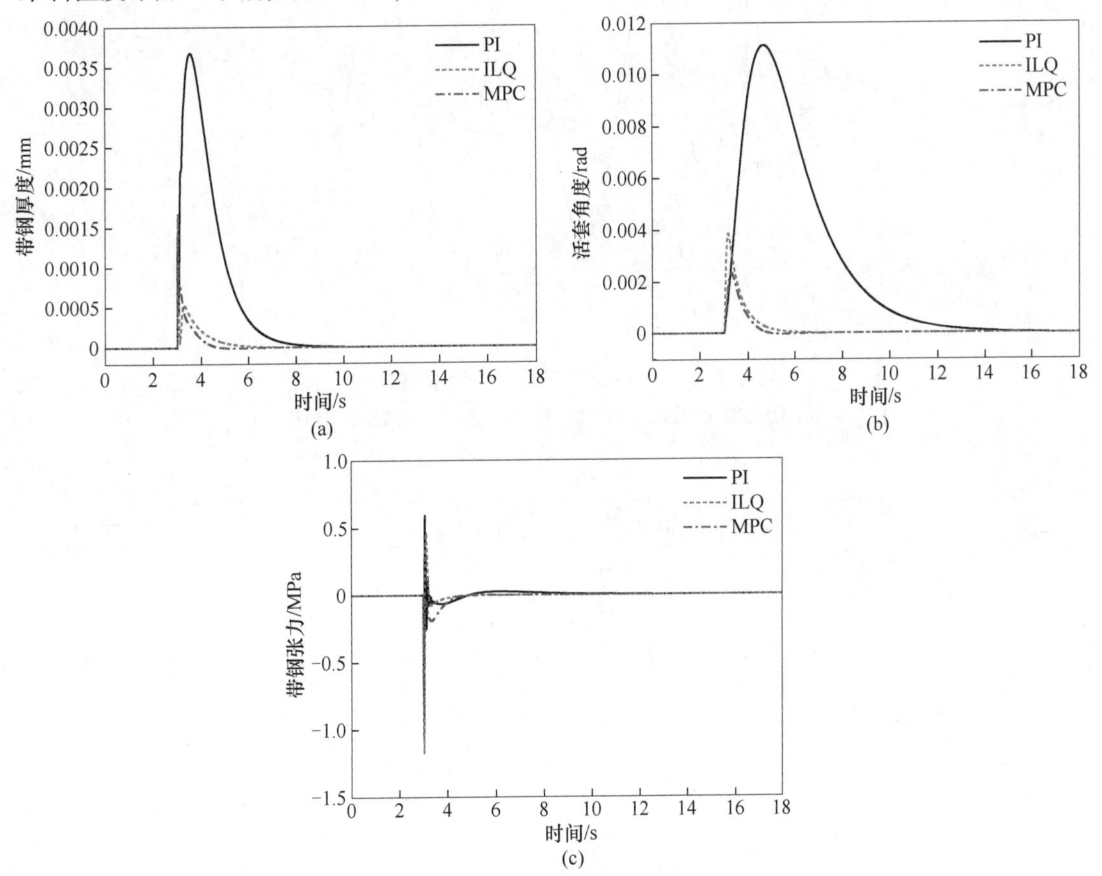

图7.9 来料厚度扰动下系统输出轨迹

（a）厚度输出轨迹；（b）角度输出轨迹；（c）张力输出轨迹

（扫描书前二维码查看彩图）

所示；在 $t=2$ s 时，给第 6 机架工作辊线速度添加一个 0.01 m/s 的阶跃信号，仿真结果如图 7.11 所示；给第 7 机架辊缝添加一个幅值为 0.025 mm，频率为 1 rad/s 的正弦扰动信号，仿真结果如图 7.12 所示。

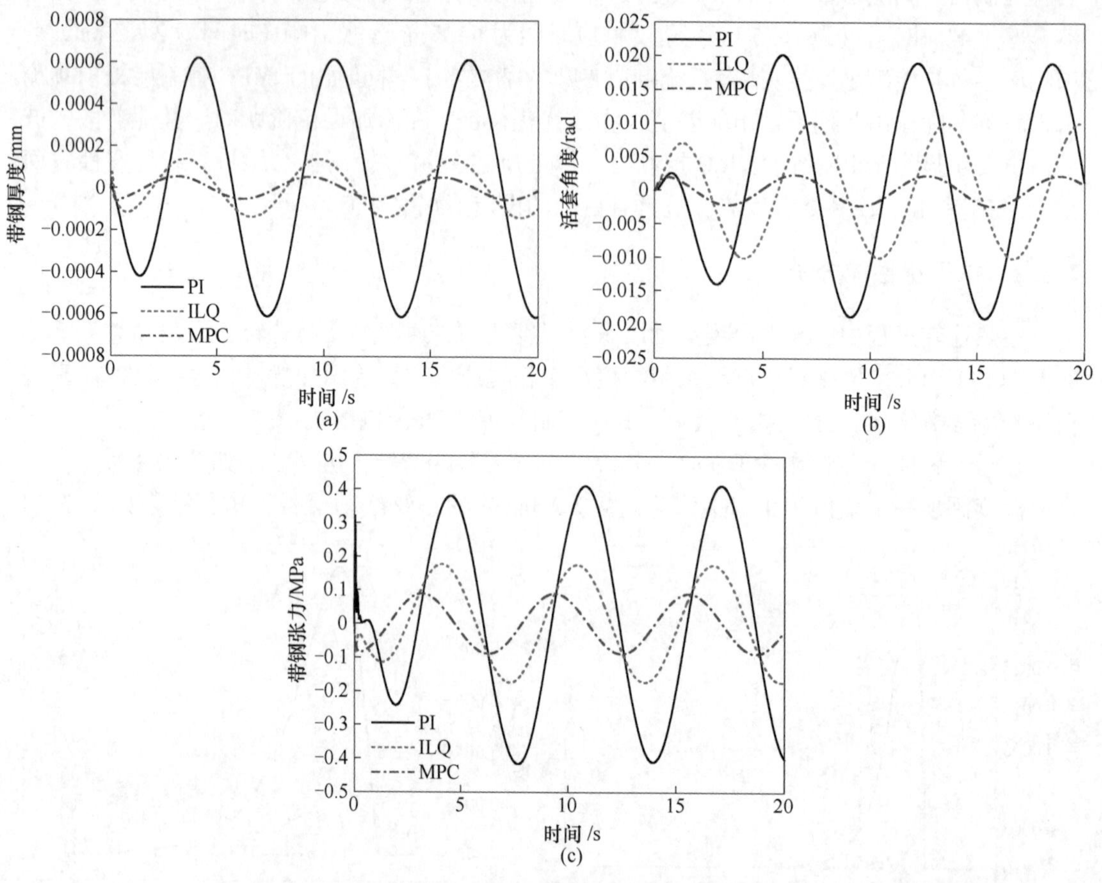

图 7.10　来料温度扰动下系统输出轨迹

（a）厚度输出轨迹；（b）角度输出轨迹；（c）张力输出轨迹

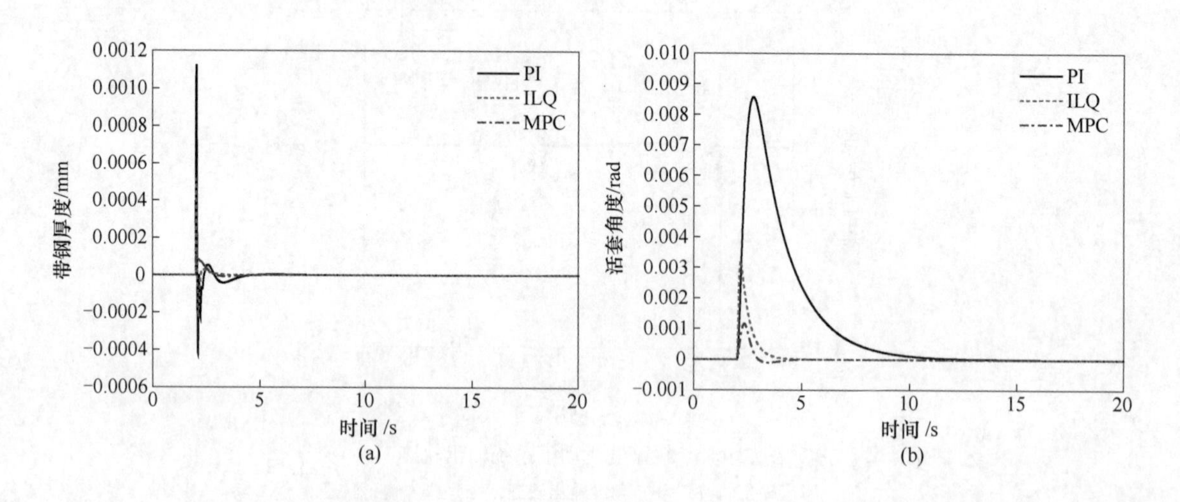

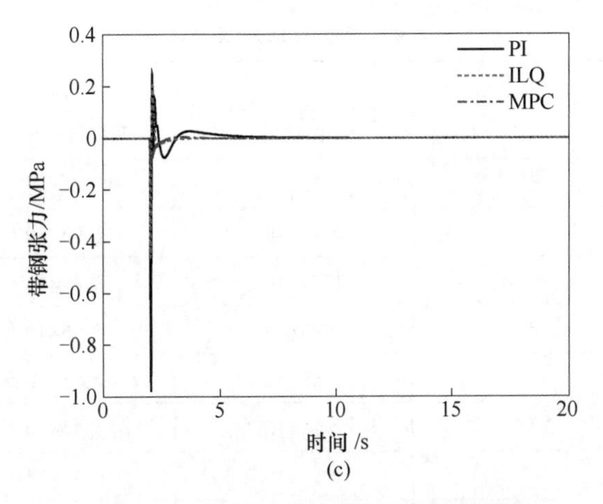

图 7.11 轧辊速度扰动下系统输出轨迹

(a) 厚度输出轨迹；(b) 角度输出轨迹；(c) 张力输出轨迹

(扫描书前二维码查看彩图)

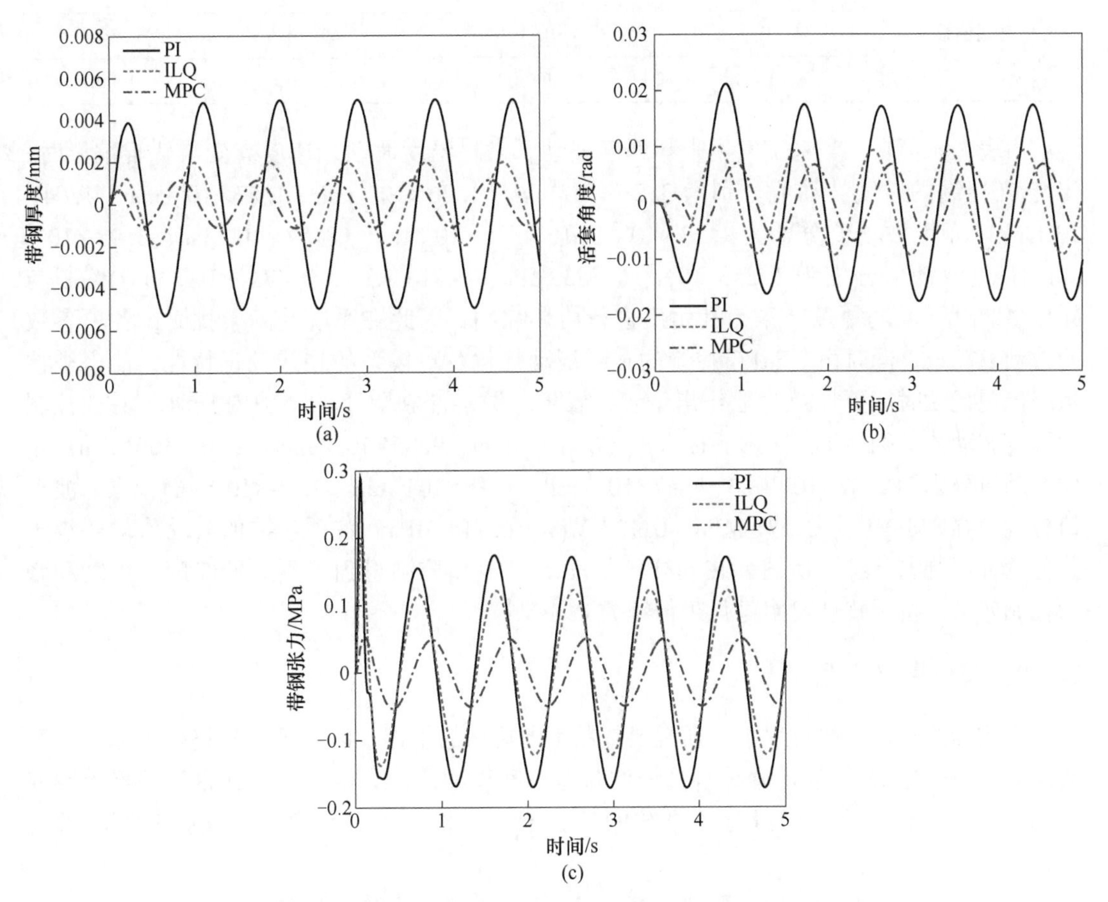

图 7.12 轧辊偏心扰动下系统输出轨迹

(a) 厚度输出轨迹；(b) 角度输出轨迹；(c) 张力输出轨迹

对以上仿真结果中各控制方法的响应参数进行对比分析，结果见表 7.4。

表 7.4　系统响应参数对比

控制方法		响应参数		
		厚度波动值/mm	角度波动值/rad	张力波动值/MPa
来料厚度波动	PI	3.73×10^{-3}	1.13×10^{-2}	1.353
	ILQ	1.72×10^{-3}	3.92×10^{-6}	1.732
	MPC	1.24×10^{-3}	2.87×10^{-3}	0.857
来料温度波动	PI	1.26×10^{-3}	4.06×10^{-2}	0.823
	ILQ	2.83×10^{-4}	2.17×10^{-2}	0.357
	MPC	1.16×10^{-4}	4.47×10^{-3}	0.171
速度突变	PI	1.57×10^{-3}	8.57×10^{-3}	1.213
	ILQ	7.37×10^{-4}	3.26×10^{-3}	0.682
	MPC	9.85×10^{-5}	1.18×10^{-3}	0.127
轧辊偏心	PI	1.04×10^{-2}	3.98×10^{-2}	0.471
	ILQ	3.91×10^{-3}	2.49×10^{-2}	0.342
	MPC	2.49×10^{-3}	2.01×10^{-2}	0.114

由表 7.4 可知，当系统发生来料厚度波动、来料温度波动、速度突变与轧辊偏心时，传统 PI 控制的厚度波动值分别为 3.73×10^{-3} mm、1.26×10^{-3} mm、1.57×10^{-3} mm、1.04×10^{-2} mm；角度波动值分别为 1.13×10^{-2} rad、4.06×10^{-2} rad、8.57×10^{-3} rad、3.98×10^{-2} rad；张力波动值分别为 1.353 MPa、0.823 MPa、1.213 MPa、0.471 MPa。ILQ 控制与 MPC 控制由于可对厚度、张力和角度进行协调控制，因此在系统受到干扰时，各项参数的波动值较小。同时由于 MPC 控制的在线滚动优化及对模型的在线校正特性，使得被控系统出现扰动时能更加及时地作出修正，各项参数均能在更小的范围内波动。MPC 控制的厚度波动值分别为 1.24×10^{-3} mm、1.16×10^{-4} mm、9.85×10^{-5} mm、2.49×10^{-3} mm；角度波动值分别为 2.87×10^{-3} rad、4.47×10^{-3} rad、1.18×10^{-3} rad、2.49×10^{-2} rad；张力波动值分别为 0.857 MPa、0.171 MPa、0.127 MPa、0.114 MPa。各项参数的波动值均要小于其他两种控制器。综上所述，在同样的扰动下，MPC 控制得到了更好的厚度、角度和张力控制效果，抗干扰性要明显强于传统的 PI 控制。

7.3.3　模型失配分析

在实际热连轧生产过程中，通常要轧制不同规格的带钢，因此不同规格带钢偏微分系数的变化，会导致厚度-活套综合系统的状态空间模型产生失配现象。在带钢规格参数变化的情况下进行研究，通过分析系统的动态响应特性，可以反映出不同控制算法的鲁棒性。

当带钢的横截面积 S 发生变化，在 $t=2$ s 时，给带钢厚度设定值一个幅值为 0.03 mm 的阶跃信号，分别用传统 PI 控制器、ILQ 控制器与 MPC 控制器对系统进行控制，仿真结果如图 7.13～图 7.15 所示。

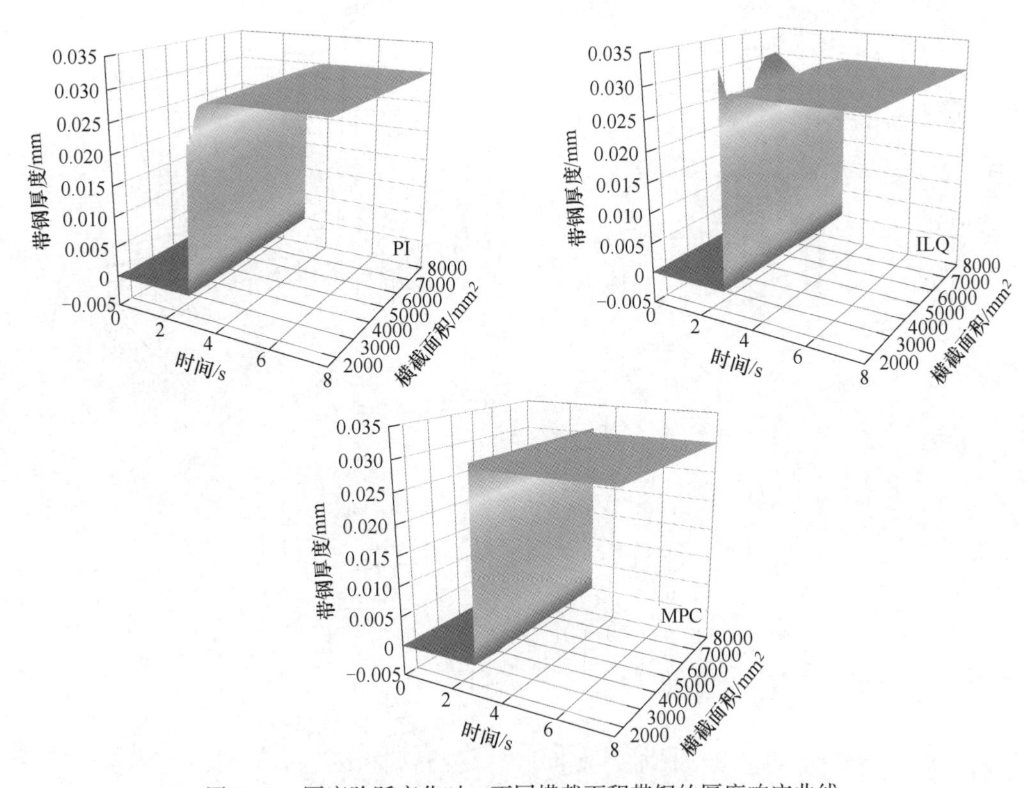

图 7.13 厚度阶跃变化时，不同横截面积带钢的厚度响应曲线

(扫描书前二维码查看彩图)

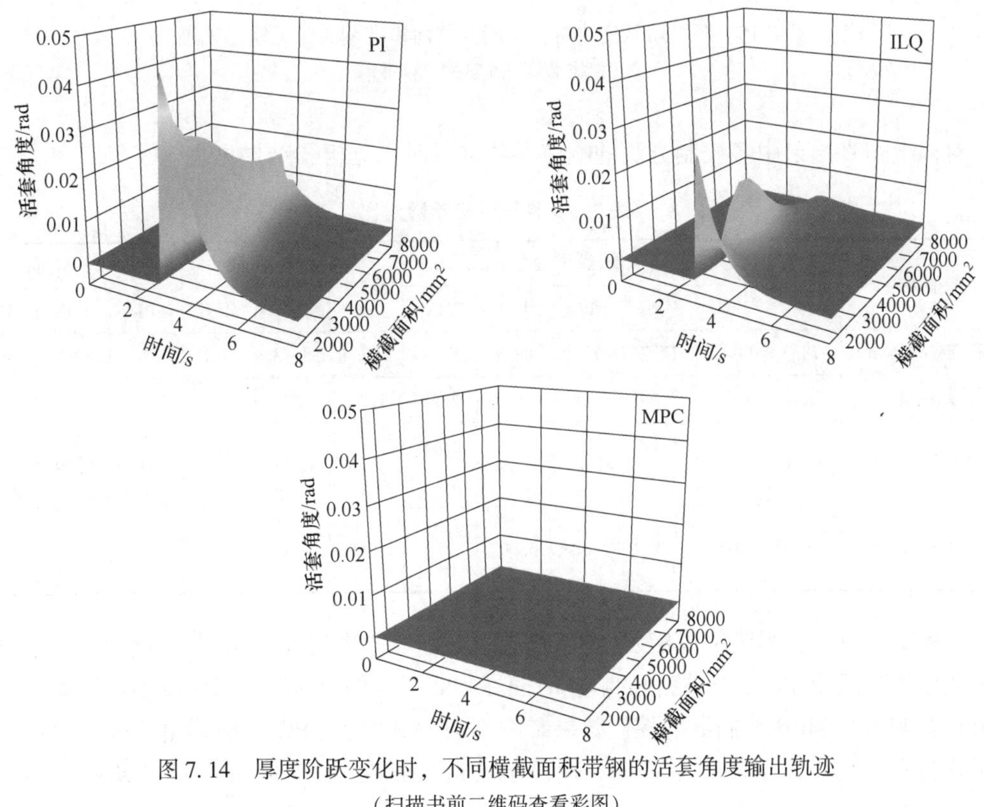

图 7.14 厚度阶跃变化时，不同横截面积带钢的活套角度输出轨迹

(扫描书前二维码查看彩图)

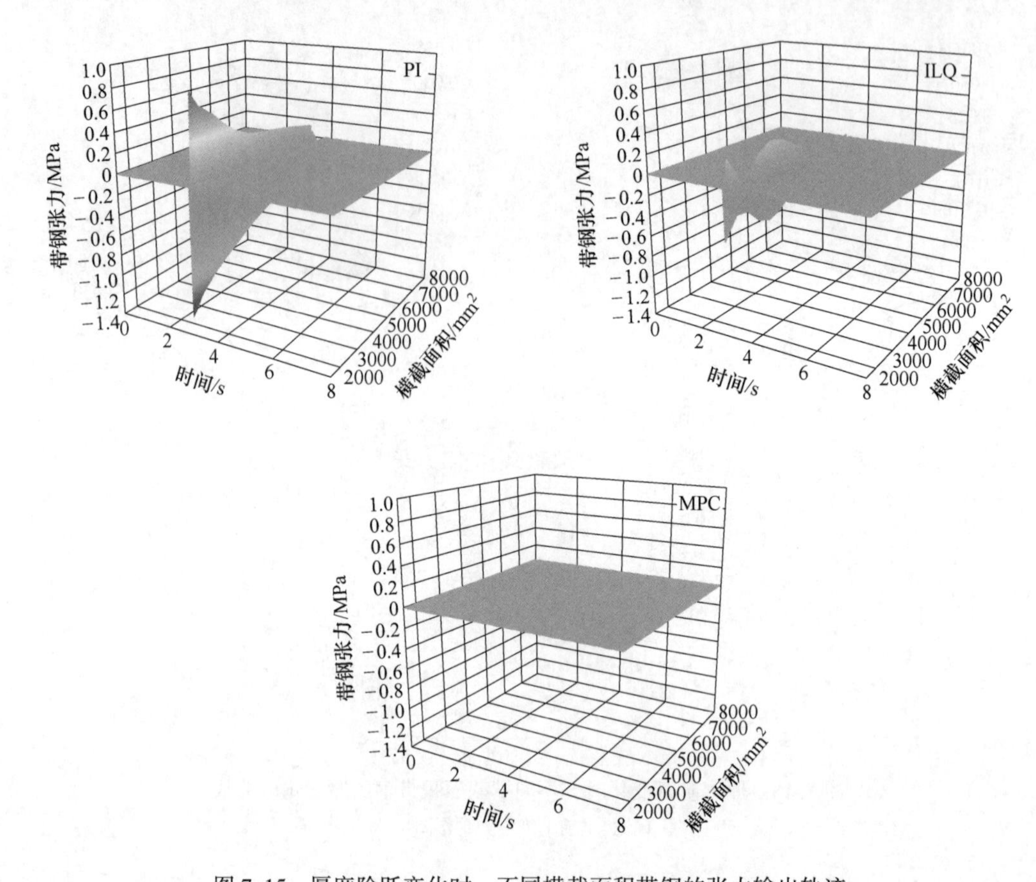

图 7.15 厚度阶跃变化时，不同横截面积带钢的张力输出轨迹
（扫描书前二维码查看彩图）

对以上仿真结果中各控制方法的响应参数进行对比分析，结果见表 7.5。

表 7.5 系统响应参数对比

控制器	$S=1448\ mm^2$			$S=2230\ mm^2$			$S=4952\ mm^2$			$S=7825\ mm^2$		
	PI	ILQ	MPC	PI	ILQ	MPC	PI	ILQ	MPC	PI	ILQ	MPC
厚度响应时间/ms	478.3	90.6	17.2	473.2	88.7	17.4	469.4	85.3	17.0	467.1	83.2	16.4
厚度超调量/%	1.24	4.35	2.64	1.26	1.37	2.58	1.34	2.21	2.37	1.32	2.28	2.66
张力波动值/MPa	1.98	0.94	3.1×10^{-3}	1.72	0.88	3.1×10^{-3}	1.28	0.73	3.0×10^{-3}	1.17	0.09	2.9×10^{-3}
角度波动值/rad	0.044	0.027	1.2×10^{-6}	0.034	0.007	1.3×10^{-6}	0.021	0.008	1.3×10^{-6}	0.013	0.002	1.4×10^{-6}

由表 7.5 可知，当带钢规格发生变化时，模型失配对 PI 控制器影响较大。当给厚度设定值添加阶跃变化时，PI 控制的响应时间在 478.3~467.1 ms 范围内波动。而模型失配对 ILQ 控制器与 MPC 控制器的控制效果影响不大。其中，MPC 控制器由于采用了在线滚动优化与实时在线校正的控制策略，厚度响应时间始终低于 20 ms，厚度超调量不大于

3%。同时由于 ILQ 控制与 MPC 控制可对厚度、张力和角度进行协调控制，因此当带钢厚度发生阶跃变化时，活套角度与带钢张力的波动值也明显小于传统 PI 控制。

在 $t=2$ s 时，给活套角度设定值一个幅值为 0.02 rad 的阶跃信号，仿真结果如图 7.16~图 7.18 所示。

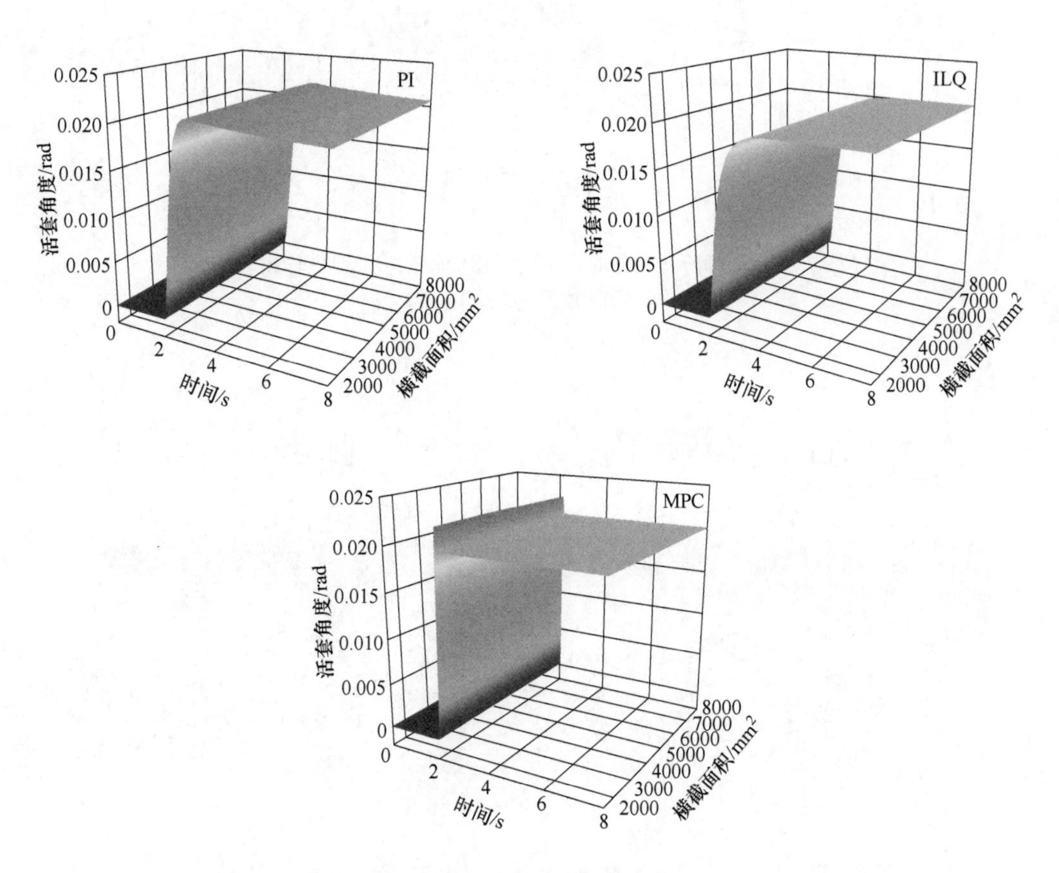

图 7.16　角度阶跃变化时，不同横截面积带钢的角度响应曲线
（扫描书前二维码查看彩图）

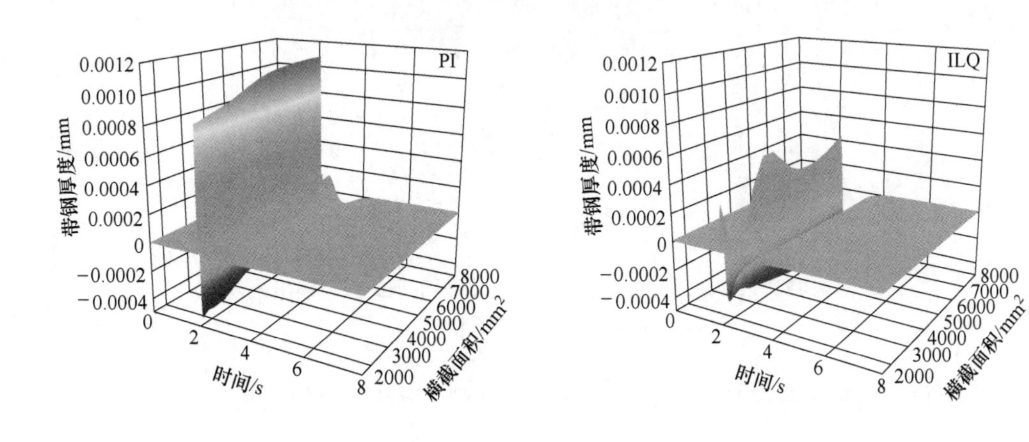

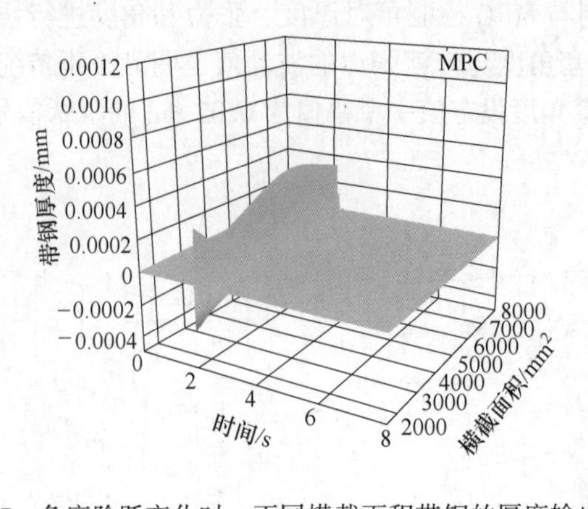

图 7.17　角度阶跃变化时，不同横截面积带钢的厚度输出轨迹
（扫描书前二维码查看彩图）

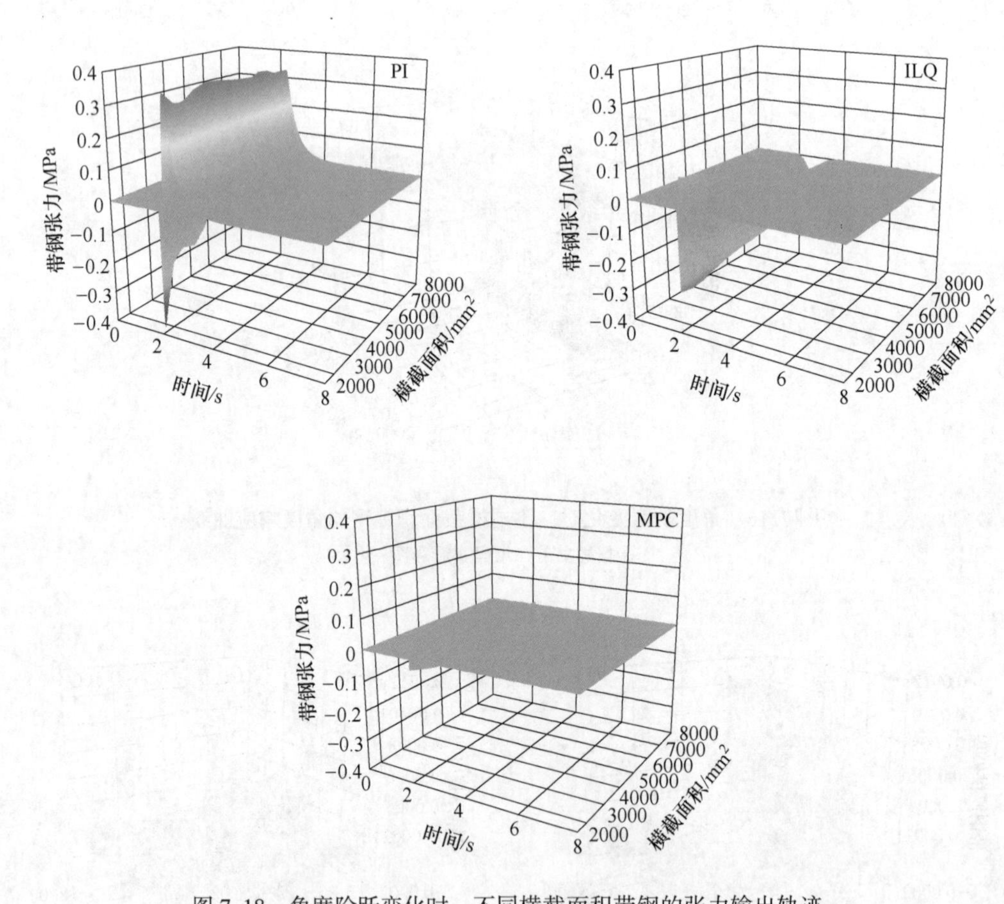

图 7.18　角度阶跃变化时，不同横截面积带钢的张力输出轨迹
（扫描书前二维码查看彩图）

对以上仿真结果中各控制方法的响应参数进行对比分析，结果见表 7.6。

表 7.6 系统响应参数对比

控制器	$S=1448\ mm^2$			$S=2230\ mm^2$			$S=4952\ mm^2$			$S=7825\ mm^2$		
	PI	ILQ	MPC	PI	ILQ	MPC	PI	ILQ	MPC	PI	ILQ	MPC
角度响应时间/ms	731.8	1321	63.8	731.5	1322	64.2	732.8	1321	65.7	731.9	1323	65.5
角度超调量/%	13.52	0.244	12.17	13.67	0.367	11.98	13.28	0.281	12.08	13.41	0.352	12.32
张力波动值/MPa	0.332	0.652	0.132	0.318	0.538	0.133	0.224	0.428	0.131	0.183	0.327	0.136
厚度波动值/μm	1.792	0.523	0.282	1.781	0.683	0.308	1.768	0.751	0.317	1.744	0.832	0.332

由表 7.6 可知，当带钢规格发生变化时，模型失配对 MPC 控制器的控制效果影响不大。当给角度设定值添加阶跃变化时，角度响应时间始终低于 70 ms。而 ILQ 控制器角度响应时间最大值达到 1323 ms，PI 控制器角度响应时间最大值达到 732.8 ms。同时当活套角度发生阶跃变化时，MPC 控制器的最大厚度波动值仅为 0.332 μm，最大张力波动值仅为 0.136 MPa，也要明显优于其他两种控制器。

当带钢的横截面积 S 发生变化，在 $t=1$ s 时，给带钢张力设定值一个幅值为 1.0 MPa 的阶跃信号，仿真结果如图 7.19~图 7.21 所示。

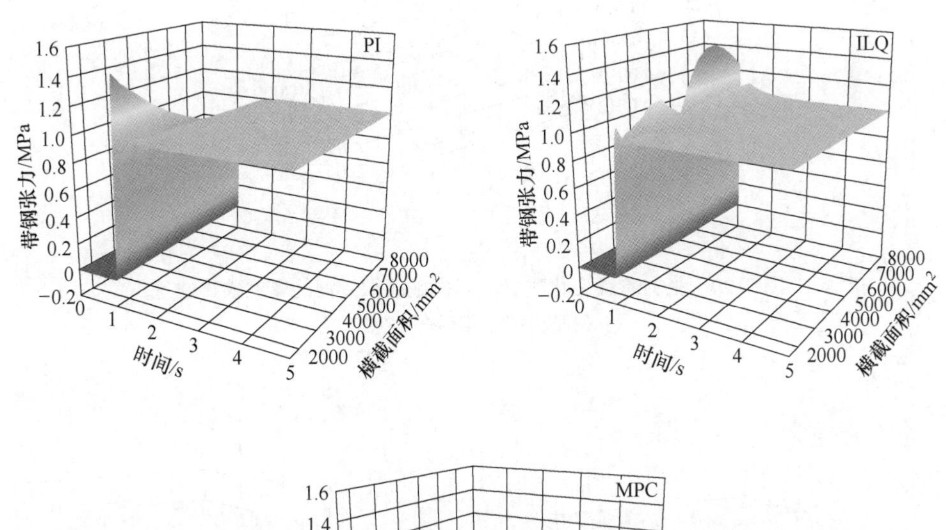

图 7.19 张力阶跃变化时，不同横截面积带钢的张力响应曲线

（扫描书前二维码查看彩图）

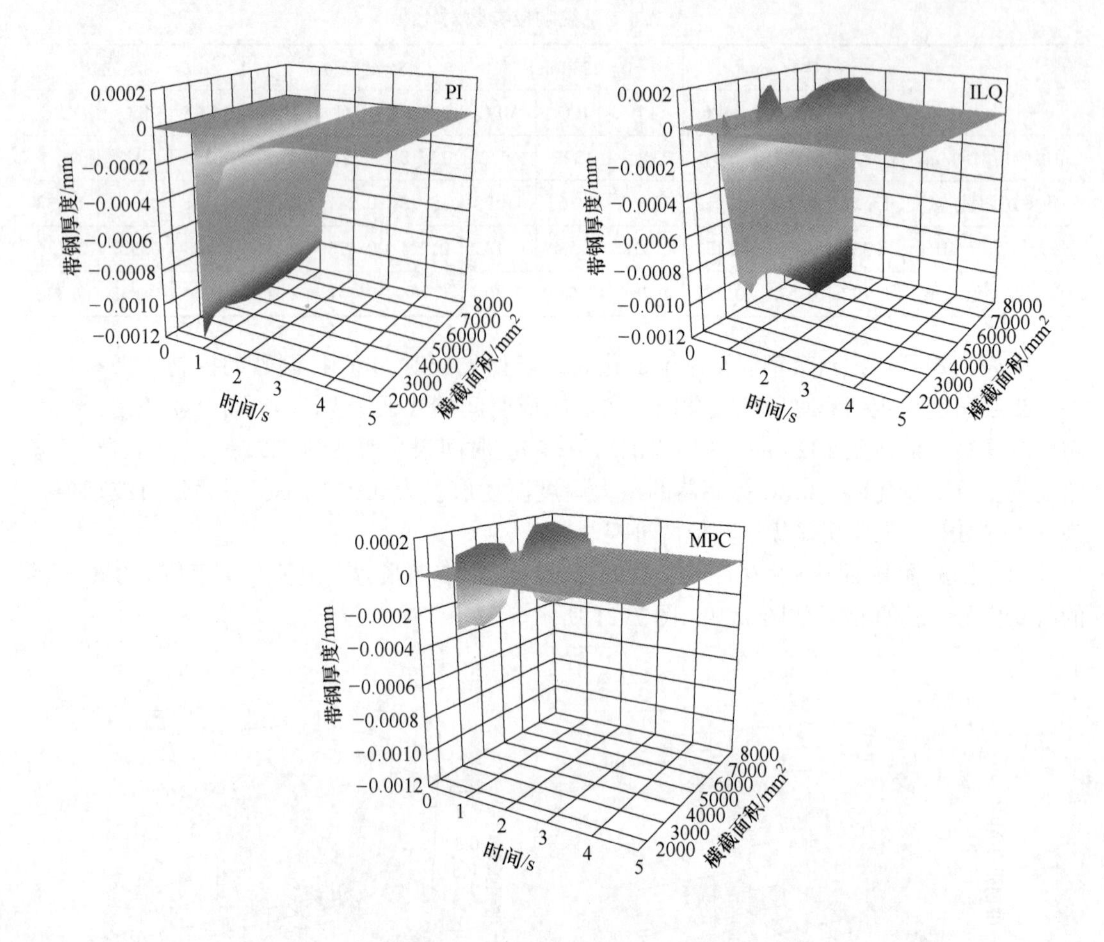

图 7.20　张力阶跃变化时，不同横截面积带钢的厚度输出轨迹
（扫描书前二维码查看彩图）

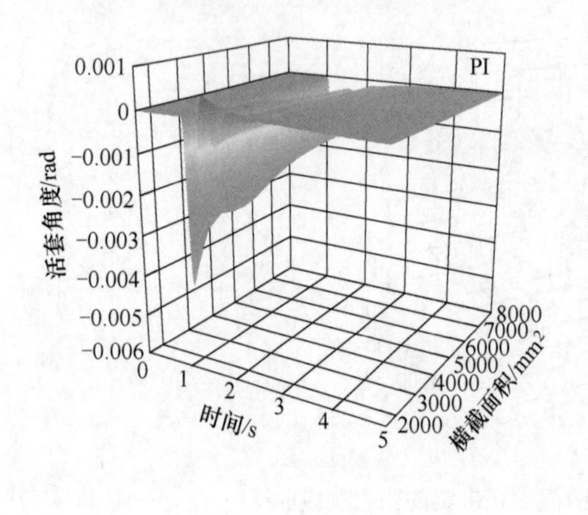

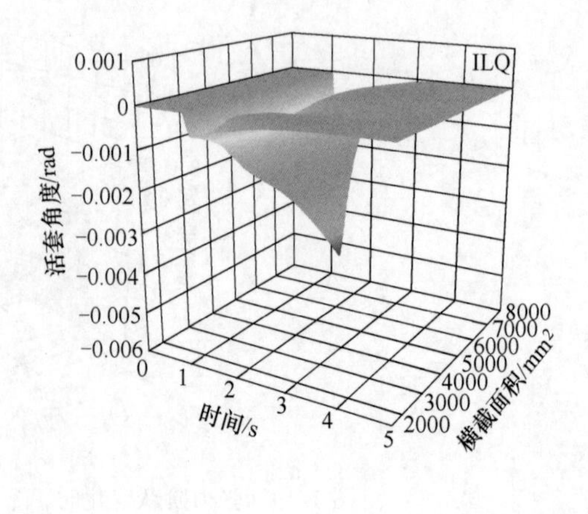

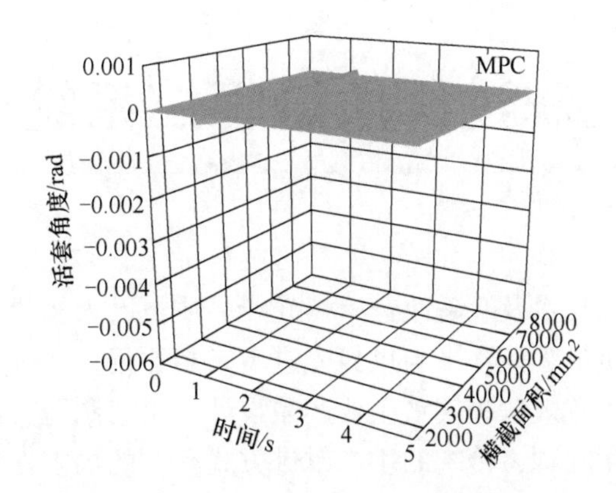

图 7.21 张力阶跃变化时，不同横截面积带钢的角度输出轨迹
（扫描书前二维码查看彩图）

对以上仿真结果中各控制方法的响应参数进行对比分析，结果见表 7.7。

表 7.7 系统响应参数对比

控制器	$S=1448\ mm^2$			$S=2230\ mm^2$			$S=4952\ mm^2$			$S=7825\ mm^2$		
	PI	ILQ	MPC	PI	ILQ	MPC	PI	ILQ	MPC	PI	ILQ	MPC
张力响应时间/ms	128.8	132.2	24.8	130.4	139.7	24.3	147.6	163.2	25.6	212.5	234.8	24.5
张力超调量/%	41.21	8.362	2.232	35.4	10.38	2.183	0.823	16.37	2.137	0.237	22.32	2.242
角度波动值/rad	4.32×10^{-3}	0.84×10^{-3}	0.28×10^{-3}	3.25×10^{-3}	1.21×10^{-3}	0.28×10^{-3}	2.28×10^{-3}	2.53×10^{-3}	0.27×10^{-3}	1.73×10^{-3}	5.24×10^{-3}	0.28×10^{-3}
厚度波动值/μm	1.17	0.69	0.38	1.12	0.78	0.35	0.98	1.02	0.35	0.95	1.35	0.37

由表 7.7 可知，当带钢规格发生变化时，模型失配对 MPC 控制器的控制效果影响不大。当给张力设定值添加阶跃变化时，张力响应时间始终低于 25 ms，张力超调量不大于 2.5%。而 ILQ 控制器张力响应时间最大值达到 234.8 ms，PI 控制器张力响应时间最大值达到 212.5 ms。同时当带钢张力发生阶跃变化时，MPC 控制器的最大厚度波动值仅为 0.38 μm，最大角度波动值仅为 0.28×10^{-3} rad，也要明显优于其他两种控制器。所以得出结论，MPC 控制器相比传统 PI 控制器与 ILQ 控制器，有更优的控制精度，并且在控制的鲁棒性上有极大的提高。

参 考 文 献

[1] 尹方辰. 热连轧厚度-活套综合控制系统的协调优化策略研究［D］. 沈阳：东北大学，2017.

[2] 高军. 基于 ILQ 理论的热连轧活套控制系统研究与设计［D］. 上海：上海交通大学，2008.

[3] Zhang R D, Xue A K, Wang S Q. An improved model predictive control approach based on extended non-minimal state space formulation［J］. Journal of Process Control, 2011, 21（8）：1183-1192.

[4] Wang L Q, Young P C. An improved structure for model predictive control using non-minimal state space realization［J］. Journal of Process Control, 2006, 16（4）：355-371.

8 轧制过程质量管控系统概述

近年来，通过持续的技术及装备改进，热轧产品质量已大幅提升，建立了比较完善的质量管理体系，但产品质量管控水平与世界先进水平相比仍存在一定差距。通过传统的技术与管理提升，已经难以有效解决钢铁企业产品设计、生产制造、经营管理等多个生产与管理环节的全局协调优化问题，传统的生产改进方式存在的局限性也逐渐显露。由于各工序关键控制参数波动范围大、产品质量窗口宽泛，产品质量信息分散在不同系统中，缺少统一的全过程质量管理系统，迫切需要通过两化融合、智能制造等技术手段，基于全面质量管理理论搭建过程质量智能管控系统，利用信息化、智能化手段和装备，提高质量管理的效率，降低人工劳动强度、减少人为因素对质量控制的影响，提高钢铁产品实物质量稳定性，实现产品质量的持续改进。本章将对质量管控系统架构、功能等进行简单介绍。

8.1 过程质量管控系统架构

8.1.1 设计原则

（1）关注过程的质量管理。关注质量过程，实现过程的质量管理，构建过程质量分析、SPC 监控、动态质量追溯、动态趋势图、过程质量评价、工艺符合性分析等应用，实现对过程的监控、分析和评价，过程异常时实现报警提示，实现及时的预防纠正。基于规则实现对全流程关键曲线数据的评价，进而实现对过程质量数据的综合评价和判定。

（2）关注客户的质量管理。顾客包括外部顾客（产品用户），也包括内部顾客（下游工序为上游工序的顾客）。关注顾客是全面质量管理最重要的原则之一，管控系统构建流程质量监控、质量异议管理应用，实现产品用户及工序下游用户对上游工序的质量问题反馈，最终通过质量设计改进，实现质量持续改进的闭环。此类质量管理具有质量设计推送功能，及时按生产计划将质量设计信息、客户要求、操作要点等信息推送到工序/工位的工作台，使生产操作者明确客户要求，提高质量设计的执行率，进而提高产品的顾客满意度；通过服务过程管理规范产品服务流程，建立用户档案实现对用户及其需求、反馈及应用情况的系统管理，为用户选材提供便捷服务，通过产品失效知识库和实现用户服务知识的积累，提高用户服务质量，最终达到提高产品的用户满意度。

（3）统计过程控制 SPC。统计方法在质量管理领域应用广泛。统计学对质量和贯彻持续改进的理念至关重要。统计方法可帮助掌握数据并了解过程管理中变异的本质。统计过程控制 SPC 是过程质量控制的经典方法，通过对产品质量设计的关键输入/输出变量进行 SPC 监控，并且对过程进行过程能力分析，实现生产过程的稳定控制，提高过程的稳定性。

（4）数据驱动。热轧生产过程工艺参数具有多变量、非线性、多态性特点，生产过程中工艺参数间、质量指标间、工艺参数与过程指标间往往存在着多重非线性关系；数据中蕴含着跟质量相关的诸多信息，通过数据分析和挖掘，借助于机器学习等手段，实现质量缺陷根本原因分析、模型的质量预测、质量诊断、质量优化和质量监控，实现质量历史数据的价值挖掘和高效利用。

(5) 质量规则库和知识库。建立统一的规则管理系统，实现对各类规则的集中管理，通过基于规则引擎推理的方式实现对各工序及全流程的过程质量评价、产品质量判定、质量监控；建立质量知识库，主要包括工艺规程、标准，质量要点，质量事件处理方案，参数异常处理方案等生产工艺知识，实现对各类知识的管理。通过质量规则和知识管理实现企业知识的积累沉淀。

(6) 组织绩效的测量、分析与改进。构建 KPI 及报表管理、全流程综合监控功能模块，提供质量管理的关键反馈结构：选择和运用数据和信息进行绩效测量、分析和改进，引导组织进行过程管理，实现关键战略目标。

8.1.2　系统架构及主要功能

质量管控系统架构如图 8.1 所示。质量管控系统核心功能包括质量设计、过程判定与评级、过程质量监控、质量分析和质量缺陷追溯等。从离线与在线两方面入手，保障产品质量的稳定性。离线部分主要涉及历史过程质量实绩记录、产品质量评估和等级判定、质量追溯和质量趋势分析；在线部分主要实现规则管理、过程判定与评级，对质量状态进行在线实时监控，及时判断缺陷问题的根源，并提出优化和修复措施。

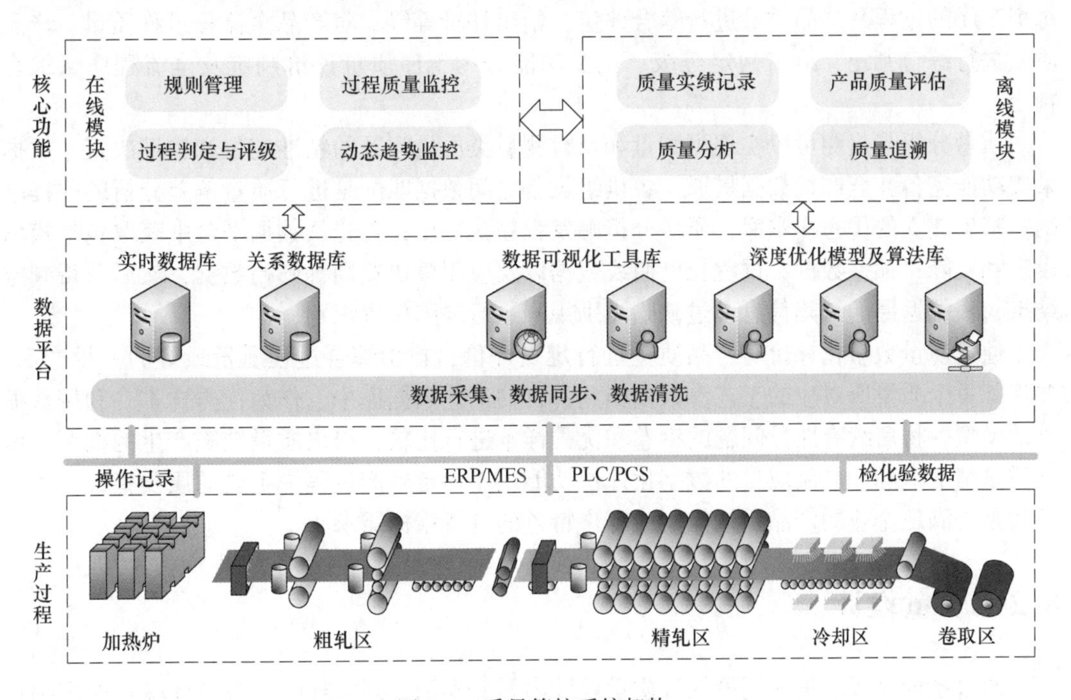

图 8.1　质量管控系统架构

数据平台能够实现数据采集和数据清洗等功能，通过与自动化系统、仪表、设备建立通信接口，灵活、全面地收集现场具备采集条件的所有数据，将分散在热连轧各制造单元不同系统中的产品质量信息统一集中到数据平台中，实现各区域段（加热、粗轧、精轧、冷却及卷取）上下游间质量信息的贯通，为质量管控系统提供数据支撑，对于采集到平台中的数据，需要完成数据同步、数据清洗等步骤，为质量分析等提供高质量的源数据。数据平台主要目的是实现工艺、质量、设备参数的时空对应，方便工艺技术人员查询、分析和优化，为关键质量指标的在线判定、过程监控、工艺质量异常追溯与分析、质量指标预测和统计分析等提供支撑。

质量管控系统可自动获取相关订单的质量设计数据，这些数据包括工艺路径设计和质量规则设计数据。同时，与工厂数据库系统实时交互收集生产过程中的性能、尺寸、过程工艺单点值、过程曲线、表面缺陷图谱等数据。在质量判定功能中将这些数据整合到一起，按照订单的质量规则进行质量结果自动判定。

过程质量监控将生产过程中的工艺数据，按照质量规则根据不同工况场景改变特征值和极限区间进行在线监控，同时生成报警。既可监控当前生产情况，还可查看上道工序的过程工艺控制情况。对过程工艺数据提供针对单件产品单工序或多工序的过程在线评估，并将质量结果生成质量分析报告，支持后续的工艺数据管理和质量对标管理。

过程判定与评级能够将用于评定热连轧生产过程中重要的质量指标、工艺参数是否满足企业的产品质量控制要求或者客户的订货指标需求，并按相应的逻辑规则进行质量分级或判定，分级结果反馈给 MES 或工艺人员。当产品生产完成后，系统根据预先维护的判定知识库自动对产品进行在线判定，并形成判定报告，针对产品的全流程生产过程，对其每个工序的过程及产品质量进行综合评价，给出评价等级，对产品全流程过程质量、产品质量进行综合判定，给出判定等级。主要功能分为工序质量评价判定及全流程质量综合判定。

质量分析与追溯可以实现可测量和及时测量类质量问题的精准定位和辅助决策。数据采集功能完备、全产线数据贯通、各机组设备之间数据匹配是进行质量偏差分析的前提基础。基于建立的优秀样本库，质量分析触发程序执行后，首先从数据平台中获取包括模型设定和实际、偏差数据、过程长度曲线数据以及应用模块规则等归档数据，然后获得判定结果，根据返回的缺陷信息通过缺陷识别规则进行缺陷位置识别。

通过质量数字化评价对产品质量进行定量评价，找出综合过程质量最好的一批产品，并将其每个质量所对应的工艺参数归档到各自的工艺数据库中，作为优秀样本。利用数据驱动模型，将后续有质量问题的钢卷和优秀样本进行比较，得出质量缺陷产生的根源，做到质量精准追溯。产品质量的数字化评价功能用于评定生产过程中重要的质量指标、工艺参数是否满足企业的产品质量控制或客户特色的订货指标需求[1]。

8.2　质量设计

通过系统完成质量先期策划等质量设计内容的编制，判定规则（决策环境）匹配到订单号/合同号/品种，按照各工序/工位的生产计划将质量设计内容推送给现场操作台，根据生产实绩历史数据（如质量判定分级信息）对质量设计参数进行优化。主要功能包括：

（1）质量设计。通过系统进行产品控制计划、工艺卡等质量先期策划等质量设计内容的编制。

(2) 质量设计信息推送。根据生产计划，及时将质量设计信息推送给现场工作台，保证生产按照质量设计的规定执行。

(3) 产品判定规则配置。将质量设计按品种/订单/合同等与规则库决策环境匹配，指定产品判定所执行决策环境。

(4) 质量设计优化。根据生产实绩历史数据（如质量判定分级信息）对质量设计参数进行优化，实现质量设计的持续改进。

8.3 过程判定与评级

8.3.1 规则管理

根据热连轧下游工序以及客户需求等因素，制定合理的过程判定规则，对关键过程质量参数如厚度、宽度、板形、温度、卷取温度等进行在线判定，得到量化评判结果，实现过程判定。系统通过基于规则引擎推理的方式实现对各工序及流程产品质量判定和过程质量评价，因此需要建立统一的规则管理系统对各类规则进行集中管理，实现规则定义、规则编辑、规则查询、规则验证等功能。

(1) 规则定义：首先选定工艺参数，对该参数定义评价指标算法，对该评价指标建立基础规则。基础规则分为两种：阈值型和表达式型。选择不同的基础规则组合建立决策环境，每个决策环境对应一个决策环境编号，将决策环境匹配到订单/钢种，生产时根据订单号/钢种采用该决策环境进行评价或判定。

(2) 规则编辑：对评价指标、基础规则、决策环境的相关定义进行修改。

(3) 规则查询：按钢种等条件查询对应的评价指标、基础规则和决策环境。

(4) 规则验证：对已有规则或新建规则用验证数据集进行验证，并对规则的有效性进行评价。

8.3.2 工序质量判定与评级

针对关键工序，根据工序内各关键过程参数和质量特性的评价基于规则得出该物料（炉/坯/卷）在该工序的质量综合评价，评价结果可以为等级（如A、B、C、D）或者分数（0~10分），根据判定结果给出操作建议（合格放行/降级/待判）。

工序质量判定与评级的主要功能包括：

(1) 关键过程工艺参数评价。当某工序生产结束，根据控制计划设定值/范围和评价规则，将该炉/坯/卷的过程工艺参数执行情况评价为不同等级，如A、B、C、D级（或者数字化的评级）。

根据工艺参数的性质，可分为数值型和曲线型：

数值型参数：如出钢成分/温度，可直接用于评价。

曲线型参数：需要先定义曲线的特征提取方法，特征值用于评价。

(2) 工艺符合性评价。根据控制计划（或其他质量设计标准）对炉/坯/卷的工艺过程控制的符合程度进行评价，以符合百分比的形式来评价结果。

8.3.3　全流程质量综合判定

当产品下线后，各种过程质量数据、质量特性数据及表面质量数据等各项质量数据齐备时，根据其生产全流程过程控制情况（过程质量评价及工序质量综合评价）基于判定规则以及质量设计要求如控制计划、订单要求等给出产品综合质量判定结果。

判定结果一般可分为几种：合格、待判（人工判定）及降级；全流程质量综合判定主要功能如下：

（1）产品全流程质量数据集成和展示。

（2）判定规则及实绩。展示当前品种采用的判定规则集及相应的实绩数据。

（3）当前判定结果。根据设定的判定规则集对当前产品的判定结果（质量等级及相应措施建议）。

（4）人工判定。若对系统判定有异议进行人工判定。

8.4　过程质量监控

过程质量监控是指实时地对产品及其过程的质量特性，以及工序、工位及产线的 KPI 指标，用一定的规则或算法进行评价，当评价结果不满足规定要求时给出报警提示，从而可根据报警信息对过程进行相应改进，起到减少质量损失、提高质量控制水平的作用。监控信息是生产过程的重要信息组成，因此，将用于质量监控的要素评价结果及报警信息进行存储，用于事后查询分析。

过程质量监控主要包括以下类型：

（1）SPC 统计过程质量监控；

（2）动态趋势图监控；

（3）KPI 监控；

（4）流程质量监控；

（5）过程能力动态监控；

（6）全流程综合质量监控。

8.4.1　SPC 统计过程质量监控

用 SPC 控制图对控制计划所规定的关键控制点或人工设定的监控点进行动态监控，根据判异准则对监控过程进行判断，当异常时弹出报警，并根据情况给出相应的建议措施。系统 SPC 常规控制图有以下几种：

（1）均值-极差控制图（X-R）：最常用的基本控制图。它适用于各种计量值。均值控制图主要用于观察分布的均值变化；极差控制图用于观察分布的分散情况或变异度的变化。而均值极差控制图则将两者联合运用，以观察均值及分布的变化。

（2）均值-标准差控制图（X-S）：均值标准差控制图与均值极差控制图相似，只是用标准差图（S 图）代替极差图（R 图）。因极差计算简便，故极差图得到广泛应用，但当样本容量较大时，应用极差估计总体标准差的效率降低，需要用标准差图来代替极差图。

（3）中位数-极差控制图（X 中位数-R）：中位数极差控制图与均值极差控制图相比，

只是用中位数代替均值图。由于中位数的计算比均值简单，所以多用于需在现场把测定数据直接记入 SPC 控制图的场合。

（4）单值-移动极差控制图（X-MR）：单值移动极差控制图多用于对每一个产品都进行检验，采用自动化检查和测量的场合，多用于取样费时、检验昂贵及样品均匀、多抽样也无太大意义的场合。由于单值移动极差图不像前三种 SPC 控制图那样能取得较多的信息，所以它判断过程的灵敏度要差一些。

可以看出，以上 SPC 控制图中，均值极差图、均值标准差图与中位数标准差图类似，用于产品较多的检验场合；单值移动极差图适用于单个产品检验。系统默认采用 X-MR 单值—移动极差控制图。

8.4.2 动态趋势图监控

动态趋势图用于观察工艺参数或质量特性参数在一段时间内的变化趋势，使现场工作人员对该参数的变化情况有一个整体的了解。参数默认为控制计划所规定的关键控制点，也可以人工基于本工序的工艺参数表及构造参数（评价指标）设定配置监控点。

趋势图的上、下限默认为该参数的控制计划规定上、下限要求值，也可以进行人工设定。可以根据规则对趋势图状态进行判定，规则形式类似于 SPC 监控判异规则，趋势图判异规则统一在规则库系统进行维护。当根据规则判断异常时，给出报警和提示。

8.4.3 KPI 监控

KPI 监控为对本工位（或工序）的重要 KPI 指标进行监控。KPI 可包括生产、质量、消耗（成本）等指标，是基于生产过程数据定义并计算得到的能综合反映本工位（工序）控制水平的指标性数据。当 KPI 值或趋势根据规则判断满足一定条件时给出报警和提示，以便及时给出改进措施，实现目标管理。

8.4.4 流程质量监控

将产品生产过程视为一个流程，该流程在不同时间先后经过不同的工序。产品质量控制是对该流程的过程控制，每个工序不应只关注本工序，同时也要关注其上下游工序的生产状况及反馈信息，必要时需要在流程上下游工序进行信息传递。流程质量监控是从流程的角度对经过不同工位的流程进行质量监控，主要关注的是流程在各工序的质量事件，同时实现流程上下游质量信息传递以提高流程的质量控制水平。应用场景为每个工序的每个工位，主要功能包括：

（1）流程质量事件展示。流程的重要质量事件的可视化实时展示。

（2）流程质量信息传递。流程上下游质量信息实时推送。

8.4.5 过程能力监控

过程能力监控本工序计划钢种的控制能力指数历史趋势，用于直观展示过程能力 Cp/Cpk 的变化趋势，当过程能力低于预警值（或基于规则判断）时给出报警及提示。主要功能包括：

（1）本工序当班计划物料种类关键控制项的过程能力值以表格形式展示；

（2）本工序当班计划各种物料的过程能力历史以趋势图形式展示，根据规则对过程能力趋势图进行判异并报警提示。

8.4.6　全流程质量综合监控

全流程质量综合监控集成各工序 SPC 动态监控、趋势图动态监控、KPI 监控、过程能力监控与流程质量监控于一体，通过全流程工艺流程可视化界面从宏观上实现全流程质量实时监控，也可以通过可视化界面选择进入具体工序/工位的综合质量监控，并可进行质量监控历史查询及统计分析，主要功能包括：

（1）全流程质量监控可视化展示。在工艺流程布局图上，实时显示质量监控信息，当有质量监控报警时在流程图对应位置显示。

（2）全流程质量监控历史追溯。查询质量监控历史数据库，得到相关数据集。

（3）全流程质量监控统计及图表展示。对质量监控历史数据统计并图表展示，如质量监控报警项目频度排序等，用于宏观上了解质量监控情况。

（4）监控主题模板。根据应用场景或问题关注点的不同，设置监控主题模板，模板内选择配置要进行监控的项目集，使用时通过该模板即可进入相应主题的监控，避免重复设置。

（5）全流程监控报告。定期生成全流程监控报告，其主要内容为各工序监控统计信息及图表。

8.5　质量分析与追溯

8.5.1　质量分析

质量分析首先从海量生产过程数据中，选取与质量异常相关的工艺参数，对选取的工艺质量数据与工艺参数进行分析，筛选输出关键影响的特征工艺，通过计算得到选取的各工艺特征与质量指标间的关联关系，可以将分析结果保存到知识库中，为后续工艺优化提供支撑。

常见的质量分析方法有[2]：

（1）K 近邻：多分类模型，可以基于样本预测异常级别；

（2）决策树：分类模型，可以找出工艺边界范围；

（3）主成分分析：用于寻找影响因素中哪些因素起关键作用；

（4）多元线性回归：线性预测算法，可进行连续型预测；

（5）支持向量机：非线性预测算法，可进行工艺质量预测；

（6）K-Means 聚类：聚类模型，可寻找工艺参数的最佳范围；

（7）神经网络：非线性预测算法，可进行参数预测、分类。

针对不同的过程质量指标，选取相应的分析算法和相关工艺参数，从质量判定结果界面中找出需要分析的具体钢卷，对其进行质量分析，将分析结果显示出来，对影响质量结果的相关工艺参数进行排名和打分，有利于现场工程师一目了然的获知对质量影响的关键工艺参数。

8.5.2 质量追溯

质量追溯是指对物料的生产历史状态及过程进行回溯，获得物料的生产状况以及物料生产时的过程能力等历史信息，实现事后对物料的生产历史进行客观评判，或者对历史质量数据进行分析等。对整个系统设计统一的全过程质量追溯模块，供不同应用场景人员使用，对各工序不设计单独的质量追溯模块。

质量追溯的流程为：设置追溯条件—历史数据查询—追溯结果展示。追溯结果可能为单一物料数据记录，或者是一组物料数据，按质量追溯的结果类型可以分为以下几种情况：

（1）物料追溯：追溯结果为一个物料（卷/坯/炉），显示该物料全流程的过程数据，并以图形化展示；

（2）物料比较：对两个/多个物料（卷/坯/炉）过程数据进行比较，包括关系数据的比较和工艺曲线（实时数据）的比较；

（3）追溯结果为一组物料的历史数据：将该组数据用统计分析工具进行进一步分析。

全流程质量追溯获得物料全流程不同工序的质量信息，包含该物料在不同工序的单工序质量追溯结果，同时包含物料全流程的路径信息，主要功能包括：

（1）物料谱系：物料全流程质量总览及工艺路径可视化展示；

（2）静态追溯：物料全流程各工序的质量快照；

（3）动态追溯：物料在全流程各工序的过程追溯；

（4）曲线比较：物料在各工序的过程质量数据及工艺曲线情况。

参 考 文 献

[1] 张殿华，孙超，张志新，等. 板带材全流程智能化制备关键技术［J］. 河北冶金，2020（3）：1-6.

[2] 周志华. 机器学习［M］. 北京：清华大学出版社，2016.

索　引